Kilian Jörg
Das Auto und die ökologische Katastrophe

X-Texte zu Kultur und Gesellschaft

Editorial

Das vermeintliche »Ende der Geschichte« hat sich längst vielmehr als ein Ende der Gewissheiten entpuppt. Mehr denn je stellt sich nicht nur die Frage nach der jeweiligen »Generation X«. Jenseits solcher populären Figuren ist auch die Wissenschaft gefordert, ihren Beitrag zu einer anspruchsvollen Zeitdiagnose zu leisten.
Die Reihe X-TEXTE widmet sich dieser Aufgabe und bietet ein Forum für ein Denken ›für und wider die Zeit‹. Die hier versammelten Essays dechiffrieren unsere Gegenwart jenseits vereinfachender Formeln und Orakel. Sie verbinden sensible Beobachtungen mit scharfer Analyse und präsentieren beides in einer angenehm lesbaren Form.

Kilian Jörg (Dr. phil.) arbeitet sowohl theoretisch als auch künstlerisch und aktivistisch zum Thema der ökologischen Katastrophe und untersucht, wie deren transformative Kräfte am positivsten gedacht und eingesetzt werden können. Er ist international tätig mit Hauptschwerpunkten in Wien, Berlin, Brüssel, Frankreich und Indien.

Kilian Jörg

Das Auto und die ökologische Katastrophe

Utopische Auswege aus der autodestruktiven Vernunft

[transcript]

Die Publikation wurde ermöglicht durch eine Ko-Finanzierung für Open-Access-Monografien und Sammelbände der Freien Universität Berlin und dem FUTURA-MA°LAB (www.futurama-lab.org).

Bibliografische Information der Deutschen Nationalbibliothek

Die Deutsche Nationalbibliothek verzeichnet diese Publikation in der Deutschen Nationalbibliografie; detaillierte bibliografische Daten sind im Internet über https ://dnb.dnb.de/ abrufbar.

Erschienen 2024 im transcript Verlag, Bielefeld
© Kilian Jörg

Umschlaggestaltung: Kordula Röckenhaus, Bielefeld
Umschlagabbildung: tenz1225 / flickr (bearbeitet), CC BY-SA 2.0 Deed, https://crea tivecommons.org/licenses/by-sa/2.0/
Lektorat: Jakob Horstmann & Sabrina Rosina
Druck: Majuskel Medienproduktion GmbH, Wetzlar
https://doi.org/10.14361/9783839474082
Print-ISBN: 978-3-8376-7408-8
PDF-ISBN: 978-3-8394-7408-2
Buchreihen-ISSN: 2364-6616
Buchreihen-eISSN: 2747-3775

Gedruckt auf alterungsbeständigem Papier mit chlorfrei gebleichtem Zellstoff.

Inhalt

»normal«

»modern«

»stabil«

Utopien

Einleitung: Das Auto als Symbol unseres katastrophalen Verharrens

»Seien wir vernünftig, das Auto wird man nicht von heute auf morgen abschaffen können.« Es ist schwer, an solchen Aussagen etwas auszusetzen. Denn tatsächlich würden unsere Wirtschaft, unsere Arbeitswelt, unsere Freizeitgestaltung und ja, sogar unser Selbstverständnis als autonome Wesen ohne das Auto wohl schnell zusammenbrechen. Doch was ist, wenn die Vernunft, die diese unsere Subjektivitäten trägt, an sich eine der Autodestruktion ist? Wenn also das, was als vernünftig erscheint, eigentlich der Motor der planetaren Selbstzerstörung ist? Dieses Buch versucht, diese These anhand des KFZs als Symbol dieser Autodestruktion plausibel zu machen und Auswege aus diesem misslichen Kurs zu skizzieren.

Zentral für die Entwicklung dieser These ist die Beobachtung, dass das moderne Selbst ein Auto ist. »Auto« heißt von seiner ursprünglichen Bedeutung her nämlich »Selbst« oder »Selbst bewegtes«. Dies mag erklären, warum manche Autoliebhaber*innen schon das Berühren der Karosserie ihres Boliden als Angriff auf das eigene Selbst werten. Die jüngere Geschichte der öko-aktivistisch motivierten Straßenblockaden verdeutlicht, dass im »bewegten Selbst« ein ungeheures Aggressionspotential schlummert, welches sich leicht und gerne an Hindernissen oder Berührenden entlädt. Zumeist macht diese dem Auto-Selbst inhärente Gewalt unsere Normalität aus, die wir – ohne sie richtig zu bemerken – tagtäglich einfach hinnehmen, wenn wir z.B. unsere Kinder nicht auf der Straße spielen lassen, wenn wir Angst haben, das Fahrrad zu benutzen, oder getötete Tiere am Straßenrand als neutrale Kollateralschäden werten. Wenn wir uns wundern, warum eigentlich niemand in die Panik verfällt, zu der uns Greta Thunberg angesichts der katastrophalen wissenschaftlichen Prognosen gerechtfertigt aufrief, finden wir in dieser Verflechtung des Autos mit dem modernen Selbst den Ansatz einer Erklärung.

Das moderne Selbst möchte unberührt bleiben und schiebt die ökologische Katastrophe vor sich her. Die stählerne Ummantelung seines Selbst treibt zwar eine ungeheure Zerstörung in Form von Abgasen, Glättungen und Ressourcenhunger voran, doch im Inneren des Wagens kann man dies getrost ignorieren. Die »Natur« entfaltet sich schön neben den Autobahnen, und die Radionachrichten vor der kommenden Klimakatastrophe werden in so abstrakten Zahlenreihen runtergebetet, dass man sie nicht in der eigenen Lebenswirklichkeit situieren kann. *Ich hab doch Climate Control in meinem E-SUV.* Wie diverse Studien belegen, bewegt die Klimakrise viele moderne Menschen tatsächlich dazu, sich ein größeres, dickeres und noch mehr Treibstoff verbrauchendes Auto zuzulegen. Die rekordhaft ansteigenden Neuzulassungen von SUVs – die 2023 bereits 30 % des Marktes in Deutschland und fast 45 % in Österreich ausmachten und als ein wesentlicher Faktor dafür gelten, warum die verkehrsbedingten Emissionen weiter steigen – müssen als ein Ausdruck des Schutzsuchens vor der Klimakrise verstanden werden, wie wir später sehen werden. Dieses Cocooning im immer massiver abgeschotteten Selbst ist eine Konsequenz der autodestruktiven Vernunft unserer modernen Konsumkultur, zu der dieses Buch utopische Alternativen ausbuchstabieren will.

Dieses Buch handelt also von dem Umstand, dass wir moderne Lebensweisen, wie sie sich im Auto konkretisieren, überkommen müssen, um eine Chance auf ein würdiges Überleben in der planetaren Klimakatastrophe zu haben. Dies ist kein Autohasser-Buch und versucht so wenig als möglich moralisch zu urteilen (was mir sicher nicht ganz gelingen wird). Ganz im Gegenteil werde ich sogar an einigen Punkten zu dem Ergebnis kommen, dass uns Autofetischist*innen Einsichten in tiefere Wahrheiten unseres eigenen Selbst ermöglichen können. Nämlich: dass wir strukturell alle Klimawandelleugner*innen sind, solange wir an modernen Lebenswelten teilhaben. Es geht mir darum, das Problem der Klimakatastrophe von der Wurzel her zu betrachten, um politische Szenarien und utopische Horizonte denkbar zu machen, die nicht in Green-Washing und Scheinlösungen enden.

So unsexy es klingt: Dieses Buch ist primär für diejenigen geschrieben, die zunehmend darunter verzweifeln, dass obwohl niemand mehr die katastrophalen Ausmaße der Klimakrise abstreiten kann, nichts (annähernd ausreichendes) passiert. Aber es sollte auch von Interesse sein für all diejenigen, die zumindest manchmal im Rückfahrstau nach der sonntäglichen Spazierfahrt mit dem Porsche ins Grübeln geraten.

Spätestens seit *Fridays for Future* ist die Klimakatastrophe im Mainstream angekommen. Doch nach einer kurzen Zeit der Hoffnung und der Massenproteste von Schüler*innen und anderen, setzte mit und nach den Corona-Lockdowns die Reaktion des fossil-kapitalistischen Establishments ein und der politische Impuls zum bitter notwendigen, radikalen Wandel wurde zermürbt. Auch wenn mittlerweile so hohe Repräsentant*innen wie der UN-Generalsekretär oder die EU-Kommissionspräsidentin in schrillen Tönen vor dem Ausmaß der Krise warnen, steigen die Emissionszahlen trotzdem weiter an. Das Massenaussterben geht ungebremst voran, noch mehr Boden wird versiegelt, noch mehr Wälder werden gerodet und noch mehr Autobahnen gebaut. Kanzler*innen und Minister*innen brüsten sich damit, sich nicht von der »Panikmache« und »Hysterie« der Klimaaktivist*innen politisch leiten zu lassen. Sie schüren bewusst die Ressentiments großer Teile der Bevölkerung und reden ihnen ein, dass niemand das Recht habe, ihren Lebensstil zu hinterfragen, für den sie »so hart gearbeitet haben«. In dieser Stimmungslage werden Klimaaktivist*innen zunehmend kriminalisiert. Die Profiteure der aktuellen Weltordnung scheinen die Zukunft aufgegeben zu haben und heizen ein toxisches Klima von Hetze, Angstmache und Selbstgerechtigkeit an, um von der Dringlichkeit der Lage abzulenken. Nach ihnen die Sintflut.

Gleichzeitig geriert sich ein grün verwaschener Kapitalismus in Form von Elektroautos, ein paar Bio-Produkten im Hochpreissegment und naiven Technologieversprechen als einfache Lösung des ökologischen Problems. In der öffentlichen Debatte sehen wir so zunehmend einen Kampf zwischen zwei falschen Alternativen: Die besser situierten Tesla-Fahrer*innen, die sich moralisch auf der richtigen Seite fühlen dürfen, gegen die ökonomisch oftmals schlechter Situierten, die sich von den Demagog*innen unserer Zeit zu noch einfacheren Antworten verführen lassen.

Der moderne Lebensstil mit seinem Versprechen des »Guten Lebens« scheint so resilient zu sein, dass dieser sich höchstens in einen grün angestrichenen Tesla versetzen lässt. Die Grundstrukturen von Mobilität, Arbeitswelt, Geschlechterrollen, Stadtplanung, Landnutzung, Technologieverständnis, Ressourcenverbrauch und Umweltverhältnis bleiben aber unverändert – und so rast man eben mit einem elektrischen Motor in den Abgrund. Dieses Buch versucht denjenigen, die gewillt sind, diese Katastrophenblindheit zumindest als politisches Problem anzuerkennen, Erklärungen zu geben, warum die Moderne als Lebensstil und Form von Erdausbeutung so verdammt stabil ist.

Auch wenn sich dieses Buch also vordergründig mit dem KFZ beschäftigt, ist sein eigentlicher Forschungsgegenstand das Nicht-vom-Fleck-kommen und das schreckliche Verharren in modernen und toxischen Lebensweisen angesichts der ökologischen Katastrophe. Da dieser Umstand des Verharrens zu groß, abstrakt und folgenreich ist, um als Ganzes adressiert werden zu können, verwende ich das Auto im Folgenden als Symbol, um diese Stabilität (die ich im Weiteren als *Resilienz der Moderne* bezeichnen werde) anhand eines konkreten Beispiels verstehbar zu machen.

Die Politisierung des Autos im historischen Kontext

Gegenwärtig erleben wir eine massive Politisierung des Autos. Nachdem die Klimakrise durch die Schulstreiks endgültig in den diskursiven Mainstream erhoben wurde, kam auch das Automobil zunehmend ins Visier einer jungen, ökologisch mobilisierten Aktivist*innen-Generation. In den vergangenen Jahren wurden Autobahnen besetzt, Straßenbaustellen blockiert und massiv den Autoverkehr beschränkende Volksinitiativen auf den Weg gebracht. Keine Woche vergeht, ohne dass mehrere Straßenblockaden von Aktivist*innen den Autoverkehr lahmlegen, um auf den katastrophalen Kurs unserer Gesellschaft aufmerksam zu machen, und kaum ein größeres Straßenprojekt kann ohne gehörigen Widerstand im zentraleuropäischen Raum gebaut werden.[1] Es scheint, als ob zunehmend von diversen Aktivist*innen erkannt wird, dass unser viel zu großer »ökologischer Fußabdruck« eigentlich ein »ökologischer Reifenabdruck« auf viel zu viel bodenversiegelndem Asphalt ist. Um nur einige der spektakulärsten Beispiele der letzten Aktivismusjahre aus dem deutschsprachigen Raum zu nennen: In den Hauptstädten Wien und Berlin gab und gibt es massiven Widerstand gegen den Ausbau neuer Zubringerautobahnen. Während in Wien nach viermonatiger Besetzung der Bau der durch den gleichnamigen Nationalpark geplanten Lobau-Autobahn (zumindest vorerst) verhindert werden konnte, besetzten zur selben Zeit die Berliner Aktivist*innen die vom Bund zum Ausbau vorgesehene A100 beinahe wöchentlich und sie ist weiterhin heftig umstritten.

Weniger erfolgreich, aber umso repressiver, verlief der Protest gegen den Bau der A49 zwischen Kassel und Gießen, der 2020 mit einem der größten Po-

---

1   In Frankreich allein sind so über 80 lokale Kämpfe [Stand Januar 2024] gegen neue Autoinfrastruktur dank der wunderbaren Recherchearbeit von *Reporterre* verzeichnet (https://lutteslocales.gogocarto.fr/map#/carte/?cat=all@c). Im deutschsprachigen Raum gibt es leider keine mir bekannte ähnlich ergiebige Kartographierung des Protests. Die größte wäre diejenige von »Wald statt Asphalt« (https://wald-statt-asphalt.net/proteste/), welche immerhin 24 Proteste verzeichnet. Allerdings ist hier die Dunkelziffer hoch.

lizeiaufgebote in der Geschichte des Landes Hessen nach 69 Tagen Belagerung des besetzten Dannenröder Forst gewaltsam und mit vielen Verletzten geräumt wurde. Auch abseits der unzähligen Aktionen des zivilen Ungehorsams gegen das Auto und seine Infrastruktur gibt es zahllose innerhalb des Systems agierende Initiativen und Volksentscheide, wie den in 51 deutschen Städten zur Abstimmung stehenden »Radentscheid« und den Volksentscheid »Berlin autofrei«, der den Autoverkehr innerhalb des Berliner S-Bahn-Rings um vier Fünftel vermittels der Einführung notwendiger »Sondergenehmigungen« reduzieren will. Ja selbst bei der Internationalen Automobil-Ausstellung (IAA) kam es bei den jüngsten drei Ausgaben (2019, 2021 und 2023) – und zum ersten Mal in ihrer mehr als 100-jährigen Geschichte – zu Blockaden an Eingängen wie Zubringerstraßen sowie diversen weiteren Störaktionen. Die größte Muskelschau der deutschen und internationalen Autoindustrie wird nicht mehr hauptsächlich von medialen Headlines über geile, stromlinienförmige Karosserien geprägt, sondern von einer Debatte über die Sinnhaftigkeit des Autos im Zeitalter der ökologischen Krise einerseits und aufwieglerischer Hetze gegen militante »Chaoten« andererseits – ein Vokabular übrigens, welches in Deutschland ansonsten der populistischen Springer-Presse vorbehalten ist und nun beim Thema Auto auch in die sogenannte Qualitätspresse wie die FAZ überschwappt.[2]

Es tut sich also etwas am diskursiven Status des Autos. Wo frühere Generationen das Auto als jugendliches Freiheitsversprechen feierten, wird es heute zunehmend als tödliche Gefahr für das planetare Überleben bekämpft – perfekter Nährboden für moralische Vorwurfsdebatten entlang vorprogrammierter Generations-, Milieu- und Wohnortslinien. Die Alten werfen den Jungen Undankbarkeit und Mangel an Realismus vor, die Landbevölkerung den Städter*innen privilegierte Wohlstandsverwahrlosung und die Migrant*innen und weniger Privilegierten den innerstädtischen Mittelschichten eine neue Art Klassenkampf von oben (»Wir wollen auch erreichen dürfen, was ihr schon lange habt!« – siehe dazu Kapitel 8 »Schutzraum«).

---

2   Als Beispiel siehe z.B. Astheimer 2019: »Dass sich Chaoten dabei die im Kern berechtigten Anliegen von klimaschutzbewegten Bürgern für ihr sinnloses Treiben zu eigen machen, ist leider kaum zu verhindern und in der Aufklärung Sache der Strafverfolgungsbehörden. Wenn aber Mitarbeiter der Automobilwirtschaft sich ihrer Arbeit mittlerweile schämen müssen und unter gesellschaftlichem Druck geraten, dann läuft hier etwas gewaltig aus dem Ruder.«

Abb. 1: »Wird das Auto bald aus der Stadt ausgesperrt?« –
Cover von »Der Spiegel«, Ausgabe 19/1973

© DER SPIEGEL 19/1973

Doch auch wenn manche Autobauer mit viel medialem Widerhall das »zunehmend autofeindliche Klima in Deutschland« (Astheimer 2019) monieren und sich tatsächlich auch in der etablierten Politik langsam etwas tut, um von der totalen Hegemonie des Autos mit einem zaghaften Radweg da und einer »verkehrsberuhigten« Straße hier abzukommen, darf eine*n dieser neue Trend der Politisierung des Autos nicht zu optimistisch stimmen. Neben dem Umstand, dass diese Dynamik tendenziell auf reiche europäische Staaten begrenzt ist und in diesen der Autokauf, das Tanken, der Straßenbau sowie die Autoindustrie weiterhin massiv staatlich gefördert wird (und also realpolitisch keine Rede sein kann von einem »autofeindlichen Klima«), bleibt der leichte Rückgang an KFZ-Neuzulassungen nach dem Pandemie-Jahr 2020 nur eine kleine Delle, die noch keinen klaren Trend nach unten erkennen lässt.

Wie der Historiker Brian Ladd in seinem 2011 erschienenen Buch *Autophobia – Love and Hate in the Automotive Age* konstatiert, ist die Geschichte des Automobils seit seinen Anfangsstunden von einer Oszillation zwischen Hass und Liebe begleitet. Das Aufkommen von (teils fundamentaler) Kritik am Auto muss vielmehr als zur Affektstruktur einer Autogesellschaft zugehörig verstanden werden, denn als Indiz für ihr baldiges Ende.

»Es [=das Auto] begann als wissenschaftliches Experiment, wurde erst zum Werkzeug der Abenteurer, dann zum Spielzeug der Reichen, zum Ehrgeiz der Armen und schließlich zum Diener aller. [...] Vom Spielzeug der Gesellschaft ist es zum Beherrscher der Gesellschaft geworden. Heute ist es unser Tyrann, so dass wir uns endlich gegen das Auto auflehnen und gegen seine arrogante Art zu protestieren beginnen.« Diese Sätze könnten, wenn auch nicht ganz im Ton, so doch inhaltlich, aus den gegenwärtigen Protestcamps stammen, wurden tatsächlich aber vor bereits mehr als 100 Jahren, im Jahre 1902, in der kalifornischen Zeitschrift *Overhead Monthly* gedruckt.[3] Seit dieser Frühzeit des Automobils zieht sich der Protest gegen und die Abgesänge an das Auto durch seine lange und exponentielle Ausbreitungsgeschichte, die weiterhin anhält. Egal ob Oswald Spengler im Jahr 1931, Arthur C. Clarke, Marshall McLuhan oder Jane Jacobs in den frühen 1960er Jahren oder Peter Sloterdijk seit den späten 1980er Jahren – immer fanden sich hochkarätige Intellektuelle, die das Auto einer monströsen Absurdität beschieden und dessen baldigen Rückgang vorhersagten. Zu Beginn der ersten konsumkapitalistischen Explosion der Autoproduktion in den späten 1950er Jahren prophezeiten viele – wie der amerikanische Schriftsteller John Keats[4] und der britische Verkehrsplaner Sir Herbert Manzoni[5] – das baldige Ende des Autos.

---

3   Der Name der Autor*in ist F. A. Hyde, Titel: »Automobile Club of California,« Overland Monthly, Aug. 1902, reprinted in The Quotable Car: A Literary Mozaic Highlighting Changing Views of Automobility, ed. Kenneth Schneider and Blanche Schneider (Berkeley: Continuing Education in City, Regional, and Environmental Planning, University Extension, University of California, Berkeley, 1973) – via Ladd 2008, 5 – meine Übersetzung.

4   »Die Ehe des Amerikaners mit dem amerikanischen Automobil ist nun zu Ende, und es ist nur noch eine Frage von Minuten bis zum endgültigen Todesschuss, obwohl noch nicht feststeht, wer den Abzug betätigt. [The American's marriage to the American automobile is now at an end, and it is only a matter of minutes to the final pistol shot, although who pulls the trigger has yet to be determined.]« (via Ladd 2011, 52)

5   »Das gegenwärtige Automobil hat sich aus der Pferdekutsche entwickelt; diese Entwicklung ist in seiner Form und Größe deutlich zu erkennen, und es ist wahrscheinlich die verschwenderischste und unwirtschaftlichste Erfindung, die je unter unseren

Bereits in den 1960er Jahren bildeten sich aktivistische Formationen gegen das Auto, wie die Amsterdamer »Provos«, die sich für ein Verbot von Autos in Stadtzentren und ein kostenloses Fahrradverleihsystem für alle einsetzten, oder eine Anti-Auto-Organisation in Helsinki, die dazu aufrief, mit Hämmern Autos zu demolieren, wenn sie auf dem Bürgersteig parkten (via Ladd 2011, 44). In den 1970er Jahren wurden heftige Debatten über die Begrenzung des Zugangs des Autos zu Stadtzentren und dessen umweltschädliche Effekte geführt (siehe als Illustration das Cover vom Spiegel 19/1973 weiter oben). In den 1980er Jahren tourten Ausstellungen wie »Alptraum Auto: eine hundertjährige Erfindung und ihre Folgen« mit großem Erfolg und diskursivem Widerhall durch deutsche Städte. In den 1990er Jahren wurde es in progressiven Kreisen zum *common place*, über das »Ende des Autozeitalters« zu sprechen, und der akademische Büchermarkt wartete auf mit Titeln wie »The City after the Automobile« (Moshe Safdie 1998) oder »After the Car« (Dennis & Urry 2009).

Doch dieses Ende ist nie eingetreten. Trotz aller Kritik und Abgesänge breitete sich das Autoregime in all der Zeit ungehindert weiter aus. Der Autoabsatz stieg weiter beinahe exponentiell an und selbst in europäischen Ländern wie Deutschland, deren Bevölkerungsanzahl seit Jahrzehnten trotz Migrationszuwachs so gut wie stagniert, werden auch heute noch immer mehr Autobahnen, Schnellstraßen und Parkhäuser gebaut.[6] In historischer Rückschau erscheinen die bisherigen Krisen des Autos eher als Sattelzeit für den nächsten Wachstumsboom. Und mit dem allerorts stark geförderten E-Auto steht der nächste Autoboom eigentlich schon in den Startlöchern. Doch das Elektroauto ist weder eine Neuheit noch eine Lösung (siehe Kapitel 10). In London gab es bereits 1897 eine gesamte Taxiflotte, die komplett elektrisch lief (Geels 2005) und 1900 waren ein gutes Drittel aller amerikanischen Autos elektrisch (Dennis

---

persönlichen Besitztümern aufgetaucht ist. Die durchschnittliche Passagierzahl von Kraftfahrzeugen auf unseren Straßen beträgt sicherlich weniger als zwei Personen [...] Die wirtschaftlichen Implikationen dieser Situation sind lächerlich und ich kann nicht glauben, dass sie von Dauer sind. [The present day motor-car has developed from the horse drawn carriage; there is every evidence of this development in its form and size and it is probably the most wasteful and uneconomic contrivance which has yet appeared among our personal possessions. The average passenger load of motor-cars in our streets is certainly less than two persons [...] The economic implications of this situation is ridiculous and I cannot believe it to be permanent.]« (via Ward 1991, 46)

6   In Deutschland sollen so z.B. bis 2030 850 km neue Autobahn gebaut werden. Darüber hinaus hat in den vergangenen zehn Jahren die Anzahl der in Deutschland zugelassenen Autos um 5,5 Millionen zugenommen (Schweitzer 2022).

& Urry 2009, 31) – ein weitaus höherer Wert als heute. Mit dem E-Auto werden manche direkte Umweltschäden wie Abgase und Lärm in ärmere Bereiche der Welt externalisiert, während das problematische Umweltverhältnis des *modern way of life* mit grünem Anstrich weiter verfestigt wird.

Das Auto als Motor des »Homogenozäns«

Das Auto, egal mit welchem Antrieb, gilt nach wie vor als das Symbol des modernen »Guten Lebens«. Wenn man etwas erreicht hat, dann hat man eins (zwei, drei, vier, …). Selbst wenn diese Einstellung in manchen europäischen Milieus in der jüngeren Vergangenheit etwas ins Schwanken geraten ist, so gleicht sich das durch die jungen und stark boomenden Autonationen wie China oder Indien aus, in denen sich die unheimliche Sogkraft des Statussymbols Auto erst unlängst zu entfalten begann. Wie ich später genauer ausführen werde, ist unsere *schöne neue Umwelt*, durch die wir im Alltag zumeist – ja – rollen, das Ergebnis von einer jahrhundertelangen (zuerst philosophischen, dann praktischen) Umwandlung der planetaren Materie, deren effizientester Agent das bewegte Selbst, alias »Automobil«, ist. Wenn wir heute von einer Krise der Menschen mit ihrer Umwelt reden, möchte ich darauf hinweisen, was für eine zentrale Rolle dem Auto nicht nur als Schadstoffemittent und Umweltzerstörer, sondern auch als Katalysator eines Wandels der Ansprüche gegenüber Umwelten und uns selbst einnimmt. Kaum ein anderes kapitalistisches Produkt hat die Erde und unsere Lebensweisen so nachhaltig homogenisiert wie das Automobil. Das Problem des sogenannten »Anthropozäns« ist, wie Charles C. Mann (2012) bemerkt, dass es vielmehr ein »Homogenozän« ist, in dem menschliche wie nicht-menschliche Lebensformen und Umwelten zusehends nach einem modernen Schema der konsumorientierten Massenproduktion homogenisiert werden und also eine bunte Vielfalt von biodiversen Lebensräumen zu Agrar- und Betonwüsten mit einigen wenigen, dominanten Arten (Menschen, Kühe, Schweine, Hühner, Ratten, Kakerlaken, Kartoffeln, Soja, Weizen etc.) umgeformt werden.

Es wäre überzogen – wenn auch sehr trendy – dieses »Anthropozän«/»Homogenozän« (Occidentalozän, Androzän, Kapitalozän, …)[7] auch noch zum

---

7   Der Begriff des auf Paul Crutzen (2002) zurück gehenden »Anthropozäns«, der ein neues »Zeitalter des Menschen« bezeichnen will, welches dem ca. 10.700 Jahre andauernden »Holozän« folgt, ist auf vielfache akademische Kritik gestoßen, welcher

»Automobilozän« umzutaufen, doch entspräche dies tendenziös der zentralen Rolle des Autos bei der Umwandlung unserer *anthropogenen* Umwelt zu
einer, die so homogen und glatt ist, dass sie das Abrutschen in eine menschengemachte ökologische Katastrophe bewirkt und zunehmend beschleunigt.
Als spektakuläre Illustration vergleiche man hierzu vorweg die Kurve der
viel diskutierten »Great Acceleration« im CO_2-Gehalt der Erdatmosphäre mit
jener der geschätzten Gesamtanzahl Autos auf dem Planeten: Beide nehmen
ihre entscheidende Wende nach oben ungefähr in der Mitte des letzten Jahrhunderts. Wie in einem bislang ungebrochenen Beschleunigungsrennen mit
Turboeinspritzer rasen wir in die Klimakatastrophe, seitdem das Auto gleichzeitig ein »allen« erreichbarer Konsumgegenstand, ein Objekt der Begierde,
ein verkehrsplanerisches Synonym für Mobilität und ein Eintrittsticket zur
Teilhabe am sozialen und kulturellen Menschenleben geworden ist.

Das Auto als technisches Gerät ist hierbei nicht der moralisch zu verur-
teilende Buhmann oder das einzige verantwortliche Objekt, sondern vielmehr
die poetische Metapher, mit der ich beispielhaft versuche zu zeigen, wie sehr
unsere Umweltkatastrophe Resultat einer Materialisierung einst philosophi-
scher, moderner Grundeinstellungen ist.

Selbst unser gegenwärtiger Begriff von Umweltschutz konnte nur in Auseinandersetzung mit dem KFZ entstehen (siehe Kapitel 1 »Auto und Umwelt:
Raus in die Natur«). Weit mehr als Verursacher von Smog und schlechter Luft
ist das KFZ samt seiner Derivate eine *Bedingung der Möglichkeit* der konsumorientierten Spielweise des Kapitalismus wie aber auch der massenhaften
Durchsetzung der ehemals elitären, philosophischen Positionen des abge-
schlossenen Individuums, der Ideale des freien Handels, freien Flusses und
der patriarchalen und imperialistischen Kontrollidee einer normierenden und
steuernden »unsichtbaren Hand«. Wie ich im zweiten Abschnitt »modern«
zeigen werde, wurden die philosophischen Grundpositionen der Moderne,
die zunehmend als geistiger Über- und Unterbau unseres gestörten Umweltverhältnisses identifiziert werden, durch das Auto so in unsere Landschaften

---

diverse Gegenbegriffe entwachsen sind. So möchte man mit »Occidentalozän« und
»Androzän« darauf hinweisen, dass nicht alle Menschen (alt-griechisch »anthropoi«)
gleich verantwortlich an der Klimakatastrophe sind, sondern vornehmlich privilegierte
Männer (alt-griechisch »andrós«) aus dem europäischen Abendland (lateinisch »Occi-
dent«). Der Begriff des Kapitalozän möchte dies weiter auf die Rolle der ökonomischen
Form des Kapitalismus kaprizieren. Für einen Überblick über die Anthropozändebatte
siehe Scherer and Renn 2015; Bergthaller und Horn 2020; Bonneuil und Fressoz 2017.

einbetoniert, dass sie heute nicht mehr akademische Spielereien ein paar weißer, privilegierter Herren sind, sondern real-materialisiertes Fundament des
modernen *common sense*.

Übrigens meine ich, wenn ich vom »Auto« spreche, auch andere »Kraft-
fahrzeuge« wie den LKW und das Motorrad mit, da ich diese als Derivate
desselben Paradigmas verstehe: Sie alle benötigen ein nicht enden wol-
lendes Überziehen der Umwelt mit möglichst glatten Asphaltstraßen und
entspringen zuallermeist auch denselben Industrien und Konzernen. Das
Lobbyinteresse der Autokonzerne schließt das Lobbyieren für Bus und LKW
statt Bahn mit ein. Das Motorrad ist zwar das für manche coolere, freiere und
leichtere Gegenmodell zum Auto, würde aber ohne dieses kaum Straßen, Her-
steller oder Tankstellen finden. Das Auto ist Leitplanke eines technischen und
konsumkapitalistischen Mobilitätsparadigmas, welches LKW und Motorrad
mit einschließt und zusammen 71,7 % (Stand 2019) aller verkehrsbedingten
CO_2-Emissionen in der EU sowie dieselben katastrophalen Ausschlüsse und
Alternativlosigkeiten produziert.

Festgefahren im katastrophalen Normalen: die Resilienz der Moderne

Niemand fühlt sich mit dem Status quo der Gegenwart wirklich tiefgehend
wohl. Dass »sich etwas ändern muss«, ist eine politische Binsenweisheit des 21.
Jahrhunderts, die sogar jene mittragen, die von Demagog*innen dazu verführt
wurden, anstelle der Klimakatastrophe die Geflüchteten, die Ausländer*innen
oder die »globalistische Weltverschwörung« zu fürchten.[8] Fast jede Partei, jedes politische Programm, jeder Stammtisch fordert »Veränderung«. Genauso
würden die allermeisten wohl ebenso unterschreiben, dass sich viel zu wenig
ändert.

Selbst bei bestem Willen reproduzieren sich die zerstörerischen Formen
der modernen Normalität in oberflächlich grün angestrichenen Mikrofaser-
mänteln bei unveränderter Tiefenstruktur. Ein positives, gesellschaftlich tra-
gendes Szenario von besseren Welten jenseits der so errungenschaftsreichen
wie lebensbedrohlichen Moderne scheint nirgendwo plausibel (außerhalb von
wenigen Nischen, zu denen wir im letzten Abschnitt »Utopien« zurückfinden
werden).

---

8   Mehr dazu in Kapitel 4 »Politik gegen das Normale?« und 5 »Maschinenmännlichkeit«.

Deswegen rutscht die ökologische Katastrophe so oft in die niederen Register von rein moralisch geführten Debatten. Dann werfen sich alle gegenseitig das falsche Verhalten oder die falsche Position vor und hinter den verhärteten Fronten der Polarisierung kann sich nichts mehr ändern. Moralische Debatten entstehen zumeist da, wo die eigenen Handlungen und Haltungen nicht mit dem, was als richtig erkannt wurde, übereinstimmen. In wenig anderen Bereichen kommt es deshalb so leicht zu hitzigen Verwerfungen und Anschuldigungen wie beim Auto: Wir sind alle von ihm abhängig, selbst wenn wir keines besitzen oder jemals eines fahren.

Im dritten Abschnitt dieses Buchs (»stabil«) werde ich für dieses Vorhaben den andernorts[9] vorgeschlagenen Begriff der *Resilienz der Moderne* unter besonderem Augenmerk des Automobils weiterentwickeln. Mich interessieren Fragen wie: Warum greifen wir so oft zur Plastiktüte, auch wenn wir wissen, dass der Planet bereits jetzt schon in Mikroplastikabrieben erstickt? Warum hängen wir weiter am Paradigma des automobilen Individualverkehrs fest, obwohl wir wissen, dass sein Energieaufwand nachhaltig untragbar ist? Warum buchen wir dennoch wieder den Billigflug, auch wenn wir uns schon zigmal vorgenommen haben, nicht mehr zu fliegen? Wie ich später genauer erklären werde, interessiert mich Resilienz nicht als positive Tugend erhaltenswerter Strukturen im sozial-staatlichen oder individual-psychologischen Bereich, sondern als problematische Verharrenstendenz von toxischen Lifestyle-Mustern und soziokulturellen Ordnungs- und Ausschlussdynamiken. Auch wenn die oben aufgelisteten Fragen individuelle Verantwortung suggerieren, interessieren mich die tiefergehenden Strukturen und materiellen Praktiken, die uns nicht nur als Individuen an einen ökologisch katastrophalen, *modernen* Lebensstil binden, sondern die uns dem vorgelagert als Individuen im Sinne moderner Subjektivität *produzieren*. Dadurch, dass wir alle unser Selbst als Gegenüber einer modern verfassten Umwelt verstehen, werden andere Lebensweisen und Bewohnungsformen zunehmend unsichtbar und unfassbar, selbst bei weiterhin gesteigerter Dringlichkeit des Ausstiegs.

Ich untersuche die *Resilienz der Moderne*, weil ich denke, dass die ökologischen, feministischen, postkolonialen etc. Kritiken an der Moderne überzeugend genug dargestellt wurden, dies aber offensichtlich nichts Gröberes an ihrer katastrophalen Durchsetzung und weiter voranschreitenden Ausbreitung

---

9   Siehe hierzu mein Buch »Backlash – Essays zur Resilienz der Moderne«, Hamburg 2020.

ändert. Wir können moderne Lebensstile mit zu großem »ökologischen Fußabdruck« zwar moralisch verurteilen, aber entkommen können wir ihnen anscheinend nicht. Deswegen definiert sich progressive Politik so oft über das,
was sie nicht ist. Um jedoch unsere toxische Verwobenheit mit dem scheinbar unausweichlichen Sog des modernen »Guten Lebens« und all seiner fatalen
Kollateralschäden zu überkommen, müssen wir genauer verstehen, wie sich
diese strukturell und materiell reproduzieren und im Angesicht der Krise, Katastrophe und Kritik erhalten. Um auf eine Handbuchdefinition von Resilienz
zurückzugreifen: Wie reagieren unsere modernen Lebensformen »auf äußere
Störungen«, so dass sie »ihren Gleichgewichtszustand erhalten können«? Für
diese Untersuchung eines Verharrens in ökologisch katastrophalen Lebensformen eignet sich wohl nichts besser als das Automobil.[10]

Die Utopie einer autofreien Welt

Die These dieses Buches ist so einfach wie tiefgreifend: Wenn wir über das
Auto reden, reden wir eigentlich über das Umweltproblem der modernen
Menschen im Allgemeinen. Wenn wir das nicht erkennen, werden unsere
Debatten auch weiterhin im moralischen Hick-Hack festhängen, bei dem alle
Seiten irgendwie recht und irgendwie unrecht haben. Natürlich wäre es zum
Beispiel viel schöner, wenn zumindest die Innenstädte autofrei wären. Doch
genauso stimmt es auch, dass damit tendenziell die privilegierten Bürger*in-
nen mit einer besseren Lebenswelt belohnt werden, während die ärmeren
Bevölkerungsschichten, die dieser ermöglichend zuarbeiten, strukturell weiter diskriminiert werden (so bereits der Vorwurf an Anne Hidalgos Pläne
eines weitgehend autofreien Paris) . Eine Abschaffung der Autobegünstigung

---

10   Als einzig würdigen Konkurrenten zum Auto als das moderne Leben in seiner Gän-
     ze umfassende Technologieobjekt lässt sich wohl noch das Plastik anführen, welches
     Heather Davis in ihrem Buch »Plastic Matter« (2022) auf meinem Projekt nicht unähn-
     liche Weise untersucht hat. Neben dem Auto ist Plastik das große, die Welt verändern-
     de Produkt der Petromoderne. Sowohl Plastik als auch das Auto sind ohne Öl schwer
     denkbar und von beiden gibt es schon länger einen Diskurs über die Notwendigkeit,
     sie zu überkommen – ohne bislang ernstzunehmende Resultate. Auch die Langzeit-
     folgen auf die Umwelt und die Tendenz der Fetischisierung teilen sich beide. Zu guter
     Letzt lässt sich die Wesentlichkeit des Plastik auch als eine Art reale Verwirklichung
     platonistischer und cartesianischer Ideale verstehen, wie Heather Davis hervorragend
     herausgearbeitet hat.

und ein massiver Ausbau anderer Mobilitätsformen wäre wünschenswert. Doch auch hier würden von dieser Politik auch viele ärmere und weniger den körperlichen Normvorstellungen entsprechende Bevölkerungsgruppen negativ betroffen sein. Während wir all diese und andere Punkte langsam feststellen und uns gegenseitig vorhalten, rutschen wir ungebremst tiefer in den Abgrund der irreparablen ökologischen Katastrophe.

Um aus dieser Teufelsspirale auszubrechen, möchte ich mich dem Auto- und also Umweltproblem mittels einer simplen Utopie annähern: der Utopie einer autofreien Welt. Durch die spekulative Fiktion eines »Nicht-Ortes« (utopos) versuche ich *ex negativo* einen Denkraum über die Möglichkeit einer radikalen – also an die Wurzel gehenden – Umwandlung unseres Umweltverhältnisses und Subjektivitätsverständnisses zu öffnen.

Solcherlei Utopien sind derzeit in progressiveren, tendenziell urbanen Segmenten der Gesellschaft hoch im Kurs. Unzählige Galerien, Magazine und Podcasts widmen sich so kompliziert anmutenden Konzepten wie dem »Post-Anthropozentrismus«, »co-habitation«, »multi-species entanglement« und »companion species«. Es wird über die essentiell taktile Vernunft der Oktopusse, das langatmige Denken der Steine, die Potentiale von genetischen Mensch-Tier-Verschmelzungen und die alles verbindende Ebene der Pilze oder Mikroorganismen nachgedacht.

So sehr ich mich diesen Diskursen verbunden fühle, kann ich mich dennoch nicht dem Verdacht entziehen, dass ihre gesamtgesellschaftliche Situierung und ihr Hang zum bildungsbürgerlichen Romantizismus[11] sie auf einen sehr engen Bereich beschränkt, der eher die moralische Polarisierung denn den sozial-politischen Wandel fördert.

Da ich überzeugt bin, dass die prinzipiellen Inhalte und Ausrichtungen dieser oftmals als »New Materialism« zusammengefassten Diskursbereiche zentral sind, um aus unserer toxischen Verwobenheit mit der modernen Lebensweise herauszufinden, möchte ich in diesem Buch versuchen, sie durch das Prisma der Utopie einer autofreien Welt breitentauglicher zu streuen. Denn der Vorzug des Autos ist, dass jeder moderne Mensch einen affektiven Bezug zum Auto hat (im Gegensatz zu Oktopussen, Flechten oder Darmbakterien) und also die autofreie Welt etwas ist, die sich jede* irgendwie vorstellen kann (immerhin lebten wir in so einer Welt vor ein wenig mehr als einem

---

11   Siehe mein Paper »Politicising New Materialism against the Toxic Entanglements of the Now: Towards a New Materialist Philosophy of the Car« für eine recht akademische Auseinandersetzung mit diesen Diskursen (Jörg 2023a).

Jahrhundert). Dass die leichte Vorstellungsfähigkeit dieser hier formulierten Utopie bei den allermeisten sogleich mit dem Kommentar versehen wird, dass sie dennoch »realistischerweise« komplett unmöglich sei beim derzeitigen Stand der Dinge, bekräftigt nur ihre Tauglichkeit als »Nicht-Ort«. Utopien, die etwas auf sich halten, sind stets auf Kriegsfuß mit dem herrschenden Realismus. Ihre Funktion ist es, dem alternativlos erscheinenden Lauf der Wirklichkeit imaginäre Anderswelten abzuringen, die für die Möglichkeit politischer Transformation entscheidend sind.[12] Doch die *Utopie einer autofreien Welt* hat noch einen anderen Wert neben diesem der onto-politischen Ermöglichung von Transformation. Im Laufe dieses Buches möchte ich die These plausibilisieren, dass die Utopie einer autofreien Welt bereits jetzt einen massiven Einfluss auf das Handeln und Sein der modernen Menschen hat, untergründig schimmernd und im gänzlichen Unwissen der von ihr Geleiteten. Wie Katja Diehl (2022) in ihrem Buch *Autokorrektur* herausgearbeitet hat,[13] *möchten* die allermeisten gar nicht Auto fahren, sind sich ihrer negativen Abhängigkeit aber erst nach bewusstem Nachhaken im Klaren (»Was ist Dein Methadon, um vom Auto los zu kommen?« fragt sie provokativ). Dem würde ich hinzufügen, dass das reale Streben von vielen Menschen oftmals von der Utopie einer – zumindest kleinen, privaten – autofreien Welt geleitet ist. Wenn Menschen ins Fitnessstudio fahren, um dort am Laufband zu joggen, dann tun sie dies, um nicht von den omnipräsenten Autos beim Sport gestört zu werden. Wenn sie in die Vorstadt ziehen, dann zumeist, um dort eine kleine Ruheinsel für sich und die Familie abseits des auto-induzierten Innenstadtlärms zu finden. Wenn wir von der »Flucht in die Natur« träumen, dann sehen wir diese als autofreies Paradies, auch wenn wir zumeist nur im Auto dorthin kommen. Ja selbst wenn wir neue Straßen bauen, dann tun wir dies meist mit dem Argument, die bisherigen Straßen und Wohnviertel vom Verkehr zu entlasten und also weniger Autos direkt vor der Haustür zu haben. Dass dies

---

12   Siehe hierzu auch das letzte Kapitel »Spekulation gegen das Wahrscheinliche« meines Langessays »Neue Vorsicht – Philosophie des Abstands im Zeitalter der Katastrophen«, Edition Konturen 2022.

13   Auch Colin Ward hat darauf schon in den 1990er Jahren hingewiesen: »Die überwiegende Mehrheit der Autonutzer*innen sind jedoch keine Autoliebhaber*innen. Sie sehen ihre Verwendung des Autos als ein notwendiges Übel an. [...] Sie sehen sich als Opfer, und das sind sie natürlich auch. [But the overwhelming majority of car users are not car enthusiasts. They see their involvement with the motor car as a necessary evil. [...] They see themselves as *victims*, and of course they are.]« (26–27)

zumeist nicht funktioniert und sogar unsere Abhängigkeit vom Auto bestärkt, ist die dunkle Seite dieser meist uneingestandenen Utopie.

In dieser speziellen Ontologie als »hoverndes«, schimmerndes, nie in seiner ganzen Tragkraft vernehmbares Phänomen teilt das so bezeichenbare »Autoregime« (Jörg 2020) ein wesentliches Charakteristikum mit dem »Hyperobjekt« der Klimakatastrophe. Dieser von Timothy Morton geprägte Begriff kategorisiert die planetare Umweltkrise als eine Art »Überobjekt«, welches für Menschen zu groß und folgenreich ist, um wirklich fassbar zu sein. Es schimmert als bedrohlicher Normalitätsrahmen (siehe auch Abschnitt »normal«) über uns, ist eine so große Katastrophe, dass sie sich kaum in spezifischen Emotionen, Handlungen oder Reaktionen entladen kann. Der schimmernde Status der Autoregimes mag vielleicht noch die konkreteste Emanation dieses Überproblems sein, die sich noch irgendwie fassbar verhandeln und sich utopisch entgegenwirken lässt.

Methodisches

Aus diesem Grund werde ich vergleichsweise wenig mit dem reich vorhandenen Material an Zahlen, Daten und Fakten über und besonders gegen das Auto[14] hantieren, da diese eher die moralistische Vorwurfsdebatte, die ich umschiffen will, befeuern. Ich möchte nicht in einem hitzigen Duell der besseren Fakten diese Auto-Realität beschreiben, verteidigen oder moralisch verteufeln, sondern vielmehr die Genese dieser Auto-Realität als Konsequenz einer abendländischen Denk- und Handlungstradition beschreiben. So neutral wie mir irgendwie möglich möchte ich das Auto heranziehen, um über unser gesamtes Umweltproblem tiefenökologisch und radikal nachzudenken.

Dies wird mir freilich nicht leichtfallen, denn ich kann mich nicht von meiner weiter oben postulierten These, dass wir alle affektiv, ökonomisch und soziokulturell ans Auto gebunden sind, herausnehmen, und muss also einleitend apologetisch gestehen, dass ich selbst, ein weißer privilegierter Mann aus mittelständischem Bildungsbürgertum, von vielen wohl als Autohasser bezeichnet werden würde – und dies nicht ganz zu Unrecht. Oftmals werde ich aufbrausend gegen mich zu eng überholende Autofahrer*innen, schreie ihnen noch wütend nach, und ich engagierte mich auch bereits bei diversen

---

14   Hierfür empfehle ich an jüngeren Werken insbesondere: Diehl 2022 und Finkelstein 2020.

aktivistischen Veranstaltungen gegen Autoinfrastruktur (wie der Blockade eines Autobahnbaus oder der Agitation gegen SUVs).

Doch gleichzeitig kann ich mich der Geilheit von stromlinienförmigen SUV-Karosserien im Alltag nicht erwehren, denen mein lüsterner Blick – ganz ähnlich wie mir sexy erscheinenden Menschenkörpern – folgt. Ich liebe das Gefühl, über Bergstraßen mit dem Auto zu gleiten, und kenne die intime Heimeligkeit, wenn man mit der*m Partner*in zu zweit, verschlossen, beschützt, durch die stürmische Umwelt braust. Ja, um hier tief ins psychoanalytische Register zu greifen, mein Vater war Motorjournalist und hat alle paar Wochen ein neues Auto »testgefahren«, über das er dann gefällig in großen österreichischen Zeitungen berichtet hat. Wie toll fand ich es als kleines Kind, mit Porsches oder großen Jeeps vor der Schule vorgefahren zu werden!

Die Motivation meines Buches reimt sich also auf »Ödipus-Komplex«, und meine Linie zum Auto ist keinesfalls eine reine, klare, eindeutige. Genau hierin liegt, wie ich versuche zu zeigen, die Wesentlichkeit des Autos in unserer modernen Gesellschaft: Wir alle hängen (subjektiv) an ihm, auch wenn wir es *sachlich, wissenschaftlich, objektiv* (nicht unverfängliche Worte, wie wir gleich sehen werden) als ökologisch katastrophal erkennen können. Hass ist nur insofern das Gegenteil der Liebe, als dass sich Gegensätze anziehen und gegenseitig bedingen. Beim Auto kennen die meisten den wilden Wechsel zwischen Liebe und Hass, Verteufelung und Verteidigung, Auflehnung und Rationalisierung. Auch aus diesem Grund möchte ich mich vorsehen, mich auf einen dieser beiden (im Modus moralischer Debatte konkurrierenden) Pole zu situieren, und beobachte mich lieber selbst beim Oszillieren zwischen den vielfältigen Gefühlen zum Auto. Ich werde mich in diesem Buch also auch selbst zum Forschungsgegenstand machen (dem ich unter anderem auch manchmal mit kleinen narrativen Skizzen Rechnung tragen werde), um so einen direkten Zugang zur affektiven Landschaft des Autoregimes zu erlangen, deren Erschließung mir zentral zum Verstehen unseres Umweltproblems erscheint.

So sehr das Auto auch ein globales Phänomen ist, entspringt dieses Buch also sehr bewusst aus einer situierten Position und Perspektive, die den lokalen Umständen in Mitteleuropa entsprungen ist. Es ist insofern also vielleicht eurozentrisch, als dass Bücher über das Auto aus dem US-amerikanischen, westafrikanischen oder chinesischen Raum sicherlich jeweils anders klingen würden als dieses hier. Die Referenzen wie auch die Möglichkeitshorizonte (z.B. das Vorhandensein von guten ÖPNVs, starkem Anti-Auto-Aktivismus und eine einigermaßen passable Redefreiheit und Rechtsstaatlichkeit) entspringen diesem Milieu und versuchen das »Problem Auto« aus seiner Perspektive zu erklären.

Mit altmodischen Worten könnte man meinen Ansatz als einen Versuch der objektiven Forschung zum Auto im Speziellen und zur Klimakrise im Allgemeinen bezeichnen. Doch darf man nicht den Fehler machen, hierbei den ontologischen und epistemologisch fundamentalen Paradigmenwechsel zu übersehen, die das so genannte »Anthropozän« mit sich bringt. Wie Bruno Latour in seinem Buch *Kampf um Gaia* anschaulich herausgearbeitet hat, neigt der Modus einer objektiven und sachlichen wissenschaftlichen Kontroverse zunehmend dazu, von Klimaskeptiker*innen und Demagog*innen missbraucht zu werden. Wenn 99 % der Wissenschaftler*innen die massiven Folgen der Klimakatastrophe als menschengemacht und höchst bedrohlich bezeichnen, ist es eine Verzerrung der Tatsachen, wenn in meinungsbildenden Talkshows eine Befürworterin der Klimaforschung mit einem Gegner derselben diskutiert. Dann erscheint es nämlich so, als ob das bloße Für und Wider tatsächlich den Stand der Forschung repräsentiert, während die wirkliche, wissenschaftliche Debatte ganz woanders verläuft. »Das eigentliche Organ der Vernunft, die offene Debatte, wird in diesem Fall zum Organ der Manipulation.« (Latour 2017, 42)[15]

Aus diesem Grund fordert Latour, dass sich Klimawissenschaftler*innen und andere von ihrer Warte der »wissenschaftlichen Neutralität« verabschieden, da sie in der eng gewordenen Welt des Anthropozäns nicht mehr haltbar ist. Wir können nicht neutral und von außen das Verbrennen unseres Planeten beobachten, denn wir brauchen seine Luft zum Atmen. Aus diesem Grund erscheint mir das Pochen auf die Neutralität der Wissenschaften, das heute lauter denn je ist, gerade jetzt brandgefährlich: Noch nie war die Faktenlage, dass wir am Rande der größten Katastrophe der Menschheit stehen, deutlicher als heute und genauso gut wissen wir, dass es diverse, sehr kapitalstarke Agent*innen gibt, die trotz allem aus Profitgier diese Katastrophe zu verschweigen und verharmlosen versuchen (siehe z.B. Dunlap and McCright 2011, Bonneuil et al. 2021, Franta 2021, Björnberg et al. 2017).

In diesem Sinne ist meine mit Bedenken als »objektiv« und »neutral« bezeichenbare Forschung anders ausgerichtet als vielleicht anfangs angenommen: Mich interessiert, möglichst sachlich zu erforschen, wie gewisse Themen wie die Klimakrise oder unsere Autoabhängigkeit möglichst effizient thematisiert

---

15   Original: »L'organe meme de la raison, le debat ouvert, devient dans ce cas, l'organe de la manipulation.«

und also politisch mobilisierbar gemacht werden können – wie man mit und an ihnen mehr Energie zu einer bitter nötigen Veränderung gewinnen kann.

Anhand des Autos möchte ich mich der Frage widmen, warum wir öko-politisch nicht vom Fleck kommen. Ich möchte also nicht Leute zur Einsicht bringen, dass sie falsch handeln, wenn sie autofahren. Vielmehr möchte ich verstehen, warum Leute so eng am Auto und der mit ihr verwobenen modernen Lebensweise festhängen, dass sich ihre Reaktion auf wachsende ökologische Probleme zu so absurden Trotzreaktionen wie »Fuck you Greta«-Stickern und *Coal Rolling* (siehe Kapitel 3) hochschaukeln, anstatt irgendwas zu ändern. Deswegen halte ich mich wenig mit dem Für und Wider des Autos auf, sondern untersuche unsere ontologischen Kategorien und weltmachenden (»world building«) Erzählungen auf ihre Rolle in der Verursachung von ökologisch katastrophalen Konsequenzen.

»normal«

Kapitel 1: Normalität als Katastrophe

>»We like to think the world revolves
>around the Jeep Grand Cherokee.
>But actually it is the other way
>around.«
>*Werbung aus dem Jahre 1992*

Abb. 2: Aggressives Autodesign mit aufgemalten Blutspritzern

Photo von Hannah Heckhausen

Where is the panic?

Ich wandere mit ein paar Freund*innen in der Nacht eine Landstraße entlang.
Die Zikaden hüllen uns in ihr Sommerkonzert, die Sterne funkeln aufgrund

des schwülen Wetters heute eher schwächlich. Plötzlich durchbricht ein Blitz die nächtliche Geborgenheit; ein Fauchen, welches beunruhigend schnell lauter wird. Ein gleißend weißes Licht saust uns in rasendem Tempo entgegen. Wir sehen und hören plötzlich nichts mehr als die herannahende Gefahr. Die aggressiv zusammenlaufenden Augen strahlen so hell, dass alles andere dunkel wird. Instinktiv wissen wir an den Rand der Straße auszuweichen, lassen das laute Monster vorbeizischen. Es zieht einen roten Schweif hinter sich her und schon ist es wieder verschwunden. In unseren Rücken röhrt es noch ein bisschen. Zaghaft öffnen sich unsere Augen und Ohren wieder. Es wirkt so, als ob die Wesen der Nacht nach dieser kurzen Atempause wieder ihr normales Wuseln, Murmeln und Zwitschern aufnehmen. Die Bäume rascheln, die Nachtvögel singen wieder. Wir Menschen gehen weiter, nehmen das Gespräch von vorher unbeeindruckt wieder auf und tun so, als sei nichts passiert.

Ich stelle mir manchmal vor, diese Szene widerfährt einer meiner Vorfahr*innen vor, sagen wir mal, 300 Jahren irgendwo im mitteleuropäischen Flachland. Falls diese Person den ersten Schock über diesen unbegreiflichen Vorbeiflug eines dämonischen Wesens überlebt hätte, wären ihre Erzählungen wohl in den Kanon der lokalen Sagen und Mythen eingegangen. Ich sehe sie am Abend darauf am Lagerfeuer sitzen und aufgeregt die Geschichte von einem rußspeienden Drachen, dem sie glücklicherweise entkommen konnte, der gebannten Dorfgemeinschaft erzählen. Wahrscheinlich hätten sich ihre Kinder und Kindeskinder noch von diesem brüllendem Dämon in immer ausgeschmückteren Mythen von lokalen Monstern einen nächtlichen Gutenachtgeschichten-Schreck eingejagt. Der Vorbeiflug hätte es in die lokalen Lieder und Geschichten gemacht, begleitet von Warnungen davor, allein des Nachts im Feld unterwegs zu sein und auf trügerische Funkelaugen in der Nacht zu achten.

Für uns hingegen, als an die moderne Variante des »Guten Lebens« gewöhnte Menschen, hat diese Szene etwas so Alltägliches, dass sie kaum je eine Erwähnung finden würde. Selbst während einem eine solche geschieht, ignoriert man sie meist geflissentlich, auch wenn man das Gespräch oder den Gedanken kurz unterbrechen muss, weil das Gefährt in dieser Splitsekunde der Vorbeifahrt zu laut und zu bedrohlich ist. Der Rücken mag sich leicht verhärten, der körperliche Adrenalinspiegel steigen, doch zumeist ist man eh ganz woanders mit den Gedanken – genauso wie die vorbeifahrende Person.

In diesem ersten Abschnitt möchte ich entwickeln, wie diese unsere Normalität eine ökologische Katastrophe darstellt und welche politischen wie analytischen Folgen und Probleme aus diesem Umstand hervorgehen. Üblicherweise werden Normalität und Katastrophe als einander gegensätzliche Begriffe verstanden, was ihre Gleichsetzung kontraintuitiv macht. Normalität setzt unsere begrifflichen Rahmen, Erwartungshaltungen und Ideen von Stabilität und Richtigkeit. Genau diese Normalität als Katastrophe zu verstehen, bedarf eines spekulativen Abstands, der kaum im *normalen* Alltag herzustellen ist. Aus diesem Grund wird das erste Kapitel dieses Abschnitts sich weit in die eher diffus erscheinenden Bereiche der Spekulativen Fiktion wagen, um von diesen fernen Ufern ein Verständnis unserer Normalität zu entwickeln, welches aus den konkreten Bezügen unserer Alltäglichkeit kaum herzustellen ist. In einer Art Cut-Up wird versucht etwas zu evozieren, welches durch die starken Normalisierungstendenzen der modernen Kultur zumeist unwahrnehmbar und unadressierbar bleibt. Es geht an die Ränder des innerhalb der Moderne Verstehbaren und wird folglich für manche mit (sehr modernen) Ansprüchen von Klarheit, Eindeutigkeit und Stringenz unbefriedigend bleiben. Das zweite Kapitel dieses ersten Abschnitts wird sich dann durch vorwiegend historische Rückblicke mit der *Normalisierung* dieser Katastrophe beschäftigen, während das dritte und diesen Abschnitt abschließende Kapitel die Frage nach Bedingung und Möglichkeit einer *Politik gegen das Normale* stellt – eine Aufwärmarbeit für die später folgenden Abschnitte zu Utopien und Politiken jenseits des Anthropozäns.

»*I want you to panic*« – dieser berühmte Satz Greta Thunbergs, ausgesprochen vor dem EU-Parlament im Jahr 2019, bezeichnet das ambige Verhältnis zur Klimakatastrophe, welches unsere Gesellschaften weiterhin prägt. Die letzten Jahre haben einen massiven Einstellungswechsel zum ökologischen Problem auf höchsten politischen Ebenen gesehen. Wurde es vor nur wenigen Jahren noch eher verschwiegen, haben mittlerweile zahlreiche Staaten, das EU-Parlament und sogar der Papst den »globalen Klimanotstand« ausgerufen. Der UN-Generalsekretär António Guterres (2022) bezeichnete in einer vielbeachteten Rede im April 2022 »Investitionen in neue fossile Infrastruktur« sogar als »moralische[n] und wirtschaftliche[n] Wahnsinn«.

Dennoch ändert sich viel zu wenig. Um bei unserem Fokuspunkt der Automobilität zu bleiben, wird nach allen seriösen Prognosen sowohl die absolute Anzahl der Autos als auch deren durchschnittliche Größe, wie auch die Gesamtkilometerzahl der automobilen Straßeninfrastruktur nicht nur global, sondern selbst in »entwickelten« Industrienationen, die kaum mehr eigenes Bevölkerungswachstum verzeichnen, in den nächsten Jahren weiterhin massiv steigen. Der Rückbau von Autobahnen oder Autoabhängigkeit ist als politisches Projekt nach wie vor in weiter Ferne. Der dicke SUV scheint immer

noch für mehr Menschen dem Ideal des verwirklichten guten Lebens zu entsprechen, als eines, welches nachhaltigen Standards zu folgen versucht.

In dieser Gemengelage kann Panik zur politischen Forderung werden. Es
mag eine*m auf den ersten Blick gar nicht auffallen – weil es eben so normal ist
– aber Panik ist in keiner anderen Katastrophenlage eine politische Forderung,
sondern viel öfter ein politisches Problem. »Keep calm and carry on« ist der
mittlerweile berühmte propagandistische Beruhigungsversuch der britischen
Regierung während des Bombenterrors im Zweiten Weltkrieg gewesen. Auch
bei Vulkanausbrüchen, Erdbeben, Pandemien oder Terroranschlägen würde es
weder Aktivist*innen, noch Politiker*innen einfallen, die Bevölkerung zu Panik aufzurufen. Vielmehr bedarf es in normalen Katastrophensituationen der
Beruhigung und Besonnenheit, um in dieser Ausnahmesituation möglichst effektiv die nötige Arbeit zu verrichten.

Was macht die Klimakatastrophe also so anders? Rational wissen wir von
der Misslichkeit der Lage. Am »Erdüberlastungstag« oder »Earth Overshoot
Day«, der jedes Jahr früher eine müde Schlagzeile macht, rechnen wir uns vor,
dass an diesem Tag alle regenerativen Ressourcen des Planeten verbraucht
wären, wenn alle menschlichen Erdbewohner nach US-amerikanischen (14.
März), europäischen (10. Mai), deutschen (3. Mai) oder österreichischen (6.
April) Durchschnittsmaßstäben leben würden. Wir wissen abstrakt, dass
unsere Vorstellungen des Guten Lebens ein vampirisches Verhältnis zum
Planeten verlangen. Es ist unschwer diesen durch alle Medien gehenden
Meldungen zu entnehmen, dass der normale Hergang des modernen Welt-
geschehens eine planetare Katastrophe darstellt, deren Ablaufzeit wie eine
Bombe tickt. Aber es ändert sich angesichts dieser Perspektive kaum etwas
am Ideal des Guten Lebens und dessen weiterer Ausbreitung. Unsere hegemonialen Ideen von guter Wirtschaftsentwicklung und Chancengleichheit
garantieren, dass der Verbrauch von Erden im globalen individuellen Durch-
schnittskonsum von Ressourcen von derzeit 1,74 Erden pro Jahr weiterhin
steigen wird. Immer mehr Menschen wollen so leben, wie es der »American
Way of Life« ursprünglich versprochen hat. Und wenn sich dieser zunehmend
bedroht fühlt, bewirkt dies bei vielen eher eine Verhärtung in alten als ein
Suchen nach neuen Idealen. Die Politikwissenschaftler Markus Wissen und
Ulrich Brand weisen in ihrer Studie zum SUV darauf hin, dass die Motivation
zum Kauf eines noch umweltschädlicheren Vehikels zumeist nicht aus einer
Haltung des Unwissens oder Leugnens der Klimakrise erfolgt, sondern als
Reaktion auf diese (Brand & Wissen 2019, Kapitel 6). Wenn das Wissen von der
Umwelt als katastrophale Bedrohung wächst, neigen große Teile der Bevölke-

rung dazu, sich durch noch massivere Grenzmauern und Stahlkarosserien im toxischen Status quo zu verschanzen.[1] Gerade weil die zukünftige Katastrophe diffus erkannt wurde, sucht man Schutz in dickeren Wänden desselben Paradigmas. Die Tödlichkeit des eigenen Lebensstils wird dann inkorporiert oder – in extremen Fällen – sogar gefeiert, wie im Bild am Anfang dieses Kapitels. Doch es kommt keine Panik gegenüber dieser langsam rollenden Katastrophe auf.

Wie wir später noch genauer sehen werden (Kapitel 5), setzt der gesellschaftliche Umgang mit der Klimakatastrophe eine Körper-Geist-Trennung voraus, durch die das Problem zwar rational verstanden und erkannt wird, dieses aber selten körperlich, affektiv oder sinnlich gefühlt werden kann. Tatsächlich ist die moderne Kultur großteils dahingehend ausgelegt, die Gewalt gegen Umweltbezüge und nicht-moderne Wesen, welche Rob Nixon (2013) als »slow violence« bezeichnet, zu rationalisieren und jeden körperlichen-sinnlichen Umgang mit ihr zu unterdrücken.

Als illustratives Beispiel hierfür lässt sich eine Szene aus David Lynchs weniger bekanntem Film *The Straight Story* von 1999 heranführen. In dieser begegnet der Protagonist Alvin Straight auf einem Roadtrip einer Unfallszene. Auf einsamer Landstraße liegt der zerfetzte Körper eines Rehs vor einem zerbeulten Kleinwagen. Die Fahrerin steht sichtlich traumatisiert vor dem blutigen Tierkadaver, Alvin Straight bleibt stehen, nähert sich dieser vorsichtig und fragt höflich, ob er ihr helfen kann, worauf diese in einen verzweifelten Schreianfall verfällt, der sich in voller Länge in Originalsprache zu zitieren lohnt:

»No, you can't help me. No one can help me. I've tried driving with my lights on, I've tried sounding my horn, I scream out the window, I-I roll the window down and bang on the side of the door and play Public Enemy real loud! I have prayed to St. Francis of Assisi, St. Christopher too-what the heck! I've tried everything a person can do, and still, every week, I plow into at least one deer! I have hit thirteen deer in seven weeks driving down this road, mister! And I have to drive down this road! Every day, forty miles back and forth to work! I have to drive to work, and I have to drive home!«[2]

---

1   Ich werde diese Analyse implizit im Kapitel 4 »Maschinenmännlichkeit« und explizit im Kapitel 8 »Schutzraum« weiter ausführen.

2   Diese wunderbare Szene empfiehlt es sich hier nachzusehen: https://www.youtube.com/watch?v=cCsqyOaPsP4

Der Protagonist kann diesem panischen Ausbruch nur mit betroffener Miene beiwohnen, warten, bis sich die heulend auf- und ablaufende Frau »ausgetobt« hat und wieder *zur Vernunft kommt*. Mehr ist da nicht zu tun. Ihr Verhalten fällt außerhalb des Rahmens des noch Akzeptierbaren und man kann nur abwarten, bis sie wieder von selbst in die normale Gefühlskultur der Moderne findet. Weder er noch sie werden aufhören mit dem Auto und auf dieser Straße zu fahren und also potentiell weitere Rehe zu töten. Das wissen sie beide. Die ökonomische, aber auch kulturelle und soziale Normalität lässt alles andere als unmöglich erscheinen. Nach einiger Zeit beruhigt sich die Frau wieder, klappt ihre beschädigte Motorhaube zu und fährt ab. Beim Einsteigen ruft sie laut heulend aus »BUT I LOVE DEER!«

Es ist diese Vernunft, die jegliche gefühlsmäßige, körperliche Reaktion gegenüber Umweltzerstörung als unvernünftig oder gar wahnsinnig erscheinen lässt, welche die Matrix unserer katastrophalen Normalität bildet. Sicherlich hat sich die Frau geschämt, eine so »unvernünftige« Szene in Reaktion auf einen alltäglichen Kollateralschaden der Moderne abzuliefern. Sie wird ja auch wieder töten. Deswegen läuft sie auch alsbald weg – zurück in den Schutz des Autos (Kapitel 8). Der einzige affektive Platz für Gefühle gegenüber der sogenannten Natur ist jener der sublimierenden, romantisierenden und abstrakten Liebe: Man liebt die Rehe, die unberührten Wälder, die wunderschönen Ozeane, die man nur mit dem Auto erreicht (siehe weiter unten), weil man keine anderen Gefühle zu ihnen zulassen kann. Es ist kein Platz in dieser Normalität für eine Kultivierung der affektiven Basis von Umweltzerstörung: stattdessen lässt sich diese nur in immer krasseren Zahlen ausdrücken. Wir rechnen weiter, wie katastrophal die Lage ist. Panik, Angst, Horror oder Schrecken vor der Umweltkrise aber werden innerhalb dieser gesellschaftlichen Affektordnung nie aufkommen können. Es hängt zu viel vom eigenen Selbst mit ihm Spiel, um darüber in Panik zu verfallen. Man müsste die eigenen epistemologischen Fundamente hinter sich lassen, die dieses bestimmte Umweltverhältnis bedingen – und diese Nabelschau ist mit keinem normalen Alltag vereinbar.

Gefühle aus dem Wurmloch

Wir kennen alle diese Vernunft, wenn wir den Tierkadavern kaum Beachtung schenken, während wir eine »normale« Landstraße entlangfahren oder gehen. Wenn wir uns freuen, dass weniger Insekten an der Windschutzscheibe kleben. Wenn wir weiterreden, während die lärmenden Autos an uns vorbeibrausen. Wenn wir den Gestank auf einer viel befahrenen Straße lieber nicht beachten. Wenn wir die Gefahr, die ein Auto im Stadtbild darstellt, nicht mal mehr wahrnehmen. Wenn wir Kinder anschreien, wenn sie zu gedankenlos auf der Straße herumtollen. Wenn wir vor einer roten Ampel stehen bleiben, selbst wenn weit und breit kein Auto in der Nähe ist.

Dieses *Wir* adressiert an dieser Stelle des Textes alle, die die Mittel und Zeitressourcen haben, diesen Text zu lesen. *Wir* haben alle Teil an dieser Normalität. Genau deswegen wird es *uns* auch als trivial und moralinsauer erscheinen, sich über ein paar tote Hasen am Wegesrand zu echauffieren. Sterben nicht tausende Menschen am Tag an Hunger, Krieg und Misshandlung?

Tatsächlich ist es die Schwierigkeit einer Analyse der *Normalität als Katastrophe*, diese den Teilhabenden – und das sind wir alle – an dieser Normalität ihre Katastrophalität näher zu bringen, *außer in abstrakten Zahlenreihen*, die niemanden (affektiv) berühren. Zu zahlreich und eng mit unseren Wertvorstellungen und psychosozialen Funktionsweisen verzahnt sind die Normalisierungs- und also Trivialisierungstendenzen. Auf die Normalität als Katastrophe können wir begrifflich und affektiv kaum vorbereitet sein.

Wie gesagt, ist die Katastrophe üblicherweise das, was die Normalität der Dinge unterbricht und einen Ausnahmezustand, eine heftige Reaktion oder Zäsur hervorbringt. Unzählige Hollywoodfilme handeln von dieser Art der Katastrophe, in der ein (zumeist männlicher) Held seine (zumeist) heterosexuelle Kernfamilie vor dem Vulkanausbruch/Meteoriteneinschlag/ Terroranschlag/feindlichen Angriff etc. in Sicherheit bringt (zumeist mit einem Auto). Auf diese Katastrophe sind wir kulturell vorbereitet. Wir können sowohl körperliche wie geistige Trainings gegen diese Art der Katastrophe absolvieren, uns bei humanitären Freiwilligenverbänden einschreiben oder Spendenaufrufen folgen.

Um sich also einen kulturellen Rahmen zu erschließen, der diese normale und alltägliche Katastrophe als solche nicht nur erkennen, sondern auch fühlen kann, bedarf es eines spekulativen Außen unserer beinahe alles umfassenden modernen Kultur. Wir werden hierfür die fiktionale Materialsammlung *Always Coming Home* der kalifornischen Schriftstellerin Ursula Le Guin heranziehen. Le Guin bezeichnet dieses 1985 erschienene Werk als eine »Archäologie der Zukunft« und in ihr versammelt sie in ethnographischem Stil Lieder, Mythen und Geschichten einer fiktiven, wahrhaft nach-modernen Gesellschaft, welche in einigen Jahrtausenden die kalifornische Küste bewohnen wird. In dieser Welt hat die moderne Kultur bereits vor langer, langer Zeit ihr Weltenende erlebt und es sind nur mehr sehr wenige Überreste von dieser geblieben. Zwar gibt es noch diverse radioaktiv und anders verseuchte No-Go-Zonen, oder einen allein vor sich hinsummenden, autarken Serverpark, der manchmal von sinnsuchenden Menschen als Orakel aufgesucht wird, das normale Leben der humanen Bewohner*innen dieses nordamerikanischen Kontinents in ferner Zukunft ist jedoch kaum mehr von modernen Begriffen und Institutionen geprägt und hat sich stattdessen Formen angenähert, welche den indigenen Kulturen aus vor-kolumbianischer Zeit ähneln. Die moderne Konsumkultur erscheint aus dieser Perspektive einer *longue durée* als metaphysischer Ausreißer und pathologischer Einzelfall, der schon längst wieder von den zyklischen Katastrophen der planetaren Biosphäre reguliert wurde.[3]

Die kurze Erzählung »A Hole in the Sky« stellt innerhalb von Le Guins Materialsammlung eine der wenigen Verbindungen zu unserer gegenwärtigen Moderne her und dient uns hier als spekulatives Außen, von dem wir die moderne Normalität erfühlen werden. In ihr fällt ein namenlos bleibender Protagonist durch etwas, das wir in unseren Begriffen vielleicht als ein spontanes Wurmloch im Raum-Zeit-Gefüge nennen könnten, und befindet sich plötzlich in einer Welt, in der die Topographie der kalifornischen Küstenlandschaft zwar noch dieselbe ist, die Luft jedoch ganz anders riecht, die Bäume ungesünder wirken und ihm vor allem eins auffällt: Im Tal, wo in seiner Welt das Meer beginnt, befindet sich eine ungeheuerlich anmutende Aufreihung von: »Mauern, Dächer, Straßen, Mauern, Dächer, Straßen, Mauern, Dächer, Straßen, Mauern, Dächer, Straßen, so weit er sehen konnte« (Le Guin 2016, 154).

Nach dieser für ihn verblüffenden Erstbewertung der Lage möchte er diese Welt, in die er sich unerwarteterweise geworfen findet, erkunden. Doch nach nur ein klein wenig Bewegung wird er sofort getötet. Aber er gibt diese Séance nicht auf, sondern kehrt zurück und wird auch beim zweiten und dritten Erkundungsversuch sofort getötet.

Erst beim vierten Sprung in das Wurmloch bemerkt er, dass auf der großen Straße rußende Motoren so schnell hin und her sausen, dass er sie bisher übersehen hatte. Nun hört er ihr ununterbrochenes Lärmen und betrachtet die Straße: »Die Straße war mit verfaultem Blut und Fett und Fleisch und Fell und

---

3   Diese Beobachtung deckt sich mit gegenwärtiger anthropologischer Forschung, wie u.a. jene von Descola & Charbonnier 2017 oder Graeber & Wengrow 2021, welche die europäische Moderne als kosmologischen Ausreißer in der langen und vielfältigen Geschichte der Menschheit begreifen.

Federn bedeckt. Es stank. In den Kiefern am Straßenrand saßen Bussarde und warteten darauf, dass die Motoren aufhörten vorbei zu fahren, damit sie essen konnten, was getötet wurde. Aber die Motoren hörten nie auf, auf und abzufahren, auf und ab, mit lautem Getöse auf und ab zu sausen.« (Ibid.)[4]

Endlich findet unser Besucher der Moderne einen Weg um diesen automobilen Todesstreifen in die naheliegende Siedlung. Dort ist er erstaunt über die Verlassenheit der Häuserreihen sowie den stechenden Verwesungs- und Verbrennungsgestank überall. Hier muss sich eine Katastrophe ereignet haben. Die wenigen Leute, die er auf der Straße antrifft, nehmen ihn nicht wahr. Sie blicken »hintenrum«, zwischen ihre Schulterblätter. Er betritt ein Haus, in dem eine Gruppe Menschen bei Tisch sitzt und isst, ohne den Eintretenden zu bemerken. Da er hungrig ist, geht er in die Küche, die »voller Boxen« ist und »in den mit Boxen gefüllten Boxen fand er endlich Nahrung«. Doch alles, das er probiert, ist vergiftet. Also geht er in den Garten und pflückt einen Apfel, doch auch dieser schmeckt nach Messing und Kupfersulfat. Die Leute am Tisch unterhalten sich auf mechanische Weise. Es klingt für ihn wie Gewehrsalben, die sagen: »Kill people! Kill people!«.

Neben diesen paar Menschen am Küchentisch findet er kaum andere »Leute« [people]   nur ein paar Ameisen, Pflanzen und einen Bussard (die in der Ontologie des Besuchers auch als »people« firmieren). Er zieht durch die Stadt, und die Luft ist so dick, dass er nach dem Waldbrand sucht, von dem all der Rauch stammen muss. »Er lief zwischen den Mauern und Dächern, den Straßen und Häusern entlang, ging weiter und weiter und kam nicht an ihr Ende. Er kam nie bis an ihr Ende.« (Ibid. 156).[5] In all diesen Häusern leben dieselben seltsamen Menschen, die elektrische Kabel im Ohr stecken haben und blind und taub sind. Sie sehen nicht, was »inside the world«, *in der Welt* ist, sondern starren gespenstisch in außerweltliche Fernen. »Sie rauchten Tag und Nacht Tabak und führten ständig Krieg. Er versuchte, dem Krieg zu entkommen, indem er weiterzog, aber er war überall, wo sie lebten, und sie lebten überall. Er sah, wie sie sich versteckten und sich gegenseitig umbrachten. Manchmal

---

4   Original: »The road was coated with rotten blood and grease and flesh and fur and feathers. It stank. There were buzzards in the lodgepole pines along the roadside waiting for the motors to stop going by so they could eat what got killed. But the motors never stopped going up and down, up and down, whizzing with a loud noise up and down.«

5   Original: »He went down among the walls and roofs, the roads and houses, walking on, walking on, and did not come to the end of them. He never came to the end of them.«

brannten die Häuser über Meilen und Meilen hinweg. Aber es waren so viele von diesen Leuten, dass sie gar nicht mehr aufhörten.« (Ibid.)[6]

Es ist unschwer zu erkennen, dass diese Welt, die dem Protagonisten als verstetigte Katastrophe erscheint und ihn zur Verzweiflung und schließlich zum Selbstmord treibt, die unsere ist – also jene moderne Welt, in der der Besitz eines Einfamilienhauses mit zwei, drei Autos davor geparkt das hegemoniale Ideal des Guten Lebens darstellt und dieses konstant mehr Erden aus dem Boden saugt, als nachhaltigerweise da wären. Wo die an diese Normalität gewöhnten Menschen nichts von der Katastrophe um sie mitbekommen, erscheint es dem fiktiven Besucher wie eine Welt, die sich am Fuße eines ein paar Jahrhunderte andauernden Vulkanausbruchs gemütlich gemacht hat und die schwefelhaltige Atmosphäre zur ihrer Heimat verklärt. Er versteht nicht, warum sie nichts sehen, nichts fühlen und so gelassen in ihrer Welt von Schwefeldünsten und Gift leben können. Die Panik, die Greta Thunberg von den Modernen einfordert, ist diesem Zukunftsindigenen nicht fremd. Er hat eine Fähigkeit, die ökologischen Aktivist*innen heute mit zunehmender Dringlichkeit von der Gesamtgesellschaft mit beeindruckend wenig Erfolg einfordern: die Fähigkeit, vor der ökologischen Schädlichkeit der modernen Lebensweise zu erschrecken und in Panik zu verfallen – sie als Katastrophe von ungeheurer Dauer, Größe und Langsamkeit zu erkennen.

Was unterscheidet den Zukunftsindigenen von den Bewohnern unserer verstetigten Katastrophe? Warum besitzt dieser eine Sinnlichkeit, die uns Modernen abgeht? Sind nicht alle Menschen gleich?

Die Moderne ist geprägt von einem Bild der »Gleichheit aller Menschen«, während sie die Ausbeutungsstrukturen zwischen unterschiedlichen Arten *Mensch zu sein* immer weiter stratifiziert. Wie die sogenannte »posthumanistische« Kritik der letzten Jahrzehnte nicht müde wurde zu betonen, verbirgt sich hinter dem scheinbar »universellem Menschen« des Humanismus der *anthropos* (Alt-Griechisch für »Mensch«) als weißer, privilegierter Mann. Diesem patriarchalen und imperialen Schema gehorchen die emanzipatorischen Ideale der Moderne und es ist – hauptsächlich durch den Einsatz von fossilen

---

6   Original: »They smoked tobacco day and night, and were continually making war. He tried to get away from the war by going on, but it was everywhere they lived, and they lived everywhere. He saw them hiding and killing each other. Sometimes the houses burned for miles and miles. But there were so many of those people that there was no end to them.«

Brennstoffen – gelungen, diese Ideale in Form einer »imperialen Lebenswei-se« (Brand & Wissen 2017) auch auf manche privilegierte nicht-männliche und nicht-weiße Menschen auszudehnen: unter intensivierter Ausbeutung von Natur und weiterhin ausgegrenzten Menschen. Das Auto, um wieder zu unserer Kernmetapher zurückzukehren, ist heute nicht mehr nur wei-ßen privilegierten Männern zugänglich, sondern kann auch von weiblich, transgeschlechtlich, schwarz oder braun gelesenen Körpern gefahren werden: Oftmals sind es sogar verstärkt diese Gruppen, die den Schutzraum eines Au-tos brauchen, um sicher durch den normalen Alltag der Moderne zu kommen (siehe Kapitel 8).

Die moderne Kultur bietet durch technische Prothesen wie dem Auto al-so die Möglichkeit, ein paar wenigen ursprünglich nicht-privilegierten Men-schen Zugang zum modernen Ideal des Guten Lebens zu verschaffen. Hierin liegt der vielleicht wesentliche Reiz des modernen Versprechens von »Entwick-lung« und »Wachstum«, welches gegenwärtig hauptsächlich in nicht-europäi-schen und nicht-weißen Ländern seine größten Absatzmärkte findet. Wie wir in den nächsten Kapiteln genauer sehen werden, konnte und kann dies nur aufgrund des Abschöpfens von über Jahrmillionen gespeicherter solarer Ener-gie in Form von Kohle und Öl geschehen. Es ist allbekannt, dass diese im geo-logischen Maßstab extrem kurze Phase bisherigen fossilen Wirtschaftens das planetare Ökosystem aus dem Gleichgewicht gebracht hat und also auch das Überleben *der Menschheit* bedroht.

Die Kurzgeschichte Ursula Le Guins kann uns hierbei allerdings ver-deutlichen, dass diese Bedrohung des Überlebens von menschlichen Wesen nicht nur eine in der Zukunft liegende ist, sondern für viele bereits vor Jahr-hunderten eine sie auslöschende Realität war. Wie z.B. die brasilianischen Anthropologen Eduardo Viveiros de Castro und Deborah Danowski in ihrem Buch *The Ends of the World* beschreiben, endet für viele indigene Völker [people] der Amerikas die Welt seit 1492. Durch die Vertreibung, Verdrängung, ras-sistische Abwertung, sowie auch das Einschleppen von davor unbekannten Krankheitsstämmen und der teilweise genozidalen Auslöschung der indi-genen Bevölkerung, hat für einen großen Teil der amerindischen Menschen die Welt bereits geendet – und dies genau aufgrund der sogenannten »Ent-deckung« Christopher Columbus', welche nach der modernen Erzählung für viele den Anfang aller modernen Errungenschaften darstellte. Eine ähnliches Weltenende stellte die wachsende Dominanz der europäischen Moderne auch für viele schwarz gelesene Menschen dar, auf deren versklavten Rücken der aufkommende Kolonialismus und Kapitalismus der Moderne erst entstehen konnte (vgl. Yusoff 2018). Das »Ende der Welt« liegt für viele menschliche Stimmen bereits hinter ihnen – und selbiges gilt ebenso für viele andere Lebensformen, die in amerindischen Kosmologien zumeist auch als »people« angesehen werden und nicht so scharf vom »Menschen« abgetrennt werden, wie das im abendländischen Denken üblich ist: also diversen Tieren und Pflanzen.

Der Zukunftsindigene aus Le Guins Geschichte findet auf seiner Wurmlochreise deswegen so wenige »people«, die nicht dem modernen Ideal des Menschen als »anthropos« genügen, weil fast alle anderen aus dieser Umwelt des verstetigten Krieges verdrängt wurden. In unserer toxischen und modern zugebauten Welt hat der zukunftsindigene Mensch keine Chance auf bleibendes Überleben, ebenso wenig wie viele andere »people«, die wir als Jaguare, Nilpferde oder Kolibris kategorisieren würden. Aus diesem Grund ist es wichtig, das vielfach bemühte und auch kritisierte »Anthropozän« als »Homogenozän« zu präzisieren, wie es der Historiker der Kolonialisierung der amerikanischen Kontinente Charles C. Mann in seinem Buch *Kolumbus Erbe: Wie Menschen, Tiere und Pflanzen die Ozeane überquerten und die Welt von heute schufen* tut. Mit »anthropos« ist eben nicht ein allgemeiner Menschheitsbegriff gemeint, sondern eine ganz spezifische Weise, Menschheit zu performen, die strukturell nur möglich war, weil sie Weiblichkeit, Schwarzheit und Natur als »Anderes« abwertete und dadurch zur Ausbeutung frei gab. Mit ihr verbunden ist eine Weise, die Erde zu ordnen und umzubauen, die erst die Ausbeutung von so viel Ressourcen, wie für die Aufrechterhaltung der gegenwärtigen modernen Kultur nötig sind, möglich machte. Begonnen hat dies beim Plantagenwesen der Amerikas, die nur durch Sklavenarbeit möglich waren, bis fossile Brennstoffe erschlossen wurden. Seitdem hat diese Moderne ein technologisches Korsett in Form von Straßennetzen, Bergwerken, gigantischen Monokulturfeldern, Lagerhallen, Häfen, Schlafstädten und Vertriebsknotenpunkten geschaffen, die jene »imperiale Lebensweise« technisch auch auf andere, nicht-europäische Wesen ausdehnen konnte, solange sie die technischen Prothesen, mit denen sie dem »anthropos« genügen, konsumieren. Das Anthropozän homogenisiert den Planeten nach dem Maßstab des modernen »anthropos« und verdrängt die meisten anderen Lebensformen.

Dieser Verdrängungsprozess wird in wissenschaftlichen Begrifflichkeiten als *Sechstes Massenaussterben* bezeichnet. Derzeit sterben grob geschätzt ca. 100-mal so viele Arten pro Jahr aus, wie es im Langzeitdurchschnitt der letzten Jahrmillionen der Fall war. Allein im Zeitraum von 1970 bis 2010 ging dem *Living Planet Index* zu Folge die biologische Vielfalt um 65 Prozent zurück.

Eine Zeit, die vielleicht nicht ganz zufällig mit der rasanten Ausbreitung des Autos als *dem* modernen Mobilitätsparadigma zusammenfällt. Damit reiht sich unsere moderne Epoche in eine Kette von geologischen Katastrophen ein, wie zuletzt jene der sogenannten Kreide-Paläogen-Grenze vor 66 Millionen Jahren, die unter anderem das Ende der Dinosaurier besiegelte.

Doch wohingegen bei diesem *Fünften Massenaussterben* eine singuläre Katastrophe wie ein Meteoriteneinschlag als Auslöser angenommen wird, handelt es sich beim Sechsten Massenaussterben um die katastrophale Ausbreitung *einer* Lebensform auf diesem Planeten über ein paar hundert Jahre hinweg. Diesmal ist es nicht ein planetar von Außen kommender Kataklysmus, sondern eine von innen entstandene Verdrängung. Die ökologische Katastrophe des Sechsten Massensterbens hat daher nicht bloß rein biologischen Charakter, sondern auch zentrale ethologische Dimensionen: Es hat sich ein Normalitätsrahmen so massiv auf diesem Planeten ausgebreitet, dass diverse andere Lebensformen weichen müssen. Dies betrifft nicht nur sogenannte »Tiere«, »Pflanzen« oder »Bakterien«. Selbst für viele Weisen, Mensch zu sein, ist die moderne Welt und ihre Art den Krieg zu verstetigen, eine sie auslöschende Katastrophe.[7] Weder der fiktive Protagonist in Le Guins Kurzgeschichte noch meine erdachte europäische Vorfahrin vor drei Jahrhunderten würde in heutigen modernen Welten wohl lange überleben können.

Mir war es wichtig, an den Anfang dieses Kapitels diese kleine und triviale Straßenszene aus eigener Erfahrung zu stellen, um zu verdeutlichen, dass auch wir diesem Horror und der Verzweiflung, die der Zukunftsindigene in Le Guins Erzählung angesichts der Alltäglichkeit der modernen Welt erfährt, nachspüren können: In uns allen liegen diverse Formen und historische Schichten von Menschlichkeit, Tierhaftigkeit, Pflanzenhaftigkeit, Bakterienhaftigkeit etc. und ein wesentlicher Baustein zur Emanzipation von modernen, ökologisch katastrophalen Lebensweisen ist das Abbauen und »Hospicing« des Ideal des monolithischen *anthropos* und seinen Idealen von Einförmigkeit, Ordnung und Konsistenz, die wir mit Vanessa Machado de Oliveria im nächsten Abschnitt genauer erarbeiten werden.

---

7   Dem entgegengesetzt gibt es dafür ein paar wenige, dominante nicht-humane Arten, die sehr gut mit und neben dem »Modern Way of Life« auskommen: Kakerlaken, Ratten, Möwen, Katzen, Hunde, Quallen, die E-Coli-Bakterie, der Corona-Virus, die Rotalge, das japanische Springkraut oder die Goldrute, um nur ein paar wenige zu nennen …

Der verstetigte Krieg

Um die affektive Basis dieser Normalität etwas genauer zu verstehen, können wir Le Guins spekulative Außenperspektive mit ausgewählten Stimmen spätmoderner Philosophie anreichern, um das Erleben des Zukunftsindigenen besser zu verstehen.

Zentral ist hierfür der Begriff des Krieges. Für den Zukunftsindigenen erscheinen die alltäglichsten Handlungen der Modernen – sei es in der Küche aus Aluminium- und Plastikboxen essen oder Auto zu fahren – als ob sie ununterbrochen Krieg führten. Diese Intuition werden wir in den nächsten beiden Kapiteln immer stärker anfüttern. Als Basis hierfür werden wir den Gesprächsband *Der reine Krieg* von Paul Virilio und Sylvère Lotringer heranziehen, der drei Jahre vor *Always Coming Home* erschienen ist.

In diesem gehen die beiden Gesprächspartner*innen in eher postmodern schwammiger Manier der Intuition nach, dass Heraklits Diktum des »Kriegs als Ursprung aller Dinge« für die Moderne tatsächlich verwirklicht ist. Nicht nur, dass das Auto in wesentlichen Designentscheidungen dem Panzer nachempfunden ist (Aicher 1984), das Düsenflugzeug seinen Ursprung im Kriegseinsatz findet und Telefon und Internet auf militärische Geheimdienstinteressen zurückgehen, auch Schlüsselmaterialien der modernen Konsumgesellschaft, wie Plastik, Aluminium, oder eben das Auto, erlebten ihren großen Innovationsboom und ihre massive Produktionssteigerung nur aufgrund der enormen Materialanforderungen des Zweiten Weltkriegs, für die sich nachher im »Frieden« der Nachkriegsordnung ein anderer Absatzmarkt bilden musste, der zum Bodensatz des Konsumkapitalismus wurde.[8]

---

8   »Der Zweite Weltkrieg bot einen Anreiz, die Produktion von Plastik zu vervielfachen, und es ist schwierig, die Kunststoffherstellung von diesem historischen Ereignis zu trennen. Die Kriegsanstrengungen brachten alles hervor, von Teflon, das in der Atombombe verwendet wurde, über neuartige Textilien, die für Fallschirme entwickelt wurden, bis hin zu Kunststoff-Windschutzscheiben für Flugzeuge, bekannt als Plexiglas oder Perspex (was die Windschutzscheiben für die Piloten weniger gefährlich machte), und – noch heimtückischer – zu zunehmend tödlichen Waffen. Diese Erfindungen verbreiteten ein triumphales Gefühl, das eng mit den Kriegsanstrengungen verbunden war. [World War II provided an incentive to vastly multiply the production of plastics, and it is difficult to separate out plastics manufacture from this historical event. The war effort produced everything from Teflon, employed in the atomic bomb, to novel textiles developed for parachutes, to plastic windshields of planes, known as Perspex or Plexiglas (which made the windshields less hazardous to the pilots), as well as more insidiously to increasingly lethal weapons. These inventions carried a tri-

Laut Virilio ist das gesamte Wesen der spätmodernen Ökonomie und ihrer Logistik jenes einer verstetigten Kriegswirtschaft, in der alles einer totalen Mobilmachung zur reinen Warenform unterworfen ist.

Nur hierdurch ist der das schläfrige Vorstadtidyll und den Pendlerverkehr zu den Arbeitsplätzen ermöglichende Warenverkehr denkbar: Die Logik des Krieges bildet, laut Virilio, die Außenseite unserer hypermodernen Komfortbeschleunigung, derer wir im Innenraum kaum gewahr werden können. Das träge Vorstadtleben, welches der ungläubige Zukunftsmensch besucht, wäre demnach das Resultat und die logische Fortführung der diese Form des Guten Lebens ermöglichenden Technologien – und das ganz unabhängig von ihrer Verwendung und dem politischen Status des jeweiligen Nationalstaates. Die Abgase der Auspuffe, die rationierende Verpackung der Lebensmittel, das Lärmen der Motoren sowie die permanent abwesende und doch aufmerksame *Alertness* von Telekommunikation verstetigen den Krieg genauso in Zeiten des Friedens, wie es die globalen Ausbeutungsdynamiken des extraktivistischen Kapitalismus tun, um den Ressourcenhunger zu stillen. Der zentrale Unterschied zu dem, was wir landläufig »Krieg«[9] nennen, mag vielleicht sein, dass man in letzterem noch regelmäßig in Panik vor Fliegerbombenalarms und anderen verfällt, während der komfortable Innenraum der modernen Konsumgesellschaft zu glatt für das Aufkommen von Panik ist. Doch für den uns besuchenden Zukunftsindigenen sieht die Situation anders aus: Für jedes Match

---

umphant feeling, deeply tied to the war effort.]« Heather Davis, Plastic Matter, p. 27 – für den Zusammenhang von Aluminiumproduktion und Kriegswirtschaft siehe Mimi Sheller, Aluminium Dreams – The Making of Light Modernity. MIT Press 2014.

9   Es ist verständlich, dass manchen solche aufgeblähten Begriffe von Krieg und Katastrophe anstößig und falsch erscheinen mögen. Immerhin gibt es auch »tatsächliche« Kriege und »tatsächliche« Katastrophen und eine Gleichsetzung unserer Normalität, in der – wie Verteidiger der Moderne nicht müde werden zu wiederholen – es »den Menschen so gut geht wie nie zuvor«, mit Krieg wirkt gefährlich verharmlosend gegenüber echten Kriegen. Aktuell würden sich diverse Kriegsgeflüchtete aus der Ukraine, Syrien, Palästina oder Afghanistan nichts sehnlicher wünschen, als an dieser »kriegerischen« Normalität teilzuhaben, und diesem Bedürfnis ist nichts entgegenzusetzen. Trotzdem bleibt der Umstand ein ökologisches sowie philosophisches Problem, welches sich dieses Buch jenseits moralischer Einordnungen und einfacher Antworten versucht anzunehmen. Wenn die Normalität eine Katastrophe darstellt, gerät man per Definition an die Grenzen der in dieser Normalität operierenden Begriffe und die Gleichsetzung zum Krieg ist gefährlich und darf nur der Orientierung dienen. Tatsächlich werden wir dieser Intuition von Le Guin, Virilio und Lotringer erst in den nächsten beiden Kapiteln wieder etwas genauer nachgehen und diese verständlicher machen.

im Stadion, jeden normalen Arbeitstag oder jede Wochenendurlaubsdestination bewegen sich auch in Friedenszeiten »bei uns« so viele hunderte Tonnen Erze und Metalle durch rußige Wolkenbildung, wie es in vormodernen Zeiten zumeist nur geologische Katastrophen wie Vulkanausbrüche oder Meteoriteneinschläge getan haben. Der Lebenszyklus eines Autos ist mit 20 Jahren schon sehr großzügig bemessen – aber stellt man sich vor, wie viele Millionen Tonnen Stahl neu geschürft, gegossen und verschifft werden müssen, um alleine die gegenwärtige Anzahl der globalen Autoflotte aufrechtzuerhalten, kann man sich die kriegerische Dimension auf planetarer Ebene – wie sie der Zukunftsindigene wahrnimmt – besser vorstellen. Es ist also nach Virilio und Lotringer der normalisierte Krieg,[10] der unsere moderne Gefühlskultur ausmacht. Durch ihn sind wir so abgestumpft, dass wir zwar abstrakt Gefahren *verstehen*, diese aber im alltäglichen Fühlen nicht mehr unterbringen können. Für den Zukunftsindigenen klingen selbst unsere Gespräche nur nach dem mantrahaft wiederholten »Kill people! Kill people!«

---

10   Es war vielleicht Michel Serres, der als erster diese noch recht objektlose Analyse des verstetigten Kriegs in der Postmoderne ökologisch wendete und als »Krieg gegen die Natur« verstand. Vgl. Der Naturvertrag. Suhrkamp 1994.

Auto und Umwelt: Raus in die Natur?

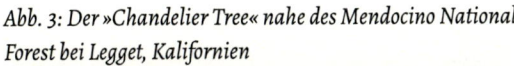

Abb. 3: Der »Chandelier Tree« nahe des Mendocino National Forest bei Legget, Kalifornien

Stephen Colebourne via Wikimedia Commons

Als ich einmal bei einer ländlichen Frühstückspension im niederösterreichischen Kamptal saß, unterhielten sich meine lauten Tischnachbarn über die »ihrige« Natur, auf die sie hörbar einen patriotischen Stolz hegten. Anscheinend verbanden sie die Schönheit und Intaktheit ihrer Umwelt mit der Großartigkeit ihrer Nation, und das angeregte Gespräch brüstete sich bald mit der lokalen Fauna und was diese nicht alles umfasst: Igel, Hasen, Rehe, ja – sogar einen Luchs hätte man neulich gesichtet! Bemerkenswert an diesem mitgehörten Gespräch war das epistemologische Mittel, mit dem sie über die Verfasstheit »ihrer« lokalen Fauna Bescheid wussten: Den Luchs hatte neulich der Schwager des Erzählers mit dem Auto angefahren und auch Rehe und Hasen sind schon mehrmals auf den Motorhauben dieser Naturkenner gelandet.

Auch wenn diese Anekdote beinahe zu zugespitzt erscheint, kann sie uns dennoch viel über unser modernes Umweltverhältnis im Allgemeinen verraten. Wie der amerikanische Umwelthistoriker Paul Sutter in seiner Studie *Driven Wild: How the Fight against Automobiles Launched the Modern Wilderness Movement* herausgearbeitet hat, ist unser moderner Begriff von schützenswerter Natur eng verzahnt mit der Ausbreitung des Autos als breit zugängliches Transportmittel. Pioniere des amerikanischen »Wilderness Movement« standen bei ihren Forderungen nach den ersten Nationalparks als Schutzzonen für »unberührte Natur« unter dem Eindruck des Autos und der für den Autoverkehr notwendig gewordenen Infrastruktur, die in den USA der 1920er Jahre immer mehr Furchen durch die Landschaften zog. Je größer die amerikanischen Städte wurden und je mehr ihrer Bewohner*innen sich ein Auto leisten konnten, desto größer wurde das Bedürfnis nach Freizeitausflügen in die sogenannte Natur. Während früher der »Rückzug in die Natur« als kritische Geste gegenüber der modernen Kultur galt, wurde er in Zeiten des Autos als integraler und freizeitlicher Bestandteil derselben Kultur integriert. Die Stadt, einst ein ummauerter Schutzraum vor der nicht-menschlichen Umwelt, wurde zu einem Stressfaktor, der die periodische Flucht in eine als »rein« hochstilisierte Natur verlangte. Wie Bertolt Brecht es ausdrückte: »Die Schwärmerei von der Natur kommt von der Unbewohnbarkeit der Städte.«

Gerade weil immer mehr Menschen ein modernes Leben führten, wurde das Bedürfnis nach »Natur« immer größer und bedrohlicher, weil: »Wenn erst einmal eine Straße in das Herz eines Wildnisgebiets hineingeführt wurde, gab es fast kein Halten mehr für die Kräfte der Entwicklung, die dieses Gebiet erodieren und schließlich zerstören würden.« (Sutter 2002, xi)[11]

Durch die im automobilen Zeitalter breitentauglich gemachten urbanen Fluchtbewegungen wurden immer mehr Hotels, Parkplätze, Tankstellen und Zubringerinfrastrukturen an und um die Orte notwendig, die genau dorthin »Kultur« brachten, wo eigentlich »Natur« ersehnt war. Seitdem ist jede Epoche, in der der Ausbau von Straßennetzen massiv vorangetrieben wird, auch eine, in der der Aktivismus für den Schutz von »Natur« und Zonen von »roadlessness« – also der Straßenlosigkeit mancher Umwelten – eine Konjunktur erlebt (vgl. Ladd 2011). Es ist für unsere Zwecke also zentral festzustellen, dass die Liebe und Verherrlichung der Natur erst ein Kind der Industrialisierung ist, welche zwar schon vor dem Auto in aristokratischen und elitären Milieus entstanden ist (vgl. Solnit 2001), aber wohl erst mit dem Auto zur affektiven Grundstimmung jedes modernen Menschen wurde. Der verzweifelte Ausruf »BUT I LOVE DEER!« ist außerhalb des Kontexts einer automobilen Gesellschaft so nicht denkbar. Gerade weil wir die Panik vor dem verstetigten Krieg unserer modernen Kultur affektiv nicht ausleben können, sublimieren wir sie tendenziell mit einer objektivierenden Verherrlichung »der Natur«. Je mehr

---

11   Original: »[O]nce a road had been pushed into the heart of a wilderness area, there was almost no stopping the forces of development that would erode and finally destroy it.«

Natur wir zerstören, desto mehr werden wir diese Natur »lieben« und verherrlichen – ein Umstand, der sich z. B. auch daraus ablesen lässt, dass Naturschutz als politische Massenbewegungen oftmals in den »entwickelteren« und also umweltzerstörerischen Staaten und Milieus den meisten gesellschaftlichen und politischen Rückhalt erleben.[12]

Die Forderung nach »unberührter Natur«, die in Nationalparks geschützt werden soll, entspringt also historisch betrachtet einer zunehmenden Abhängigkeit des modernen Menschen von automobilem Zugang. Jene Natur, die dem modernen Nationalstaat in teilweise intensiven und wichtigen Kämpfen als »schützenswert« abgerungen wurde, wurde allerdings als etwas komplett *dem* Menschen und *seiner* Kultur Äußerliches begriffen und definiert. Sowohl Mensch als auch Kultur mussten diesem Ideal der entstehenden Nationalparks im besten Fall gänzlich fern bleiben – man konnte sie nur besuchen, aber nicht aber mit der sogenannten »Natur« dauerhaft leben.

Wie der Anthropologe Philippe Descola (2015) herausgearbeitet hat, ist dieser Begriff der »Natur« als etwas »Unmenschliches« – der menschlichen Kultur Äußerliches – ein Alleinstellungsmerkmal der europäischen Moderne, welches diese von allen anderen Kulturen unterscheidet. Die allermeisten menschlichen Lebensweisen und Sprachen haben nicht mal einen dem unsrigen ähnlichen »Natur«-Begriff, da sie diverse Weisen kennen, innerhalb und mit *natürlichen Akteur*innen* zusammen zu leben, die keine radikale Absetzung in einen separaten Begriff erfordern. Descola weist darauf hin, dass sowohl *Beschützen* als auch *Ausbeuten* von Natur entgegen ihrer oberflächlichen Gegensätzlichkeit stillschweigend von derselben ontologischen Prämisse ausgehen: die Natur als etwas dem Menschen uneigenes – *ihm Gegebenes* – anzusehen.

Diese Spezifität des »Naturalismus« – wie es Descola nennt – war in der frühen Moderne bloß ein Diskurs einiger weniger privilegierter Philosophen. Doch durch die Einführung des Autos – welches, wie wir im zweiten Abschnitt genauer sehen werden, vielleicht die konsequenteste Verkörperung moderner Episteme ist – wurde dieser Naturzugang zur Normalität für die meisten Menschen im Konsumkapitalismus. Auch wenn die ersten Nationalparks in Europa

---

12 Dies trifft vor allem bei »generischen« Umwelt-Bewegungen zu, die ohne ein konkretes Ziel auf die Straße oder in die Parlamente ziehen, wie z. B. FFF, XR oder grünen Parteien. Da die schlimmsten Umweltverbrechen weiterhin in ärmeren Ländern geschehen, können konkrete Umweltproteste, wie z. B. jener in Serbien gegen den massiven Raubbau von seltenen Erden für die europäische E-Auto-Produktion, auch dort Größen erreichen, die leicht mit deutschen Bewegungen wie *Ende Gelände* mithalten können.

und den USA bereits um 1900 entstanden, breitete sich das Konzept erst wirklich nach den Kahlschlägen des Zweiten Weltkriegs aus: Immer mehr Menschen frönten dann einem automobilen Lebensstil, immer mehr Städte und Landstriche wurden dadurch zu sinnlich katastrophalen Durchzugszonen, die ein immer größeres Bedürfnis nach »unberührter« Natur hegten. Durch die verstetigte Kriegsproduktion wurde auf eine Weise auch die Natur zum Konsumprodukt. Wir konsumieren heute »Natur«, wenn wir sagen, dass wir nach einem Tag harter Arbeit noch schnell am Abend zum Strand fahren oder am Wochenende zur Erholung »in die Natur« fahren. Durch das Auto wird die Umwelt eine irrelevante Zone des Hintergrundrauschens unseres normalen Alltags, während »die Natur« – die schönen und beschützten Spots – irgendwo weiter weg sind.

Doch diese Dynamik entfremdete uns nicht nur von der Umwelt zugunsten einer konsumierbaren Natur, sondern produzierte auch einen einheitlichen Menschheitsbegriff. Als »Menschen« wurden zunehmend nur diejenigen begriffen, die Autos fahren. Gerade aufgrund des Einflusses der von »roadlessness« motivierten Nationalparkbewegung innerhalb der modernen Staatlichkeit wurde das Auto tendenziell synonym mit *dem* Einfluss *des* Menschen. Weil so viele Umwelten aufgrund automobiler Verfügbarmachung hässlich wurden, entstand die Forderung nach radikal menschenfreien Zonen, um manche »Natur« von der Zerstörung zu bewahren. Was man dabei jedoch übersah, ist, dass es auch andere Formen von Mensch-Sein gibt, die – wie jene des Zukunftsindigenen – eine andere Sinnlichkeit und Beziehung zur Umwelt haben. Wie neuere anthropologische Forschung vielfach beweist, waren indigene und auf Subsistenz basierende menschliche Lebensformen keinesfalls umweltschädigend, sondern tatsächlich zumeist biodiversitätsfördernd. Selbst der Amazonasregenwald stellt sich unter genauerer Betrachtung nicht als »unberührte Natur« heraus, sondern als Ergebnis jahrhundertelanger menschlicher Intervention und Sorge zur Förderung einer Pluralität von Lebensformen (Heckenberger and Russell 2011; Clement et al. 2015). Das Problem ist, dass unsere moderne Geisteshaltung sich diese Art Mensch-Sein gar nicht mehr vorstellen kann. Es ist – wie Robin Wall Kimmerer (2015) es ausdrückt – die Tragik des modernen Menschen, sich menschlichen Umwelteinfluss nur als schädigend und negativ vorstellen zu können, wohingegen sich indigene Vorfahren zumeist als Sorgetragende und Verbündete der Erde verstanden.

Da sich die Nationalparks als separierte Zonen des Naturschutzes als Kompromiss zwischen Naturschützern und Industriestaaten durchsetzten, kam es dazu, dass diese moderne Logik des naturfremden Menschen undifferenziert auf andere Formen von Menschsein angewandt wurde. So wurden viele andere Weisen, Mensch zu sein, gewaltsam von ihren Wohnorten vertrieben, um »die Natur zu schützen«, wie z.B. im Zuge der Errichtung des ersten amerikanischen Nationalparks »Yellowstone« die Shoshonen, Bannock, Crow und Nez Perce, die teilweise bereits seit Jahrtausenden in den plötzlich als »schützenswert« deklarierten Naturzonen lebten (Spence 2000). Wie der Umweltjournalist Mark Dowie (2011) in seiner extensiven Studie *Conservation Refugees* herausgearbeitet hat, ist dies eine grundlegende Struktur der Entstehung von Nationalparks. Ob die Massai in Ostafrika, die Karen in Thailand oder die Miwoks in den USA – durch die heute weltweit ca. 108.000 Nationalparks wurden im letzten Jahrhundert nach manchen Schätzungen bis zu 136 Millionen indigene Menschen vertrieben (Geisler 2003). Dies ist eine Tendenz, die sich – trotz einem Umdenken zu »indigenous led National Parks« in manchen Ländern – bis heute in besonders afrikanischen Ländern fortschreibt, wie ein medial recht breit diskutierter Fall von 70.000 vertriebenen Massai in den Loliondo und Ngorongoro Nationalparks in Tansania im Jahr 2022 verdeutlichte. Laut Aby L. Sène (2022) war dies kein Einzelfall, sondern gehört zur Struktur eines aus dem globalen Norden kommenden Naturschutz-Paternalismus, der vielfach Indigene vertreibt und Touristen und manchmal gar ressourcenabbauende Unternehmen »unter Auflagen« reinlässt. Um den Widerspruch auf die Spitze zu treiben, dürfen dann in diesen Naturschutzzonen zumeist reiche Personen aus dem globalen Norden auf Safari gehen, sprich: mit einem Auto die Natur konsumieren. Eine mir nahestehende Person beschrieb eine Safari in Mosambik vor kurzem als: »Es war eh sehr schön, man sah Löwen und Giraffen von ganz nah – aber man musste halt den ganzen Tag im Auto sitzen und konnte aufgrund der wilden Tiere auch nie aussteigen.«

Durch diese Art des auto-induzierten Naturschutzes wurden also andere, nicht-moderne menschliche Formen, mit der Umwelt zu leben und zu interagieren, weiter marginalisiert und verdrängt. Das Ideal des *anthropos* verbreite sich also *ex negativo* auch vermittels der Durchsetzung von Nationalparks.

Alles, was menschlich war, wurde als ähnlich umweltschädigend wie die mit dem Auto zur Natur pilgernden Städter angesehen. *Natur ist das, wo ich hinfahre. Der Mensch* als moderner *anthropos* wurde durch materielle Praktiken in der Moderne auf Weisen in unsere Umwelten einbetoniert, wie es der rein intellektuelle und elitäre Philosophiediskurs des 17. und 18. Jahrhunderts nie ohne technologisch-materielle Konkretisierung geschafft hätte. Durch technische Prothesen wie das Auto konnte aus dem Anthropozän das Homogenozän des globalisierten Kapitalismus werden.

Die Autos sind also nicht nur global einer der größten Schadstoffemitten-
ten. Sie sind zusätzlich noch ein wesentlicher Faktor in der Produktion unseres modernen Umweltverhältnisses, welches »Natur« als etwas dem Menschen und seiner kulturellen Welt Äußerliches versteht und menschlichen Einfluss auf die Natur als *per se* negativ auffasst. Deswegen schlage ich in diesem Buch vor, das Auto als eines der primären Triebkräfte hinter dem Homogenozän und der katastrophalen Homogenisierung von Lebenswelten durch
den *anthropos* aufzufassen. Überall, wo das Auto hinkann, wird nicht so sehr
die »Natur« zerstört, sondern nach modernen Maßstäben produziert, umgewandelt und übercodiert. In diesem Homogenozän ist dann »Natur« etwas,
was der Mensch nur mehr stören und zerstören kann – deswegen muss man
sie »schützen«. Alternative und sogar positive – also biodiversitätsfördernde –
Umgänge mit Umwelt, wie sie indigene, subsistenz-basierte[13] wie auch coun-
terkulturelle Lebensweisen (siehe das Beispiel der ZAD im letzten Kapitel) darstellen, werden durch das Auto marginalisiert, strukturell verunmöglicht oder
gar vertrieben. Wo immer Automobilität sich (majoritären) Zugang verschafft
hat, zeitigt sie auch eine Homogenisierung von Arten, Mensch zu sein. Egal ob
links oder rechts, Hippie oder Punk, Frau oder Mann, schwarz, indigen oder
weiß, queer oder straight: Sobald Autos einen zentralen Teil des Wirtschaftskreislaufs eingenommen haben, kann der menschliche Umwelteinfluss kaum
mehr nicht nur als ein negativer und entfremdeter gedacht werden.

Die Glättung der Welt

Wir glauben, dass der Panzer eine kriegerische und zerstörerische Maschine
ist. Doch tatsächlich ist, wie Otl Aicher (1984, 126) einmal angemerkt hat, der
Panzer im Vergleich zum Auto noch das umweltsensiblere Verkehrsmittel. Das
Plattenband des Panzers walzt die Umwelt, durch die es rollt, zwar glatt, doch
zumindest können einige Zeit nach dem Durchrollen des Panzers wieder neue
Pflanzen wachsen und Tiere zurückkommen, die resilienteren Spezies können
sich sogar einfach gleich wieder aufrichten. Nur das Auto erfordert aufgrund
seines höchst fragilen Reifensystems die permanente Glättung und Versiege-
lung von Umwelt: Nur dort, wo die Erde bleibend zubetoniert ist, kann das

---

13   Laut Fred Pearce (2022) sind menschliche Lebensweisen, die auf Subsistenzwirtschaft
      aufbauen, zumeist umwelt- und biodiversitätsfördernd, wohingegen auf Geldwirt-
      schaft aufbauende Gesellschaftssysteme zunehmend zerstörerisch werden.

automobile Homogenozän und die Vertreibung der allermeisten anderen Lebensformen mehrheitlich werden. Der Verstetigung des Kriegs der Modernen wird bei der Transformation des offensichtlichen Kriegsmittels Panzer zum vermeintlich friedlichen Auto am eindrucksvollsten und gleichzeitig *normalsten*. Im Innenraum des Automobils erscheint die Natur nämlich plötzlich als wunderschön und schützenswert – man überrollt sie ja nicht mehr, sondern braust reibungslos zu ihr hin, einer Pilgerreise gleich, ohne sich des negativen Einflusses seiner automobilen Lebensweise bewusst sein zu müssen.

Abb. 4: Der Zusammenhang zwischen Straßenbau und Regenwaldabholzung in einem Bild

https://www.planet-wissen.de/kultur/suedamerika/amazonien/pwiedi
ezerstoerungderregenwaeldersuedamerikas100.html

Straßen, nicht Panzer, sind bis heute eine der Haupttriebfedern der weiterhin zunehmenden Umweltzerstörung auf diesem Planeten. Der brasilianische Umweltaktivist und Forscher Enéas Salati sagte einmal, dass man den Amazonas am ehesten dadurch retten könnte, wenn man alle Straßen, die durch ihn hindurchführen, in die Luft jagt (Laurance 2016). Wie der australische Umweltforscher Bill Laurence ausgerechnet hat, erfolgen 95 Prozent der Zerstörung des Regenwaldes im Umkreis von 5 km zu einer Straße. Auch diverse vom Aussterben bedrohte Megafauna, wie Tiger in Südost-Asien, Orang-Utans in Indonesien oder Leoparden und Elefanten in Malaysia und Brunei, werden massiv vom Straßenbau bedroht, da diese ikonischen Tiere des Umweltschutzes große, ununterbrochene Grünflächen brauchen (Pearce

2022, 98–100). Wie der Zukunftsindigene in Le Guins Geschichte, schwinden auch diese Tierarten ganz langsam und unbemerkt, wenn eine tosende Straße in ihrer Umgebung ist.

Ein weiterer zentraler Faktor bei der durch das automobile Paradigma vorangetriebenen Umweltzerstörung ist jener des massiven Kautschukbedarfs für die Reifen der Autos, für den seit dem ausgehenden 19. Jahrhundert Millionen von Hektar an Regenwald vernichtet und durch Kautschukplantagen ersetzt wurden. Der ursprünglich aus Brasilien stammende Baum *Hevea brasiliensis* wurde in allen tropischen Gegenden der Welt in zuvor frei gerodeten Plantagen gezüchtet. Damit entstand eine der bis heute essentiellen materiellen Zulieferindustrien der Automobilbranche. Diese Plantagen sind zumeist unter extrem gewaltsamen, kolonialen Ausbeutungsdynamiken gewachsen, wie zum Beispiel in Belgisch-Kongo, in dem der massive Kautschukbedarf von Dunlop und Goodyear dadurch gestillt wurde, dass die lokale Bevölkerung (die als Privatbesitz des belgischen Königs Leopold II. galt) enteignet, vertrieben, versklavt und bei auch nur so minimalen Vergehen wie verringerter Produktion grausam gefoltert wurde. Zeitgleich wie sich in den reichen Zonen der USA und Europas der Konsum der »Natur« als Freizeitziel vermittels des Autos ausbreitet, intensiviert sich in den ärmeren und ausgebeuteteren Regionen des Planeten die dunkle und wenig beachtete Unterseite einer Vertreibung aus *naturnahen* und ökologisch positiv wirkenden Lebensweisen einer Subsistenzwirtschaft in die Versklavung der automobilen Zulieferindustrie.

Schon 1929 beschrieb Ilja Ehrenburg die enge Verzahnung von Ausbeutung von »Natur« und Ausbeutung von Menschen in seinem sozialkritischen Roman *Das Leben der Autos*:

> »In Paris, in London, in Berlin, – überall haben es die Menschen eilig. Dort gibt es keine reich verzweigten Bäume. Dafür gibt es dort viele Automobile. Es werden ihrer von Tag zu Tag mehr.
> Der bescheidene Baum [*Hevea brasiliensis*] mit der gefleckten Rinde hat die Urwälder verlassen. Es verliebten sich in ihn gleichzeitig die Engländer, die Holländer und die Franzosen. Von ihm träumt jetzt jeder Yankee, mit dem etwas los ist. In großen Plantagen wird er gezogen. Um sein Schicksal beunruhigen sich die Banken der Welt. Von ihm ist in diplomatischen Noten die Rede. Wenn die Minister die Flugzeuge zählen oder die Kampffähigkeit eines ihrer Dreadnoughts abschätzen, denken sie immer wieder an diesen gefleckten Baum. Übrigens wissen sie gar nicht, dass dieser Baum gefleckt ist. Sie haben ihn nie gesehen. Sie haben es eilig mit dem Leben, und sie brauchen Automobile.

Auf Java und Ceylon, auf dem Malaiischen Archipel und in Indochina rauschen an stillen Abenden inmitten von Fieber und Leid, inmitten von Cents und Piastern, inmitten gelber Tränen und gelber Dollars leise die schön gewachsenen Haine. Sie rauschen zärtlich und bedeutsam wie die Aktien der ›Rubber-Association‹. Den Weißen bringen sie Dividenden, den Gelben den Tod. Sie rauschen, weil unter ihnen Geldgier und Armut sind: sie rauschen abends, weil jeden Morgen nackte Kulis [=oftmals durch Zwang rekrutierte Tagelöhner] mit krummen Messern die zartgraue Rinde ritzen und alte Wunden aufreißen. Die Kulis und die Bäume verstehen einander: sie verbluten in gleicher Weise. Aber das Blut der Kulis kostet nichts, und niemand spricht von ihm; das milchweiße Blut des reichverzweigten Baumes indes ist wahrhaft kostbar. Es wird an Börsen notiert. Es bringt die Menschen um den Verstand. Seinetwegen sind sie bereit, sofort Tonnen von Menschenblut zu vergießen. Die Bäume wissen das, und sie rauschen mitleidsvoll. Die Wunden an ihrer Rinde verheilen nie.« (Ehrenburg 1930, 74-75)

Diese hier beschriebene enge Verzahnung von menschlicher Misere und Ausbeutung natürlicher Ressourcen hat sich in dem knappen Jahrhundert seit dieser Beschreibung kaum geändert. Selbst wenn mittlerweile unabhängige Nationalstaaten wie Indien oder Malaysia auf dem Papier heute durchaus brauchbare Umweltschutzgesetze haben, genügt die Verbindung von wachsender globaler Armut mit moderner, vom globalen Norden vorangetriebener »Entwicklungshilfe« zur intensivierten Ausbeutung von Menschen und Naturen. Von (zumeist) westlichen Großkonzernen vorangetriebene Landnahmen vertreiben stetig weitere Menschen aus subsistenzwirtschaftlichen, landwirtschaftlichen Bezügen und produzieren so gleichzeitig monokulturelle Agrarkulturen wie einen neuen Pauperismus, der enteignete Bäuer*innen durch monetäre Zwänge dazu drängt, sich entlang der neu gezogenen Straßen oftmals durch illegale Rodungen ein neues Einkommen zu verschaffen (vgl. Pearce 2022, 94–100). Gleichzeitig bildet sich in diesen Staaten eine neue Mittelschicht, die der durch das Automobil ermöglichten und globalisierten »imperialen Lebensweise« frönen und vermehrt ähnliche Freizeit- und Infrastrukturbedürfnisse haben wie die amerikanische Mittelschicht zurzeit des »Wilderness Movement«. Durch einen unter diesen Vorzeichen vorangetriebenen »Naturschutz« nach modernen Standards werden die verarmten Menschen in ausgebeuteten Ländern gleichzeitig ökonomisch zur Naturausbeutung gezwungen und rechtlich für diese stigmatisiert, während die internationalen Akteur*innen und die von dieser Struktur profitierenden, reichen Konsument*innen des globalen Nordens und der neuen Mittelschicht vor Ort moralisch und rechtlich unbescholten davon kommen.[14]

In Europa brüsten sich die Naturschützer*innen und grün angestrichenen Kapitalist*innen mittlerweile damit, den größten Waldbestand seit dem späten Mittelalter auf ihrem Kontinent zu haben, während ihr viel zu viele Erden verschlingender Lebensstil immer massivere Rodungen in den Regenwäldern des globalen Südens verlangt (vgl. Hornborg 2017). Neben Soja für Fleischproduktion ist hierbei Kautschuk für Autoreifen weiterhin ein treibender Motor. Selbst wenn also im Rahmen der gegenwärtigen, in der EU unter dem Namen »Green New Deal« vorangebrachten öko-kapitalistischen Adaptionen an die Klimakrise in ein paar Jahrzehnten nur mehr elektrisch betriebene Autos durch Europa fahren sollten,[15] würde dies nichts an der hier skizzierten Umweltzerstörung ändern; besonders wenn man weiter in die Rechnung mit aufnimmt, dass die Feinstaubbelastung von modernen Autos zu einem gigantischen Großteil (um das 2000-fache) nicht aus der Verbrennung fossiler Brennstoffe, sondern von der Abnützung ihrer Reifen stammt (Carrington 2022). Schätzungen zufolge sind heute schon 28 % des im Ozean befindlichen Mikroplastik der Abrieb von Autoreifen (Boucher and Friot 2017), und mehr als 50 % des in der Umwelt befindlichen Mikroplastiks stammt von Autoreifen (Bertling, Hamann, and Bertling 2018). Und dieser Abrieb landet natürlich auch vielfach in unserer Nahrung und dadurch in unseren Körpern, da viele Felder in der Nähe großer Straßen liegen (Castan et al. 2023). Die Gesundheitsfolgen sind noch nicht ausreichend erforscht, aber es ist bereits klar, dass Mikroplastik dem Immunsystem und Hormonhaushalt schadet, zu Diabetes, Parkinson oder anderen Kreislauf- und Nervenerkrankungen beitragen und teilweise sogar unfruchtbar machen kann.

Katastrophe mit Überlänge

In einer Welt des globalen Kapitalismus werden immer mehr Menschen dazu gezwungen, den impliziten wie expliziten Gesetzen des freien Flusses von Waren, Verkehr und Ideen zu folgen (siehe Kapitel 6). Im zugespitzten Homogenozän müssen alle Menschen *anthropoi* werden oder aussterben. Das moderne

---

14   Einen ähnlichen Punkt macht Zakiyyah Jackson in ihrem Buch *Becoming Human* (2020), S. 16.

15   Diese Frage wird an späterer Stelle in Abschnitt 4, Kapitel 10 genauer behandelt.

Gute Leben drängt die Menschen zuerst aus umweltfreundlich(er)en Lebensformen heraus, auf dass sie dann, sofern sie den langen und steinigen Aufstieg in eine globale Oberschicht schaffen, zu »ökologisch bewussten« Konsument*innen werden können. Diese freuen sich dann über die Förderung von elektrisch betriebenen Automobilen und verurteilen die noch ärmeren Menschenschichten moralisch, die vom selben System zu umweltschädlichem Verhalten getrieben werden. Sie rechnen diesen im schlimmsten Fall vor, dass die Welt dem Ende zusteuert, dass die sogenannte »Doomsday Clock« tickt und wir nur noch 20, 7, 3 ... Jahre haben, das Schlimmste abzuwenden.

Diese Katastrophe ist kein singuläres Ereignis, sondern ein langsames *Weltensterben*, für das wir kaum Bilder haben. Unsere Autodestruktion besteht darin, dass langsam und zuerst unsichtbar immer mehr andere Weisen, Welten aus der Erde zu machen, verdrängt werden und enden. Das Homogenozän ist kein kataklysmisches Weltenende, wie es in unzähligen Hollywood-Filmen zelebriert wird, sondern das langsame Wegbrechen und Enden von diversen Welten, die die Biodiversität unseres Planeten ausgemacht haben und auch für das Gedeihen von unterschiedlichen menschlichen Lebensformen notwendig war. Das Problem der modernen Kultur ist also nicht nur ihr Schadstoffausstoß, den man sich effekthascherisch vorrechnen und moralisch vorhalten kann, sondern das von ihr mehrheitlich produzierte Umweltverhältnis. Durch diese ethologische Dimension der modernen Kosmologie wird der eigene Umwelteinfluss auf eine Art sinnlich normiert und kanalisiert, sodass die Fortschreibung der problematischen Tendenzen als Teil der Lösung des Problems erscheinen kann. Man wird so verleitet zu glauben, dass die Umstellung des Autoantriebs auf Elektronik, der »verantwortliche« Konsum von Bio-Nahrungsmitteln und das Prinzip »Klimaneutralität« (siehe Kapitel 10) die Lösung ist, während nichts an den das Umweltproblem produzierenden, tieferliegenden Strukturen von moderner Kosmologie geändert wird. Das eigentliche Problem ist jenes, das innerhalb dieses Normalitätsrahmens selbst aus ökologischer Perspektive als *vernünftig* erscheint. Wir werden uns im nächsten Kapitel etwas eingehender damit beschäftigen, wie sich diese katastrophale Normalität gerieren und durchsetzen konnte.

Abb. 5: Grün angestrichene Firmen und Initiativen, wie hier der »Steyler Fair Invest Fond« der Tridosbank, werben gerne mit romantisch gewundenen Straßen, die durch Wälder führen, und zeigen dabei die unreflektierte Verwobenheit mit der modernen und automobilbedingten Naturromantik von progressiven Scheinlösungen, die sich ihrer eigenen Zerstörung nicht bewusst sein können oder wollen.

https://www.triodos.de/investieren/steyler-fair-invest-equities

Kapitel 2: Normalisierung der Katastrophe

>»The purpose of life is to produce and
> consume automobiles«
> J. Jacobs, The Rise and Fall of Great Ameri-
> can Cities (1961)

Abb. 6: Radierung »Der Staat« (1899) von Alfred Kubin

Via Wikimedia Commons

Der moderne Staat rollt wie ein Auto durch die Umwelt, macht sie sich verfügbar, erklärt manche Flecken für nationale Besonderheiten, die schützenswert sind, und neutralisiert alles, was sich als »unvernünftig« und »unzeitgemäß« seinen Prinzipien in den Weg stellt. Der tschechisch-österreichische Zeichner und Schriftsteller Alfred Kubin erfühlte diesen Zusammenhang zwischen Automobilität und moderner Staatlichkeit prophetisch schon kurz nach der Einführung des KFZ in seiner Radierung *Der Staat* von 1901. Hinter dem in die helle Zukunft rollenden Nationalstaat ist alles dunkel, rußig, tot?

Die feine Gesellschaft, die sich von einem Kanonier vorwärts leiten lässt, sieht optimistisch und beschwingt nach vorne, da, wo wahrscheinlich noch die Bäume blühen und die Seen ein wunderbares Ziel für einen Kurzurlaub darstellen. Der Kanonier, ein Wiederklang des kriegerischen Ursprungs der modernen Lebensweise, ist übrigens auf einer Ebene separat und unterhalb der bürgerlichen Gesellschaft untergebracht. Man muss ihn nicht sehen. Ein paar Leute sind nach hinten, auf die Heckseite des überdimensionierten Gefährts, gegangen und betrachten die verwüstete Welt hinter ihnen. Sie sind viel kleiner als die noble Gesellschaft vorne. Viel kleiner, als es der Maßstab der Zentralperspektive verlangen würde. Ob die Herren von Rang diesen symbolischen Zwergen bei den Berichten über die schlechte Lage der Hinterwelt zuhören werden?

In diesem Kapitel möchte ich anekdotisch und schlaglichtartig anhand der Kernmetapher Auto herausarbeiten, wie die moderne Normalität der ökologischen Katastrophe über die vergangenen Jahrhunderte entstehen konnte. Nachdem ich durch den Umweg in die spekulative Fiktion zuerst ein Gefühl skizziert habe, welches an den Rändern unserer rationalen Begreifbarkeit liegt, möchte ich in diesem Kapitel das zu Grunde liegende Problem etwas genauer beschreiben und fragen, wie es soweit kommen konnte. Warum sind wir Modernen – ein »Wir«, welches keinen Menschen gänzlich, aber kaum einen Menschen heutzutage gar nicht umfasst – so anfällig für diese toxische Normalität? Sehen wir keine Alternativen? Wie konstituiert sich dieses »Wir« überhaupt? Wen und was an uns schließt es aus?

Der Staat und der Tod

Das erste dokumentierte Todesopfer eines Automobils hieß Bridget Driscoll. Am 17. August 1896 wurde sie vor dem Londoner Crystal Palace von einem Benz *Anglo-French* mit ca. 6 km/h so unglücklich am Kopf getroffen, dass sie ihren Verletzungen erlag. Auch wenn die ersten Zeitungsberichte über den Unfall noch sachlich waren, entwickelte sich bald eine hitzige Debatte um diese neuartigen Vehikel, von denen es damals höchstens ein paar Dutzend in der gesamten City gab. Der Duke of Beaufort war von diesen Neuankömmlingen im urbanen Raum derart entrüstet, dass er in der extra zu ihnen eingerichteten Untersuchungskommission ausrief: »Erschießen, alle Autofahrer erschießen!« (McFarlane 2010; Straub 2014) Das Auto stellte am Anfang einen Skandal dar, der viel Widerstand gegen sich aufbrachte. Wie z.B. der frühe Automobilist Otto Julius Bierbaum berichtet: »Nie in meinem Leben bin ich so viel verflucht worden, wie während meiner Automobilreise im Jahre 1902. Alle deutschen Dialekte von Berlin über Dresden, Wien, München bis Bozen waren daran beteiligt und alle Mundarten des Italienischen von Trient bis Sorrent – gar nicht zu rechnen die stummen Flüche, als da sind: Fäusteschütteln, Zungeherausstrecken, die Hinterfront zeigen und anderes mehr.« (Via Sachs 1990, 23) Besonders auf ländlichen Wegen, aber auch auf den urbanen Straßen, setzte man sich gegen diese neue Gefahr anfangs mit Steinwürfen, gespannten Drahtseilen und Pistolenschüssen zur Wehr. In einem deutschen Motoristenhandbuch aus der Zeit vor dem Ersten Weltkrieg wird den sogenannten »Herrenfahrern« empfohlen, sich routinemäßig mit einer Pistole auszustatten, um sich gegen die erwartbaren Angriffe der Bevölkerung verteidigen zu können. Ein deutsches Gesetz von 1909 erlaubte es Automobilisten, nach Unfällen mit ihren neuen Vehikeln zu fliehen und diese erst am nächsten Tag bei der Polizei zu melden, da die Gefahr einer Lynchjustiz vor Ort zu groß war (via Ladd 2011, 25).

Vor der Durchsetzung des Autos waren Straßen ein öffentlicher Raum, in denen tödliche Gefahr keine permanente Präsenz war. Selbstverständlich stellten ab und zu – abhängig von Geschlecht, Hautfarbe, Religionszugehörigkeit und Klasse – Mobs, Banditen, Vergewaltiger, Soldaten, Polizisten oder Seuchen eine Lebensbedrohung für gewisse Individuen dar. Doch erst mit dem Auto musste sich jeder Mensch *auf gleiche Weise* zu jeder Zeit daran gewöhnen, dass im öffentlichen Raum permanent tödliche Gefahr herrscht.

Die ersten automobilen Todesopfer verursachten in fast jeder Stadt einen Skandal. Doch bereits 1906 wurde festgestellt, dass oftmals tödliche Autounfälle »traurigerweise eine reguläre Rubrik der Tageszeitung geworden sind«, wie der Prinz Heinrich zu Schönaich-Carolath vorm deutschen Parlament konstatierte (via Ladd 2011, 32). 1929 beschrieb der auch im vorigen Kapitel zitierte Ilya Ehrenburg die Dynamik der Normalisierung von automobilen Todesopfern folgendermaßen: »Anfangs nannte man das noch ›Katastrophen‹. Jetzt spricht man von ›Unfällen‹. Bald wird man überhaupt zu sprechen aufhören. Schweigend wird man die Überfahrenen beiseite schleppen und schweigend Statistiken führen. Sentimentale Nachbarinnen rümpfen selbstverständlich die Nase, und der Räsonneur spricht von einer ›neuen Gefahr‹. In Kommissionen wird über Schutzparagraphen beraten. Aber das Auto setzt sein Werk fort. Sein Auftrag ist es, die Welt zu vernichten.« (206)

Dort wo sich das Auto durchsetzt, werden Umstände, die früher als »Katastrophe« verstanden wurden, zur unvermeidlichen Normalität. Es gibt kein Jahrzehnt seit der Einführung des KFZ, in dem sich nicht irgendein Kritiker über die enormen Todeszahlen, die der Automobilität geschuldet sind, echauffiert (siehe auch Kapitel 1). So rechnet der britische Verkehrsforscher und Geograph John Adams vor, dass im gesamten Zweiten Weltkrieg 305.318 britische Soldaten und Zivilisten getöteten wurden, während in den Jahren 1926 bis 1976 331.214 Menschen auf britischen Straßen getötet wurden (via Ward 1991, 33). Ein anderer Bericht aus den USA der frühen 1930er Jahre rechnet vor, dass die jährlich 2,5 Milliarden Dollar Schaden, die durch Verkehrsunfälle entstehen, dem Äquivalent des Schadens von allen anderen Verbrechen im Jahr entsprechen – oder auch den Gesamtausgaben für alle privaten und öffentlichen Schulen, Colleges und Universitäten in allen (damals) 48 Bundesstaaten (via Seo 2019, 23). Noch eine andere Stimme errechnete, dass zwischen den Jahren 1913 und 1976 dreimal so viele Menschen auf US-amerikanischen Straßen getötet wurden als in allen Kriegen, in denen die USA jemals seit ihrer Gründung verwickelt waren – also im Vietnamkrieg, im Koreakrieg, im Zweiten Weltkrieg, im Ersten Weltkrieg, im Spanisch-Amerikanischen Krieg, im Civil War, im Mexikanischen Krieg, im Krieg von 1812 und im Unabhängigkeitskrieg zusammen (Ward 1991, 36). Eindrücklicher kann man Virilios These von der Normalisierung und Verstetigung des Kriegs im modernen Maschinenalltag kaum beziffern.

Doch bekanntermaßen ändern solche Art Rechnungen wenig. Im amerikanischen Englisch ist der Begriff »roadkill« zum Synonym für alles geworden, das sich in den Weg des schicksalshaften Fortschritts stellt (Ladd 2011, 13). Wie die Rehe und Indigenen aus dem letzten Kapitel, finden sie im modernen Bewegungsparadigma kaum Beachtung, sondern sind traurige Opfer am Wegesrand der Durchsetzung moderner Vernunft. »Wie frustrierend und gänzlich entmutigend ist es, dass diese dickköpfigen, widerspenstigen Dorfbewohner, deren Hühner, Hunde und manchmal Kinder ich niedermähe, nicht begreifen, dass ich den Fortschritt und das allgemeine Glück repräsentiere. Ich beabsichtigte, ihnen die Vorteile trotz ihrer selbst zu bringen, auch wenn sie nicht mehr leben sollten, um sie zu genießen!« schreibt der französische Journalist und Schriftsteller Octave Mirbeau 1908 mit ironischem Unterton (via Ladd 2011, 23).[1] Gänzlich ohne Ironie verteidigt der deutsche S. Daule das Auto gegen zeitgenössisches Aufbegehren 1906: »Wer sind diese Leute, die nach staatlicher

---

1   Original: »How frustrating, how thoroughly disheartening it is that these pig-headed, obstructive villagers, whose hens, dogs and sometimes children I mow down, fail to appreciate that I represent Progress and universal happiness. I intend to bring them the benefits in spite of themselves, even if they don't live to enjoy them!«

Hilfe gegen die Autofahrer schreien? Es sind dieselben, die vor einem halben Jahrhundert keine Gasbeleuchtung wollten und die den König von Preußen baten, den Bau der Eisenbahn von Berlin nach Potsdam zu verhindern. Dieselben Leute halten das Automobil für die Verkörperung des Fortschritts, und da sie das immer bekämpfen, müssen sie gegen das mit Erdöl betriebene Monster wettern.« (Ibid.)[2] Wenn uns heute Autofahrer*innen anhupen, weil wir auf der Straße zu langsam sind oder sogar kurz dort verweilen, stehen wir im Erbe dieser Fortschrittslogik der fließenden Bewegung, die wir uns im sechsten Kapitel nochmals genauer ansehen werden.

Viele Apologeten argumentieren seit jeher, dass die Todeszahlen durch Automobilunfälle tendenziell rückläufig sind. Was es braucht, sind Regulationen, Umbauten des urbanen Raums, des menschlichen Verhaltens und schlicht: Gewöhnung. Wie es der spätere britische Verkehrsminister John Moore-Brabazon 1934 ausdrückte: »Es stimmt, dass 7.000 Menschen bei Verkehrsunfällen getötet werden, aber das wird nicht immer so bleiben. Die Menschen gewöhnen sich an die neuen Bedingungen. Die Tatsache, dass die Straße praktisch die große Eisenbahn des Landes ist und nicht mehr der Spielplatz der Jugend, muss erkannt werden. Viele der alten Abgeordneten werden sich sicher noch an die vielen Hühner erinnern, die wir früher getötet haben. Wir kamen immer mit einem mit Federn gefüllten Kühler zurück. Mit Hunden war es das Gleiche. Heutzutage gehen die Hunde den Autos aus dem Weg und man tötet nie einen. Selbst bei den niederen Tieren gibt es eine Erziehung. Diese Dinge werden sich von selbst regeln.« (Via Ward 1991, 36)[3]

Nach einer anfänglichen Zeit der Debatte über das Für und Wider des Autos, die je nach europäischen Industriestaat bis in die 1920er oder gar 1930er

---

2   Original: »Who are these people who cry for government help against the motorists? They are the same ones who didn't want gas lighting half a century ago and who petitioned the King of Prussia to stop the railroad from being built from Berlin to Potsdam. These same people think the automobile is the personification of progress and since they always fight that, they have to clamor against the petroleum-fueled monster.«

3   Original: »It is true that 7.000 people are killed in motor accidents, but it will not always go on like that. People are getting used to the new conditions. The fact that the road is practically the great railway of the country instead of the playground of the young has to be realised. No doubt many of the old Members of the House will recollect the numbers of chickens we killed in the old days. We used to come back with the radiator stuffed with feathers. It was the same with dogs. Dogs get out of the way of motorcars nowadays and you never kill one. There is education even in the low animals. These things will right themselves.«

andauerte und teils sogar in radikalen Autoverboten resultierte (wie jenes im Schweizer Kanton Graubünden von 1900 bis 1925), wurde das Auto schließlich als unumstößliche Realität hingenommen und der Staat widmete seine Gesetzeskraft nunmehr dem Umbau des menschlichen Verhaltens und seiner öffentlichen Räume. Wo früher menschliche Räume primär nach »menschlichen« Bedürfnissen gestaltet wurden (wobei die Kategorie des Menschlichen nie alle Humanoiden einschloss und oftmals nur die Interessen der herrschenden Klasse repräsentierte), wurde von nun an mehr und mehr das Auto der Maßstab urbanen Planens – und dieses Umgestalten folgte zu dieser Sattelzeit vor der Massenautomobilisierung weiterhin den Interessen einer ökonomisch führenden Klasse. Entscheidend war hierbei das Anwachsen der Automobilindustrie zu einem staatstragenden Wirtschaftsmotor, von dem das zu Wohlstand und Macht gekommene Bürgertum profitierte. Hielt sich anfangs in der Debatte zwischen den das Auto befürwortenden, privilegierten Bürger*innen, denen das Auto bekämpfenden ärmeren, bäuerlichen Milieus und den am Alten festhaltenden, konservativen Aristokraten das Gleichgewicht, kippte die Balance, sobald sich die Fürsprecher des Arguments der nationalen Wirtschaft (qua des nationalen Wohls) bedienen konnten. »Während sie [=die Gegner des Autos] noch über umgestürzte Fuhrwerke und ruhegestörte Anwohner Klage führten, wechselten ihre Kontrahenten die Tonart und schlugen die Nationalhymne an: Das Wohl der deutschen Industrie steht auf dem Spiel, wer kann da beiseite stehen! Damit war die Diskussion plötzlich in eine andere Dimension gerückt, eine Dimension freilich, die nichts mehr damit zu tun hatte, die Vor- und Nachteile des Autofahrens abzuwägen.« (Sachs 1990, 36) Der bürgerliche Industriestaat wurde zunehmend zu einer von fossilen Brennstoffen abhängigen Maschine, die, wie in Kubins Radierung, unausweichlich in Richtung Fortschritt rasen muss – man kann diesen Fortschritt böswillig verlangsamen (und damit die anderen, feindlichen Nationen, die demselben Paradigma folgen, gewinnen lassen), doch aufhalten kann man ihn nicht. In diesem so begriffenen Leviathan (als Ruß ausstoßendes Fuhrwerk) müssen alle Schutz suchen, selbst wenn die Umwelt und die Hennen, Hunde und Kinder am Weg geplättet werden. Und tatsächlich öffnete sich der Zugang zu solchen Maschinen im Laufe des 20. Jahrhunderts einem immer größer werdenden Bevölkerungssegment, welches die Argumente gegen das Auto zunehmend breitenwirksam mit einer unumgänglichen, techno-optimistischen Fortschrittslogik entkräftete – eine Strategie, die sich in vielen Bevölkerungssegmenten bis heute durchzieht: Ein Standardvorwurf gegen Anti-Autoaktivist*innen ist jener, dass sie zurück in die Steinzeit wollen und einem naiven Primitivismus nachhängen.

Doch wie wir später genauer sehen werden, war der automobile Weg, den früher oder später alle modernen Nationalstaaten einnahmen (und bis heute einnehmen, wie die jüngeren Entwicklungen in Indien und besonders China verdeutlichen), kein alternativloser. Tatsächlich wäre in Europa die Zentralität der Automobilwirtschaft ohne die faschistischen Kahlschläge des 20. Jahrhunderts wahrscheinlich nicht eingetreten. Doch dazu erst im nächsten Kapitel mehr.

Die Veralltäglichung der Todesgefahr und die Einkerkerung des Spiels

Abb. 7: Illustration der Straßengräben im Autoregime von Karl Jilg

Die Zeichnung von Karl Jilg, die eine heutzutage »normale« städtische Straße als tödlichen Abgrund mit wackeligen Brücken und schmalen Wegen am Rande für Fußgänger zeigt, stellt die tödliche Wirklichkeit der automobilen Normalität für Menschen und andere Lebewesen übertrieben, aber doch pointiert, dar. Die Auftrennung der Straße in Zonen des bewegten Durchzugs einerseits und quirlige Aufenthaltsräume des öffentlichen Lebens andererseits begann bereits im Laufe des 19. Jahrhunderts und damit vor der Einführung des Autos, mitsamt der Etablierung der Bordsteine, die in der Zeichnung übertrieben dargestellten Graben realiter begründeten und den rasant zunehmenden Pferdekutschen auf größeren Boulevards Bewegungsfreiheit ermöglichten (Ladd 2022). Bereits in der Mitte des 19. Jahrhunderts wurde der Wagen als »fahrendes Gehäuse« (Pelz 2002) zum bestimmenden Merkmal der Oberschichtzugehörigkeit, die damals noch von Pferden abhängig war (Solnit 2001, 178). Auch die Asphaltierung der Straßen wurde anfangs nicht von den Autofahrern, sondern von den sich etwas früher durchsetzenden Radfahrer*innen und Postkutschen erkämpft, auch wenn die landesübergreifende Asphaltierung dann bald vom automobilen Paradigma vorangetrieben wurde (Rosen 2022; Dennis & Urry 2009, 34). Dieser Prozess der Asphaltierung und Begradigung der Straßen machte eine staatlich-zentralistische Verwaltung von einem in dieser Zeit entstehenden Bürokratieapparat notwendig. Wohingegen die vorher unasphaltierten Straßen traditionell einer lokalen Selbstverwaltung oblagen, musste der Staat mit dem am Ende des 19. Jahrhunderts an Fahrt aufnehmenden Mobilitätsparadigma immer mehr Straßen unter seine Kontrolle bringen und für seine rollende Maschinerie verfügbar machen – oftmals auch gegen die Proteste lokaler Anwohner*innen, die ihre Straßen als soziale Treffpunkte verteidigten (Geels 2005, 459). Die Entwicklung der urbanen Straßen zu primären Orten des Durchzugs begann also schon vor der Erfindung des Automobils, fand durch dessen Einführung und Ausbreitung aber die perfekte Legitimation, diese Entwicklung bis zu ihrem Extrem zu verdichten. Auch wenn es schon Proteste gegen elektrisch angetriebene Trams wegen ihrer erhöhten Todesgefahr gab, wurde die Todesgefahr erst eine alltägliche Präsenz in den Straßen durch die langsame Durchsetzung des Automobils.

»Unglaublich ist die Sorglosigkeit, mit der das Publikum noch immer die belebtesten Straßen kreuzt und viele Eltern die Straße als Tummelplatz für deren Spiele benutzen lassen, als wenn es so etwas wie Straßenbahnen oder Automobile gar nicht gäbe«, ereifert sich die *Allgemeine Automobilzeitung* 1909. »Ein großer Teil der Unglücksfälle kommt nämlich dadurch zustande, dass der übrige Straßenverkehr durchaus nicht gewillt ist, den durch das Erscheinen der Kraftwagen geänderten Verhältnissen Rechnung zu tragen und sich ihnen anzupassen.« Früh ist die Linie der privilegierten Automobilisten etabliert, dass sich *die Anderen* den veränderten Bedingungen anzupassen haben. Es ist niemals das Auto, dass sich der Umwelt anpasst: stets muss die Umwelt dem Auto angepasst werden. Allein schon, dass im zitierten Abschnitt wie selbstverständlich vom »übrigen Straßen*verkehr*« geschrieben wird, zeigt, dass das Auto von Anfang an den öffentlichen Raum zur reinen Verkehrszone umwandelte. Es sind die Tiere und Kinder, die in fast allen Zeitzeugenberichten das größte Ärgernis darstellen, denn bekanntlich lassen sich diese am schwierigsten auf die neuen Verhaltensregeln abrichten. Tatsächlich erstaunt man, wenn man aus heutiger Sicht Kindheitsromane aus früherer Zeit liest, wie z.B. Hermito von Doderers *Ein Mord, den jeder begeht*, in dem der kaum 10 Jahre alte Protagonist gänzlich frei und für sich gelassen den ganzen Tag durch die Stadt Wien tollt, Frösche in den Augebieten sammelt und erste homoerotische Erfahrungen mit anderen Kindern macht. Keine noch so liberalen Eltern des 21. Jahrhunderts würden heute ihre Kinder auch nur annähernd so frei durch die Stadt laufen lassen – wahrscheinlich würde sich auch nur bei dem Versuch bald das Jugendamt melden. Wenn es um das Verhalten im Verkehr geht, werden selbst die anti-autoritär eingestellten Eltern streng und laut: Schon öfters habe ich Freund*innen bedrückt erlebt, nachdem sie ihre Kleinkinder laut anschreien mussten, damit diese nicht in die Todeszonen der Straße laufen. Die obige Zeichnung ist in Wahrheit keine Übertreibung der gegenwärtigen urbanen Verhältnisse, sondern eher eine Untertreibung: Wären unsere Straßen tatsächlich von Abgründen gesäumt, würde kaum ein Tier und viel weniger Kinder ihnen zu Opfer fallen. Reflexartig würden sie die Gefahr sinnlich erfassen und mit ihr verantwortungsvoll umgehen: Nur die Autos scheinen eine derart seltsame Betriebsblindheit und sinnliche Einengung zu verlangen (siehe Kapitel 6), dass man sich kaum auf sie *instinktiv* einstellen kann. (Auch der sinnlich nicht auf die Moderne eingestellte, zukunftsindigene Erwachsene aus dem letzten Kapitel schaffte es erst beim vierten Mal, lebendig die Straße zu überqueren.)

Abb. 8: Meme über autogerechte Umweltgestaltung und Kindererziehung – gefunden am Instagram-Account »earthly education«

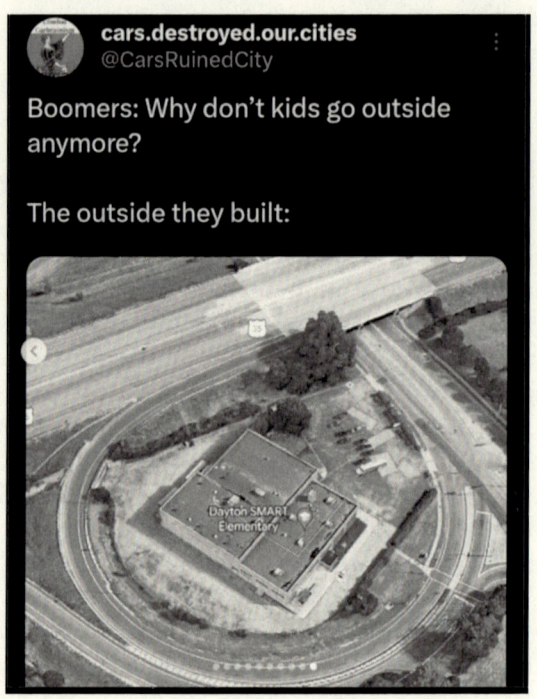

Das Spielen im öffentlichen Raum wird dann eine Gefahr, die es auf wenige, kontrollierte Flecken einzuhegen gilt. Selbst auf sogenannten »Spielstraßen« sieht man selten außerhalb des Piktogramms der Verkehrstafel ein spielendes Wesen. In der automobilen Stadt sind »Straße« und »Spiel« fast Antonyme geworden. Die Mobilitätsforscherin Ersilia Verlinghieri verwendet für dieses Phänomen den Begriff der »incarceration of play«, zu Deutsch »Einkerkerung des Spiel(ens)«, welches eine der regressiven Unterseiten des progressiven Mobilitätsparadigmas darstellt. Tatsächlich kann man in dieser Tendenz der Verdrängung, Einhegung und Regionalisierung des Spiels eine Tendenz wahrnehmen, die die gesamte Moderne bereits weit vor der Einführung des Automobils ausmacht. Wie der französische Historiker Philip Ariès in seiner klassischen Studie *Geschichte der Kindheit* darlegt, zieht sich durch die ganze europäische Neuzeit die Tendenz einer Des-Universalisierung des Spielens.

Wohingegen in früheren Zeiten Spielen ein gesamtgesellschaftliches Phänomen war, an dem alle gesellschaftlichen Klassen von Adel bis Bauerntum (sowie Tiere) regelmäßig Teil hatten, wurde es im Laufe der Modernisierung der Institutionen und Gesellschaftsstrukturen zuerst als eine Aktivität der »niederen« Schichten abgewertet und zugleich in einen eigens entstandenen Lebensabschnitt der »Kindheit« temporalisiert. Spielen war dann zunehmend etwas, das »noch nicht fertige« Menschen tun, seien es Kinder, Proleten oder »Wilde«. Die zu dieser Zeit entstehende, staatliche Institution der Schule nahm sich der Aufgabe an, diese Wesen zu »vollen« Menschen zu machen. Menschen, die also nicht mehr oder zumindest kaum mehr spielen. Der vernünftige *anthropos* des modernen, europäischen Humanismus ist einer, der seinen Spieltrieb unter Kontrolle gebracht hat und ihn höchstens am geselligen Kartenspielabend behutsam raus lässt. Mit der Durchsetzung des Autos wurde diese Abrichtung auf moderne Vernünftigkeit zu einer materiellen Notwendigkeit, die man Kindern und sich selbst unterziehen muss, selbst wenn man der unterliegenden Ideologie kritisch oder feindlich gegenüber eingestellt ist. Kleinkindern, die schon am Weg zum Spielplatz zu toll spielen, zischt man an, noch ein wenig *vernünftig* zu sein, bis die abgeschottete Zone des Spielens erreicht ist. Die Kindergartengruppen sind oftmals in Neonwesten als besonders herausstechend gekleidet und in extremen Fällen sogar durch Schnüre zusammen gebunden. Wie Gefangene werden die noch nicht gänzlich vernunftbegabten kleinen Menschen von ihrer Bildungseinrichtung zum ausgewiesenen und umzäunten Spielplatz geführt, um dort ihren Spieltrieb auszutoben.

Wie so oft sind wir blind gegenüber den Effekten des Autos auf unsere Raumwahrnehmung und Vernunftbegriffe. Während der Widerstand gegen das Eindringen des Automobils anfangs teils heftig war, hat sich nach mehr als 120 Jahren Automobilismus der alltägliche Protest gelegt. Fast nie stellt sich jemand dem Straßenverkehr einfach mal so in den Weg, wirft einen Stein gegen ein zu laut oder zu schnell fahrendes Auto in der Spielstraße oder versucht, eine kleine Barrikade zur Abschottung der Seitenstraße zu bauen. Selbst wenn man der schnell herbeieilenden Polizei versichern würde, man tue dies nur für das »Wohl der Kinder« (die Jokerkarte unter den Legitimationsstrategien für aus der Norm fallendes Verhalten), würde man im allerbesten Fall auf genug Nachsicht seitens der Staatsgewalt treffen, nicht sofort abgeführt zu werden, sondern selbst zur Vernunft zu kommen und also dem Straßenverkehr wieder seinen *rechtmäßigen* Platz zu überlassen.

Wie wir im nächsten Abschnitt »modern« genau analysieren werden, setzt sich die Vernunft des modernen Humanismus nie durch reine Aufklärungs-

und Überzeugungsarbeit durch, sondern sie hat einen materiellen Unterbau, an dem wir im Homogenozän zusehend alle teilhaben müssen. Das Auto ist seit der sogenannten »Nachkriegszeit« eines seiner primären Durchsetzungsagenten. Sobald wir in der materiellen Konfiguration des gegenwärtigen Konsumkapitalismus leben, werden wir auch der Vernunft des Homogenozäns gehorchen müssen – ob wir überzeugt sind, oder nicht.

Öffentlicher Raum und Ausgrenzung

Städte waren historisch gesehen oftmals Orte, an denen diverse Gruppierungen eng zusammenkamen und politischer Protest zur Entwicklung neuer Freiheitsrechte führte. Das Auto wird von vielen Theoretiker*innen des Aufstands, wie z.B. Guy Debord (1996 [1967]) oder Henri Lefebvre (2016 [1968]), als Strategie der Neutralisierung dieses politisch emanzipatorischen Potentials gelesen. Dort, wo sich das Auto bleibend durchgesetzt hat, tendieren wir dazu, zu vergessen, was für Freiheiten in früheren Zeiten für manche selbstverständlich waren. Die Kulturwissenschaftlerin Rebecca Solnit hält es nicht für einen Zufall, dass Städte wie Paris, die aufgrund ihrer mittelalterlichen Struktur besonders gut für Fußgänger erschließbar sind, auch die Orte historischer Revolutionen und erfolgreicher Massenproteste waren. Die Stadt Paris hat selbst noch nach den massiven Einschnitten und Begradigungen für Truppenbewegung (insbesondere durch Baron Hausmann im 19. Jahrhundert) und Autoverkehr (insbesondere unter Bürgermeister Pompidou in den 60er Jahren des 20. Jahrhunderts) diesen Charakter behalten und ist auch heute noch Schauplatz vieler Proteste und Demonstrationen. Dem entgegengesetzt ist für Solnit *die* westliche Autostadt per se – Los Angeles – eine Stadt, in der kaum nennenswerte Proteste entstanden sind, dafür umso eindrücklichere und zerstörerische Randalen. »Los Angeles hat gewaltige Krawalle erlebt – Watts 1965 und den Rodney-King-Aufstand 1992 –, aber kaum eine wirksame Geschichte des Protests. Die Stadt ist so diffus, so zentrumslos, dass es weder einen symbolischen Raum gibt, in dem man agieren kann, noch eine Fußgängerebene, in der man sich als Öffentlichkeit beteiligen kann (abgesehen von ein paar übergebliebenen und renovierten Einkaufsstraßen).« (Solnit 2001, 218)[4]

---

4   Original: »Los Angeles has had tremendous riots – Watts in 1965 and the Rodney King
     uprising in 1992 – but little effective history of protest. It is so diffuse, so centerless,

Tatsächlich wird Autostraßenbau bis heute bewusst eingesetzt, um öffentliche Proteste zu verhindern oder zu verunmöglichen, wie es die Photographin Eva Frapiccini eindrucksvoll in ihrer Dokumentation der Umgestaltung wichtiger Protestorte in Kairo und Bahrain mit dem Titel »Golden Jail, Discovering Subjection« verdeutlicht.[5] Dort, wo der Verkehr rollt, ist ein Protest gegen den Status quo schwer möglich. Selbst die Protestformen, die sich das Auto mittlerweile zu eigen gemacht haben, wie die *Freedom Rally* in Kanada oder die Autokorsos gegen die Corona-Restriktionen in Deutschland waren tendenziell *für* den Erhalt des weißen, privilegierten Status quo, nicht gegen ihn. Und bei mehreren Demonstrationen der Black Lives Matter-Bewegung sind sogar Autos von weißen Suprematisten und selbst der Polizei so eingesetzt worden, dass sie mit Absicht in die Demonstrant*innen fuhren, um so radikale Veränderung gewaltsam zu bekämpfen und den öffentlichen Protestraum in eine Zone der Angst zu verwandeln.

Doch zumeist bedarf es solcher extremen Formen nicht, um die Privilegienordnung des modernen Status quo zu sichern. Los Angeles war die erste Stadt, die den von Autolobbies eingeführten Neologismus »jaywalker« offiziell rechtlich sanktionierte (Ladd 2011, 74). Ab 1925 wurden Fußgänger, die nicht über eine Ampel oder einen Zebrastreifen gehen, unter Strafe gestellt.[6] Etwas, das in jeder Dekade davor eine Selbstverständlichkeit der öffentlichen Partizipation war – nämlich die simple Bewegung durch den Raum – wurde in der »Stadt der Engel« als erstes verboten. Der Schriftsteller Ray Bradbury verarbeitete eine in Los Angeles erfahrene Szene in seiner 1951 erschienen Kurzgeschichte *The Pedestrian*, in der im Jahre 2051 Zufußgehen eine derart auffällige und abnormale Aktivität ist, dass der Fußgängerprotagonist der Kurzgeschichte von der durch die Stadt kreisenden Androidpolizei angehalten wird

---

that it possesses neither symolic space in which to act, nor a pedestrian scale in which to participate as a public (save for a few relict and re-created shopping streets).«

5   www.evafrapiccini.it/golden-jail-discovering-subjection/

6   Außerdem wurde zwischen 1938 und 1950 vom Autokonzern GM das öffentliche Transportnetz Los Angeles – welches seiner Zeit das größte der Welt war – aufgekauft und bewusst zerschlagen, um die Abhängigkeit von Autos (und damit den Absatzmarkt der Konzerne) zu steigern. Das Bild der heute hoffnungslos autoabhängigen Stadt L.A. ist also keineswegs aus einer Art »Naturgesetz der Modernisierung« entstanden, sondern aufgrund einer öffentlichen und illegalen (GM musste ganze 5000 Dollar Strafe zahlen) Intervention kapitalistischer Autokonzerne mit Aspiration auf Monopolstellung – siehe nächstes Kapitel.

und – ohne weiteren Tatbestand als zu Fuß unterwegs zu sein – wie selbstverständlich verhaftet und in eine Besserungsanstalt gebracht wird. Für Menschen, die nicht als weiß gelesen werden, muss man für diesen Kriminalbestand gar nicht in die ferne Zukunft blicken, sondern in die rassistische Gegenwart der USA. Am 9. August 2014 erschien dem Polizisten Darren Wilson das Verhalten der beiden schwarz-gelesenen Personen Mike Brown und Dorian Johnson derart auffällig, dass er die beiden mit Sirenen zum Anhalten brachte: Sie gingen in der Mitte der Straße.

»Why don't you walk on the sidewalk?«, fragte der Polizist.

»We are almost to our destination«, antwortete Johnson.

Nachdem der Polizist insistierte, beschwerte sich Mike Brown verständlicherweise genervt mit: »Fuck what you have to say.« (Zitiert nach Guenther 2019, 196)

Daraufhin eskalierte die Situation dermaßen, dass der weiße Polizist den Zivilisten Mike Brown auf offener Straße erschoss, weil ihm dieser – nach eigenen Angaben – als eine bedrohliche Person erschien. Die Bedrohung bestand im Zufußgehen. Die daraufhin ausbrechenden Unruhen in Ferguson konnten erst mit der Entsendung der Nationalgarde unter Kontrolle gebracht werden. Darren Wilson wurde nach Anhörung von allen kriminellen Strafbeständen freigesprochen, was zu weiteren Ausschreitungen führte.

Das Recht der Autovernunft

Gewalt durch das Auto und die für das Auto produzierten Räume sind in der gegenwärtigen Rechtsordnung normalisiert und naturalisiert. Wenn nach kantianischem Verständnis Rechtsprechung einzig und allein der Vernunft gehorchen soll, muss gefragt werden, um *welche* Vernunft es sich eigentlich handelt, die zum Recht wird. Die Straßenverkehrsordnung (StVO) und die Verkehrsplanung geht heute von der Normeinheit des Autos aus. Der Wert »1« entspricht laut dem Verkehrsforscher Hermann Knoflacher (2009) nicht einem menschlichen Körper, sondern dem eines Autos. Ein Bus hat den Wert 2,0, ein Fahrrad 0,3, Menschen haben nach dieser, in der Verkehrsplanung weiterhin oftmals gebräuchlichen Taxonomie, den seltsamen Wert »0«. Es ist wie im Sci-Fi-Klassiker *Per Anhalter durch die Galaxis* von Douglas Adams, in dem der Außerirdische bei seiner ersten Landung auf dem Planeten annimmt, dass hier wohl die Autos die dominante Spezies sind und er sich also den »nicely inconspicuous« Namen »Ford Prefect« gibt, um seine Recherchen auf der Erde zu beginnen. Die Stadtplanung scheint in ähnlicher Manier von dem Auto als der dominanten Spezies auszugehen und alles andere als nebensächliche Erscheinungen anzusehen.

So wurden auch die Todesopfer des Automobils von Anfang an rechtlich bagatellisiert. Selbst der Lenker des Benz Anglo-French, der Bridget Driscoll zum ersten dokumentierten Todesopfer der Automobilgeschichte machte, wurde trotz Untersuchungskommission und Skandal von jeglicher Verantwortung freigesprochen.

Heute sind Berichte über durch Automobilunfälle zu Schaden gekommene Menschen in Presse und in Polizeiberichten häufig ausweichend und herunterspielend formuliert. Berichte wie »Radfahrer von Autotür gestreift«, »Fußgänger von PKW erfasst« oder »Fahrradfahrer stößt gegen PKW« stellen durch ihre Passivsetzung des Handlungsanteils des*r Autofahrenden diese*n einer Naturgewalt gleich. Der Sozialwissenschaftler Dirk Schneidemesser (2016) betont, dass diese die Gewalt des Autos passivierende und invisibilisierende Sprache nicht nur unsere Normierung auf das Autos zeigt, sondern auch weiterhin fortschreibt. So wird zum Beispiel routinemäßig von »gesperrten Straßen« berichtet, wenn diese mal ausnahmsweise für den Autoverkehr verboten sind und so Dinge wie Straßenfeste, Fußballspielen oder ähnliches plötzlich *ermöglicht* sind. Die Handlungsverantwortung der Autofahrenden in der von ihrer Mobilitätswahl gemachten Normalität wird *normalerweise* ausgeblendet und kann so weder politisiert noch thematisiert werden. Genauso werden heutzutage Ampeln oftmals als Schutz und Privileg für Fußgänger*innen verkauft, obwohl sie in den allermeisten Fällen nur aufgrund der Autos überhaupt notwendig sind. Schutz vor wem? Auch hier zeigt sich, dass die Zeichnung von Karl Jilg nicht übertrieben, sondern untertrieben ist, denn in Realität wären die schmalen Brücken auf der Zeichnung gar nicht immer da, sondern bloß für jeweils wenige Sekunden, bevor sie wieder verschwinden.

Der Berliner Senat hat im Jahr 2022 den Volksentscheid »Berlin autofrei«, der – anders, als der Name nahelegt – den Autoverkehr gar nicht gänzlich verbieten, sondern bloß um 80 Prozent innerhalb des Berliner S-Bahnrings verringern will, als verfassungswidrig eingestuft, weil er angeblich über die »Verhältnismäßigkeit« des Grundgesetzes geht, so stark in das private Leben von Bürger*innen einzugreifen. Zum Zeitpunkt der Niederschrift liegt dieser Fall beim Bundesverfassungsgerichtshof in Karlsruhe – mit noch offenem Ausgang, denn die meisten Aktivist*innen sind der Meinung, dass diese Einstufung bloß eine Hinhaltetaktik der Stadtregierung ist, die verfassungsrechtlich nicht haltbar ist.

Auch in dieser Debatte zeigt sich die Tendenz der modernen Gesellschaft, die Einwirkung und Gewalt des Autos als unumgängliche Naturgewalt hinzustellen. Schon die demokratische Abstimmung, ob die Bürger*innen den ihnen nominell zur Verfügung stehenden öffentlichen Raum lieber anders nützen wollen, wird als zu großer Eingriff in die individuelle Freiheit eingeschätzt.[7] Freiheit wird *normalerweise* als die Freiheit Auto zu fahren verstanden.

Selbst Menschen, die sich im Kleinen den öffentlichen Raum temporär anders aneignen, können sich nicht auf rechtlichen Schutz vor dieser scheinbaren Naturgewalt verlassen. So wurde der AfD-Sympathisant Ingo Walter F., der 2019 in Mühlheim an der Ruhr in eine demonstrierende Menschenmenge mit seinem SUV hineinfuhr, bis heute nicht von der Polizei angezeigt, geschweige denn verurteilt (Wyputta 2021). Auch die Salzburger Performancekünstlerin Beate Ronacher musste erleben, dass das Recht im öffentlichen Raum das der Autofahrenden ist, als sie bei einer Liegeperformance im Hinterhof von einem katholischen Priester im Schritttempo überfahren wurde. Dieser hatte sie nach eigenen Angaben dort liegen sehen, doch für eine lebensgroße Schaufensterpuppe gehalten und ist deswegen einfach über sie gefahren. Als der zerknirschte Geistliche sie am Tag nach dem glücklicherweise nicht tödlich ausgegangenen Vorfall im Krankenhaus besuchte, war Ronacher überrascht zu erfahren, dass dieser mit dem Auto ins Krankenhaus gefahren ist. Es ist also in gegenwärtigen Rechtsstaaten möglich, bewusst und willentlich eine menschlich erscheinende Figur in einem Hinterhof mit dem Auto zu überfahren, ohne dabei auch nur für einen Tag wegen potentieller Gefährdung der öffentlichen Sicherheit den Führerschein entzogen zu bekommen. In diesem Sinne hat auch das Salzburger Landesgericht entschieden, dass es in dem Fall keine strafrechtliche Verurteilung, trotz schwerer Verletzung Ronachers, braucht und empfahl eine außergerichtliche Einigung (Ronacher 2021).

Vernichtung des Raums

Der öffentliche Raum an sich ist von einer starken Hegemonie des Autos geprägt, wie sich allein schon an dem Umstand zeigt, dass man in den allermeisten Bereichen ohne Erlaubnis nichts an Privatbesitz lagern und damit bean-

---

7   Ich danke Anna Baatz für diese Analyse.

spruchen kann, bis auf sein Auto.[8] Weder Sofalandschaften noch Skateparks oder Sitzecken darf man ohne behördliche Sondergenehmigung aufstellen – man müsste dafür ja schließlich »die Straße sperren«. Ein Umstand, der an sich vergleichsweise jung ist, wenn man bedenkt, dass das Parken eines Autos bis auf in wenigen, gesonderten Stellflächen im öffentlichen Raum in den meisten Städten bis in die 1950er oder 1960er Jahre verboten war. Selbst dort, wo in Innenstädten Parkgebühren anfällig sind, sind diese im Vergleich zu anderen Preisen für die Nutzung von Raum extrem günstig: Das Parken für Anwohner kostet in deutschen Städten zwischen nichts und 70 Euro im Jahr, während ein Zimmer mit vergleichbarer Fläche (12 m²) mindestens ca. 300 Euro im Monat, wenn nicht weit mehr, kostet. Laut ADAC gibt es für die 65 Millionen Fahrzeuge (PKW, LKW, Anhänger) in Deutschland 160 Millionen Stellplätze. Wie Katja Diehl (2022, 82) vorrechnet, sind das 840 Millionen Quadratmeter rein für stehende Autos, ein 400stel von Deutschlands Gesamtfläche. Parkverbote dürfen von Kommunen nicht einfach erteilt werden, sondern »bedürfen [laut StVO] stets einer Rechtfertigung und sind im Regelfall nur zur Gewährleistung eines sicheren und flüssigen Straßenverkehrs zulässig« (Rechtsgutachten von Agora Verkehrswende, zitiert via Diehl 2022, 82). Auch wenn, wie in der Einleitung zitiert, manche Autolobbyisten derzeit ein »zuschends autofeindliches Klima in Deutschland wittern«, steigt die Anzahl der zugelassenen Autos wie auch deren rechtlich zugesprochener Raum weiterhin massiv an. Nochmal Katja Diehl: »Während wir heute durchschnittlich auf etwa 47 Quadratmetern wohnen, erhält das Auto mehr als das Doppelte an Fläche. Wie versiegeln wertvollen Naturraum, holzen die für die Abwehr der Klimakrise so wichtigen Wälder ab und gefährden eine lebenswerte Zukunft für alle mit unserer bequemen Autogegenwart.«

Neben diesen externen Umweltschäden[9] muss man auch die internen, psychischen Mechanismen bedenken, die eine so massive Privilegierung einer Seinsweise im öffentlichen Raum zeitigt. Wo der öffentliche Raum eigentlich und ursprünglich ein Ort des Austauschs und des Antagonismus war, wird dieser nun durch das legalistische Autoregime von einer bestimmten Art des

---

8   Hermann Knoflacher weist zudem darauf hin, dass die Bezeichnung »Fahrzeug« irreführend ist für das privat besessene Auto, da es zu durchschnittlich 99 % seiner Zeit ein »Stehzeug« im öffentlichen Raum ist. Zum approximativen Vergleich: Züge stehen grob geschätzt höchstens ca. 25 % ihrer Zeit, Flugzeuge ca. 15 %.

9   Parkende Autos und versiegelte Asphaltflächen werden zum Beispiel als Hauptfaktoren für die Aufheizung von urbanen Räumen im Sommer angeführt, vgl. Erhart 2022.

Privatbesitzes kolonialisiert, welche so einen kommunalen Raum mit Reihen aus privaten Rückzugsblasen zerschneidet, mit denen man nicht interagieren darf, ohne rechtliche Verfolgung zu befürchten. Wenn Kinder oder andere Menschen sich wild austoben wollen, geht dies zumeist nicht einmal auf den verbliebenen Flächen, da ein Ball oder ein umgefallenes Rad sofort eine Delle oder einen Kratzer in den glatten Karosserien der Autos verursachen könnte, was mit hohen Kosten und rechtlicher Verfolgung verbunden ist. Diesen Status besitzt nur das Auto: Weder Hauswände noch Fahrräder oder öffentliche Bäume sind von einer solchen Aura der Berührungsangst umgeben, wie sich auch am seltsamen Mangel von Graffitis an Autos zeigt. Der rechtlich unantastbare Status des Privatbesitzes im Grundgesetz manifestiert sich im Autolack als konkrete Unantastbarkeit privater Kolonialisierung öffentlichen Kommunalguts. Die Huldigung der Glattheit auf jeder spiegelnden Motorhaube beruhigt und streamlined so den Raum, macht ihn öde und für keine spontane Wildheit empfänglich. So ist die einzige Inspiration, die das Auto oftmals aussenden kann, jene eines »fetten Boliden«, den man dann auch haben will. Menschliches Verhalten und menschliche Handlungsfähigkeit wird so auf wenige Lebensweisen normalisiert, während andere sofort als unvernünftig und gefährlich erscheinen. Auf diese Weise perpetuiert sich eine Form von Vernunft durch ein materielles Korsett an fast jedem Straßenrand. In dieser Umwelt ist dann Jane Jacobs' pessimistische Prophezeiung des modernen Sinns des Lebens wahr: »The purpose of life is to produce and consume automobiles.« (Jacobs 2016 [1961]) In Guy Debords spätmarxistischer Sprache: »Ein Fehler, der von allen Stadtplanern begangen wird, besteht darin, das private Auto (und seine Nebenprodukte, wie das Motorrad) im Wesentlichen als Transportmittel zu betrachten. In Wirklichkeit ist es das bemerkenswerteste materielle Symbol für die Vorstellung von Glück, die der entwickelte Kapitalismus in der Gesellschaft zu verbreiten versucht. Das Auto steht im Mittelpunkt dieser allgemeinen Propaganda, sowohl als höchstes Gut eines entfremdeten Lebens, als auch als wesentliches Produkt des kapitalistischen Marktes.« (Debord 2002 [1959], § 1)[10]

---

10   Original: »A mistake made by all the city planners is to consider the private automobile (and its by-products, such as the motorcycle) as essentially a means of transportation. In reality, it is the most notable material symbol of the notion of happiness that developed capitalism tends to spread throughout the society. The automobile is at the center of this general propaganda, both as supreme good of an alienated life and as essential product of the capitalist market.«

In der Postmoderne der 1960er und 1970er Jahre sprach man vielfach über eine »Vernichtung des Raums«, dem Überflüssigwerden der Städte und der Entstehung von sogenannten »ortlosen Orten« [placeless places] (Ladd 2011, 92). Autoren wie Jean Baudrillard, Paul Virilio oder Guy Debord beobachteten mit einer speziellen Mischung aus faszinierter Geilheit und kritisch-marxistischem Entsetzen die Folgen des sich in den Nachkriegsjahren besonders in Frankreich rasant ausbreitenden Konsumkapitalismus mit seinem scheinbar endlos wachsenden »urban sprawl«, den Reihen von Shopping Centern nach Shopping Centern und noch mehr Freeways, die zu einer »Explosion der Städte in die Landschaft« führte, welche überall mit einer »formlosen Masse von dünn verteiltem semi-urbanen Gewebe überzogen« wurde (Debord 1996 [1961], § 174).

Abb. 9: Downtown Houston in den 1970er Jahren

https://www.reddit.com/r/urbanplanning/comments/acqd8h/downto
wn_houston_in_the_70s/

Ein ikonisches Bild dieser Entwicklung ist die Vogelperspektive der Downtown Houstons im US-Bundesstaat Texas aus den 1970er Jahren. Wichtig ist jedoch, sich immer vor Auge zu halten, dass diese Vogelperspektive stets nur die Außenansicht der automobilen Normalität darstellt, deren katastrophales Raumverhältnis im Innenraum so nie sichtbar wird. Für *normale* Autofahrer*innen birgt die Autostadt Houston sicher einen Komfort, der auf der Ausgrenzung des sinnlichen Bezugs zu dessen Zerstörungs- und Zersetzungskraft basiert.

Auch auf Postkarten, in Filmen oder selbst in unseren Erinnerungen von öffentlichen Räumen spielt das Auto eine viel weniger zentrale Rolle, als es das de facto meist tut. Wenn wir ein Gespräch an einer geschäftigen Straße führen, werden wir das meiste an Umgebungslärm ausblenden und unhörbar machen müssen. Ebenso verfahren wir mit den Gerüchen, die wir selten im urbanen Raum überhaupt wahrnehmen – und dann immer wieder erstaunt sind, wie stark nur ein einziges Auto riechen kann, wenn wir von ein paar Stunden Waldexkursion zurückkehren. Die Stumpfheit der Räume fordert eine ihnen komplementäre Stumpfheit der Sinne, die uns subjektiv auf die Vernunft des Autoregimes abrichtet (siehe Kapitel 5).

Das Auto ist ein guter Indikator für die Normalisierung eines ökologisch katastrophalen Lebensstils, den man im Alltag nicht mehr wahrnehmen kann oder will. Im Laufe des vergangenen Jahrhunderts gewöhnte man sich an dermaßen viel Zerstörung des öffentlichen Raums und akustische sowie olfaktorische Belastung, dass wir auf eine Art so abgestumpft sind, diese nicht mehr alltäglich wahrnehmen zu müssen. Die »backwards-people« aus Ursula Le Guins Erzählung im letzten Kapitel sind das Resultat dieser sinnlichen Normierung: Ihnen ist die Katastrophalität ihres spätmodernen Alltags unsichtbar und unfühlbar geworden. Diese Art von »backward-ness« ist für die allermeisten von uns eine Überlebensnotwendigkeit innerhalb ihres normalen Alltags geworden und kann also nur langsam – wenn überhaupt – abgebaut werden. Die Panik vor der ökologischen Katastrophe wurde über mehr als ein Jahrhundert Ausbau von automobiler Infrastruktur unerreichbar gestaltet und wird nicht plötzlich aus den modernen Menschen herausbrechen. Zu sehr sind die anthropozentrische Moderne und ihre Subjektivitäts- und Sinnlichkeitsideale im wahrsten Sinne des Wortes *einbetoniert*.

Kapitel 3: Politik gegen das Normale?

»Ich bin die Norm, ich geh' Erdöl bohren.«

Klitclique: Auto

Das materielle Erbe des Faschismus

Es ist ein Allgemeinplatz, dass die Nazis den Zweiten Weltkrieg verloren haben. Auch wenn dies auf kriegsrechtlicher, gesellschaftspolitischer und vielerlei anderen Ebenen sicher stimmt, möchte ich hier das Argument vertreten, dass sich unsere autodestruktive Normalität – zumindest in Europa, aber vielleicht auch darüber hinaus – ohne die Kahlschläge des europäischen Faschismus nicht so massiv materiell einbetoniert hätte, wie sie es heute ist.[1] Auch wenn das Automobil heute mit dem *American Way of Life* und dessen Modell von liberaler Freiheit und Demokratie assoziiert wird, hätte es sich ohne den Faschismus wohl nie so breit als mono-modales Mobilitätssystem durchgesetzt, wie es heute der Fall ist.

Wie der schwedische Öko-Marxist Andreas Malm und das Zetkin-Kollektiv argumentieren, war der Widerstand gegen Autobahnbau und Automobilindustrie in der Zeit der Weimarer Republik zu groß für eine breitenwirksame Durchsetzung des Autos. Die sozialistischen Gewerkschaften, deren Klientel sich kein Auto leisten konnte und also bloß als Vehikel weniger Privilegierter bekämpfte, waren schlicht zu stark organisiert und die Eisenbahnen zu gut ausgebaut, als dass sich daran etwas hätte ändern sollen aus sozialistischer Perspektive. Erst nach der nationalsozialistischen Machtübernahme wurden

---

1 Siehe für dieses Argument auch meinen Artikel zum »Ökologischen Antifaschismus«: https://www.volksstimme.at/index.php/blog/item/602-oekologischer-antifaschismus.html

diese widerständigen, eine andere Moderne erkämpfenden Strukturen so effektiv zerschlagen, dass der Wirtschaftsmotor Deutschlands automotorisiert durchstarten und den totalen Krieg über ganz Europa bringen konnte.

Beginnen wir mit einfachen Fakten, um diese möglicherweise überraschende These zu plausibilisieren. Die erste Autobahn – also eine rein für Autos zugelassene, staatlich gebaute Straße – wurde in den ersten beiden Jahren nach der faschistischen Machtübernahme Benito Mussolinis 1922 in Italien bewilligt und gebaut. Zu dieser Zeit besaß nur ein winziger Gesamtanteil der Bevölkerung ein Automobil: Das oftmals durch fossiles Kapital zu Wohlstand gekommene Bürgertum. Demokratisch hätte sich der Bau nie durchsetzen können; er war ein reines Geschenk an diese privilegierte Klasse, um sich ihrer Zustimmung (oder zumindest Akzeptanz) zu vergewissern (Malm and The Zetkin Collective 2021). Diese *autostrada* zwischen Mailand und den Alpen beim Lago Maggiore (wo viele reichen Mailänder ihre Villen hatten) wurde später nicht nur zum Vorbild des ersten nationalen Autobahnnetzes in Hitlerdeutschland, sondern diente bereits davor als Inspiration für das europäische wohlhabende Bürger*innentum, welches sein Standesprivileg auch in ihrer Mobilitätsform von nun an reibungsfrei und ohne Hühner, Kleinkinder und aufgebrachte Bauern am Wegesrand ausleben wollte. Wie Pilger*innen strömten die Bürger*innen zur Autobahn und feierten die dort spezifisch ermöglichte Freiheit, Öl zu verbrennen.

Die Pläne für das heute meistens Hitler zugesprochene Autobahnnetz Deutschlands lagen tatsächlich bereits seit den 1920er Jahren in den Schubladen der Weimarer Republik, fanden in der von den Sozialdemokraten dominierten demokratischen Ordnung allerdings nie auch nur annähernd genug Stimmen für eine Umsetzung. Denn warum auch? Selbst noch 1933 – im Jahr der illegalen Machtübernahme des Hitlerregimes – besaßen bloß 0,2 Prozent der deutschen Bevölkerung ein Auto – die allermeisten bewegten sich mit einem gut funktionierenden multi-modalen System aus Bahn, Rad, Zufußgehen, Kutsche und teilweise sogar E-Taxi (Kapitel 10) fort, welches die meisten zufrieden stellte. Der sogenannte »Markt« für private Automobilkäufer*innen war vergleichsweise schwindend gering.

Wie Conrad Kunze in seinem Buch *Deutschland als Autobahn* (2022) eindrücklich demonstriert, waren Hitlers Zugeständnisse an die Automobilindustrie und die hinter ihr stehenden fossilen Zulieferindustrien ein wichtiges Zeichen, dass Hitler die Interessen der kapitalistischen Eliten zu berücksichtigen beabsichtigte, obwohl er sich der breiten Masse als »national*sozialistisch*« verkaufte. Immerhin war die NSDAP auch finanziell von der Unterstützung zahlreicher Großindustrieller abhängig – ohne die Unterstützung dieser Schlüsselindustrien und ihrer mächtigen Akteure wie Fritz Thyssen, Robert Bosch oder der IG Farben wäre Hitler wohl nie an die Macht gekommen. Hitlers Faschismus war die bevorzugte Wahl der fossil-kapitalistischen Elite in der Krise der Weimarer Republik. Mit seiner Hilfe versuchten sie, ihre durch den Kommunismus/Sozialismus bedrohte Macht zu konsolidieren. Hierbei stellten das Auto und der Autobahnbau ein zentrales Element im politischen Spagat zwischen populärer Zustimmung und Fortführung der Unterstützung kapitalistischer Eliten dar.

Denn obwohl in der Zeit des Dritten Reichs kaum jemand ein Auto besaß, gelang es der NSDAP, den Bau des weltweit ersten nationalen Autobahnnetzwerks als gesamtdeutsches Projekt mit großer populärer Zustimmung zu verkaufen. Zentral dabei war – neben der Aktivierung bestimmter mechanistisch-faschistoider Männlichkeitsbilder, die wir im Kapitel 4 ansprechen werden – das Versprechen der von Ferdinand Porsche verwirklichten »Kraft durch Freude«-Wagen, die die automobile Lebensweise einem jeden Deutschen (Gendern nicht nötig) als für 990 Reichsmark erschwinglich erscheinend machte. Zwar gelang es bis 1945 nie, die Nachfrage an diesem Vorläufer des VW-Käfers auch nur annähernd zu befriedigen, besonders weil seit Kriegsbeginn 1939 die Werke endgültig auf Kriegs- und also Panzerproduktion umschalten mussten, doch das von Henry Ford aus den USA übernommene Modell des am Fließband produzierten und breitentauglich leistbaren Autos wurde später zum Rückgrat des sogenannten »deutschen Wirtschaftswunders«, an dem sich eindrücklich die Kontinuität von Kriegswirtschaft und vermeintlich friedlicher Produktion im nachkommenden Konsumkapitalismus zeigt. In Verflechtung mit den die deutschen Lande durchziehenden Autobahnen baute so das schnelle, deutsche Wirtschaftswachstum der Nachkriegszeit zentral auf nazistischem Erbe auf. Dieses konnte nur als »Wirtschaftswunder« erscheinen, weil dieses braune Erbe unter den Teppich gekehrt und bis heute nicht aufgearbeitet wurde. Die meisten Großkapitalisten wurden im Laufe der Nürnberger Prozesse freigesprochen, Namen wie Bosch, Thyssen und VW prägen bis heute zahlreiche Stiftungen – und weder die Autobahn noch die deutsche Autoindustrie, oder selbst Namen wie jener des Wehrwirtschaftsführers Ferdinand Porsche, von Volkswagen oder Mercedes haben für die allermeisten heute einen braunen Beigeschmack, sondern sind großteils positiv konnotiert. Genauso ist heute den allerwenigsten bekannt, dass für den Bau dieser anfangs kaum gebrauchten Autobahnen sowie der KdF-Wagen massiv Zwangsarbeiter*innen aus enteigneten Jüd*innen und politisch Ver-

folgten eingesetzt wurden. Allein beim Bau der Autobahnen des sogenannten
»Dritten Reichs« sind 180.000 Menschen durch unmenschliche Zwangsarbeit
ermordet worden (Kunze 2022).

Dieses materielle Erbe eines durch den Faschismus ermöglichten Autobahnnetzes führte zu der paradoxen Situation, dass die im Krieg eigentlich
siegreichen Staaten bald wirtschaftlich ins Hintertreffen zu geraten drohten.
In der Nachkriegszeit eiferten allen voran Frankreich und Großbritannien
dem faschistisch errichteten Vorsprung im Automobilismus nach, da auch sie
sahen, dass innerhalb der techno-optimistischen Fortschrittslogik zugespitzt
die Regel gilt: Entweder man beteiligt sich am autoindustriellen Rennen der
Nationen, oder man wird von den anderen verschlungen. Es ist wohl kein
gänzlicher Zufall, dass ein früher Name für selbstfahrende Automobilisten
und Rennfahrer »Herrenfahrer« war – die Assoziation zur »Herrenrasse« ist
nicht weit. Der rußausstoßende Leviathan aus dem letzten Kapitel kann erst
seit der Nachkriegszeit sein vordergründig »friedliches« und liberales Gesicht
aufziehen – davor musste er kriegerisch seine Ordnung gegen mannigfaltige
Widerstände durchsetzen.

Das Gebot des Wirtschaftswachstums gerierte sich als alternativlos und
so wurden dieselben Strukturen, die auf faschistischem Boden zum Sprießen gekommen waren, nun auch im liberalen und demokratischen Westen
durchgezogen. Wie Kristin Ross in ihrer Studie *Fast Cars, Clean Bodies* (1995)
demonstriert, ist die französische Theorie der Nachkriegszeit deshalb so
scharf auf die Entfremdungen des Konsumkapitalismus eingestellt, weil in
Frankreich dessen Etablierung besonders rasant in den Jahren nach 1945
erfolgte, um mit dem ewigen Konkurrenten Deutschland mithalten zu können. Was von Debord, Baudrillard etc. mit einer Mischung aus Faszination
und Entsetzen als eine »Vernichtung des Raums« wahrgenommen wurde,
kann also als Verarbeitungsstrategie der besonders schnellen Umsetzung
der konsumkapitalistischen Normalität verstanden werden. Diese Politik der
massiven Autoinfrastruktur-Förderung führte auch dazu, dass in anderen
europäischen Ländern nach dem Zweiten Weltkrieg der Bahnverkehr massiv
vernachlässigt wurde (oder nach den Zerstörungen des Krieges nicht mehr
aufgebaut wurde), weil das System des Autoverkehrs als wirtschaftlich vielver-
sprechender galt. So umfasste das Schienennetz in Großbritannien 1950 noch
33.600 Kilometern und 6.000 Bahnhöfe, während es nach der Umsetzung
des konsumkapitalistischen und automobilen Modells und der als »Beeching-
Axt« (2023) bekannten Einsparungsreformen Ende der 1960er Jahre nur noch
28.800 Kilometer und 2.000 Bahnhöfe beinhaltete. Eine ähnliche Entwicklung

zeigt eindrücklich der Vergleich des Schienennetzes in Frankreich zwischen den Jahren 1930 und 2014 an, wie auf Abbildung 10 einzusehen ist.

Seit den Kahlschlägen des Faschismus und seines Weltkrieges gilt das Auto den meisten Wirtschaftsführern als »locked in«, festgesetzt und etabliert. In fast allen kapitalistisch verfassten Staaten sieht man die Dynamik, dass kapitalstarke Unternehmen versuchen, das multi-modulare Mobilitätssystem aus Bahn, Rad, Kutsche oder Taxi durch feindliche Übernahmen und Zerschlagungen mit einem mono-modularen Autoregime zu ersetzen.

Abb. 10: Das Schienennetz in Frankreich vor und nach der Zeit des Faschismus, 1920er und 2010er Jahre

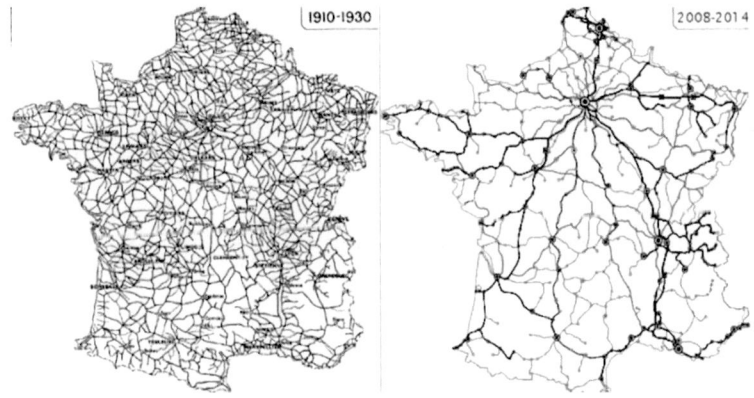

Historische Karte: Daniel Maurice – aktuelle Karte: Réseau Ferré de France

Abb. 11: Das Schienennetz der USA 1900

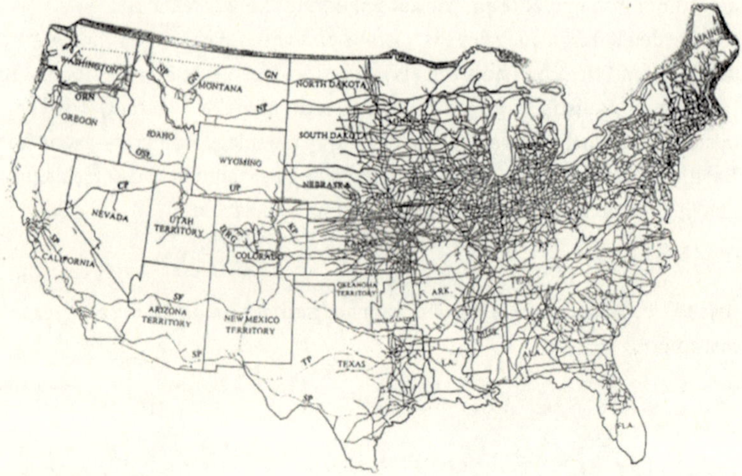

Wikimedia Commons

Faschismus und liberaler Konsumkapitalismus

Worin bestand der zentrale Unterschied zwischen dem letztendlich gescheiterten faschistischen Modell und jenem des liberalen *American Way of Life*, der
sich in der Nachkriegszeit zuerst über den ganzen sogenannten Westen und
dann den Rest der Welt zog? Immerhin war der Erfinder des ersten fließband-
produzierten Autos »Model T«, Henry Ford, auch ein großer Hitler-Sympathi-
sant und Antisemit. Er ließ zum Beispiel Auszüge aus *Mein Kampf* übersetzen
und druckte sie, ebenso wie die *Protokolle der Weisen von Zion*, in seinen Arbeiter*innenzeitungen ab. Dennoch wurden die USA bekanntlich nie auf die gleiche Art faschistisch, wie es weiten Teilen Europas in der Sattelzeit des fossilen
Kapitalismus widerfuhr. Warum? Das von Andreas Malm geleitete Zetkin-Kollektiv beantwortet diese Frage in ihrem Buch *White Skin, Black Fuel* damit, dass
der sozialistische Widerstand gegen das fossile Kapital in den USA nie so bedrohlich für die herrschende Klasse wurde (oder bereits in den Jahrzehnten
um 1900 in der Verfolgung und Zerschlagung der damals mächtigen anarchis
tischen Bewegung ausgelöscht wurde).

Abb. 12: Das Schienennetz der USA 2010

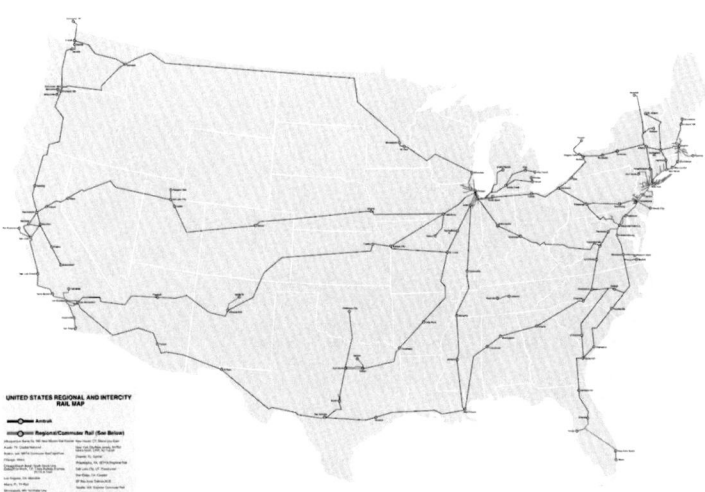

Wikimedia Commons

So ließ sich ein mono-modales Autoregime auch ganz anders als in Europa, ohne einen Umweg in den Faschismus, verwirklichen. Heute gibt es in den USA so wenig öffentliche Verkehrsmittel von so schlechter Qualität, dass man außerhalb ganz weniger privilegierter (und extrem teurer) Blasen wie New York oder San Francisco ein Auto so dringend zum Überleben braucht, wie es aus europäischer Perspektive kaum vorstellbar ist. Doch dies war keinesfalls immer der Fall. Man vergisst es heute fast, aber die USA galten vor 100 Jahren noch als *das* Bahnland, deren Schienennetze den Wilden Westen und den gesamten Kontinent eroberten. Die Bahn war der Stolz der jungen Nation, und eine Stadt wie L.A. – die heute als reine Autostadt gilt – hatte noch in den 1930er Jahren das größte öffentliche Verkehrsnetz der Welt. Was ist passiert?

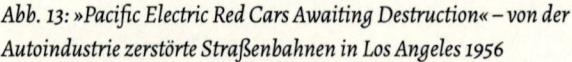

Abb. 13: »Pacific Electric Red Cars Awaiting Destruction« – von der Autoindustrie zerstörte Straßenbahnen in Los Angeles 1956

LA Times 1956 – via Wikimedia Commons

Bereits in den frühen 1900er Jahren begannen Autokonzerne wie GM mit den Entwürfen von Plänen, ihren Umsatz durch ein strategisches Aufkaufen und Auflösen von Straßenbahnen und Zügen zu steigern. Das sollte Konsument*innen dazu zwingen, auf von ihnen produzierte Autos, Busse und LKW umzusteigen. Selbst an so berühmten Buslinien wie den 1914 gegründeten *Greyhound Lines*, die anstelle von Zügen auf Straßen mit automobilen Motoren das Land verbinden sollten, war GM über Schwesterfirmen beteiligt. Diese Strategie des Aufkaufs und der Zerschlagung öffentlicher, multi-modularer Verkehrsnetze zugunsten einiger weniger Großkonzerne war so erfolgreich, dass sich die Zahl der Straßenbahnfahrzeuge in den Vereinigten Staaten bis zu einem Verbot dieser Praxis des Obersten Gerichtshofs im Jahre 1956 von 37.000 auf 5.300 verringert hatte. Erst im Jahre 1974 wurde diese von fast allen großen Automobilherstellern umgesetzte Praxis der feindlichen Zerschlagung öffentlicher Verkehrsmittel durch den sogenannten »Snell Report« (»Großer Amerikanischer Straßenbahnskandal« 2023) einer breiteren Öffentlichkeit bekannt: In 45 Städten der USA wandten die Großkapitalisten diese Monopolisierungsstrategie heute belegbar an.

Man könnte aus diesem Beispiel der Automobilindustrie mit Andreas Malm und dem Zetkin-Kollektiv also schließen, dass sich in den USA, anders als in dem mit starken kommunistischen und anderen linken Parteien versehenen Europa, die herrschende Klasse nie hingerissen fühlte, ihre Macht außerhalb des demokratischen Kapitalismus mit dem Faschismus zu konsolidieren. Zwar waren viele der Akteure des fossilen Kapitalismus auch dort durchaus von Hitler angetan (wie eben Henry Ford, aber auch Standard Oil, DuPont oder Georg W.s Großvater Prescott Bush (Quinn 2021; Hart 2018)), aber man musste den Faschisten nie wirklich die Macht über den Staat einräumen, um die eigenen Privilegien gegen die »rote Gefahr« zu bewahren. Faschismus ist demnach selten die erste Wahl der herrschenden Klasse, da sich dessen entfesselte Energie gefährlich in alle Richtungen entladen kann und den Eliten als zu gefährlich »pöbelhaft« erscheint. Erst wenn die Macht dieser Oberschicht wirklich bedroht ist (oder sie sich bedroht fühlt), sind genügend große Teile der Elite bereit, sich mit den Faschisten zusammenzutun, um eine kommunistische oder anders geartete Umverteilung zu verhindern.

Doch ein anderer, ebenso zentraler Faktor für die Beantwortung der Frage, warum sich die amerikanische und vermeintlich liberale Verfassung im gesamten »Westen« durchgesetzt hat, muss durch eine Analyse der materiellen Grundlagen der beiden in Frage stehende Regime erfolgen: Zentral für die Durchsetzung des *American Way of Life* war die im Vergleich zum faschistischen Europa bessere Versorgung mit Erdöl.

Hitler war von Anfang an bewusst, dass der Zugang zu Erdöl kriegsentscheidend sein wird und dass sich Deutschland geopolitisch hierbei in einer nachteiligen Ausgangslage befand. Während die Sowjetunion und die USA im eigenen Territorium auf riesige Erdölvorkommen zurückgreifen konnten, und Großbritannien die gigantischen Ölreserven des sogenannten »Nahen Ostens« kontrollierte, befanden sich auf »deutschem Boden« außerhalb des vergleichsweise kleinen österreichischen Wiener Beckens kaum Ölreserven. Deswegen investierte Hitlerdeutschland massiv in die Versuche der IG Farben zur Synthetisierung von Erdöl aus Braunkohle und versuchte in einem Blitzkrieg möglichst schnell an die gigantischen Ölvorkommen von Baku am Kaspischen Meer vorzudringen (Steininger and Klose 2020). Dass beide Versuche letztlich scheiterten, ist ein zentrales Element der Erklärung, warum sich die faschistische Variante des modernen Guten Lebens nicht durchsetzen konnte.

Der Politikwissenschaftler und Wirtschaftshistoriker Timothy Mitchell beschreibt in seinem Buch *Carbon Democracy*, dass die »Konstruktion kohlenstoff-intensiver Lebensstile« (2013, 42) ein wesentlicher Faktor für die Stabilisierung des liberalen und später neoliberalen Modells der Nachkriegszeit war. Der sogenannte »Westen« kontrollierte nach 1945 stets einen Überfluss an Erdöl, den er wirtschaftlich so regulierte, dass dessen produzierte Knappheit zu Preismargen führte, die zur Entwicklung einer Abhängigkeit von immer mehr Erdölprodukten führte: sei es in Form von Plastik, Kosmetik oder dem Bau von immer mehr Autos (und der damit möglichen Zurückdrängung von ressourcensparenderen Transportmitteln wie der Bahn). Die amerikanische Freiheit und ihr konsumorientiertes Demokratiemodell stabilisiert sich seit 1945 durch einen exzessiven Erdölverbrauch. Autorinnen wie Kathryn Yusoff (2013) argumentieren in diesem Sinne, dass die humanistischen Ideale von Freiheit, Gleichheit und Brüderlichkeit nicht ohne diese (durch Kohle bereits vorgelegte) Abhängigkeit des Westens von fossilen Brennstoffen entstehen hätten können. Diese Analyse mag mit Einschränkungen stimmen, übersieht aber den historischen Punkt, dass sich auch ein anderes abendländisches Modell in der Folge dieser fossilen Abhängigkeit des Westens hätte durchsetzen können: jenes des Faschismus. Von ihrer materiellen Basis her sind der demokratisch-kapitalistische Liberalismus und der Faschismus um einiges verwandter, als es die meisten liberalen Theorien wahrhaben wollen.

> »Und welchen Chauffierenden hätten nicht schon die Kräfte seines Motors in Versuchung geführt, das Ungeziefer der Straße, Passanten, Kinder und Radfahrer zuschanden zu fahren? In den Bewegungen, welche die Maschinen von den sie Bedienenden verlangen, liegt schon das Gewaltsame, Zuschlagende, stoßweis [sic!] Unaufhörliche der faschistischen Mißhandlungen.« (Adorno 2003 [1951], §19)

Theodor W. Adorno oder Herbert Marcuse, beide vom Faschismus traumatisiert, haben in solchen Sätzen gewarnt vor der Verwandtschaft zwischen liberalem Kapitalismus und Faschismus, die sich im Auto zeigt. Doch sie wurden geflissentlich ignoriert, weswegen wir auch gegenwärtig wieder eine Renaissance eines »fossilen Faschismus« wahrnehmen müssen, wie uns Malm und das Zetkin-Kollektiv warnen (und wie wir im nächsten Kapitel genauer analysieren werden). In durch oberflächliche Lektüre paranoid erscheinenden Sätzen wie dem Adornos zeigt sich, dass sich eine von Fèlix Guattari als »mikrofaschistisch« bezeichnete Gesellschaftsstruktur durch das liberale konsumkapitalistische Modell durchzieht. »Jeder möchte ein Faschist sein«, dieser provokante Titel von Guattaris (2007) Aufsatz beschreibt die Begehrensordnungen und Wirtschaftsweisen der kohlenstoff-intensiven Lebensweisen des Konsumkapitalismus auf mikropolitischem Niveau.

Petronormalität

Die Freiheit des *American Way of Life* besteht in der Freiheit, Erdöl zu verbrennen. Laut Peter Sloterdijk brennen fossile Brennstoffe nicht nur in unseren Motoren, »sondern auch in unseren existenziellen Motiven, unseren vitalen Begriffen von Freiheit«. Ihm zufolge können wir uns »keine Freiheit mehr vorstellen, die nicht immer auch Freiheit zu riskanten Beschleunigungen einschließt, Freiheit zur Fortbewegung an fernste Ziele, Freiheit zur Übertreibung und zur Verschwendung, ja schließlich auch Freiheit zur Explosion und Selbstzerstörung.« (Sloterdijk 2011, 97) Dass diese Freiheit und dieses »wir« essentiell auf der Ausbeutung anderer Länder und der rassistischen Abwertung anderer Völker basiert, sei dahingestellt.

Fakt ist, dass sich mit dem liberalen Konsumkapitalismus eine neue Normalität etablieren konnte, die seitdem auf genügend Menschen so attraktiv wirkt (oder von diversen PR-Büros, Lobbies und Hollywood-Studios attraktiv erscheinend gemacht wird), dass sie trotz ihrer ökologischen Desaströsität als landläufig alternativlos erscheint. *There is no alternative* –man muss stets wachsen, sich ausbreiten, schneller weiter höher kommen und mehr verbrennen. Der Grundstoff des Erdöls, den beinahe jedes Konsumprodukt voraussetzt, macht es möglich. Mit ölbetriebenen Autos sind wir so schnell mobil wie nie zuvor, durch Plastik können wir Dinge so lange haltbar lagern wie nie zuvor und durch die ebenso auf Erdöl basierende Kosmetikindustrie bildet sich ein bis dato nur auf retuschierten Bildern existierendes Schönheitsideal als Normalitätsanspruch auf fast jeden weiblich gelesenen Körper aus.

Wie Alexander Klose und Benjamin Steiniger zeigen, basiert die Petromoderne auf einem beinahe alle Lebensbereiche erfassendem Normierungsregime. Dies beginnt bei der Notwendigkeit der Normierung von *crude oil* zu einigen wenigen, hochwertigen Molekülstrukturen, damit die Motoren reibungslos und stockungsfrei laufen können. »Nur weil im Motorraum im Gleichtakt geschaltete, chemische Individuen in einem präzisen Moment und ohne Fehlzündung chemische Energie an einen Kolben abgeben, werden Subjekte motorisiert.« (Steiniger und Klose 2020, 72) Und es reicht hin bis zur fossil beschleunigten Dichotomisierung von zwei heteronormativen Geschlechtern, bei der auf einer Seite der harte, nach Motorenlärm und Abgasen riechende weiße »gepanzerte Mann« steht, der »die Erde fickt« (Ibid. 66), während auf der anderen Seite das Barbie-gleiche Puppenmodell der hyperfemininen Hausfrau steht, die in der Küche dieses Ausbeutungsmodell durch unbezahlte reproduktive Arbeit ermöglicht. Sowohl die Barbiepuppe, die von Aluminium und Plastik geprägte »moderne Küche« wie das puppengleiche Gesicht der petromodernen Idealfrau sind Resultat derselben verstetigten Kriegswirtschaft des fossilen Konsumkapitalismus.

> »Automobil und Schminke teilen also ihre Abhängigkeit vom Erdöl. Trugen noch um 1900 nur relativ wenige Frauen aus beruflichen Gründen Schminke auf, um als *Grandes Dames* zu repräsentieren, als Schauspielerinnen Rollen zu verkörpern oder als Prostituierte ihren Körper zum Markt zu tragen – oder alles drei –, so gehörte es in den USA bereits ab Ende der 1920er-Jahre zu Vorstellung der ›natürlichen Schönheit‹ einer Frau, dass sie geschminkt war, auch zu Hause. ›Sie tragen ihren Teil bei, indem sie ihre Weiblichkeit pflegen. Das ist einer der Gründe, warum wir kämpfen‹, heißt es in einer Werbung aus den Jahren des Zweiten Weltkriegs über dem Bild einer mit Wimperntusche perfekt zurechtgemachten Hausfrau, die einen Brief an ihren Mann an der Front verfasst. [...] Als es aufgrund der Kriegswirtschaft zu Einschränkungen der Lieferungen von Petroleumprodukten an nicht militärische Bereiche kam, erging eine Warnung aus dem Pentagon an das Weiße Haus, dass ›der Krieg keinen Glamour-Mangel hervorrufen sollte‹, da ›ein Verlust an Schönheit die nationale Moral senken könnte‹. Die Intervention war erfolgreich, die solcherart zur kriegswichtigen Ressource erklärte Kosmetikindustrie konnte weiter produzieren.« (Ibid. 67–68)[2]

Wie der katholische Priester und Vordenker eines radikal-ökologischen Denkens Ivan Illich (1974) anmerkt, ist das Wesen unserer Verwendung der »companion substance« (Steiniger und Klose 2020) Erdöl eine der extremen Raum/Zeit-Verdichtung. Die Beschleunigung, die ein Verbrennungsmotor ermöglicht, baut auf der geologischen Verdichtung von Jahrmillionen an Verwesungsprozessen von Kleinstorganismen auf. Unzählbare Quadratkilometer Plankton wurden über Millennia langsam zu Erdöl umgewandelt, aus ehemals ca. 23 Tonnen Pflanzenmasse gewinnen wir heute einen Liter Erdöl (Dukes 2003). Durch ihre Verbrennung beschleunigen wir unsere Bewegung, durch ihre Verarbeitung und Destillation erreichen wir *hyper*reale Schönheitsideale und können organisches Material so lange und steril halten, wie noch nie zuvor.

---

2   Im Gegensatz zur USA wurde im Nationalsozialismus »[j]egliche Art von Make-Up verdammt« (Papst 2015, 29) und jegliche Form von Schminken als ungebührlich für eine »deutsche Frau« angesehen (ibid. 86).

Die »Vernichtung des Raums«, die wir im vorigen Kapitel als schockiert-faszinierten Analysebegriff der Postmoderne für dieses Phänomen der Beschleunigung kennen gelernt haben, entpuppt sich durch diese materielle Lesart als eine extreme Ausdehnung von Raum- und Zeitzugriff der modernen Zivilisation auf geologische Dimensionen. Diese neue Wirklichkeit, die durch die Verbindung von Erdöl und liberaler Demokratie in der Nachkriegszeit stabilisiert wurde, wurde von zeitgenössischen Denkern auch als »Hyperrealität« (Baudrillard 1987), also *Überwirklichkeit* bezeichnet. Wohingegen Baudrillard diese als ein vollkommenes Verschwinden der Wirklichkeit verstanden hat, entpuppt sie sich aus unserer gegenwärtigen öko-materialistischen Perspektive viel eher als das massive Überschreiten der räumlich und zeitlich begrenzten Ressourcen der gegenwärtigen Wirklichkeit. Die Petronormalität greift auf Reserven der tiefen Vergangenheit zurück. Angeblich verbrennen wir durch unseren globalen Erdölkonsum gegenwärtig das Äquivalent von 400 Jahren Leben auf diesem Planeten – jährlich (Mitchell 2013, 15). Dass diese Referenz auf die *deep time* der Vergangenheit für die meisten Denker (gendern kaum nötig) der Postmoderne nicht denkbar war – und deswegen als Vernichtung aller räumlichen Strukturen und sozialen Bande verstanden wurde – liegt im Wesen einer Normalität, die auf höchst effiziente Weise ihre Negativeffekte nach Außen, in ein Unsichtbares, jenseits des Normalen und alltäglich Wahrnehmbaren verfrachtet.

In dieser Hinsicht ist es interessant zu bemerken, dass sich der Begriff der »Normalität« und »des Normalen« im alltäglichen Sprachgebrauch ungefähr gleichzeitig mit dem konsumorientierten Petrokapitalismus etablierte, nämlich in der Zeit nach dem Zweiten Weltkrieg. Entscheidend für die Expansion dieses ursprünglich hauptsächlich in wissenschaftlichen Communities gebräuchlichen Begriffs ist laut Elisabeth Stephens und Peter Cryle (2017) der Umstand, dass während der fünf Kriegsjahre in den USA viele Frauen ehemalige »Männerberufe« in der Fertigungsindustrie etc. ausführten und sich nach Heimkehr der männlichen Soldaten große gesellschaftliche Debatten dazu entfalteten, was eine »normale Frau« und was ein »normaler Mann« und ihre jeweiligen Tätigkeiten seien. Wie ich bereits weiter oben angedeutet habe, haben sich beide Geschlechtsidentitäten mit jeweiligen petromodernen Industrieprodukten, die von einer friedlichen Umwidmung der Kriegsindustrie stammten, stabilisiert: Männer à la James Dean fuhren massig Erdöl verschlingende Autos oder Motorräder und arbeiteten wieder in der fossilen Industrie, während Frauen in die von Aluminium und Plastik geprägte »moderne Küche« zurückgedrängt wurden und *hyperrealen* Schönheitsidealen durch die Ausbreitung von auf Erdölprodukten basierender Schminke unterworfen wurden. Wie wir ebenso bereits erwähnt haben, stammen sowohl der Überschuss an Erdöl, Aluminium, Plastik und automobilen Fertigungen aus der Zeit der Kriegsindustrie, die nach Ende des Zweiten Weltkrieges neue »zivile« und »friedliche« Absatzmärkte finden musste. Das Wesen der Verstetigung des Krieges wurde so, wie Paul Virilio uns in Kapitel 2 erklärt hat, zum Stoff und Gewebe der neuen Normalität – und damit unsichtbar.

Ein weiterer Faktor bei der Etablierung des Begriffs der Normalität als alltagssprachlicher Richtwert sind die rassistisch motivierten Diskurse um »normale« Amerikaner in den von Rassenunruhen geprägten 1950er und 1960er Jahren der USA. Als normale US-Amerikaner (gendern auch hier eher unnötig) wurden so »Native Whites« der zumindest zweiten Generation definiert, während allen anderen weniger Vernunft, Rechte und Fähigkeiten zugesprochen wurde. Die eugenisch motivierten Rassendiskurse des 19. und 20. Jahrhunderts, die zentral für die wissenschaftliche Etablierung des Normalitätsbegriffs außerhalb mathematischer oder »exakter« Wissenschaften war (Grue and Heiberg 2006), setzen so ihr rassistisches Ungetüm in der Nachkriegszeit fort.

Das Bemerkenswerte am Begriff der »Normalität« ist, dass es mit ihm gelingt, ein ökologisch desasströses, rassistisches und sexistisches Unterdrückungsregime als wissenschaftlich neutral und – eben – »normal« und »natürlich« darzustellen. Wenn etwas normal ist, gibt es für die Mehrheitsgesellschaft kaum etwas zu diskutieren. Es präsentiert sich als statistisches, wissenschaftlich-neutrales Unternehmen und kaschiert damit die massiven Schieflagen und katastrophalen Unterseiten dieser Normalität. Gleichzeitig erscheint diese Normalität so attraktiv/durchsetzungsfähig, dass nicht nur ihr *American Way of Life* als globalisiertes Ideal in der Form von Autofetischismus und gläsernen Skylines mittlerweile überall prangt, sondern auch dass das ursprünglich aus dem Lateinischen stammende englische Wort »normal« eine hohe Invasivität in nicht-europäischen Sprachen aufweist: In fast jeder Sprache ist »normal« mittlerweile ein gängiger Begriff (Mason and Stephens 2020, min. 35).

Minoritär, majoritär, normal?

Wie also dieser so katastrophalen Normalität entgehen oder ihr gar den Kampf ansagen? Es ist kein Zufall, dass die fruchtbarsten progressiven und linken Diskurse der vergangenen Jahrzehnte aus den »Nischen« der oftmals als »Identitätspolitik« abgetanen *queer studies*, *black studies*, *postcolonial studies* oder *disability studies* kamen. Minorisierte Menschen wie LGBTQIA+-Personen und schwarz oder braun gelesene Menschen wissen schon lange, was weißen Privilegierten erst jetzt langsam im von ihnen sogenannten »Anthropozän« dämmert: dass unsere Normalität höchstgradig toxisch ist. Die Katastrophen und das Weltensterben, die nun auch zunehmend die Bewohner*innen des globalen Nordens heimsuchen, sind seit Jahrhunderten die Lebensrealität zahlreicher schwarzer, brauner oder indigener Menschen überall auf der Welt, besonders im globalen Süden.

In der europäischen Linken lässt sich ein Fokuswechsel auf solche »minoritären Politiken« um die tumultreichen Jahre um 1968 datieren. Wie es die für diesen Paradigmenwechsel einflussreichen Philosophen Gilles Deleuze und Felix Guattari (1992 [1980]) beschrieben, kam man um diese Zeit langsam ab von der Idee eines »majoritären« Politikkonzepts – der oft die Form einer proletarischen Einheitsfront (»die Partei«) gegen die ebenso monolithische Herrschaftsstruktur des »Kapitals« annahm. Die »majoritäre« Herrschaftslogik und ihre Fokussierung auf Einheit wurde an sich als ontologisch problematisch identifiziert; stattdessen versprach man sich in einem Unterwandern der hegemonialen Herrschaftsstrukturen von diversen »minoritären« Strömungen mehr subversives und emanzipatorisches Potential.

In den feministischen, schwulen, transgeschlechtlichen, indigenen, schwarzen, anti-rassistischen, anti-psychiatrischen, links-terroristischen, anti-faschistischen und drogensüchtigen Bewegungen suchte man eine Diversität der Kämpfe, die im besten Fall nie eine neue »Majorität« erreichen sollten, sondern »das System« oder »das Kapital« von unten wegspülen und irrelevant machen sollte.

Viel wurde seitdem über diesen wichtigen Paradigmenwechsel geschrieben; so auch, dass dieser Logikwechsel vom neoliberalen Paradigma des Kapitalismus perfekt akkommodiert wurde und diese einst bedrohlich erscheinenden minoritären »Nischen« heute als Vorfühler neuer Kapitalakkumulation eingesetzt werden, wie sich am prominentesten in der ehemals rebellischen Hippiekultur des Silicon Valley zeigt, das heute einen der wichtigsten Innovationsorte des neuen digitalen Kapitalismus darstellt.[3] In ähnlicher Ma-

---

3   Der Klassiker für diese Analyse ist *The New Spirit of Capitalism* von Eve Chiapello und Luc Boltanski. Für dessen Anwendung auf das Silicon Valley, siehe vorallem: Barbrook and Cameron 1996

nier wird gelegentlich auch Proponent*innen von *queer*, *black* oder *postcolonial studies* von zumeist weißen älteren Männern linker wie rechter Couleur vorgeworfen, dass ihre »Identitätspolitik« den Blick auf das größere Ganze (also den Kampf gegen kapitalistische Ausbeutungsformen) verstellt und sich – im schlimmsten Fall – mit ein paar diversifizierten Nike-Schuhen oder Instagramberühmtheiten zufrieden gibt.

Doch diese Diskurse und ihr gegenwärtig medial hoch präsentes Hick-Hack sollen uns hier weniger interessieren, da sie alle vom Kapitalismus als zu bekämpfende Struktur ausgehen. Für die Belange dieses Kapitels interessiert uns primär, wie der Kapitalismus eine moderne Normalität verstetigt und etabliert, die als ökologisch katastrophal und gleichzeitig ausweglos erscheint. Warum also der Kampf gegen den Kapitalismus, der einst als proletarisch linkes Einheitsunternehmen ein echtes Potential zu Massenmobilisierungen besaß, heute nirgends mehr ein Mehrheitsprojekt ist.

Wie wir in diesem Abschnitt zu sehen begonnen haben, und im nächsten noch genauer untersuchen werden, hat der (Konsum-)Kapitalismus es geschafft, die epistemologischen, ontologischen und affektiven Ordnungen der europäischen Moderne so sehr in unserer Umwelt, unseren Begehren sowie unseren analytischen und politischen Begriffen (selbst den emanzipatorischen!) zu etablieren, dass auch die lautesten Wünsche des Kampfes gegen diese Normalität sie hintergründig perpetuieren und unterstützen können. Im Folgenden möchte ich für diesen Abschnitt abschließend fragen, was das politische Potential, aber auch die politischen Falltüren, einer Politik sein kann, welche die Normalität als Katastrophe erkannt hat. Kann man jemals eine Massenmobilisierung gegen das Normale aufbringen oder ist dies in sich widersprüchlich? Kann eine Menge jemals gegen ihren Durchschnitt sein? Muss Politik gegen das Normale klandestin, heimlich, untergründig und minoritär bleiben? Oder gibt es ein Potential, in ökologischen Kämpfen, wie ich sie anhand des metaphorischen Beispiels der Automobilität erfassen will, eine Art neue mannigfaltige Einheit, eine Massenbewegung der Multitude gegen diese Normalität zu mobilisieren?

Ich habe hier, wie auch im längeren, vierten Abschnitt »Politik«, nicht vor, klare Antworten zu geben. Dies käme mir zu sehr einer majoritären Übercodierung einer Multitude – selbst wenn sie nach Massenmobilisierung strebt – nahe. Mir erscheint, dass im bloßen Stellen solcher Fragen schon viel geleistet ist. In den wenigen Zeilen, die diesem Abschnitt noch bleiben, möchte ich versuchen, einige Einsichten aus »minoritären« Theorietraditionen auf unseren Untersuchungsgegenstand, das Auto, anzuwenden.

Wider den Moralismus – von Coal Rollern lernen?

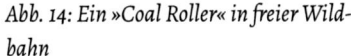

*Abb. 14: Ein »Coal Roller« in freier Wild-
bahn*

Photo von Salvatore Arnone – via Wikimedia
Commons

Der Begriff der Normalität wird dann am häufigsten gebraucht und diskutiert, wenn sich die Normalität in der Krise befindet (Cryle and Stephens
2017): Seit die Klimakatastrophe selbst in den höchsten politischen Kreisen als
gigantisches Problem anerkannt wird, seit der Wahl Donald Trumps, des Bre-
xits und der Corona-Lockdowns, wird so heftig über Normalität gestritten wie
schon lange nicht mehr.

In dieser Zeit wird auch so sichtbar wie sonst kaum, dass ein Eintreten
für diese Normalität einer Sehnsucht nach der Fortführung des rassistischen,
kryptofaschistischen und ökologisch katastrophalen Status quo entspricht,
wie sich im Wahlspruch der AfD »Deutschland. Aber normal.« und Donald
Trumps Lob der »normal people« (die weiß und hetero sind, gerne fette Autos fahren und traditionellen Geschlechterrollen entsprechen) äußert. Diese
petromoderne Normalität hat, wie wir gesehen haben, eine materielle Strukturparallele zum Faschismus, der in Zeiten der Krise droht, wieder zur realen
politischen Gefahr zu werden. Der »neuen Rechten« (deren Führer*innen
zumeist Kontinuität zur »alten Rechten« haben) gelingt es, wie Andreas Malm

und das Zetkin-Kollektiv warnen, an die Begehrensstrukturen dieses mikro-faschistoiden Untergrunds der liberalen konsumkapitalistischen Ordnung anzudocken und dadurch Menschen, die in weniger krisenhaften Zeiten als »ganz normale« Menschen erscheinen, für ein neofaschistisches Begehren des weißen Status-quo-Erhalts zu mobilisieren.

Doch abseits dieser faschistischen Gefahr, die ohne Zweifel ernst zu neh-men ist, können diese »ehemals ganz normalen« fanatischen Anhänger von Trump etc. auch als provokante Spiegel für eine bürgerliche Mitte fungieren, deren Lebensqualität unterhalb einer »zivilisierteren« und »progressiveren« Oberfläche auf derselben katastrophalen Normalität basiert. *Ganz normal« war leider immer schon dem Mikrofaschismus näher, als man es wissen wollte.* Zwar mag die (ohnehin schrumpfende) »bürgerliche Mitte« die Vorteile dieser Normalität etwas subtiler und leiser verteidigen, als es die Trumpist*innen laut und aggressiv tun. Doch dies mag zum Teil nur daran liegen, dass die Teilhabe an den von dieser toxischen Normalität gesicherten Privilegien für diese Mittelschicht noch als etwas gesicherter erscheint. Strukturell sind sie ähnlich stark derselben Normalität verhaftet, und die bürgerliche Reaktion auf die Anhänger der »Neuen Rechten« läuft Gefahr, zur politisch korrekt erscheinenden Verteidigung einer oberflächlich etwas freundlicheren, aber strukturell gleichwertigen, Normalität zu werden. Eine kritische Hinterfra-gung und Zersetzung der modernen Tiefenstrukturen derselben Normalität bleibt durch diese vordergründige »Spaltung der Gesellschaft« dann weiterhin ein Nischenprojekt (wobei eben die offene und derzeit vielleicht auch noch nicht entschiedene Frage ist, ob diese dekoloniale Zersetzung der Normali-tät, ein »Hospicing Modernity«, wie wir es mit Vanessa Machado de Olivera im nächsten Abschnitt kennenlernen werden, jemals mehr als ein reines Nischenprojekt werden kann).

Fest steht, dass innerhalb eines Normalitätsrahmens, der katastrophal ist, niemand »rein« von ihm bleiben kann – selbst die kritischste Opposition kann sich nur als Opposition zu eben dieser Normalität gerieren und macht sich dadurch strukturell und definitorisch von ebendieser abhängig. Es ist genau diese essentielle *messiness* der spätkapitalistischen Welt im katastrophalen Anthropozän, die eine Welle des neuen Moralismus und ein großes Bedürfnis nach Reinheit und »Purity Politics«, wie sie Alexis Shotwell (2016) nennt, hochwiegen lässt. Gerade weil Reinheit offensichtlich so unerreichbar ist wie nie zuvor, wird der Markt nach dem Schein von Reinheit immer größer. Ein gigantischer Markt an Elektroautos, Carbon-Offsetting, »klimaneutralen«, Fair-Trade- und Bio-Produkten schafft es, dieses Bedürfnis kapitalstark für die Perpetuierung der Normalität einzusetzen. Gleichzeitig wird damit kritische Energie, die sich in gebildeteren Schichten bilden könnte, tendenziell abgelenkt in moralische Vorhaltungen gegen jene, die »noch« nicht bio kaufen, noch nicht E-Auto fahren etc.

Ein besonders illustratives Beispiel für diese Tendenz zum zahnlosen Moralismus ist der allgemeine Missmut gegenüber Auto-Tunern, das mittelständische Belächeln von mit Neonröhren und Subwoofern hochgemotzten Autos, und die allgemein fasziniert-empörte Entrüstung über Coal Roller. Die Coal Roller sind an sich ein zahlenmäßig vernachlässigbares Phänomen von einigen wenigen Radikal-Trumpisten auf der anderen Seite des Atlantiks, die eine perverse Freude daran finden, ihre fetten Trucks so umzubauen, dass sie künstlich noch mehr und besonders rußig-schwarz sichtbare Abgase ausstoßen – und dies in manchen Fällen sogar in Demonstrierende von *Fridays For Future* oder *Black Lives Matter*. Dass ein solches Phänomen, welches noch kaum jemand mit eigenen Augen gesehen hat, über Social Media und Talkshows eine allgemeine Bekanntheit in progressiven Kreisen erlangt hat, weist darauf hin, dass diese Autofetischisten mehr ansprechen als eine Entrüstung über ihre relativ vernachlässigbaren »Klimasünden«. Meine These ist, dass Coal Roller der bürgerlichen Mitte einen Spiegel vorhalten, der durch groteske Überaffirmation die normalisierte Struktur unseres alltäglichen Lebens im Konsumkapitalismus erst sichtbar macht. Das was »als nicht normal« entrüstet kommentiert wird, zeigt eigentlich die Verfasstheit der spätmodernen Normalität und ihr exzessives Verhältnis zu fossilen Brennstoffen auf. Das geduldige Warten im tagtäglichen Stau, das halbstündige gebetsartige Durchsagen der kilometerlangen klimaschädlichen Straßenblockaden (aka »Staus«) im Radio, der toxische Lärm und Gestank fast jeder Straße und die aus ihnen resultierende Lebensfeindlichkeit – all das bildet das eigentliche Problem unserer Normalität und produziert weitaus mehr klimaschädliche Gase als die kleine Handvoll Coal Roller. Doch wie wir im vorigen Kapitel gesehen haben, wurde diese Katastrophe im Laufe des letzten Jahrhunderts zur Unsichtbarkeit und politischen Unansprechbarkeit normalisiert. Coal Rollern gelingt hier es zumindest, das Perverse an dieser ganz normalen Katastrophe auszustellen und also sichtbar zu machen. Sie halten uns unsere eigene Toxizität als Spiegel vor. Entgegen dem Instinkt der abgrenzenden Empörung sollten wir uns bei ihrem Anblick eher fragen, wo wir strukturell am selben Boden aufbauen – wo ihr spleeniges Schrauben an Motoren zumindest eine Art »literacy« und Verstehen unserer maschinischen Normalität aufweist, welcher wir – die »normaleren« Modernen – in glückseliger Unwissenheit genauso zuspielen.

In einer Normalität, die ohne Perpetuierung von klimakatastrophalen Lebensweisen keinen Tag bestehen könnte, muss man die politische Analyse nüchtern damit beginnen, dass die Haltung des Klimawandelleugners und Maschinenfetischisten eigentlich kein Skandal, sondern die *natürlichste* und *normalste* Haltung ist, die man in der hochgradig modifizierten Umwelt des Anthropozäns einnehmen kann. Strukturell sind wir alle Klimawandelleugner*innen, da wir Anteil an ihrer Normalität haben. Wenn wir Karriere machen, wenn wir eine Familie gründen oder in den Urlaub fahren – wir alle sind Teil der Normalität als Katastrophe namens Moderne. An diesem Point Zero der politischen Analyse muss unser utopisches und aktivistischen Denken neu ansetzen.

Der Moralismus, der anderen Menschen ein klimaschädliches Verhalten vorhält, ist deswegen ein so gefährlicher Affekt, da er eine künstliche Spaltung zwischen Menschen treibt, die strukturell gleichermaßen abhängig von katastrophalen Lebensweisen sind. Dadurch droht jede politische Auseinandersetzung in ein Scheinduell auf Sekundärschauplätzen zu werden, die Allianzen über Milieugrenzen und -codes hinaus verhindert. Falls es also jemals möglich oder auch nur wünschenswert sein sollte, eine Art Massenmobilisierung gegen diese katastrophale Normalität in Gang zu setzen (Fragen, die ich, wie gesagt, für offen halte), müsste sie diesen grassierenden Moralismus überkommen und eine Art Bündnis der lustvoll am falschen Hängenden, der dreckigen Allianzen und unsauberen Gemeinschaften sein.

Nach fast sechs Monaten, während derer ich nie in einem Auto saß, wurde ich neulich mal wieder von meiner Mutter nach einem Abendessen mit nach Hause genommen. Ich war ehrlich gesagt erstaunt darüber, wie reibungslos, *smooth* und geil plötzlich die Straßen wirkten, die ich in meinem fahrrad-, fuß- und öffibasierten Alltag mittlerweile instinktiv meide. In einer Stadt, wie in diesem Fall Wien, die großräumig für den reibungslosen Durchlauf des Autoverkehrs umgebaut wurde, ist diese auch am angenehmsten innerhalb eines Autos erfahrbar. Der Motorenlärm, dessen Aufheulen mich als Fahrradfahrer auf zu schmaler Spur hätte verkrampfen lassen, ist aus dem Innenraum ein angenehm monotones Brummen, welches beruhigend dröhnt (Sloterdijk spricht vom Innenraum des Autos als »uterale Erfahrung« – siehe Kapitel 6). Die Geschwindigkeit, vor der ich als Fußgänger in den engen Straßen regelmäßig erschrecke, fühlte sich innerhalb der Karosserie wie die natürlichste Bewegung der Stadt an.

Es ist diese Schizophrenie des Innen-Außen, die sich am Auto besonders gut erfahrbar machen lässt und die unser Leben innerhalb der Normalität als

Katastrophe essentiell ausmacht. Ich wage zu behaupten, dass niemand jemals gänzlich fähig ist, sich dieser Katastrophalität des Normalen gänzlich anzunehmen: sie wäre einerseits zu schrecklich, andererseits zu vertraut. Nach der Publikation zweier Kapitel über das Autoregime, die in einem früheren Buch von mir auf dieses Phänomen hinwiesen,[4] erhielt ich mehrmals das Feedback, dass Leser*innen auf eine für sie unangenehme Art die Sinne geöffnet wurden: Plötzlich hatten sie ein begriffliches Rüstwerk, diese Normalität als Katastrophe zu erkennen; ihre gesamte Alltäglichkeit war plötzlich von diesem dunklen Unterton gekennzeichnet. Mir wurde gestanden, dass mehrere sich wieder in das Unwissen zurücksehnten und sogar effektiv am Vergessen arbeiteten – man will und kann nicht so offen sein für die Katastrophe, wenn sie den Alltag ausmacht. Ich verstehe sehr gut, was diese Menschen damit meinen, und gebe mir Mühe, keine moralische Verurteilung, sondern eine wertvolle politische Erkenntnis aus diesem Feedback zu gewinnen. Tatsächlich geht es mir selbst während der Arbeit an diesem Buch des Öfteren so, dass ich mir wünschte, einen anderen, weniger alltäglichen Forschungsgegenstand gewählt zu haben; denn dem Auto kann ich kaum eine Stunde lang entgehen, und – wie in der Einleitung bereits erwähnt – mir kocht viel zu oft die moralische Verurteilung und der Hass hoch, auch wenn ich weiß, dass eine direkte Art des Kampfes gegen unsere Normalität auf kontraproduktives Unverständnis stoßen würde. Stünde ich als Ausdruck des Protests stundenlang mit ausgestrecktem Mittelfinger an einer lauten Verkehrsstraße, würden mich alle nur für wahnsinnig halten und kaum eine politische Botschaft dahinter vermuten. Ich würde schlicht außerhalb des Normalitätsrahmens fallen, mehr nicht. Allein die Zeit und die Muße zu haben, so weit aus dem alltäglichen Normalitätsrahmen und seinen Coping-Mechanismen zu steigen, um sie als katastrophal zu erkennen, bedarf eines gewissen Privilegs, welches ein*e Taxifahrer*in oder LKW-Fahrer*in wohl nicht aufbringen könnten. Die Katastrophalität des Normalen zu politisieren ist also innerhalb der Moderne an sich schon ein Privileg, das sich viele, um einigermaßen behütet zu überleben, nicht leisten können – wir werden diesen Faden in Kapitel 11 wieder aufnehmen und versuchen, produktiv zu beantworten.

---

4   Siehe die Kapitel »Landnahme« und »Autoregime« in meinem Buch: *Backlash – Essays zur Resilienz der Moderne* (Textem 2020).

Queering or Revolutionizing Normality? – Ein Ausblick

Eine wesentliche Einsicht queerer Lebenswirklichkeiten ist es, dass das Einstehen gegen die Normalität (fast) immer das Ressentiment jener hervorruft, die sich innerhalb und mit dieser identifizieren. Egal ob man willentlich oder unwillentlich (durch Hautfarbe, Gangart, Kleidung, Ausdrucksweise etc.) aus der Normalität heraussticht: Jene, denen es gelungen ist, sich als »normal« anzusehen, reagieren schnell provoziert auf das Verhalten der »Anormalen«, denn in ihnen spiegelt sich der einerseits niemals gewaltlose Kompromiss der eigenen Normalitätszugehörigkeit, die andererseits immer auch das Resultat des Opfers von Teilen des eigenen Begehrens ist. Aus diesem Grund sind jene, die vermeintlich freier das vorleben, was die Normalität scheinbar verbietet, Gegenstand schrecklicher Gewalt und Verfolgung – besonders, wenn die eigene Normalität darüber hinaus in einem Krisenzustand schwebt. Es ist also leider kein Wunder, dass die Zeit der Normalitätskrise auch eine der vermehrten Gewaltausbrüche gegen LGBTQIA+ und nicht-weiß gelesene Menschen ist – ja selbst die Antifa wird dann als Feindbild hochstilisiert.

Aber selbst weiße und privilegierte Menschen können eine strukturell ähnliche Art von Ressentiment erleben, wenn sie sich auf Straßen kleben oder andere Aktionen unternehmen, die der katastrophalen Normalität ihren Spiegel vorhalten. Die so getriggerte Gewalt ist zumeist enorm. Häufig genügt es schon, Radfahrer zu sein und damit ein weniger petrointensives Mobilitätsverhalten vorzuleben, um das Ressentiment der an die durch Autos an die Petromoderne Geketteten zu schüren. Als ich einmal einem SUV-Fahrer, der noch bei Rot über die Kreuzung fuhr und dann in der Staukolonne meine Radspur verstellte, den Vogel zeigte, rief mir dieser entrüstet nach: »Ihr Radfahrer glaubt alle, ihr seid bessere Menschen!« Eine solche aggressionssteigernde Projektionsfläche wird man leicht, wenn man Leuten ihr Verhaftetsein an eine katastrophale Normalität spiegelt.

Damit möchte ich keinesfalls sagen, dass mir – einer »weiß« und »männlich« gelesenen Person – ähnliche Verfolgungen drohen wie LGBTQI+ oder schwarz oder braun gelesenen Personen. Viel eher möchte ich andeuten, dass unsere rassistische, queer-, trans- und frauenfeindliche Normalität auch ein ökologisch katastrophales Verhältnis mitproduziert. »Minoritäre« Strömungen und Theorietraditionen sind deshalb oft am besten dazu geeignet, uns darüber zu informieren, wie eine Politik gegen das Normale stattfinden kann. Jene, die ehemals und bis heute unter dieser Normalität am meisten leiden, können als die federführenden Denker*innen im Entwerfen effektiver Strategien gegen und mit dieser toxischen Normalität agieren.

Die politische Wende, die mit Deleuze und Guattari als ein Übergang von »majoritärer Politik« zu »minoritären Politiken« beschrieben wird, bedeutet einen Vorzeichenwandel des Politischen, von dem fraglich ist, ob man ihn noch in rein modernen Begrifflichkeiten verstehen kann. Denn emanzipatorische Politik hat sich während der Moderne zumeist als eine der Inklusion in die Norm verstanden. Die Massenmobilisierungen der letzten beiden Jahrhunderte erfolgten meistens aufgrund der Forderung nach gleichen Rechten und gleichen Privilegien – sie waren gekennzeichnet von der Forderung einer Öffnung der weißen Norm für breitere Konsument*innenschichten, die auch ihren fairen Anteil an den gesellschaftlich erwirtschafteten Reichtümern forderten. In der Zeit des Homogenozäns, in der die Normalität als Katastrophe erkannt wird, muss sich emanzipatorische Politik fundamental neu orientieren: Die Logik einer »Inklusion in die Norm« gerät hier genauso wie unser Planet an ihre Grenzen. Vielmehr müssen sich progressive Politiken der Zukunft als *Emanzipation von der Norm* verstehen. Durch diesen Paradigmenwechsel erscheint der Wechsel zu minoritären Strategien als logisch und unumgänglich, und es bleibt die Frage offen, ob und wie sich eine Massenmobilisierung gegen die Normalität (anstelle einer Erweiterung der Normalität)[5] überhaupt denken lässt. Kann man Massen divers und mannigfaltig gegen ihre Norm, ihre etablierte Realität und ihre Wirklichkeitskonstrukte mobilisieren? Gibt es eine Revolution gegen die allumfassende Normalität?

Judith Butler hat für die queer studies prägend herausgearbeitet, dass sich Normalität stets durch Wiederholung generiert.[6] Dies kann auch erklären, warum der anfänglich große Widerstand gegen das Auto immer mehr abflachte, obwohl das Auto weiter stets mehr Raum einnahm und Opfer forderte: Durch die Wiederholung und Ausbreitung derselben Mobilitätsform

---

5   Mir ist bewusst, dass die Gegenüberstellung in dieser reißbrettartigen Form auch ihre Gefahren birgt, denn natürlich resultiert aus einer Inklusion in die Norm auch immer eine Veränderung der Norm. Trotzdem erscheint mir der Paradigmenwechsel von einer Orientierung auf Inklusion zu einer auf Emanzipation als wichtig und bislang zu wenig verstanden. Keinesfalls jedoch darf man diese analytische Gegenüberstellung als absoluten Bruch mit bisherigen linken und progressiven Strategien verstehen. In sehr vielen Fällen wird weiterhin Inklusion der beste Weg sein, dieser Norm langsam zum Zerfall zu verhelfen.

6   Siehe insbesondere das Konzept der »Iteration« in Judith Butler: *The Psychic Life of Power: Theories in Subjection*. 1997.

(stabilisiert durch eine Inklusion von immer mehr Menschen) wurde diese irgendwann so normal, dass sie kaum mehr als adressierbar oder bekämpfbar erschien. Wir erinnern uns an John Moore-Brabazons Prophezeiung (im vorigen Kapitel), dass sich irgendwann mal selbst die Hühner an diese Normalität gewöhnen werden. Deshalb erscheinen auch heute Argumente gegen das ungeheure Preisprivileg beim Parken oder die extreme Überproportionalität von öffentlicher Raumaufteilung und finanzieller Förderung der Automobilität als komplett zahnlos. Man kann seit Jahrzehnten die besseren und richtigen Argumente haben. Der anderen Seite genügt es stets, bloß mit dem Schultern zu zucken und zu sagen: »Naja, ist halt so.« Wie kann es sein, dass die versteckten Kosten der Automobilität unsere Gesellschaft schröpfen und sie trotzdem weiterhin steuerlich privilegiert wird? »Naja, ist halt so.« Wie kann es sein, dass wir Kinder zum Aufwachsen in immer kleineren, immer geschlosseneren Räumen verdonnern, während wir mehr und mehr die Kindheit als das unschuldigste und wichtigste Gut romantisieren? »Naja, ist halt so.« Wie kann es sein, dass trotz unseres Wissens über die katastrophale Lage unseres planetaren Ökosystems zu jeder Urlaubssaison die Staus am Brenner und anderswo zig Kilometer lang sind? »Naja, ist halt so.«

Für Judith Butler kann nur ein langsames *Queeren* dieser Wiederholung eine Subversion der Normalität hervorbringen. Jüngeren Theoretiker*innen wie Bini Adamczak (2017) ist dies nicht radikal genug, da durch diesen Fokus auf Subversion immer auch die Existenz und also Fortführung der Normalität performativ bestätigt wird. Sie fordert den Gestus der *Revolution*, also den – zumindest symbolischen – *radikalen Bruch* mit dieser Normalität um eine – oder viele! – andere entstehen zu lassen.

Wir wollen diese Frage hier nicht weiter verfolgen, sondern beide Optionen als Denkraum der Möglichkeiten stehen lassen. Im nächsten Abschnitt »modern« werden wir uns genauer ansehen, was genau da eigentlich normalisiert wurde. Dies wird uns fließend in den dritten Abschnitt »stabil« führen, der versucht zu beantworten, warum dieses Normalisierte so unveränderbar ist. Erst dann werden wir im vierten (»Politik«) und fünften (»Utopie«) Abschnitt uns genauer mit der Frage befassen, wie eine Politik gegen das Normale im und jenseits des Anthropozän Erfolgsaussichten haben könnte.

»modern«

Was ist »die Moderne« und warum ist sie ein Problem?

Nach der erfolgreichen Verteidigung meiner Dissertation in Philosophie hatte mich der Institutsleiter, der einer ziemlich konservativen Philosophieschule angehört und mein Dissertationsprojekt einer »Pluralisierung und Ökologisierung des abendländischen Vernunftbegriffs«[1] immer mit Skepsis verfolgt hatte, gefragt, was ich nun nach einer letztendlich so erfolgreichen Arbeit als nächstes vorhabe. Kurz zuvor hatte ich eine einjährige Post-Doc-Stelle an der FU Berlin erhalten und entgegnete so dem Institutsleiter in der Prüfungssprache Englisch:

»I am planing to write a book about the car.«

Der Institutsleiter antwortete darauf: »Ah yes, Descartes, the key modern philosopher who already played a very important role in your PhD!«

Doch ich musste ihn korrigieren: »No, not Descartes – *the cars* and how they are entangling us with modernity«

»I don't think Descartes considered himself non-binary, so I think the pronoun ›they‹ is unnecessary ...«

»No, not René Descartes, the 17th century philosopher, the CAR, as in automobile – I want to write a book about the car.«

»Oh THE CAR? What an interesting choice.«, sagte er mit sichtlich verwirrter Miene. »Interesting« steht in der Akademia ja meistens als ein Codewort für »verstehe ich nicht« – wie man sich von einer hehren Denkgeschichte weißer Männer in so profane Gefilde wie das Automobil begeben kann! Doch ich musste noch einen drauf setzen.

»Yes, the car! But actually I want to show how Descartes and the car embody the same thing.«

---

1   Siehe mein 2025 erscheinendes Buch *Ecological Reasonings* (Jörg 2025).

Daraufhin erklärte der Institutsleiter den Smalltalk für beendet und es begannen die Feierlichkeiten zu der bestandenen Prüfung mit meinen Freund*innen.

In diesem zweiten Abschnitt werde ich nun versuchen, dieses Verhältnis zwischen modernem Cartesianismus und dem Auto herauszuarbeiten. Wir haben bereits im ersten Abschnitt immer wieder angedeutet, wie durch das Auto metaphysische Züge der Moderne *einbetoniert* oder materiell verstetigt werden. So stellte ich die zunehmende Temporalisierung, Lokalisierung und »Einkerkerung« der Kindheit als durch das Regime der Automobilität radikalisiert und verstetigt dar (Kapitel 2) und deutete an, wie die Dichotomie zwischen »Natur« und »Kultur«, die für die Moderne prägend ist, durch das Auto und die auf es reagierende Umwelt- und Nationalparkbewegung breitentauglich erreichbar wurde (Kapitel 1).

In den folgenden Kapiteln werde ich in der Form von Streifzügen erarbeiten, wie ein »Selbst« und sein Umweltbegriff, welches in der europäischen Moderne philosophisch formuliert und diskursiv geprägt wurde, durch technische Prothesen wie das Auto als allgemeiner Weltzugang popularisiert wurde. Die Etymologie der Kurzform »Auto« von alt-griechisch »αὐτός«, was so viel wie »Selbst«, »eigen«, »das eigene Selbst« oder das ohne äußere Einflüsse »selbst bewegte« bedeuten kann, wird sich als gehaltvoller entpuppen, als man anfangs denken mag.

Die »Moderne«, um die es hier gehen wird, ist ein kontrovers diskutierter und schwammiger Begriff, der in vielfacher und unterschiedlicher Weise gebraucht wird. Als Epochenbegriff ist es umstritten, wann die Moderne begonnen hat, welche Werte, Einstellungen und Ordnungen sie umfasst, ob wir uns noch in ihr befinden oder sogar ob wir jemals wirklich modern gewesen sind (auf diese Phrase werden wir gleich noch zurückkommen). Gleichzeitig müssen wir uns bewusst sein, dass eindeutige Definitionen ein Fetisch der Moderne sind, und da sich dieses Buch kritisch oder absetzend zur Moderne positioniert, würde ich somit selbst in eine Falle tappen, wenn ich nun »die Moderne« klar und abgegrenzt definiere. Ich werde deswegen in diesem einleitenden Kapitel nur einige wenige Züge »der Moderne« ansprechen und in den folgenden Kapiteln dieses Abschnitts mittels Durchwanderungen verschiedener Themengebiete ein profunderes Gefühl für die Probleme dieser Moderne, an deren Ausgang wir uns mit sehr großer Sicherheit befinden, evozieren.

Mein Verständnis von Moderne findet seine reichhaltigsten Quellen in einer Diskursschiene, die sich als »Ökofeminismus« bezeichnen lässt und von Autorinnen wie Carolyn Merchant, Val Plumwood, Silvia Federici, Donna

Haraway und Isabelle Stengers vertreten wird. Diesen Autorinnen zufolge ist diese Moderne primär von der Entwicklung eines neuen Verhältnisses zu einem »Anderen« konstituiert, welches als monolithischer »Natur«begriff von menschlicher Kulturhandlung ausgeschlossen wird und in dessen Bereich *traditionellerweise* auch Frauen und nicht-weiße Männer fallen, wie zum Beispiel Silvia Federici (2015) in ihrer bahnbrechenden Studie zur engen Verzahnung zwischen rassistischem Imperialismus und Patriarchat herausgearbeitet hat. Durch diese kritische Arbeit lässt sich die Ausbeutung der »Natur« als ko-konstitutiv mit dem die Moderne prägenden Kolonialismus und Patriarchat verstehen. Die ökologische Katastrophe ist demnach das Resultat einer extremen Ausbreitung dieses modernen Geistes, der »die Natur« als passive, zu versklavende, auszubeutende und zu vergewaltigende Materie produziert hat, die den weißen Männern der Moderne gottgegeben ist. Wie Val Plumwood, Zakkya Jackson und andere bemerken, ist es kein Zufall, dass rassistisches und sexistisches Vokabular, wie jenes aus der Hexenverbrennung oder dem rassistischen Topos der Anti-Blackness, eins zu eins in ein vermeintlich objektives, naturwissenschaftliches Denken übertragen wurde. Moderne Wissenschaft*ler* brüste(te)n sich damit, mit ihren Forschungen in *die* Natur *einzudringen* und Licht dahin zu bringen, wo bislang Dunkelheit herrschte. »Durch ›Inquisition‹ und ›Verhöre‹ soll die Natur ›mit all ihren Kindern‹ erobert und unterworfen, zum Dienst verpflichtet und versklavt werden.« – so die von Val Plumwood (2001, 48) zusammengefasste Forderung von Francis Bacon, einem der »Gründerväter« moderner Wissenschaftlichkeit.

Dieses *Othering* formt demnach den epistemologischen Rahmen, der die Moderne erst zur funktionierenden »Erfolgsgeschichte« werden ließ. »Modern« bedeutet etymologisch soviel wie »neu«, »gegenwärtig« und »zeitgenössisch«, was vielleicht schon erklärt, warum diese Moderne sich so schwer überwinden lässt. Spätestens seit der sogenannten »Postmoderne« der 1970er Jahre wird periodisch versucht, sie für beendet zu erklären. Dennoch hängen wir *irgendwie* weiter an ihrem toxischen Erbe. In Politik und Werbung ist »modern« weiterhin ein positiv konnotierter Begriff. Zwar leben manche gesellschaftlichen Gruppen so gut es geht nach anderen Denk- und Seinsweisen, dennoch breitet sich global betrachtet im Homogenozän der moderne Modus, die Welt zu ordnen und zu leben weiterhin aus – auch, weil es ein grundlegendes Charakteristikum der Moderne ist, andere Denkweisen zu delegitimieren und als »unwissenschaftlich«, »weibisch«, »barbarisch«, »wild« oder »unzivilisiert« abzutun. »Unmodern« ist nach wie vor für die allermeisten ein Pejorativ, und trotz des zunehmenden Bewusstseins, dass unsere Vorstellung des modernen Guten Lebens viel zu viele Erden verschlingt, fehlt den allermeisten das Vokabular und Sensorium zum Erspüren anderer, nicht mehr moderner Lebensweisen.

Ein produktiver Ansatz, aus diesem scheinbar ausweglosem Verhaftetsein in der Moderne herauszufinden, mag Bruno Latours 1991 publizierter Vorschlag sein, zu erkennen, dass *wir nie modern gewesen sind*. Die Moderne baut demnach auf ideologischen, konzeptuellen Brüchen auf, die sich realiter nie umsetzen ließen. Nach Latour baut die »moderne Verfassung« auf einer strikten Trennung zwischen Natur – um die sich die Wissenschaft objektiv kümmert – und Kultur/Gesellschaft auf – um die sich die Politik zu kümmern hat. Aufgrund dieser konstitutiven Trennung in eine dualistische Weltauffassung ist die Moderne demnach unfähig, sogenannte Hybridformen oder »Quasiobjekte« zu denken, die aus einer Vermengung von Bereichen der »Natur« und der »Kultur« entstehen. Dies erklärt, warum zum Beispiel Aspekte der Klimakrise wie das Ozonloch, das Waldsterben oder die Übersäuerung der Meere sich nicht innerhalb des begrifflichen Rahmens der Moderne hinreichend erfassen lassen: Sie stammen allesamt aus einer Verschneidung von gesellschaftlichen und kulturellen Einwirkungen auf die sogenannte »Natur«. Das Ozonloch ist so z.B. ein *natürliches* Phänomen in der oberen Stratosphäre, welches durch eine *kulturelle* Überbeanspruchung von FCKW-Gasen in industrieller Anfertigung entstanden ist. Laut Latour ist es genau aufgrund dieser konstitutiven Betriebsblindheit der modernen Verfassung, die »Natur« und »Kultur« sauber trennt, so, dass derart katastrophale »Monster« so lange unerkannt bleiben konnten bzw. sogar erst entstehen konnten. Die »moderne Verfassung« mag zwar sehr effizient innerhalb ihrer selbstgesteckten Rahmen emanzipatorischer Politik durch technisch-wissenschaftlichen Fortschritt funktionieren – Doch gleichzeitig verhindert diese Trennung die Entwicklung von korrektiven Begriffen und kulturellen Praktiken, welche die katastrophalen Folgen und Ausschlüsse der Moderne erfassen und beheben könnten. Mit Latour über Latour hinaus könnte man weiter sagen, dass verwandte Dualismen – wie jener zwischen Körper und Geist, Mann und Frau, oder Organisch und Anorganisch – ebensolche konstitutiven Brüche der Moderne sind, die die Grauzonen der Wirklichkeit nicht erfassen können (und wollen). Stattdessen neigt die Moderne dazu, die planetare Wirklichkeit nach seinem hegemonialen Dualismusprinzip umzuformen: entweder Mann oder Frau, entweder Kultur oder Natur usw. Die Polarisierung in zwei heteronormativ geprägte Geschlechter erscheint so aus demselben Prinzip hervorzugehen wie die Ausbeutung einer als rein extern und gegeben verstandenen Materie (namens »Natur«) oder die Unterwerfung und Versklavung von (menschlichen und nicht-menschlichen) Wesen, die aus dem als »Kultur« designierten Bereich ausgeschlossen werden. So werden z.B. Menschen mit schwarzer Hautfarbe oder Indigene als »Naturvölker« von den Architekten der modernen Vernunft an kulturell-zivilisatorischer Leistung ausgeschlossen – und so ihre *unmenschliche* Ausbeutung oder Vertreibung legitimiert.

Während Latour den Großteil seiner Karriere damit beschäftigt war, diesen Begriff der Moderne und sein vielfältiges Unwesen in den Wissenschaften, der Technologie, Politik und Gesellschaft zu dekonstruieren, hat sich seine Aufmerksamkeit spätestens seit dem kurz nach der Wahl Donald Trumps erschienenem *Ou atterir?* (Latour 2017a)[2] dahingehend verschoben, dass er sich zunehmend mit der Frage beschäftigt, warum wir weiterhin so viel Wert darauf legen, als »modern« zu gelten, obwohl die aus der Moderne resultierende ökologische Katastrophe immer schwerer zu negieren ist.

Latour bedient sich für den Versuch einer Erklärung eines großen Kanons aus Philosophie, Soziologie, Anthropologie und Religionswissenschaft und nennt unter anderem den abrahamitischen Begriff der Apokalypse, die objektivierende Praxis der Wissenschaften und abendländische Begriffe wie »Universalismus« und »Gewissheit« als Teilfaktoren für diese große Verharrenskraft. Doch auch wenn ich mit dieser philosophischen Arbeit zu einem großen Teil mitgehen kann (und ich mich auch stets verpflichtet fühle zu bemerken, dass die tiefsten Einsichten in Latours Denken eigentlich von der weniger bekannten Isabelle Stengers stammen, wie er selbst ab und zu bereit war, einzugestehen), verbleiben diese Analysen dennoch im »hochgeistigen Milieu« abstrakter Theorie, welche sich im Bildungsbürgertum und seinen Institutionen noch am »besten« – und also folgenlosesten – ansiedeln kann.

Wie ich in diesem Buch jedoch zeigen möchte, besteht die Gefahr zu übersehen, dass sich diese ehemals rein hochgeistigen, elitären Konzepte heute durch materielle Praktiken und technologische Prothesen als Normalität verstetigt und verfestigt haben. Ich selbst habe, wie bereits erwähnt, meine Dissertation der Genese des abstrakten modernen Vernunftbegriffs und potentieller Auswegstrategien gewidmet. Ich wollte zeigen, wie *diese* moderne Vernunft eine ökologisch katastrophale Haltung *rationalisiert* und also auch epistemologisch *normalisiert*. In der hier vorliegenden Arbeit möchte ich zeigen, wie

---

2   Auch wenn die direkte Übersetzung dieses Titels ins Deutsche »Wo landen?« lautet, wurde das Buch bei Suhrkamp 2018 seltsamerweise mit dem etwas pompösen Titel »Das terrestrische Manifest« herausgebracht.

durch das Auto eine Umwelt produziert wurde, in der ökologisch katastrophales Verhalten *natürlich und automatisch* als vernünftig erscheint – einfach, weil unser hegemoniales Umweltverhältnis kaum andere Seins- und Denkweisen zulässt. Die Vernunft ist in der Moderne demnach kein rein abstraktes und überirdisches Leitprinzip, sondern resultiert auch in einer materiellen Praxis und Umweltgestaltung, die diese als zunehmend ausweg- und alternativlos erscheinen lässt. Das Problem, dass dieser moderne Vernunftbegriff ökologisch katastrophale Folgen zeitigt, wird deswegen dadurch nochmals verschärft, dass uns in dieser massiv umgestalteten Umwelt – die wir heute planetar als »Anthropozän« umschreiben – kaum mehr andere Lebensweisen und Begriffe bleiben, die sich uns aus dem lokalen Milieu als situierte Denkpraxis ergeben. Deswegen *Homogenozän*. Die zunehmende Betonung der Wichtigkeit der *Situiertheit* des Denkens (Haraway 1988) ist also absolut richtig, darf aber nicht übersehen, dass wir unser Denken nicht in einer neutralen oder unberührten Umwelt situieren, sondern unsere Begriffe aus der Situiertheit in eine höchstgradig toxische und gewaltsam produzierte Normalität entstammen, wie ich im ersten Abschnitt zu skizzieren versuchte. Selbst auf unsere intimsten Denk-Kategorien kann man sich also nicht ohne weiteres verlassen. Sie alle sind so dreckig und kaputt wie unsere Umwelten und müssen genauestens überprüft und reflektiert werden, denn sonst könnten sie – selbst bei bestem Willen ihrer Akteur*innen – mehr Schaden als Nutzen anrichten. So viele Entrepreneurs des neuen digitalen und ökologisch motivierten Kapitalismus, die auf technische und marktkonforme Lösungen für die Klimakrise hoffen, haben bis aufs Innerste ihrer Selbste die reinsten und besten Absichten. Doch da auch diese Selbste dem Dreck der modernen Autokultur und der Glattheit des Homogenozäns nicht entgehen können, richten sie dennoch gigantischen Schaden an (siehe hierfür Kapitel 10). Ohne einen Abbau der modernen Umwelt und der durch sie automatisierten Denkmuster und Selbstverständnisse, kann wenig Hoffnung für eine radikale – und also ausreichende – Veränderung bestehen.

Eine große Inspiration für meine Arbeit ist das 2021 erschienene Buch *Hospicing Modernity* von Vanessa Machado de Oliveira, die auf dekolonialen, ökofeministischen wie auch Latour'schen Perspektiven der Moderne aufbaut und diese als eine Art Droge oder Sucht auffasst, die uns mit einem Gefühl von Komfort und Wohlbehagen im Innenraum an ein katastrophales Weltverhältnis bindet. Auch wenn die Moderne aus dem abendländisch-europäischen Kontext stammt, ist es dieser Moderne mittlerweile gelungen, die Ideen und Begehren der allermeisten Menschen dieses Planeten auch außerhalb Europas zu kolonisieren. »In diesem Sinne ist die Moderne kein fehlerhaftes [currupt] Projekt des Westens, das besiegt und durch eine gerechtere und tugendhaftere nicht-westliche Alternative ersetzt werden muss, sondern etwas, das heute (ungleichmäßig) Teil von uns allen ist und die Art und Weise konditioniert, wie wir die Realität erfahren.« (Oliveria 2021, 17–18)[3] Als ein solches unsere Wirklichkeitswahrnehmung konditionierendes Dispositiv möchte Machado de Oliveira der Moderne verhelfen, einen würdevollen Tod zu finden. Es gibt für sie keinen Zweifel, dass die Moderne ihr Ende finden wird, und deswegen geht ihr Ansatz auch in eine gänzlich andere Richtung als die Erklärung eines revolutionären Kampfes gegen die Moderne und fußt auch nicht auf der Gründung einer anti-, non- oder postmodernen Bewegung. »Das Ziel dieses Buches ist es nicht, Anhänger zu gewinnen. Das wurde schon öfters versucht und ist jedes Mal gescheitert.« (Ibid. 37)[4] Vielmehr sieht sie solche Ansätze als von demselben modernen Begriffsrahmen konditioniert und begreift sie deswegen eher als Teil des Problems als der Lösung (wobei solche Schwarz-Weiß-Muster hier nur der vereinfachenden Wiedergabe dienen, welche bei genauerem Hinsehen viele Graustufen aufweisen). Da für Machado de Oliveira die Moderne aber auch ohne Kampf enden wird, und dies im schlimmsten – und vielleicht »realistischsten« – Fall mit dem Ende menschlichen (wie vielen anderen) Lebens auf dem Planeten einhergeht, gilt es vielmehr diesen modernen »Realismus« (»Ist halt so«) und sein hegemoniales Wirklichkeitsprinzip zu unterminieren, geduldig abzubauen, und andere Sinnlichkeiten und Wahrnehmungen zu (re)kultivieren, die die längste Zeit von der Moderne entwertet wurden. Machado de Oliveira möchte also jeder* ihrer* Leser*innen dabei helfen zu erkennen, dass es auch andere Seinsweisen und Selbste gibt, als die von der Moderne monokulturell geförderten.

Während ich mit der konzeptuellen Ausrichtung ihres Buchs vollends mitgehen kann, unterscheidet sich mein Versuch dadurch, dass ich weniger »Selbsthilfeaufgaben« an die Leser*in verteile (Was keinesfalls abwertend klingen soll!), als dass ich viel eher versuche, das Verständnis der zu »hospizierenden« [hospicing] Moderne zu erweitern und zu zeigen, dass die Selbste, die

---

3   Original: »In this sense, modernity is not a corrupt project of the West that needs to be defeated and replaced with a more righteous and virteous non-Western alternative, but rather something that is now (unevenly) part of all of us, conditioning the ways we experience reality.«

4   Original: » The point of this book is not to gather followers. This has been tried before and has failed every time.«

bereit sind, der Moderne einen würdevollen Tod zu bereiten, auch von ihrer jeweiligen Umwelt begünstigt oder behindert werden. Durch diese genealogisch kritische Arbeit werde ich auch in der Lage sein, über die Bedingungen der Möglichkeit solches neuen materialistischen und ökologischen Denkens nachzudenken – also auch solche wichtigen und kritischen Ansätze als in der kaputten Moderne situiert zu begreifen (siehe Kapitel 9). Auch das kritische ökologische Denken wird sich so als Kind der Moderne erweisen, was die Lage nochmal etwas mehr kompliziert, aber hoffentlich die Kampfeslust und Hoffnung auf kollektive Unternehmungen gegen den Bann der Moderne weiter entfacht.

Kapitel 4: Maschinenmännlichkeit

Abb. 15: *Werbung der deutschen Autobahn im Jahr 2022*

Der Mann und *die* Maschine – es ist ein Klischee der Moderne, dass *der* Mann mehr Zeit mit seiner Maschine verbringt als mit »seiner« Frau. Unzählbar sind die Hollywood-Bilder von ölverschmierten Männern, die ihren Maschinen viel mehr Aufmerksamkeit und Pflege schenken als ihren eigenen Körpern oder Partnerinnen. Jean Baudrillard weist in *Das System der Dinge* von 1968 darauf hin, dass der tagtägliche Verkehrsstau für den Mann ganz und gar kein Ärgernis, sondern der einzige Ruheort in der heteronormativen Logik des Konsumkapitalismus ist. Zwischen den Verpflichtungen im Zuhause der Kleinfamilie, für die er den Brotverdiener performt, und jenen des Arbeitsplatzes bleibt dem Mann das automobile Gehäuse demnach als einziger Ort für den »intimen Verkehr mit sich selbst« (Baudrillard 2007, 88). »Heimisch fühle ich mich wirklich nur noch zwischen meinem Zuhause und der Arbeitsstätte«, wird ein im Stau stehender Mann zitiert.

Egal ob als Autofahrer, umringt von Maschinen im Stau, ob als seine Maschine wartender und tunender Schrauber in der Garage, als in der Freizeit gemächlich auf dem Rasenmäher sitzender Patriarch oder als IT-Spezialist Michael B., der gleich eine Metaebene höher steigt und alle Maschinen mit der einen steuern will: Die Moderne ist aufs Engste verwoben mit einer Männlichkeit, die sich die Welt als eine Vielzahl an mechanischen Zahnrädern vorstellt und sich zum Untertan macht. Alle anderen Erscheinungen von Umwelt lassen diese Männer am liebsten – mit geschlossenen Fenstern und angeschalteter Klimaanlage – an sich vorbeiziehen. Die Welt ist eine Maschine und der Mann ist ihr Herr.

In diesem Kapitel werden wir versuchen, dieses tiefliegende Klischee philosophisch aus den Fundamenten moderner Philosophie herzuleiten und dessen Fortwirkung in den alltäglichen Praktiken des konsumkapitalistischen Alltags nachzuspüren. Hierfür werden wir zuerst einen Blick in die ökofeministische Genealogie des mechanistischen Weltbildes werfen und dessen konsequente Verstetigung in der gegenwärtigen Konsumkultur mit Umwegen über Theorien der Industrialisierung der Bewusstseine und faschistischer Männlichkeit skizzieren. Im nächsten Kapitel werden wir die diesem Weltbild innewohnende Sinnesordnung skizzieren, um dann im darauf folgenden zum Paradigma der Freiheit als Bewegungsfreiheit zu männlichen Begehrens- und Ressentimentstrukturen zurückzukehren.

Das mechanistische Weltbild der Moderne

Die Welt als große Maschine zu begreifen, ist eine die europäische Neuzeit prägende Entwicklung. Während die meisten anderen Gesellschaften und Zivilisationen die Erde zumeist nach rudimentär organischen Bildern (die Erde als lebendig und lebensspendend) verstanden haben, bildet sich unter den die wissenschaftliche Revolution vorbereitenden Philosophen der frühen Neuzeit ein radikal anderes Weltbild heraus. Berühmterweise begreift René Descartes Tiere als seelenlose Automata, die nach mechanischen und prädeterminierten Gesetzen ihre Handlungen wie leblose Maschinen ausführen. Dies sanktioniert die Ausbeutung von Tieren als reine Ressource (Pelluchon 2021). Dasselbe gilt ebenso für den Rest der wahrnehmbaren Welt: Bäume, Blumen, Steine und Erden werden nicht mehr als zusammenhängender, vitaler Organismus verstanden, sondern als nach ewigen und prädeterminierten Gesetzen ablaufende atomistische Mechanismen: die Welt als gigantische Zahnradmaschine, in deren verborgene Gesetze nur der von Gott privilegierte *anthropos*, alias der weiße Mann, qua Vernunft blicken kann. Durch diese abstrakten Gesetze erkennt der Mann, welche dieser Erdmaterien am besten zur Ausbeutung für seine Maschinen herhalten und welche die Weltwirtschaft am schnellsten befeuern können.

Die vielleicht eindrucksvollste Studie dieses für die Moderne wesentlichen Übergangs von organischem zu mechanistischem Weltbild wurde von Carolyn Merchant 1980 unter dem Titel *The Death of Nature – Women, Ecology and the Scientific Revolution* vorgelegt. In diesem für den Ökofeminismus prägenden Werk zeigt sie detailreich die geistesgeschichtliche Metamorphose der europäischen Philosophie, die mit der einsetzenden Moderne langsam aufhört, die Erde als lebendige und nährende Mutterfigur zu begreifen. Sätze wie der folgende des antiken Dichters Ovid hatten noch unter den Philosophen der Renaissance wie Leonardo da Vinci, Bernadino Telesio oder Giordano Bruno eine große Wirkkraft und wurden erst von den auf sie folgenden mechanistischen Philosophen der Moderne fallen gelassen:

»ein ging's in der Erde Geweide.
Schätze, die jene versteckt
und stygischen Schatten genähert,
Werden gewühlt ans Licht,
Anreizungen böser Gelüste.
Heillos Eisen bereits und Gold
heilloser als Eisen Stiegen herauf:
auf steiget der Krieg,«[1]

Wurde der Untertagebau nach Metallen und Erzen in diesen früheren Zeiten noch als Penetration und Vergewaltigung der Mutter Erde angesehen und moralisch verpönt, änderte sich dies in der frühen Neuzeit zuerst in den boomenden Minengebieten Böhmens, Sachsens und des Harzgebirges (Merchant 1989, 33). Dies war nur möglich, da unser Planet zunehmend als lebloser Körper in den unendlichen Weiten des Weltraums verstanden wurde. Prägend für diesen Paradigmenwechsel zum »leblosen« Weltbild des Mechanismus waren die Entdeckungen aus der Astrologie und der aus ihr abgeleiteten Gesetze von sich in (scheinbar) ewiger Gleichmäßigkeit kreisförmig bewegender Himmelskörper,

---

1   Die deutsche Übersetzung des im zitierten Original englischen Ovid-Zitats stammt von: https://www.gottwein.de/Lat/ov/met01de.php [12.1.2024] Die von Merchant zitierte englische Version laute: »The rich earth/was asked for more; they dug into her vitals,/pried out the wealth a kinder lord had hidden/In Stygean shadown, all that precious metal,/the root of evil. They found the guilt of iron,/and gold, more guilty still. And War came forth.«

wie sie von Kepler und Galilei auf den Weg gebracht wurde (Vietta 2012, 64). Beflügelt von den Einsichten der Himmelsmechanik, versuchten die Philosophen der frühen Moderne solch ewig-währenden Gesetze auch auf den irdischen Bereich zu übertragen und wurden fündig mit dem atomistischen Modell der Physik, wie es Bacon, Descartes und schließlich Newton vorantrieben (Prigogine and Stengers 1986; Stengers 1996; 2004). Die Erde wurde fortan nicht mehr als lebendige, sich prozessual wandelnde (mütterliche) Lebensspenderin verstanden, sondern als kalte und leblose Assemblage von Atomen, die nach ebenso zeitlosen Gesetzen ihre monotonen Bewegungen so verrichtet, dass sie für uns Menschen den sinnlichen Eindruck der äußeren Welt produziert. Dahinter liegt aber die sinnliche Leere der rein durch abstrakte Vernunftleistung einsehbaren Gesetze, welche tiefer in die Natur *eindringen* und *ihr* Geheimnisse entlocken, die *sie* effektiver bezwingen und ausbeuten lassen. Die Aufgabe des sich um dieses neue Weltbild formierenden Philosophen (gendern definitiv nicht notwendig) wurde es dann, hinter die sinnlichen Erscheinungen dieses atomistischen Spiels zu schauen und die ewigen Gesetze des irdischen Weltenlaufs mittels anthropozentrischer Vernunft genauso teilnahmslos zu erforschen wie die fernen Himmelskörper. Sinnlichkeit war dann eine *weibische* Ablenkung von rationaler Durchsicht.

Carolyn Merchant ist es wichtig, darauf hinzuweisen, dass sich dieser gigantische Paradigmenwechsel hin zum modernen Mechanismus auf diversen Ebenen ungefähr zeitgleich und gegenseitig verstärkend vollzogen hat. So weist sie einerseits auf die Parallele hin, dass sich gleichzeitig mit dem Zunehmen des bergbaulichen »Penetrierens der Mutter Natur« (wie es in früheren Zeiten diffamiert wurde) auch eine männliche Vernunft gebildet hat, die es sich vermittels dieses neuartigen atomistisch-mechanistischen Weltbildes erlaubte, hinter die »bloßen Erscheinungen« der organischen Welt zu dringen und dort die Wahrheit von vermeintlich ewigen Gesetzen zu etablieren. Hierbei war ein weiterer zentraler Faktor das zu gleicher Zeit existierende misogyne Klima der Inquisition und der Hexenverbrennungen, deren Vokabular – wie Merchant und auch Federici bemerken – »Urväter« der modernen Wissenschaft in ihre Sprache übernehmen. Berühmterweise rät zum Beispiel Francis Bacon, Mutter Natur »an die Folterbank zu spannen« um ihr »Geheimnisse zu entlocken«, die sie nicht freiwillig von sich Preis geben würde. Federici weist in ihrer Arbeit *Caliban und die Hexe* darauf hin, dass die Moderne geprägt ist von einer Intensivierung der Frauenverfolgung durch Hexenverbrennungen (die bis heute noch irrtümlich als »mittelalterlich« verstanden werden, obwohl ihre Hochzeit im 16. und 17. Jahrhundert war) und einer Entwertung weiblicher Arbeit. In diesem zunehmend patriarchalen Kontext konnte sich das die Moderne begründende Wissenschaftsdenken als eine maschinische Kontrolle der sogenannten »Natur« herausbilden, in der Herrschaft über Natur als *Eindringen* hinter die sinnlich wahrnehmbare Erde in die Gesetze einer leblosen Welt verstanden wurde – eine Aufgabe, die meistens sogenannten »Herren« vorbehalten war. Es ist dieses kalte Bild eines Planeten, das sich die weißen Männer vermittels zuerst des Denkbildes und dann des Werkzeugs der Maschine unterwerfen. Die sinnliche Verankerung in der Welt wird dadurch als nebensächlich und zu vernachlässigend entwertet, wie wir im nächsten Kapitel genauer untersuchen werden. Es sind die Herren der Vernunft und ihrer Maschinen, die die Welt beherrschen. Auf den nächsten Seiten werden wir den langsamen Umbau der modernen Welt erforschen, die diese patriarchale Maschinenmännlichkeit hervorgebracht und mehrheitsfähig gemacht hat.

Wichtig ist hierbei festzustellen, dass das mechanistische Weltbild in der vorindustriellen Zeit noch hauptsächlich ein Elitenphänomen war. Nur ein paar wenige, weiße und privilegierte Männer in akademischen, sicheren Räumen verstanden in letzter Konsequenz die Welt damals tatsächlich als leblose Maschine. Die allermeisten Menschen, also wohl fast alle weiblich gelesenen Personen, wie aber auch die männlich gelesenen Bauern und viele der Aristokraten, Pfarrer und Bischöfe, hingen noch lange Zeit nach den waghalsigen Formulierungen Bacons, Descartes oder Newtons ganz anderen Weltbildern nach. Bekanntlich wurden viele der »Gründerväter« der modernen Wissenschaftlichkeit von der katholischen Kirche verfolgt, der Ketzerei beschuldigt und teilweise hingerichtet. Das mechanistische Weltbild blieb also in den ersten Jahrhunderten der Neuzeit ein »revolutionäres« Nischenphänomen und war als solches vergleichbar mit den »naturalistischen« Kosmologien mancher Autor*innen des ersten Jahrhunderts (christlicher Zeitrechnung) in China oder des mittelalterlichen Islams, die ähnliche Naturbilder entwickelten, wie der französische Anthropologe Philippe Descola herausstellt (Descola & Charbonnier 2017, 288–8).

Das mechanische Weltbild bot ihren Vertretern in der Anfangsphase zwar ein individuelles Machtgefühl – immerhin lag ihnen als ihrer Ansicht nach von Gott privilegierten Vernunftwesen die ganze Welt als durchschaubare Maschine zu Füßen –, doch für die Ausbreitung dieses modernen Bilds der Maschinenwelt zum *common sense* bedurfte es der sogenannten »industriellen Revolution« und der Verbreitung von Maschinen in der wirklichen Welt. Ohne diese maschinische Umwälzung des Alltags und des Wirtschaftskreislaufs nach der

Industrialisierung hätte sich das mechanistische Weltbild der frühen Neuzeit wohl nie so durchgesetzt und wäre eine ähnliche geistesgeschichtliche Fußnote geblieben, wie seine Pendants im antiken China oder im mittelalterlichen arabischen Raum. Was die europäische Moderne bleibend macht, ist ihre Verstetigung und *Einbetonierung* als eine maschinische Weltpraxis für *jedermann*, wie sie der Industriekapitalismus in den Jahrhunderten danach verwirklichte und durchsetzte.[2]

Das maschinische Gefühl des modernen Alltags

Erst mit dem Aufkommen der Industrialisierung wurde die Wahrnehmung der Welt nach dem Maschinenparadigma also breitentauglich. Die in die Städte strömenden enteigneten Bauern, die das Industrieproletariat bildeten, wurden in so »entfremdete« – wie Marx es nennt – arbeitsteilige Prozesse gezwungen, dass sie einen mechanischen Bezug zu den von ihnen hergestellten Produkten, wie auch zu ihrer Umwelt, entwickelten. Wie es Marx in seinem weniger bekannten »Maschinenfragment« aus den *Grundrissen* ausdrückt:

> »In den Produktionsprozessen des Kapitals aufgenommen, durchläuft das Arbeitsmittel aber verschiedene Metamorphosen, deren letzte die Maschine ist oder vielmehr automatisches System der Maschinerie [...], in Bewegung gesetzt durch einen Automaten, bewegende Kraft, die sich selbst bewegt; dieser Automat, bestehend aus zahlreichen mechanischen und intellektuellen Organen, so dass die Arbeiter selbst nur als bewusste Glieder desselben bestimmt sind. [...]
> Die Tätigkeit des Arbeiters, auf eine bloße Abstraktion der Tätigkeit beschränkt [nämlich die Maschine vor Störungen zu bewahren], ist nach allen Seiten hin bestimmt und geregelt durch die Bewegung der Maschinerie, nicht umgekehrt. Die Wissenschaft, die die unbelebten Glieder der Maschinerie zwingt durch ihre Konstruktion zweckgemäß als Automat zu wirken,

---

2   Entgegen einer immer noch zu oft vorgebrachten Ideologie des »Erfindergenies«, derzufolge weiße Männer wie Newton und Watt die Industrialisierung qua ihrer Geisteskraft hervorgebracht haben, war es vielmehr die Verbindung mit einer vorteilhaften Ressourcenversorgung durch die jüngst kolonialisierten Amerikas, welche auf der Ausbeutung von nicht-weißer und nicht-männlicher Arbeitskraft basiert, die die materielle Basis der Industrialisierung geschaffen hat. Vgl. u.A. Pomeranz 2000; Hornborg 2016; Federici 2015; Silva 2022.

existiert nicht im Bewußtsein des Arbeiters, sondern wirkt durch die Maschine als fremde Macht auf ihn, als Macht der Maschine selbst.« (Engels and Marx 2021, [MEW 42], 592–3 via Raunig 2017)

Der enteignete und in die urbanen Slums des aufkommenden Industriekapitalismus gedrängte Bauer wird also nicht nur durch seine Arbeitskraft in ein maschinisches Fließbandensemble gespeist, sondern auch seine »intellektuellen Fähigkeiten« werden nach dem Paradigma der Welt als totes Zahnradgewebe umprogrammiert. Die aufkommenden Industriemaschinen formen langsam die Wahrnehmung der menschlichen Massen in Richtung eines mechanistischen Weltbildes um. Dies betrifft nicht nur die Produktionsmaschinen, sondern auch solche, die neue Mobilität ermöglichen – allen voran die Eisenbahn.

In seiner berühmten Studie *Geschichte der Eisenbahnreise: Zur Industrialisierung von Raum und Zeit im 19. Jahrhundert* beschreibt Wolfgang Schivelbusch beispielhaft, wie durch diese Schlüsseltechnologie des Industriekapitalismus die Wahrnehmung aller die Eisenbahn Benutzenden – und das waren Arbeiter*innen, wie Bürger*innen und Aristokrat*innen – entscheidend verändert wurde. Im Allgemeinen herrschte in den Jahrzehnten nach der Einführung der Eisenbahn das Gefühl vor, so unpersönlich »wie ein Paket« (Schivelbusch 2000, 40) zu reisen. Zeitgenoss*innen empfanden die neue Geschwindigkeit, mit der man durch die Landschaft schoss, wie die eines Projektils einer Kanone. Als gefühltes Paket in ballistischer Reiseform ging nach allgemeiner zeitgenössischer Beobachtung die sinnliche Teilnahme an der Landschaft, durch die man reiste, verloren. Was früher durch die Interaktion mit Pferden, den Gasthäusern am Weg und den steinigen wackeligen Straßen sinnlich und beschwerlich das Wesen von Reisen ausmachte, wurde durch die schnelle und glatte Form des Reisens auf Schienen, welche durch Tunnel und Brücken die Landschaft vielmehr durchschnitt, als sich ihr anzupassen, verloren. Im zeitgenössischen *common sense* wurde dies als ein »Verlust eines lebendigen Verhältnisses zwischen Mensch und Natur« (Ibid. 17) wahrgenommen, wie es Schivelbusch ausdrückt.

»Die Entrückung der Landschaft durch die Eisenbahnstrecke ist eigentlich Entrückung der Landschaft durch das maschinelle Ensemble. Anders gesagt, das maschinelle Ensemble schiebt sich zwischen den Reisenden und die Landschaft. Der Reisende nimmt die Landschaft durch das maschinelle Ensemble hindurch wahr. Dies macht die neue Wahrnehmung aus.« (Ibid. 28)

Die sinnliche Umwelt tritt so in den Hintergrund von einem »maschinischen Ensemble«, in dem vermittels der zur gleichen Zeit eingeführten standardisierten Nationalzeit diverse maschinische Arbeitsabläufe an Stationen, Wärterhäuschen, Weichenstationen und Anschlussverbindungen über hunderte Kilometer große Territorien im Takt eines Uhrwerks funktionieren konnten und mussten. Dadurch popularisiert sich laut Schivelbusch ein sinnliches Wahrnehmungsregime, welches davor nur in den mechanistischen Philosophien weniger weißer Männer in akademischen Eliten zu finden war:

> »Dieser Verlust der Landschaft betrifft alle Sinne. So wie die Eisenbahn die Newtonsche Mechanik im Verkehrswesen realisiert, schafft sie die Bedingung dafür, daß die Wahrnehmung der in ihr Reisenden sich *mechanisiert*. »Größe, Form, Menge und Bewegung« sind nach Newton die einzigen Eigenschaften, die objektiv an den Gegenständen auszumachen sind. Sie werden nun für die Eisenbahnreisenden in der Tat die einzigen Eigenschaften, die sie an einer durchreisten Landschaft festzustellen in der Lage sind. Gerüche, Geräusche, Synästhesien gar, wie sie für die Reisenden der Goethezeit zum Weg gehörten, entfallen.« (Ibid. 53)

Durch diese maschinische Interaktion mit der Umwelt, die für viele Menschen als erstes mit der Eisenbahn erfahren wurde, wandelte sich langsam auch der allgemeine Hausverstand der gesamten Bevölkerung von einem eher organischen Bild der Natur zu einem mechanistischen. Diese von Marx‹ am Industrieproletariat entwickelte These einer »Maschinisierung des Bewusstseins«[3] zeitigt also den Wandel einer einst elitären Philosophie von wenigen zum alltäglichen Weltzugang beinahe aller, egal ob sie Proletarier*innen oder Bürger*innen sind.

---

3   Schivelbusch hierzu »Die technisch hergestellten Reize sind als die von der äußeren Naturbeherrschung ausgehenden Signale unmittelbarer Ausdruck der Produktivkräfte als die gesellschaftlichen Regeln, welche, wie alle Ideologie, als Funktion der Produktivkräfte sich nach diesen entwickeln. Den Prozeß des sich zivilisierenden Bewußtseins einmal in solch enger Bindung an die Entwicklung der Technik zu beschreiben, verspricht vielleicht nicht für alle historischen Perioden gleiche Fruchtbarkeit, wohl aber für eine von der Technik so durchdrungene, ja überwältigte Epoche wie die der industriellen Revolution. Marx' Bemerkung, die Produktion produziere nicht nur einen Gegenstand für das Subjekt, sondern ebenso ein Subjekt für den Gegenstand, mußte sich auf diese Weise operationalisieren lassen. Es müßte beschreibbar werden, was industrialisiertes Bewußtsein ist.« (Ibid. 150–1)

Der Tod in der Weltmaschine

Auch wenn sich diese Konsequenz bereits im 19. Jahrhundert vor der Einführung des Autos bemerkbar machte, entwickelte sie ihre weltumspannende und
selbst in die intimste Alltäglichkeit reichende Wirkung erst nach der Entwicklung des petromodernen Konsumkapitalismus nach dem Zweiten Weltkrieg,
wie wir ihn im vorigen Kapitel umrissen haben. Zwar hat die Industrialisierung des 19. Jahrhunderts durch Eisenbahn, große Fabriken etc. einen radikalen Einschnitt in die Wirtschafts- und Lebensweisen der Menschen bedeutet.
Doch die Disruption der sogenannten Nachkriegszeit ist insofern zentral, da
sie den Übergang von gesellschaftlich genutzten Industriemitteln zu Konsum-
produkten für den individuellen Endverbraucher markieren. Es ist ein zentraler Unterschied, ob man mit Hunderten anderer Menschen zusammen in einer Eisenbahn dieser mechanistischen Sinnesordnung passiv ausgesetzt ist,
oder ob man sich (zumindest vordergründig) aktiv für sie als Konsumprodukt
entscheidet und die sie ermöglichende Maschine selbst steuert. Im Auto *erscheint* der Umbau der Wahrnehmung als Resultat einer »bewussten Wahl« (aka
Konsumentscheidung) und nicht als aufgezwungen von einem größeren gesellschaftlichen Zusammenhang. Dass dem immer weniger so ist, je mehr das
System der Automobilität in der Gesellschaft verbreitet (»locked in«) ist, das
verdecken die zahllosen Freiheitsversprechen und Bilder von Autos in einsa-
men Wüstengegenden, wie sie die Werbung und Kulturindustrie am Fließband produzieren.

Zudem ist die Bahn stets nur auf eine begrenzte Fläche und Reichweite
limitiert und bedarf in ihrer Benutzung auch immer anderer Bewegungsformen und Transportmittel. So braucht man die Kutsche, das Rad, den Esel oder
E-Scooter, um vom Bahnhof zum Zielort zu kommen, der teilweise noch Kilometer weit entfernt liegen kann. Das Auto hingegen impliziert ein mono-modales System, welches die Bewegung von Start- zum Zielort in ein und demselben Verkehrsmittel erlaubt: Idealtypisch fährt man von der Garage des Eigenheims zu der Tiefgarage des Büroturms und zu den Parkflächen der Super-
märkte in einem Verkehrsmittel. In der modernen Utopie eines Le Corbusiers
gehört, der vielleicht als der klassisch »modernste« Architekt und Urbanist gilt,
die öffentliche Fläche gänzlich den Autos und es bedarf keiner anderen Bewegungsformen, um von A nach B zu kommen. Wo die Bahn also eine Pluralität
an Bewegungs- und damit einhergehenden Wahrnehmungsformen braucht,

um zu funktionieren, tendiert das System der Automobilität[4] zu einer Homogenisierung der Bewegungsformen, der Umwelt, wie auch der mitproduzierten Sinnesregime. Was sich durch den Zug also als Umbau und Mechanisierung der Wahrnehmung andeutet, wird radikalisiert durch das Auto zum homogenen Weltordnungsanspruch. Erst mit dem Auto entwickelt die Idee des Homogenozäns eines glatten und anthropozentrischen Raums seine universale Strahlkraft, die alle anderen Seinsweisen als unmöglich oder unsichtbar erscheinen lassen.

Aus diesem Grund halte ich Stimmen der sogenannten spät- oder postmarxistischen Postmoderne für besonders informativ bezüglich der sinnlichen Dimension dieses schockhaften Hereinbrechens eines maschinischen Weltbilds, da diese von diesem massiven Umbau zum automobil geprägten Homogenozän in der Nachkriegszeit direkt betroffen und inhaltlich beeinflusst wurden. Autor*innen wie Herbert Marcuse (1941 – siehe nächstes Kapitel) oder Hannah Arendt[5] stehen im Bann dieses für sie neuartigen Weltzugangs und beschreiben, wie eine zunehmend maschinische Ordnung der Menschenwelt als *vernünftig* und gleichzeitig entfremdend erscheint. Die Ideale der modernen Naturwissenschaft finden sich für sie in der Welt als Betonstrukturen und maschinische Infrastruktur auf eine so konkrete Weise verwirklicht, dass sie deren inhärente Lebensfeindlichkeit plötzlich in den Lebensräumen der Menschen ausdrücken.

---

4   Das jüngere Feld der »Automobility Studies« konstituiert sich um die Einsicht, dass Automobilität als System gedacht werden muss. Viel zu oft verfällt man in Alltag und Analyse dem Bild des Automobils als solitärer, in sich abgeschlossener Maschine, die im Vorhof parkt. In Wahrheit würde dieses singuläre technische Objekt keinen Tag existieren können, ohne ein gigantischen Netz oder System an glatt betonierten Straßen, Tankstellen, Raststationen, Werkstätten und Materialflüsse. Vgl. Featherstone, Thrift, and Urry 2005; Böhm et al. 2006; Urry 2007; Merriman 2009; Sheller 2021

5   »Seen from a sufficient distance, the cars in which we travel and which we know we built ourselves will look as though they were, as Heisenberg once put it, ›as inescapable a part of ourselves as the snail's shell is to its occupant.‹ All our pride in what we can do will disappear into some kind of mutation of the human race; the whole of technology, seen from this point, in fact no longer appears ›as the result of a conscious human effort to extend man's material powers, but rather as a large-scale biological process.‹ Under these circumstances, speech and everyday language would indeed be no longer a meaningful utterance that transcends behavior even if it only expresses it, and it would much better be replaced by the extreme and in itself meaningless formalism of mathematical signs.« (Arendt 2007 [1963])

Die meines Erachtens spannendste Quelle für diese postmodernen Beobachtung der Maschinisierung der Welt hat jedoch der französische Soziologe
Jean Baudrillard verfasst, der zwar theoretisch viele eher skurril neoplatonis-
tische Schlüsse zog, in seiner Beobachtungsgabe der Welt, in die er sich nach
dem Zweiten Weltkrieg geworfen fand, aber kaum zu toppen ist. Observatio-
nen wie zum Beispiel die folgende aus dem kalifornischen Santa Barbara erinnern auf erstaunliche Weise an die Wahrnehmungen des Zukunftsindigenen
Ursula Le Guins aus dem ersten Abschnitt:

> An den duftenden Hügeln von Santa Barbara sehen alle Villen wie *funeral
> homes* aus. Zwischen Geranien und Eukalyptus, zwischen üppigen Pflanzen-
> arten und der monotonen menschlichen Rasse herrscht das tödliche Schick-
> sal der verwirklichten Utopie. [...] Jede Wohnstätte ist eine Grabstätte, aber
> es mangelt nicht an aufgesetzter Heiterkeit. Die gemeine Allgegenwart der
> Grünpflanzen als permanente Erinnerung an den Tod, die verglasten Buch-
> ten, die schon wie der Sarg von Schneewittchen aussehen, die Gebinde aus
> bleichen und winzigen Blumen, die sich wie eine Sklerose fleckenhaft über-
> all verbreiten, die unzähligen technischen Sicherungen der Häuser, unter
> dem Haus, rund ums Haus herum, sind wie Transfusions- und Wiederbele-
> bungsschäuche in einem Krankenhaus, Fernsehen, Stereoanlage und Video
> stellen die Verbindung zum Jenseits her, die Autos gewährleisten die Verbin-
> dung zum Totenschauhaus der Einkäufe, dem Supermarkt – die Frau endlich
> und die Kinder als glänzende Statusssymbole... alles lässt darauf schließen,
> dass der Tod sein Traumheim gefunden hat. (Baudrillard 1987 [1986], 46)

Baudrillard gelingt es mit der Schärfe eines kritischen Marxisten, der aber allen Glauben an die Revolution verloren hat, die schockierende und gleichzeitig faszinierende Neuartigkeit der Konsumwelt, die er am luzidesten in seinem 1986 erschienenen Buch *America* beschreibt, zu skizzieren und erfühlen,
ohne diese in ein vorgefertigtes Werteschema einzuordnen. An mehreren Stellen beschreibt er, dass die schnelle Maschinenwelt eine Art »zukünftige Katastrophe« [future catastrophe] (Ibid. 5) implizit in sich trägt. Für ihn trägt der
gesamte sterile und glatte Ablauf der postmodernen Lebenswelt ein verbor-
genes »Begehren nach der Katastrophe« (Ibid. 42) in sich, welches sich [laut
ihm] am sichtbarsten in unzähligen Hollywood-Katastrophenfilmen äußert.
Der Tod schlummert im Wesentlichen der modernen Maschinenwelt. Wenn
Isabelle Stengers die ökofeministische Kritik des mechanistischen Weltbilds
wie im folgenden Zitat zusammenfasst, erkennt Baudrillard, dass unsere nach
mechanistischen Prinzipien umgebaute moderne Umwelt diese Art von Tod in

sich trägt: »Das ›normale Universum‹, jenes, das aus den Naturgesetzen abgeleitet werden kann, ist ein lebloses Universum; die einzigen vorhersagbaren und reproduzierbaren Gesetze sind die Gesetze des Todes und der Rückkehr zum Unbelebten.« (Prigogine and Stengers 1986, 196) Baudrillard sieht in den Designs der gigantischen Autobahndrehkreuze, der Schlafstädte und Konsummeilen, die alle dem wirtschaftlich »rationalen« Kalkül des Petrokapitalismus entwachsen sind, diese Gesetze des Todes in der modernen Alltagswelt verwirklicht.

Wie wir an späterer Stelle genauer sehen werden, ist für Baudrillard das Auto, seine Verkehrsflüsse und sein Geschwindigkeitsrausch das konstitutive Element dieser modernen Kultur im Todesrausch. Der Erwerb des Führerscheins wird von Baudrillard gar als »Initiationsritus« in die moderne Gesellschaft verstanden (Baudrillard 2007, 76), der Verlust desselben als »Kastration« (Ibid. 87). An dieser Stelle wollen wir jedoch bei diesem von Baudrillard in eher heiteren Tönen skizzierten Todeskult im Herzen der Moderne verweilen und aufzeigen, wie sich dieser besonders in Krisenzeiten auch mit einer dunkleren Form von Männlichkeit verbindet: jener eines Protofaschismus, der die organische Welt als nerviges und ausbremsendes Problem am Straßenrand wahrnimmt und die Liebe zu »Weib und Natur« mit der Liebe zur Maschine als (für ihn) sicherere Alternative austauschen will.

Der Mann, der Tod und die Maschine

In Jean Baudrillards Erstlingswerk *Das System der Dinge* von 1968 beschreibt der französische Denker der Hyperrealität in noch recht nüchterner Sprache, wie das technische Ensemble der spätmodernen Konsumwelt die Illusion eines perfekten, geschlossenen Maschinensystems suggeriert, in dem der Mensch als der irrationale Schwachpunkt inmitten von perfekten Funktionsabläufen erscheint. »Der Mensch wird durch die zwingende Folgerichtigkeit seines strukturellen Entwurfs selbst zur Inkohärenz verurteilt. Vor dem funktionellen Gegenstand erweist sich der Mensch als dysfunktional, irrational und subjektiv, als eine leere Form und deshalb funktionellen Mythen und phantastischen Plänen zugänglich.« (2007, 75) Weil die diversen den Alltag ausmachenden Maschinen so reibungslos funktionieren, erscheint sich der Mensch selbst immer mehr als schwächstes *Glied* in der Kette. Ein Mensch in der postmodernen Maschinenwelt wird also dazu verleitet, sich selbst als Hemmnis des ansonsten reibungslos funktionierenden mechanischen

Weltbildes zu begreifen. Die eigene organische Körperlichkeit (und ihre sinnliche Verbindung mit der Umwelt) wird als feminin konnotierte Schwäche
begriffen. Laut Baudrillard übersieht der Mensch, der in dieser hochtechno-
logisierten Maschinenwelt zu solchen Schlüssen kommt, dass nur »er« die
Kohärenz dieser Dinge herstellt: »Die Umwelt des Alltags stellt in hohem
Grade ein ›abstraktes‹ System dar, worin die Gegenstände hinsichtlich ihrer
Funktion zumeist isoliert dastehen, und erst der Mensch stellt ihre Kohärenz,
nach Maßgabe seiner Bedürfnisse her.« (Ibid. 17)

Da das Übersehen der eigenen zentralen Rolle in der Maschinenwelt und
der daraus resultierenden Unterordnung in eine reine Maschinenlogik allerdings für diese beinahe konstitutiv ist, ergibt sich eine tiefe Verankerung des
mechanistischen Weltbildes in unseren Begehrensstrukturen. Das Rest-Orga-
nische und »Natürliche« am Menschen erscheint durch dieses Übersehen, zu
dem uns die Maschinenwelt strukturell *verführt*, affektiv als zu überkommende
Schwäche. Dadurch rückt ein organisches Weltbild in weite Ferne für die subjektive Selbstidentifikation. »Natur« erscheint dann entweder als zu überkom-
mendes Feindbild oder als Objekt einer sie überhöhenden Romantik. Es ist
durch dieses affektive Grundgerüst des konkretisierten Mechanismus in der
Welt, dass das Auto und die Identifikation mit seinen Bewegungsschemen das
eigene Körper- und Selbstbild ersetzen kann. Dann wird das moderne Selbst
tatsächlich ein Auto.

Am vielleicht klarsten drückt sich diese Übertragung von menschlicher
Selbstidentifikation auf die Maschine in den Werken protofaschistischer Autoren wie Ernst Jünger oder dem italienischen Futuristen Filippo Tommaso
Marinetti aus. »Wir entwickeln und kodifizieren eine neue große Idee, die um
das gegenwärtige Leben kreist: die Idee der mechanischen Schönheit; und wir
verherrlichen die Liebe zur Maschine«, drückte es Marinetti programmatisch
bereits 1910 in seiner Schrift *L'uomo moltiplicato e il regno della macchina* aus (via
Kunze 2022, 43). Laut Conrad Kunze ist der Autofetisch eine Erfindung der
italienischen Futuristen, zu denen sich auch der spätere faschistische Führer
Italiens Benito Mussolini sowie die deutschen Faschisten hingezogen fühlten.
Die (Über-)Identifikation mit der Maschine stellt demnach ein wesentliches
Merkmal faschistischer und protofaschistischer Ideologie dar, wie es sich z.B.
auch im Werk Ernst Jüngers ausdrückt, der als einer der Wort- und Ideengeber
des deutschen Faschismus gilt. Wie Marinetti bewunderte auch Jünger den
Zwangscharakter der maschinischen Bewegung: »Wer sich der Maschine ent-
gegenstellt, über den wird sie hinwegrollen wie der Wagen der Vernichtung.
Jeder Protest wird an ihrer stählernen Erscheinung zerschellen wie der Protest

jener Maschinenstürmer im englischen Industriegebiet den ersten Auswirkungen der angewandten Dampfkraft gegenüber.« (Jünger 2001 [1925], 160) Was von linker Seite von Marx bis Baudrillard also in durchaus ambivalenter Weise beobachtet wurde, wurde auf extrem-rechter Seite uneingeschränkt bejubelt: Das »Voranschreiten« des Industriekapitalismus wurde von diesen Protofaschisten unverhohlen bejaht und der Blutzoll am Weg – die Beschädigung von menschlichen Körpern und Köpfen (besonders denen, die nichtweiß, nicht-privilegiert und nicht-männlich waren) – wurde als »Triumph des Willens« gefeiert – als eine »Herrenordnung«, der sich *natürlicherweise* alle unterzuordnen haben.

An dieser Stelle wird es nun notwendig, an die Schnittstelle zwischen »liberalem Konsumkapitalismus« und Faschismus zurückzukehren, die wir im letzten Kapitel erarbeitet haben. Es ist nämlich genau an diesem Kipppunkt moderner Subjektivität zwischen Romantisierung und Verachtung des Natürlichen, an dem sich eine spezifische Art von leicht faschistoierbarer Männlichkeit reaktualisiert und den Mikro-Faschismus jeder modernen Gesellschaft unterfüttert.

Wir sind bereits auf diesen auf den ersten Blick paradoxen Kipppunkt zwischen Naturverehrung und -verachtung gestoßen, sei es im verzweifelten Ausruf »BUT I LOVE DEER!« oder bei der Entstehung der Nationalparks, welche demarkierte Zonen von »Natur« gleichzeitig vor (automobilen) Maschinen schützten und für sie zugänglich machten. Zwischen Naturromantik und -hass gibt es mehrere zugrundeliegende Parallelen, als man denken mag: Sie beide hängen von einer die Moderne begründenden konzeptionellen Weichenstellung ab, die Natur als etwas dem Menschen und seiner Kultur Äußerliches zu begreifen. Auch die (proto-)faschistische Bewegung des späten 19. und frühen 20. Jahrhunderts war geprägt von dieser spezifisch modernen Bipolarität. Es ist zu großen Teilen Marinetti und Jünger zuzuschreiben, dass sich im Faschismus ein so toxisches Amalgam von Männlichkeit, Maschine und Tod herausbilden konnte. Laut Andreas Malm und dem Zetkin-Kollektiv gelang es diesen beiden Autoren, die Liebe zur heimischen Natur mit jener zur Maschine für die nationalistisch-reaktionäre Bewegung zu ersetzen. »Der große Kunstgriff Jüngers aber, der es ihm ermöglichte, die deutsche Rechte in der Tiefe ihrer romantischen Seele zu berühren, bestand darin, die Mystik der nationalen Lebenskräfte auf die Maschine zu übertragen. Die Gefühle der blinden Liebe zu einer in Blut gebundenen Gemeinschaft mussten nicht aufgegeben, sondern nur auf das Moment der ›Massenverbrennung‹ [mass combustion] übertragen werden. Die verweichlichten Phantasien eines vorindustriellen Nebels konnten gegen den hypermaskulinen Nebel der Abgase ausgetauscht werden.« (Malm and The Zetkin Collective 2021, 413)[6] Jünger verehrte eine »bedingungslose« und »hingebungsvolle« »Selbstaufgabe an die Gewalt der Maschine in jeder Sphäre von Leben und Tod.« (Ibid. 411) Wie es Jünger im Originalton ausdrückt: »Ja, wir haben Mächtiges und Zauberhaftes [mit unseren Maschinen] geleistet. Wir sind auch zuweilen stolz auf das, was wir Fortschritt nennen, und jeder kennt den Rausch, der den modernen Menschen überwältigt durch die Ausstrahlungen seines Werkes in Stunden und Minuten, in denen die Energie wie eine lodernde Flamme über den Riesenstädten verbrennt.« (Jünger 2001 [1925], 159) Auch Marinetti hing ähnlichen Verehrungen der giftigen Gase der aufkommenden Massenindustrialisierung nach. Natur war für ihn ein Feind, den man zu Boden ringen und durch die Geschwindigkeit der Maschinen vergewaltigen musste (Malm and The Zetkin Collective 2021, 402). Benzin war für ihn »göttlich« und evozierte in einem Automobil verbrannt »religiöse Ekstase« (Ibid. 401).

In der Welt kann von diesen Männern nur mehr das ernst genommen werden, was dem Paradigma der Maschine folgt. Wie wir durch die Linie der ökofeministischen Kritik am mechanistischen Weltbild gesehen haben, war für diese Gleichsetzung oder Ersetzung von Naturromantik zu Maschinenliebe weniger Brückenbau notwendig, als vielleicht auf den ersten Blick gedacht: Die Natur wurde bereits seit dem 17. Jahrhundert mit primär maschinischem Vokabular verstanden; diese dann – wie es diese protofaschistischen Männer nahelegen – gänzlich mit einer reinen Liebe zur Maschine auszutauschen, liegt vergleichsweise nahe.

Wie der Kulturtheoretiker und Literaturwissenschafter Klaus Theweleit in seiner berühmten Studie *Männerphantasien* herausgearbeitet hat, verbindet alle Faschisten ein angstvoller Ekel und daraus resultierender Hass gegenüber allem als flüssig, natürlich und weiblich Verstandenem. Das faschistische Ideal bestand latent immer darin, die Frau durch eine Maschine als Objekt des Begehrens zu ersetzen – und wenn dies affektökonomisch nicht gänzlich gelang, so zumindest diese Frau möglichst vor dem Herd und mit möglichst vie-

---

6   Original: »The great conjuring trick of Jünger, however, which enabled him to touch the German right in the depth of its romantic soul, was to *displace the mysticism of national lifeforces onto the machine*. The feelings of blind love for a community bound in blood did not have to be forsaken, only transferred to the moment of mass combustion. Effeminate fantasies of a pre-industrial mist could be exchanged for the hypermasculine fog of gases.«

len Kindern ruhigzustellen. So sagte Hitler einerseits »Meine Liebe gehört dem Automobil. Das Auto hat mir die schönsten Stunden meines Lebens geschenkt […].« Und andererseits: »Ich darf keine Frau lieben, bis ich mein Werk vollendet habe.« (Via Kunze 2022, 41) Die Liebe zur Maschine ist mit dem »Werk« des Faschismus vereinbar, die zur Frau nicht.

Auch Marinetti träumte von einer Maschinenwelt, in der Männer befreit von ihren libidinösen und reproduktiven Abhängigkeiten von Frauen leben können. Die Frau ist für ihn, ganz nach mechanistischer »Tradition« der Moderne, an die abscheuliche Natur gebunden und: »sie verhindert das Voranschreiten der Männer.« (Malm and The Zetkin Collective 2021, 403) Die »ineffiziente Vulva« wird in seinen Schriften durch halluzinatorische Visionen eines »Koitus mit der Maschine« ersetzt und die größte Inspiration findet Marinetti in den rußspeienden Kriegsfliegern des Ersten Weltkrieges, die in ihm eine »Sehnsucht, sich ein für alle Mal von diesem erbärmlichen Planeten zu befreien«, (Ibid. 404) auslösten. »Hurra! Kein Kontakt mehr mit der schmutzigen Erde!« (Ibid.) und – wie es ein Credo des Futuristischen Manifests ist: »Wir wollen den Krieg verherrlichen […] und die Verachtung des Weibes.« (Via Kunze 2022, 41)

Im Faschismus aktualisiert sich also ein Weltbild auf die expliziteste und gewaltsamste Weise, welches bereits seit dem Entstehen des mechanistischen Weltbildes der früheren Neuzeit latent vorhanden ist. In einer durchindustrialisierten Welt, die von dem reibungslosen Ablauf der Maschinen vollkommen abhängig ist, liegt es nahe, sich als Mensch (egal welcher Geschlechtszuschreibung) selbst mit Maschinenmetaphern zu verstehen und zu identifizieren. Ein solches Denken durchzieht unsere Alltäglichkeit, wie Ausdrücke wie »in Reih und Glied gehen«, »das schwächste Glied in der Kette« und Praktiken der ernährungstechnischen und sportlichen Selbstoptimierung bezeugen. Slogans wie jene der Fitnessstudiokette FitInn (»Werde die Maschine, auf der du trainierst«) und die Steuerungsphantasien aus der eingangs abgebildeten Autobahnwerbung bezeugen die tiefste Aktualität des mechanistischen Weltbildes.

Der Mikro-Faschismus in uns allen

Auch Baudrillard beschreibt ein nicht unähnliches, bei ihm jedoch »heimliches« Triumphgefühl, wenn er mit über 100 km/h durch die Wüste Nevadas braust – die automobile Geschwindigkeit evoziert auch für ihn die totale Loslösung und Freiheit von der organischen Erde. Ich nehme an, fast jede*r kann dieser typisch modernen Euphorie nachfühlen, wenn man über eine Autobahn (ohne Geschwindigkeitsbegrenzung) braust. Die Lust an der Gewalt der Maschine ist – besonders für männlich sozialisierte Wesen – in der Postmoderne ein durch unzählige Filme, Produkte, Lebensweisheiten und Sportclubs gepflegter Affekt. In vergleichsweise krisenfreien und abgesicherten Zeiten wird so diese Zerstörungslust eingehegt und »zivilisatorisch« nutzbar gemacht. Dann kann sich das zugrundeliegende, strukturell zutiefst patriarchale Weltbild auf oberflächliche Weise harmlos wie im auffällig unauffälligen »IT-Techniker Michael B.« aktualisieren. Michael B. lächelt so nett und sieht so langweilig aus, dass man kaum etwas von ihm befürchten muss – solange man ihm die maschinische Steuerung von »Einer für Alle« überlässt. Auch der Nachbar von nebenan, der jedes Wochenende seinen BMW stundenlang poliert oder am Rasentraktor die perfekte Ebene anstrebt, wirkt harmlos und – oberflächlich – nett. Solange man ihnen ihre Maschinen und Ventile lässt.

Wenn in Zeiten der Krise und Verunsicherung jedoch dieses eingehegte, die Katastrophe normalisierende Maschinenbegehren gehemmt wird (oder sich auch nur gehemmt fühlt), kann der zutiefst lebensfeindliche Bodensatz des modernen Weltzugangs auf viel aggressivere und gefährlichere Weisen hervorbrechen, wie die Zeit des klassischen Faschismus mahnend erinnert, in der sich männliche Macht und das Industriekapital durch die Frauen- und Arbeiter*innenbewegung sowie den langsamen Verfall der »alten Welt« und ihrer Machtverhältnisse bedroht gefühlt haben. Es sollte uns zu denken geben, dass die gegenwärtig vermehrte Stimmung der Krisenhaftigkeit und Verunsicherung auch wieder ein ähnliches Männerbild von Maschinenliebe, Verehrung von Abgasen und Verachtung von anderen Geschlechtspraktiken und Umweltbezügen hervorbringt. Die Eliten der neuen Rechten lesen offen die Klassiker des Protofaschismus wie Jünger und Marinetti, Gruppen wie »Fridays for Hubraum« bilden Foren für das mechanistische Ressentiment gegen Natur/Frau/Organismus mit Slogans wie »Fuck you Greta«, und selbst so vordergründig erfolgreiche Männer wie Elon Musk zählen Ernst Jüngers Buch *Stahlgewitter* zu ihrer Lieblingslektüre. Janis Walter weist in seiner Promotion *Poetik der Erschütterung* auf eine große Strukturparallele der Affektlandschaften verunsicherter und erschütterter Männlichkeit von der Zeit nach dem Ersten Weltkrieg mit der gegenwärtigen hin. Margarete Stokowski (2019) attestiert eine massiv verunsicherte Männlichkeit, die sich selbst durch moderate Debatten um ein Tempolimit oder gar durch nicht mehr gänzlich chauvinistische Rasiererwerbung so verunsichert fühlt, dass sie in einen Abwehrkampf gegen vermeintliche Feminisierung geht. Die amerikanische Kulturwissenschaftlerin Cara Daggett (2018) hat in ihrem Paper *Petro-masculinity: Fossil Fuels and Authoritarian Desire* herausgearbeitet, wie das gegenwärtige autoritäre Begehren der »neuen Rechten« erneut aus einem Amalgam aus der Verherrlichung der Verbrennung fossiler Brennstoffe und dem Abwehren »weiblicherer« Geschlechts- und Umweltbilder entsteht. Dieses Identitätsangebot beschränkt sich hierbei nicht ausschließlich auf als männlich gelesene Subjekte, sondern kann auch von weiblichen Subjekten performt werden – allerdings sind die ontologischen Grundprämissen zutiefst patriarchal und ökozidal veranlagt.

Abb. 16: Ressentiment gegen die weibliche Ökoaktivistin Greta Thunberg auf den weiblichen Rundungen eines nach Wehrwirtschaftsführer Ferdinand Porsche benannten »Porsche 911«

Screenshot eines Videos von Konrad Rawall (Youtube)

Vor einiger Zeit kam es dazu, dass ich einen Kleinlaster eines befreundeten Künstlers ca. 50 km über ländliche Landstraßen zurück zu seinem Bestimmungsort fahren musste. Ich war zuvor noch nie ein so großes Gefährt gefahren, doch mein gegenwärtiger Forschungsgegenstand machte mich neugierig, wie sich eine solche Fahrt anfühlen würde. Nach einigen Kilometern sehr angespannter Eingewöhnungsphase hatte ich mich bald an die wuchtigen Ausmaße meines 3,5-Tonners gewöhnt und ich begann die vermeintliche Leichtigkeit, mit der ich meine schwere Ladung über den sanften Beton gleiten ließ, zu genießen. An mir zog eine wunderbare Hügel- und Waldlandschaft vorbei. Die wenigen Ortschaften, die ich durchkreuzte, waren zumeist durch Ampel- oder Kreisverkehrsregelungen so geordnet, dass ich ohne Stopp durch sie durchfahren konnte. Alles schien sich freudig und bereitwillig um meine schwere, aber nur an wenigen Fahrbahnunebenheiten laut tosende Ladung zu schmiegen. Im Radio priesen zuckersüße Stimmen im Halbstundentakt die günstige Verkehrslage und wünschten mir – zusammen mit der imaginären Fahrergemeinschaft in ihren atomistischen Gehäusen um mich herum – begeistert eine »Gute Fahrt«. Am Wegesrand waren regelmäßig Werbeplakate und teils auch zwielichtige Stripteasebars platziert. Überall lächelten mir zumeist blonde und immer dünne Frauen antreibend und aufreizend zu. Alles schien mich zu bestätigen und mir Recht zu geben, dass ich hier Vorfahrt habe, dass ich hier das Zentrum des Universums bin.

Natürlich war meine kritisch gebildete Gehirnhälfte sofort dabei, die sexistischen Untertöne dieses Gefüges zu dekonstruieren, doch dies änderte nichts an dem tiefergelagerten Aufgehobenheitsgefühl, die diese Fahrt in mir evozierte. Die geglättete Umwelt, umsäumt von schönen und gepflegten Bäumen, Feldern und Frauenbildern, unterstützte und bestärkte mich auf einer Ebene, die viel tiefer als kritisches Denken verankert ist. Auf eine Art musste ich dieses auf massiven Sexismus aufbauende Triumphgefühl zulassen, und sei es auch nur, um sicher zum Zielort mit diesem massiven Transporter zu kommen.

Wie ich in diesem Kapitel versucht habe zu zeigen, ist dieses Gefühl das Resultat eines jahrhundertealten modernen Philosophiekanons, der die Welt zwecks Kontrolle als mechanistisches und lebloses Gefüge begreift. Natürlich sind es in dieser konkretisierten Maschinenwelt nicht nur männlich gelesene Subjekte, die an den großen Vorteilen in Sachen Mobilität und Komfort teilhaben können. Wie wir in Kapitel 8 sehen werden, ist in dieser Maschinenwelt besonders für ausgegrenzte Menschen, wie schwarze oder transgeschlechtliche Menschen, das Gehäuse eines Automobils ein schwer wegzudenkender Schutzraum, um an dieser modernen Welt partizipieren zu können. Doch ist der zugrundeliegende Code einer nach diesem mechanischen Weltbild umgebauten Umwelt ein patriarchaler, der sich nie gänzlich dekonstruieren lässt. In »besseren Zeiten« kann man innerhalb dieses Dispositivs mehr Inklusion und Offenheit zulassen. Sobald sich aber die männliche Vorherrschaft strukturell bedroht fühlt, wie sie dies aktuell wieder verstärkt durch Öko- und LGBTQIA+-Bewegungen tut, verhärtet sich ein Teil der männlich gelesenen Subjekte auf eine Art, dass sie das inhärent mikro-faschistische Maschinen- und Todesbegehren der Maschinenwelt wieder explizert aktualisieren. Dann werden

Ökoaktivist*innen, die Straßen blockieren, gewaltsam entfernt, Demonstrationen von BLM oder FFF von Coal Rollern mit künstlich verstärkten Abgasen besprüht und die Gewaltphantasien im Internet gegen diese Akteur*innen ufern ins Grenzenlose aus.

Feministische Kritiker*innen wie Katja Diehl betonen, dass die automobilen Maschinen bis heute nach stark sexistischen Konstruktionsweisen gebaut werden. So wird bei Crashtests bis heute beinahe nur von männlichen Normgrößen ausgegangen, was zur Folge hat, dass das Risiko einer schweren Verletzung für weibliche Körper um 47 Prozent größer ist (Diehl 2022). Auch die Einstiegshöhe und die Sitzgröße geht im Regelfall vom *anthropos* und also vom weißen Mann aus. Noch deutlicher ist das beim Design der meisten (besonders der teureren) Autos, deren Formen sich oftmals an jenen von weiblichen Rundungen orientieren und so Marinettis Wunsch nach einer Übertragung männlichen Begehrens von Frau auf Maschine entgegen kommen. Als männlich sozialisierter Mensch fällt es mir regelmäßig auf, dass mein Blick und mein Begehren von der Form eines schnittigen Porsches oder eines voluminösen BMWs auf ähnliche Weise in einen Bann gezogen wird wie von einem auf mich attraktiv wirkenden weiblichen Körper.

Es ist diese zutiefst patriarchale Maschinenordnung, die sich in den kleinsten und nicht immer zu reflektierenden Alltäglichkeiten reproduziert und mir – als männlich und weiß sozialiertem Menschen – strukturell immer mehr Halt und *Entitlement* geben wird, als weniger privilegiert sozialisierten Menschen. Ich habe versucht zu zeigen, dass dieser Umbau der Umwelt nach mechanistischen Leitbildern diverse Diskriminierungen materiell verstetigt, selbst wenn diese dann oberflächlich – durch Quoten, Inklusionsprogramme und Fahrkurse – für Frauen korrigiert werden. Selbst wenn man es in dieser Welt als nicht-männlich und nicht-weiß gelesene Person »nach oben« schafft, muss man implizit den Mechanismen der modernen patriarchalen Logik folgen. Auch eine schwarze Frau kann mit dem fetten SUV in die Chefetage fahren, wird dazu aber wohl auch zumeist andere weibliche und invisibilisierte Sorgearbeit brauchen, mit der sie die patriarchale Ausgrenzung eher weiterreicht als beendet. Wenn meine These von der Mechanisierung der Bewusstseine des modernen Auto-Selbst stimmt, dann ist das durch es hervorgebrachte Homogenozän auch ein Androzän, in dem sich männliche Vorherrschaft auf eine Art automatisch herstellt und – bei etwaigen Störungen und Verunsicherungen – durch einen Rückgriff auf faschistische Männerbilder auch verteidigt. Wir werden dieses hier vielleicht noch als zu einfach erscheinende Bild im nächsten Abschnitt »stabil« genauer aufgreifen und problematisieren. Zuerst werden wir aber in den nächsten Kapiteln den Folgen eines Umbaus der Wahrnehmung und der Sinnlichkeit durch diese mechanische Ordnung genauer nachspüren und so unseren Begriff der Moderne, der sich durch Prothesen wie das Auto verstetigt, genauer herausarbeiten.

Kapitel 5: Sinnesordnung

Abb. 17: »A Crash Course in Art« – Titelseite der Daily Mail
am 11.7.2007

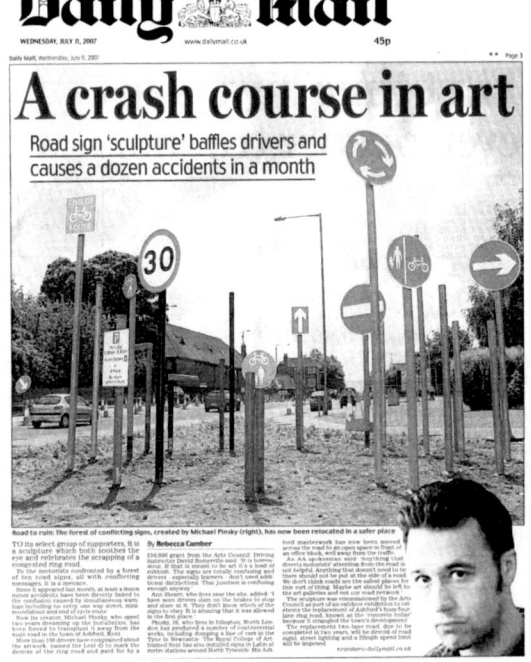

Photo von der Homepage des Künstlers Michael Pinsky

Die öffentliche Installation *Lost O* des britischen Künstlers Michael Pinksy
sorgte im Jahr 2007 für einen lokalen medialen Wirbel. An sich war die Idee des
Kunstwerks vergleichsweise simpel: Pinksy versammelte die Verkehrszeichen

einer jüngst aufgelösten Ring-Road verdichtet an einem Kreisverkehr in Ashford, um – nach eigener Aussage – das »gigantische Ausmaß an Redundanz in unserer gegenwärtigen Welt aus Zeichen und Symbolen«[1] zu reflektieren. Die moderne Welt sei demnach von so vielen Zeichen und Symbolen übercodiert, dass man teilweise die eigentlich dargestellte Welt hinter den Zeichen kaum mehr wahrnehmen könne. Durch diese künstlerische Überaffirmation wollte der Brite die Einengung unserer öffentlichen Wahrnehmung sanft thematisieren. Er war nicht auf den medialen Sturm vorbereitet, den diese für ihn harmlose Intervention nach sich zog. Mehrere britische Boulevardzeitungen wie *Metro*, der *Daily Telegraph* oder der *Evening Standard* berichteten in schrillen Tönen von »verrückt gemachten Fahrer*innen«, einem durch das »Kunstwerk ausgelösten Chaos« und behaupteten sogar, dass »zumindest ein Dutzend Unfälle pro Monat« durch diese zehn zusammengestellten Verkehrstafeln verursacht wurden – eine Anschuldigung, die sich nach Aussage des Künstlers in keiner Statistik belegen lässt. Ein im selben Artikel interviewter Sprecher der britischen *Automobile Association* kommentiert die Installation mit folgenden Worten: »Alles, was die Aufmerksamkeit der Autofahrer von der Straße ablenkt, ist nicht hilfreich. Alles, was dort nicht hingehört, sollte nicht an den Straßenrand gestellt werden. Wir glauben nicht, dass Straßen die sichersten Orte für diese Art von Dingen sind. Vielleicht sollte man die Kunst den Kunstgalerien überlassen und nicht unserem Straßennetz.«[2] Das Kunstwerk wurde schließlich an einen »sichereren Ort« umgesiedelt.Wir haben bereits im zweiten Kapitel analysiert, wie das Automobil dazu tendiert, den öffentlichen Raum für seine Ordnung auf eine Weise zu vereinnahmen, die ihn zunehmend zu einem homogenen Autoraum macht, in dem kaum andere Partizipationsweisen (sei es spielen, lustwandeln, entspannt Radfahren, spontan Marktstände aufbauen oder einfach nur entspannen) möglich sind. Die Straße wird dann zur »Verkehrsfläche«, alles andere wird als Blockade und Störung definiert. In diesem Kapitel werden wir diese Beobachtungen dahingehend vertiefen, dass diese automobile Umordnung nicht nur den öffentlichen Raum, sondern auch unsere eigene Wahrnehmung und Sinnlichkeit betrifft.

---

1   https://www.michaelpinsky.com/portfolio/lost-o/

2   Original: »Anything that diverts motorists‹ attention from the road is not helpful. Anything that doesn't need to be there should not be put at the side of a road. We don't think roads are the safest places for this sort of thing. Maybe art should be left to the art galleries and not our road network.« via: www.losto.org/press/dailymail.jpg

Logozentrische Umweltverbindung

Der im vorigen Kapitel als spät-marxistischer Kronzeuge der Maschinisierung der modernen Konsumwelt kurz erwähnte Herbert Marcuse beschreibt die sinnliche Konsequenz derselben folgendermaßen:

»Ein Mann, der mit dem Auto zu einem weit entfernten Ort reist, wählt seine Route anhand der Autobahnkarten aus. Städte, Seen und Berge erscheinen als Hindernisse, die umfahren werden müssen. Die Landschaft wird durch die Autobahn geformt und geordnet. Zahlreiche Schilder und Plakate sagen dem Reisenden, was er zu tun und zu denken hat; sie fordern sogar seine Aufmerksamkeit für die Schönheiten der Natur oder die Wahrzeichen der Geschichte. Das Denken haben andere für ihn übernommen – und das vielleicht zum Besseren. Bequeme Parkplätze wurden dort angelegt, wo der weiteste und überraschendste Blick frei ist. Riesige Werbeplakate weisen ihn darauf hin, wann er anhalten und eine erfrischende Pause einlegen soll. Und all dies ist tatsächlich zu seinem Nutzen, seiner Sicherheit und seinem Komfort; er bekommt, was er will. Wirtschaft, Technik, menschliche Bedürfnisse und Natur sind zu einem einzigen rationalen und zweckmäßigen Mechanismus verschmolzen. Am besten wird es demjenigen ergehen, der den Anweisungen folgt und seine Spontaneität der anonymen Weisheit unterordnet, die alles für ihn geordnet hat.

Das Entscheidende ist, dass diese Haltung – die alle Handlungen in eine Abfolge von halbspontanen Reaktionen auf vorgegebene mechanische Normen auflöst – nicht nur vollkommen rational, sondern auch vollkommen vernünftig ist. Jeder Protest ist sinnlos, und der Einzelne, der auf seiner Handlungsfreiheit beharren würde, wäre ein Spinner. Es gibt kein persönliches Entkommen aus dem Apparat, der die Welt mechanisiert und standardisiert hat. Es handelt sich um einen rationalen Apparat, der ein Höchstmaß an Zweckmäßigkeit mit einem Höchstmaß an Bequemlichkeit verbindet, Zeit und Energie spart, Verschwendung vermeidet, alle Mittel dem Zweck anpasst, Konsequenzen vorhersieht, Berechenbarkeit und Sicherheit gewährleistet.« (Marcuse 1941)[3]

---

3   Original: »A man who travels by automobile to a distant place chooses his route from the highway maps. Towns, lakes and mountains appear as obstacles to be bypassed. The country-side is shaped and organized by the highway. Numerous signs and posters tell the traveler what to do and think; they even request his attention to the beauties of nature or the hallmarks of history. Others have done the thinking for him, and perhaps for the better. Convenient parking spaces have been constructed where the broadest and most surprising view is open. Giant advertisements tell him

Marcuse weist in diesem Paragraphen darauf hin, dass durch die enge Verzahnung von intellektuellen und maschinischen Fähigkeiten in der modernen Maschinenwelt immer andere schon vorher die offensichtlich richtige Entscheidung in Zeichen gefasst haben. Die Welt ist durch ihre enge Verkettung so komplex geworden, dass die individuelle sinnliche Lokalisierung und Orientierung an einem Ort als sinnlos und – in vielen Verkehrsflüssen – sogar störend und gefährlich erscheint. Eine künstlerische Verwirrung dieser essentiellen Zeichenordnung kann so als bedrohlich erscheinen. Selber fühlen und denken erscheint Marcuses »eindimensionalen Menschen« als problematisch, da die richtigen Vernunftmaximen in den allermeisten Alltagssituationen bereits von anderen gut sichtbar am Straßenrand angebracht wurden. Ein Bestehen auf individuelle Eigenheit hingegen wird als eine gefährliche Störung der rationalen Ordnung der Welt angesehen.

Das vernünftige Verhalten in der Maschinenwelt wird also von den textuell und symbolisch vermittelten Schienen, Leitplanken und Schildersystemen einer Art kybernetischen Regierungstechnik geleitet – und anderen Formen von Weltteilhabe fehlt in diesem eng getakteten Weltzugang schlicht die Zeit, sich zu entfalten. Deswegen sterben in den Zonen dieser homogenisierten Weltteilhabe solche Wesen, die in dieser spezifischen Art von logozentrischer Selbstregierung nicht geübt sind, wie der Zukunftsindigene oder das Reh aus dem ersten und die Hühner und Kinder aus dem zweiten Kapitel. Der Designer Otl Aicher (1984, 63) weist darauf hin, dass die zeichenorientierte visuelle Kultur und der Automobilismus zu gleicher Zeit und in wechselseitiger Abhängigkeit entstanden sind – ohne die semantische Einrahmung der Welt würde das automobile Homogenozän keinen Tag funktionieren. Die Katastrophe, die im ma-

---

when to stop and find the pause that refreshes. And all this is indeed for his benefit, safety and comfort; he receives what he wants. Business, technics, human needs and nature are welded together into one rational and expedient mechanism. He will fare best who follows its directions, subordinating his spontaneity to the anonymous wisdom which ordered everything for him.

The decisive point is that this attitude – which dissolves all actions into a sequence of semi-spontaneous reactions to prescribed mechanical norms – is not only perfectly rational but also perfectly reasonable. All protest is senseless, and the individual who would insist on his freedom of action would become a crank. There is no personal escape from the apparatus which has mechanized and standardized the world. It is a rational apparatus, combining utmost expediency with utmost convenience, saving time and energy, removing waste, adapting all means to the end, anticipating consequences, sustaining calculability and security.«

schinischen Funktionieren der Moderne nach *Außen*, in die Zukunft, Umwelt und Unwahrnehmbarkeit gedrängt wird, würde dann sofort in Form von endlosen Karambolagen und Stahlverwerfungen in die Gegenwart hereinbrechen (zu dieser der Moderne inhärenten Zerstörungslust siehe nächstes Kapitel).

Wesentlich an Marcuses Beobachtung ist, dass es sich bei dieser »eindimensionalen« und mit Sicherheit einengenden Ordnung für ihn unzweifelhaft *um jene der Vernunft handelt*. Sie erscheint nicht nur als rational, sondern auch als vernünftig und man wäre, wie Marcuse es beschreibt, ein »Spinner [crank]«, würde man auf seine Freiheit jenseits der Leitplanken und Verkehrsschilder bestehen. Das, was so als unumstritten vernünftig erscheint, ist der Verzicht von sinnlichen Teilhabe an der Umwelt zugunsten einer Kultivierung der richtigen Lesegewohnheit des modernen Schilderwaldes.

Der französische Anthropologe Marc Augé hat in typisch postmoderner Manier solche modernen Orte als »Nicht-Orte« bezeichnet und als ihr wesentliches Merkmal herausgestellt, dass »die Verbindung zwischen den Individuen und deren Umgebung [...] durch die Vermittlung von Wörtern, oder gar Text, bewerkstelligt [ist]« (Augé 1995, 97). Dies führt laut Augé zu einer spezifisch modernen Vereinsamung, die dazu tendiert, Menschen und Orte durch ihre rein textuelle Repräsentation zu ersetzen. Es ist dann nur mehr das Zeichen, welches für das abwesende Ding einstehen muss. Augés zentralstes Beispiel ist hier – ganz ähnlich wie für Marcuse – die zu seiner Zeit noch recht neue, französische Autobahn, von der er bemerkt: »Die gut ausgebauten Autobahnen Frankreichs zeigen Landschaften, die an Luftaufnahmen erinnern und sich von denen der Reisenden auf den alten National- und Departementstraßen stark unterscheiden. Sie stellen gewissermaßen einen Wechsel vom intimen Kino zum großen Himmel des Westens dar. Aber es sind die am Wegesrand angebrachten Texte, die uns von der Landschaft erzählen und ihre geheimen Schönheiten offenbaren. Die Hauptstraßen führen nicht mehr durch die Städte, sondern auf großen Schildern in der Nähe werden ihre Besonderheiten aufgelistet – und sogar ein ganzer Kommentar dazu verfasst. In gewisser Weise ist der Reisende davon befreit, anzuhalten oder auch nur hinzusehen.« (Ibid.)[4]

---

4   Original: »France's well designed autoroutes reveal landscapes somewhat reminiscent
     of aerial views, very different from the ones seen by travelers on the old national and
     departmental main roads. They represent, as it were, a change from intimist cinema
     to the big sky of Westerners. But it is the text planted along the wayside that tell us
     about the landscape and make its secret beauties explicit. Main roads no longer pass
     through towns, but lists of their notable features – and, indeed, a whole commentary

Die wichtige Essenz der Landschaft erscheint, nach Augé, durch moderne Praktiken wie das Autofahren also nicht mehr im sinnlich Wahrnehmbaren, sondern in dessen textueller Vermittlung. Ein jedes Problem und Objekt bekommt sein eigenes Schild, ja selbst von den schönen Naturereignissen am Straßenrand erfährt man zumeist nur über Piktogramme auf Schildern und kann sich entscheiden, diese anzusteuern oder nicht. Die Welt tritt in den Hintergrund ihrer textuellen Repräsentation.

Interessanterweise reproduziert sich hier durch eine prothetische Alltagspraxis eine wesentliche Tendenz der abendländischen Vernunft, die Jacques Derrida (2003 [1967]) als »Logozentrismus« bezeichnete. Laut Derrida besteht ein wesentliches Merkmal der abendländischen Vernunft darin, keinen qualifizierten Unterschied zwischen Text und Welt zu machen. Von Platon bis Descartes und weit darüber hinaus glauben so die Vertreter (gendern nicht notwendig) des abendländischen Kanons, dass sie über das Ding reden, wenn sie dessen Wort nennen. Dadurch wird die Medialität von textueller Teilhabe an der Welt gänzlich vergessen, und diverse Phänomene und Eigenheiten der abendländischen Vernunft lassen sich aus diesem unreflektierten Fokus auf sprachlichen Gehalt erklären: Platons gesamte Ideenlehre, die kurzgefasst darin besteht, die wirkliche Essenz der Welt in (sprachlich verfassten) Ideen *hinter* der sinnlichen Welt zu begreifen, die dann also nur mehr durch rationale Introspektion erreichbar ist, lässt sich als kategorische Fehlbehandlung der Funktion von Sprache verstehen. Wittgenstein hat dies in einem bekannten Paragraphen seiner 1945 erschienenen *Philosophischen Untersuchungen* wie folgt ausgedrückt: »Man glaubt, wieder und wieder der Natur nachzufahren, und fährt nur der Form entlang, durch die wir sie betrachten.« (Wittgenstein 1971, §114). Die Form ist hierbei nicht die Autobahn, sondern tatsächlich die Schriftsprache, über die sich die moderne Philosophie ihren Kanon aufgebaut hat. Vernunftmaximen sind auch für den Schirmherren der kritischen Vernunft, Immanuel Kant, nur solche, die sich »publizieren« – also textuell und allgemein ausformulieren – lassen. Die abendländische Vernunft legt also primären Wert auf textuell vermittelte Information und entwertet sinnlich-körperliche Erfahrung der Welt. Die ästhetische Umwelt ist so für einen dieser Vernunft folgenden Menschen sekundär und zu vernachlässigen, während die abstrakten Ideen aus Textzeilen der wahre *telos* vernünftiger Beschäftigung ist. Diverse ökologisch motivierte Kritiker*innen haben darauf hingewiesen,

---

– appear on big signboards nearby. In a sense the traveler is absolved to stop or even look.«

dass ein so gearteter Vernunftbegriff logisch zu einer Art wissenschaftlicher Forschung und technologischer Entwicklung führt, die nicht über die ökologischen Auswirkungen auf die materielle Umwelt um sich reflektieren kann. Eine Vernunft, die es als *vernünftig* setzt, sich von der sinnlichen Umwelt abzugrenzen, reproduziert ein ökologisch problematisches, wenn nicht sogar katastrophales Verhältnis zu derselben.

Während dieser hier schnell umrissene Umstand zumindest in den ökophilosophischen Fachdiskursen wie dem sogenannten »New Materialism«, der »Deep Ecology«, »Ecosophy« oder den »Environmental Humanities« hinlänglich bekannt ist, erscheint es mir weniger oft reflektiert zu sein, dass – wie ich durch das hier entfaltete Beispiel der automobilen Weltteilhabe feststellen will – die Entwicklung technologischer Gerätschaften nie aus einem neutralen Geist entsteht, sondern zumeist die Partikularitäten der sie hervorbringenden Tradition reproduziert. Wie ich versucht habe zu zeigen, ist dies beim automobilen Homogenozän der Fall für eine logozentrische Tendenz abendländischer Vernunft, welche sich durch die vermehrt symbolische und textuelle Teilhabe an der Welt konkret in dieser *einschreibt* und verstetigt. Auch hier begegnen wir wieder einem Punkt, an dem wir das Automobil und seine homogenisierende Raumproduktion als einen Agent der Verstetigung abendländischer und moderner Vernunfttropen einstufen. Durch die maschinisch getaktete Welt wird so nicht bloß philosophisch, sondern auch alltagspraktisch sinnliche Teilhabe an der Welt sekundär. Durch das tagtägliche Autofahren üben wir alle einen Weltzugang ein, der uns sinnliche Teilnahme an der Welt als strukturell unvernünftig erscheinen lässt. Die Vernunft regiert anderswo: zwischen dem Heulen der Maschinen und der Autorität der die Richtung angebenden Schilder.

Körper-Geist-Trennung

Eng verwoben mit dieser prothetischen Reproduktion abendländischer Denkkategorien und -eigenheiten ist auch jene des Körper-Geist-Dualismus, der spätestens seit Descartes zum definierenden Merkmal moderner Vernunft/ Philosophie geworden ist und – wie wir am Ende dieses Kapitels sehen werden – als Grundproblem ökologisch motivierten Denkens erkannt wird. Als Körper-Geist-Dualismus wird in philosophischen Diskursen die scharfe Trennung zwischen Körperlichkeit und Denken verstanden, wobei Letzterem die führende und den Menschen aus der Tier- und Pflanzenwelt herausnehmende

Qualität zugesprochen wird. René Descartes hat diesen moderne Vernunft fundierenden Dualismus in seinem berühmten *cogito ergo sum*-Argument folgendermaßen begründet: Alles was ich anzweifeln kann, wird angezweifelt. Das einzige, was ich nicht anzweifeln kann, ist, dass ich denke. Also kann ich nur mit Gewissheit sagen, dass ich ein denkender Geist bin. Ob ich jedoch einen Körper habe oder mich in einer körperlichen Umwelt befinde, kann ich von dieser Basis aus nicht mit Gewissheit sagen.

Beinahe die gesamte moderne Philosophie des Abendlands – und besonders die französische – hat sich seit seiner Ausformulierung an diesem *cartesianischen* Argument aus dem mittleren 17. Jahrhundert abgearbeitet (Waldenfels 2000), und in den letzten 200 Jahren wurden auch diverse Kritiken an ihm formuliert, am rezentesten dass dieser Dualismus naheliegenderweise zu ökologischer Blindheit führt: Wenn ich es als ungewiss ansehe, dass die Umwelt überhaupt existiert, werde ich wenig Grund haben, mit dieser sorgsam umzugehen. Ganz ähnlich wie im vorhergegangenen Kapitel über Logozentrismus liegt mir an dieser Stelle nicht daran, diese diversen Kritiken ausführlich darzustellen (ich verweise hierzu nochmals auf mein Buch *Ecological Reasonings*), sondern zu zeigen, wie sich dieser Körper-Geist-Dualismus durch den automobilen Weltzugang zu einer Alltagshaltung verstetigt.

Die Kulturtheoretikerin Rebecca Solnit weist in ihrer großen Studie des Gehens *Wanderlust* von 1988 darauf hin, dass während des Spazierengehens die Interaktion mit der Umwelt eine Einheit von Körper und Geist voraussetzt (2001, XIV u. 5), wohingegen die maschinische und insbesondere automobile Vorherrschaft in der modernen Welt in einer Entfremdung von der eigenen Körperlichkeit resultiert:

»Wir leben in einer Welt, in der wir mit unseren Händen und Füßen eine Tonne Metall befehlen und uns schneller bewegen können als das schnellste Landtier, in der wir über Tausende von Meilen hinweg sprechen und Löcher in Dinge schießen können, ohne dass es einer Muskelanstrengung bedarf, sondern nur den Druck eines Zeigefingers.

Es ist der nicht-verbesserte [unaugmented] Körper, der heute selten ist, und dieser Körper hat begonnen, sowohl als sensorischer als auch als muskulärer Organismus zu verkümmern. In den anderthalb Jahrhunderten, seit die Eisenbahn zu schnell schien, um interessant zu sein, haben sich die Wahrnehmungen und Erwartungen beschleunigt, sodass sich viele heute mit der Geschwindigkeit der Maschine identifizieren und mit Frustration oder Entfremdung auf die Geschwindigkeit des eigenen Körpers schauen. Die Welt hat nicht mehr den Maßstab unseres Körpers, sondern den unserer Maschinen, und viele brauchen die Maschinen – oder glauben sie zu brauchen –, um in diesem Raum schnell genug voranzukommen.« (2001, 258)[5]

Solnit weist klarsichtig darauf hin, dass es diese moderne Umwelt des Homogenozäns ist, die zu einer »Entkörperlichung des Alltags« führt. Während herkömmliche Prothesen fehlende Körperteile ersetzen, suggeriert die menschengemachte Umwelt der Maschinenwelt, dass der Körper ohne »Auto-Prothesen« wie dem KFZ nicht mehr ausreicht. Eine Entfremdung von der eigenen Körperlichkeit begleitet so eine durch Schilder vermittelte Fokussierung auf eine Navigation durch die Welt vermittels textueller Vernunft. Während die alten Klassiker der Philosophie von Platon bis Kant in ihren Schriften den Körper abwerteten und die Vernunft als dem Menschen wesentlich hochhielten, finden wir uns heute in einer Welt, wo diese Schriften kaum mehr Überzeugungsarbeit leisten müssen, da es die menschengemachte Umwelt ist, die uns den Fokus auf diese Vernunft sowie ihre Abwertung von Körperlichkeit abfordert. Von dieser Warte betrachtet, muss das tägliche Autofahren als prothetische Einübung moderner Vernunftmaximen und die Vernachlässigung der körperlichen Welt (der eigenen wie jener der materiellen Umwelt) als Derivat dieser majoritären Weltteilhabe der Moderne begriffen werden. Wir haben im ersten Kapitel herausgearbeitet, wie sich der Begriff einer der menschlichen Kultur externen »Natur« durch die Etablierung von Nationalparks verfestigt hat. An dieser Stelle können wir uns diese Produktion von »Natur« als etwas dem Menschen Fremdes durch die von Solnit skizzierte »Entkörperlichung des Alltags« genauer erklären: Die prothetische Interaktionsweise mit der modernen Umwelt resultiert *automatisch* in einer Distanzierung und Entfremdung von allem, was man als »Umwelt«, »Körperlichkeit«, »Natur« oder »materielle Welt« verstehen kann. Innerhalb des Autos macht man sich selbst zum »Gehirn

---

5   Original: »We live in a world where our hands and feet can direct a ton of metal to go faster than the fastest land animal, where we can speak across thousands of miles, blow holes in things with no muscular exertion but the squeeze of a forefinger. It is the unaugmented body that is rare now, and that body has begun to atrophy as both a sensory and a muscular organism. In the century and a half since the railroad seemed to go too fast to be interesting, perceptions and expectations have sped up, so that many now identify with the speed of the machine and look with frustration or alienation to the speed of the body. The world is no longer on the scale of our bodies, but on that of our machines, and many need – or think they need – the machines to navigate that space quickly enough.«

im Tank«, oder zum »geistigen Selbst in der Karosserie«. Das prothetische Arrangement des Autos leitet uns strukturell dahin, die körperliche und sinnlich wahrnehmbare Welt als *nicht-eigenes*, komplett äußeres, zu begreifen.

Umbau der Sinnlichkeit

Als letzten Teil dieser Analyse der automobil eingeübten und verstetigten Sinnesordnung möchte ich mich einer Hierarchisierung unserer Sinnlichkeit widmen, die ein Resultat dieser eben skizzierten Abwertung von Körperlichkeit ist. Diese die moderne Kultur prägende Hierarchie teilt, wie wir sehen werden, sinnliche Wahrnehmung in sogenannte »primäre« und »sekundäre« Eigenschaften auf und verlässt sich hauptsächlich auf visuelle Information, während Geruch, Geschmack oder Gefühl als »animalisch« abgewertet werden.

So sehr es sich Philosophen der Marke Descartes auch wünschen (und so sehr es Fahrer PS-starker Autos heute immer noch versuchen): Kein Mensch konnte sich bislang von seinem Körper lossagen – und auch die transhumanistischen Träume der digitalen Gegenwart vom Upload des Bewusstseins werden wohl unerfüllt bleiben. Die Abwertung des Körpers, die der modernen Vernunft inhärent ist, resultierte historisch in einer bestimmten Normierung der Körper und deren Sinnlichkeit. Im nächsten Kapitel werden wir sehen, wie sich diese Normierung aus einem spezifischen Verhältnis zu Bewegung äußert. Zuerst jedoch werden wir noch in diesem Kapitel untersuchen, welche Sinneswahrnehmungen von der modernen Vernunft priorisiert, und welche als störend unterdrückt werden.

Die Unterscheidung in »primäre« und »sekundäre« Eigenschaften wird kanonischerweise auf den englischen Empiristen John Locke zurückgeführt. In seinem 1689 erschienenen *An Essay Concerning Human Understanding* trennt Locke (2004, 135) unsere sinnliche Wahrnehmung in jene Eigenschaften, die ihm zufolge inhärent im wahrgenommenen Objekt liegen – diese sind »Festigkeit«, »Ausdehnung«, »Gestalt«, »Bewegung/Ruhe« und »Zahl« – sowie in jene »sekundären«, die nur durch unsere subjektive Wahrnehmung festgestellt werden können – diese sind »Farben«, »Gerüche«, »Geschmäcker« und »Klänge«. Laut Lockes »bis heute nachhallenden« (Debaise 2017) Definitionen soll sich empirische Wissenschaft nur nach diesen »primären« Eigenschaften richten und die sogenannten »sekundären« für eine »objektive« Forschung fallen lassen. Sinnliche Wahrnehmung der Umwelt durch Riechen, Schmecken und Lauschen wird so als zu instabil und unverlässlich abgewertet. Anhand weniger visuell-empirisch erfahrbarer Faktoren wie Gestalt, Zahl und Ausdehnung, kann man so im Kontext des mechanistischen Weltbilds eine »physico-mathematische Ordnung« (Debaise 2017, 156) reproduzieren, die anhand von wenigen Informationen bestimmte Gesetzmäßigkeiten wie z.B. jene der Schwerkraft sehr verlässlich vorhersagen kann. Diese Reduktion von Umwelt ist eine der wesentlichen Bedingungen für die Möglichkeit der Formulierung der Gesetzmäßigkeiten hinter der sinnlich erfahrenen Welt, die für den modernen Mechanismus so entscheidend war. Der reine Fokus auf primäre Eigenschaften erlaubte es, die Welt als nach prädeterminierten Gesetzen ablaufende Maschine zu begreifen. Wie Wissenschaftsphilosoph*innen wie Isabelle Stengers, Ilya Prigogine oder Carolyn Merchant nicht müde wurden zu betonen, führt diese für manche Berechnungen sehr produktive Reduktion von Welt auf wenige »primäre« Eigenschaften allerdings zu einer Unfähigkeit, Vitalität und unsere Situierung in einer lebendigen, sich wandelnden Umwelt zu denken. Wenn wir unsere Sinnlichkeit auf bloß visuelle, »objektiv berechenbare« Teilnahme beschränken und so die immersivere Eingebundenheit in die Umwelt durch Riechen, Schmecken und Lauschen unterdrücken, können wir ökologische Relationen nie produktiv denken, weil wir uns selbst aus diesen herausnehmen, um überhaupt für mechanistische Wissenschaft »legitim« wahrnehmen zu können. Heute argumentieren diverse Ökofeminist*innen und neue Materialist*innen, dass es zentral ist, diese sinnliche Komponente wieder in eine seriöse wissenschaftliche Kultur zurückzuholen, um einen holistischen Umgang mit der ökologischen Katastrophe entwickeln zu können.

Leider produzieren unsere technischen Prothesen, die unsere Welt seit der Industrialisierung zu einem Homogenozän umbauen, eine genau gegenteilige Sinnesordnung als populären *common sense*. Wie wir bereits im vorigen Kapitel erfahren haben, sieht Wolfgang Schivelbusch in der Einführung der Eisenbahnreise einen wesentlichen Faktor im Umbau der Wahrnehmung für den modernen Menschen. So weist er im auf Seite 118 angeführten Zitat darauf hin, dass der »Verlust der Landschaft alle Sinne« betrifft und dass neuartige Verkehrswesen »die Wahrnehmung der in ihr Reisenden sich *mechanisiert*«. Er führt weiter aus: »›Größe, Form, Menge und Bewegung‹ sind nach Newton die einzigen Eigenschaften, die objektiv an den Gegenständen auszumachen sind. Sie werden nun für die Eisenbahnreisenden in der Tat die einzigen Eigenschaften, die sie an einer durchreisten Landschaft festzustellen in der Lage sind. Gerüche, Geräusche, Synästhesien gar, wie sie für die Reisenden der Goethezeit zum Weg gehörten, entfallen.«

Durch das davor nie dagewesene Reisen auf beinahe komplett glatter Oberfläche veränderte sich die Wahrnehmung von der Landschaft entschieden: »so trennt die Geschwindigkeit der Eisenbahn den Reisenden vom Raum, dessen Teil er bis dahin gewesen war. Der Raum, aus dem der Reisende heraustritt, wird diesem zum Tableau (bzw., indem die Geschwindigkeit ihn in dauernd sich verändernde Perspektiven bringt, zur Bilder- oder Szenenfolge).« (Schivelbusch 2000, 62) Laut Schivelbusch entwickelt sich dadurch die majoritäre Praxis des »panoramischen Sehens«, bei dem die Objekte in unmittelbarer Nähe verschwimmen und nur die Ferne der Landschaft vorbeiziehend einen ästhetischen Eindruck hinterlässt.

Durch diese Trennung von der unmittelbaren Umwelt wird jedoch nicht nur die zuvor von wenigen elitären Philosophen wie Locke argumentierte Trennung von sinnlichen Eigenschaften zur hegemonialen Weltteilhabe, es entsteht zudem auch eine neue Gewohnheit der Wahrnehmung, die die Landschaft als äußeres Ding *liest*. Die Umwelt ist dann plötzlich eine »Landschaft«, die außerhalb des Menschen liegt – und der Mensch ist ihr unbeteiligter Beobachter, der sich nicht als in ihre ökologischen Relationen miteingebunden erkennt. »Panorama« bedeutet vom alt-griechischen her »alles sehen« – der prothetisch kultivierte Zugang zur Umwelt des panoramischen Sehen suggeriert, dass alles Relevante von der »Natur« als externe*r Beobachter*in erfasst werden kann. Das beteilige Riechen, Schmecken und Hören wird im abgeschotteten Lärm des Eisenbahnwagons so irrelevant, wie sie Locke für die empirische Forschung herausstellen will.

Diese Relation zur Umwelt als etwas, das man als äußere und unkörperliche »Natur« liest, koinzidiert mit dem Aufkommen der Möglichkeit neuer Tätigkeiten während des Reisens, die in den wackeligen Kutschen von früher nicht möglich waren: jene des Lesens und gar Schreibens. »Verschwindet der fürs traditionelle Reisen so wesentliche räumliche Nahbereich des Vordergrunds mit der Eisenbahn, so tritt gleichzeitig an seine Stelle ein neuer Bereich, den es vorher nicht gab. Die Lektüre während der Reise wird zum Signum des Eisenbahnreisens. Die Verflüchtigung der Wirklichkeit und ihre Wiederauferstehung als Panorama erweisen sich als die Voraussetzung dafür, daß der Blick sich vollends von der durchreisten Landschaft emanzipiert und in eine imaginäre Ersatzlandschaft, die Literatur, begibt.« (Ibid. 62) Schon bevor das Auto und sein semiotischer Schilderwald im 20. Jahrhundert aufkommt, wird im 19. Jahrhundert die Verbindung der Landschaftswahrnehmung mit einer Lesepraxis hergestellt. Durch die Eisenbahn wird vorbereitet, was sich durch das Automobil radikalisiert: Die Umwelt alias »Natur« ist etwas, aus dem der moderne Mensch zusehends heraustritt und diese aus sicherer Distanz *liest*. Die logozentrische Einstellung gegenüber der (Um-)Welt, die man als Text liest, findet auch hier ihre technische Zuspitzung. Die Platonische Vernunft hat so ihre Verwirklichung in der modernen Maschinenwelt gefunden.

Wie in dieser Folge die US-amerikanische Kulturwissenschaftlerin Kristin Ross feststellt, ist die Entwicklung bürgerlicher Wahrnehmungs- und Wirtschaftsweisen der vergangenen drei Jahrhunderte aufs Engste verwoben mit der technischen Entwicklung des Verkehrs (1995, 42). Für Ross ist es zudem das Auto, welches die von der Eisenbahn begonnene Umformung der Wahrnehmung erst konsequent in der Gesamtbevölkerung durchsetzt: Während es vergleichsweise wenige Landstriche gab, durch die ein Schienennetz führte, entsteht in Frankreich und vielen anderen Ländern erst in der Nachkriegszeit durch den einsetzenden Massenautomobilismus eine hegemoniale Wahrnehmungsform des »panoramischen Sehens«. Dies ist laut Ross außerdem mit einer Umformung des Kapitalismus zum Konsumkapitalismus verbunden, in dem nicht mehr nur die transportierten Waren, sondern auch die nun zunehmend mit dem Auto zur Arbeit fahrenden Arbeiter*innen zum Produkt des Konsumkapitalismus werden. Während die Arbeiter*innen früher lieber mit dem Fahrrad zur Fabrik fuhren, ist es die »Modernisierung der Nachkriegszeit und die monopolistische Umstrukturierung der Industrie die den Bedarf an mobilen Arbeitskräften schuf. [...] Das ›Auto für alle‹ wurde aus diesem Bedarf heraus geboren.« (Ibid. 41) Die Intuition der Zugreisenden, ein Paket zu sein, spitzt sich also durch den Massenautomobilismus der Nachkriegszeit dahingehend zu, dass die Fahrer*innen an sich tatsächlich zum Produkt des Kapitalismus werden: Sie sind die Arbeitskraft, die »der Markt« verlangt und sind als solche überall flexibel und verfügbar einzusetzen. Dadurch entsteht eine »Kommodifizierung des Fahrers, des Arbeiters, durch eine Neuformulierung seiner Identität durch ständige Fortbewegung [displacement]; auf diese Weise wird der Mensch zum ›l'homme disponible‹. Der mobile, verfügbare Mann (und die Frau) ist offen für die neuen Anforderungen des Marktes, [...] und für die Verlockungen der neu kommodifizierten Freizeit auf dem Land durch die Institution der Ferien, zu denen das Familienauto Zugang bietet.« (Ibid.)[6]

---

6   Ross erwähnt hierbei auch die zentrale Rolle des Kinos, welches die okularzentrische
     Rolle dieses Wahrnehmungsdispositivs im Tandem mit dem Auto weiter intensiviert:

Wir haben bereits im dritten Kapitel erarbeitet, wie diese petrokapitalistische Konsumwelt eine neue Normierungswelle mit sich brachte, die das Bedürfnis nach dem Ausflug in »die Natur« genauso produzierte wie eine heteronormative Geschlechtereinteilung in Männer als Maschinenmänner und Brotverdiener und Frauen als Hausfrauen und geschminkte Puppen. An dieser Stelle können wir hinzufügen, dass diese Normierung des Kapitalismus, die die in ihm lebenden Menschen zu seinem Produkt macht, auch ihre sinnliche Wahrnehmung umformt. Als im modernen Kapitalismus lebender Mensch ist man demnach darauf angewiesen, seine Sinnlichkeit nach Locke'schen und Cartesianischen Vorgaben umzubauen – will heißen, sich als von seinem Körper abgetrennt und visuelle und textuelle Information bevorzugend zu gerieren. Gerüche, Geschmäcker und Klänge erscheinen dann in der modernen

---

»Das von Autos und Filmen produzierte ›bewegte Bild‹ entspricht einer neuen Beschleunigung der Warenproduktion und -zirkulation. […] In den Filmen von Jean-Luc Godard wird die neue Nachkriegsversion der Panoramawahrnehmung reproduziert und so umgestaltet, dass die unbewussten Verbindungen zwischen dem Kino und dem Autofahren vom Regisseur voll genutzt werden. In Bezug auf die hochartifizielle Sequenz in *Pierrot le fou* (1965), die Anna Karina und Jean-Paul Belmondo in voller Montur auf dem Vordersitz eines Autos zeigt, wie sie auf die Kamera zu fahren, während verschiedene farbige Scheinwerfer über sie hinwegfegen, schreibt Godard: ›Wenn man nachts in Paris fährt, was sieht man dann? Rote, grüne und gelbe Lichter. Ich wollte diese Elemente zeigen, aber ohne sie unbedingt so zu platzieren, wie sie in der Realität sind. Eher so, wie sie in der Erinnerung erscheinen: rote Flecken, grüne, gelbe Schimmer, die vorbeiziehen. Ich wollte eine Empfindung aus den Elementen, aus denen sie besteht, neu erschaffen.‹ Anstatt das Autofahren darzustellen, wird der Film verwendet, um die Art der Wahrnehmung, die verschwommene Empfindung, darzustellen, die der Film und das Autofahren hervorgebracht haben. [The ›moving picture‹ produced by cars and movies reflects a new acceleration in commodity production and circulation. […] In the films of Jean-Luc Godard, the new postwar version of panoramic perception then comes to be reproduced, refabricated in such a way that the unconscious relays between moviegoing and driving are put to full use by the director. Referring to the highly artificial sequence in *Pierrot le fou* (1965) showing Anna Karina and Jean-Paul Belmondo full-face in the front seat of a car, ›driving‹ toward the camera as various colored spotlights sweep over them, Godard writes, ›When you drive in Paris at night, what do you see? Red lights, green, and yellow ones. I wanted to show those elements, but without necessarily situating them the way they are in reality. More like the way they appear in memory: red stains, green, yellow gleams passing by. I wanted to refabricate a sensation using the elements that compose it.‹ Rather than representing driving, film is used to represent the kind of perception, the blurred sensation, that film and driving have brought about.]« (Ibid. 41–42)

Welt nur mehr als Störfaktoren, die man unterdrücken muss. Diese sinnliche Normierung stabilisiert auf ihre Weise auch die gegenderte Arbeitsteilung wie das Bedürfnis nach Natur, da »sanftere« Sinne auf das »Andere« ausgelagert oder projiziert werden.

Dass dieser Prozess der sinnlichen Normierung nicht bewusst geschieht und auch nicht bloß das Innere des Autos betrifft, können wir genauer durch den 1903 erschienenen Essay *Die Großstadt und das Geistesleben* des deutschen Philosophen und Soziologen Georg Simmel erarbeiten. Simmel schrieb diesen Text unter dem Eindruck der gerade erst von dem Auto eingenommenen Großstadt. Der Berliner Autor ist schon zu seiner Zeit überwältigt von der Reizüberflutung, die in der modernen Stadt des Industriekapitalismus zur Normalität wird. Scharfsinnig beobachtet er, dass diese sinnlich überfordernde Normalität von lauten und stinkenden Motoren und unzähligen Schildern, Tafeln und Informationen dazu führt, dass die Großstädter eine bestimmte *Vernunfthaltung* einnehmen *müssen*, um mit ihrer Umwelt klarzukommen und nicht wahnsinnig zu werden. Laut Simmel schafft sich der von dem Lärm, Gestank und hektischen Treiben der Großstadt überforderte Mensch »ein Schutzorgan gegen die Entwurzelung, mit der die Strömungen und Diskrepanzen seines äußeren Milieus ihn bedrohen: Statt mit dem Gemüte reagiert er auf diese im Wesentlichen mit dem Verstande.« (Simmel 2006 [1903], 14) Es ist »[d]er Widerstand des Subjekts, in einem gesellschaftlich-technischen Mechanismus nivelliert und verbraucht zu werden«, der in einer »Steigerung des Bewußtseins« als »Präservativ« gegen die sinnliche Überforderung resultiert. Das Grundmotiv des großstädtischen Individualismus besteht demnach darin, von der Umwelt zu einem abgestumpften Wesen gemacht zu werden, welches seine Sinnlichkeit unterdrückt und sich nur von der Vernunft der abstrakten Pläne, Ideen und Schilder leiten lässt. Dies passiert die allermeiste Zeit auf einem unbewussten Level als struktureller Zwang. Denn eine andere, offenere Sinneskultur würde sehr bald zur sinnlichen Überforderung und existenziellen Verzweiflung führen, wie wir es bereits bei der Geschichte des sinnlich nicht in die Moderne eingeübten Zukunftsindigenen aus dem ersten Kapitel gesehen haben.

Besonders interessant ist an dieser Simmel'schen Beobachtung, dass diese sinnliche Normierung nicht nur innerhalb der Maschinen der Moderne erfolgt, sondern ein allgemeines Charakteristikum des Außen von Gegenden ist, wo Maschinen einen vorherrschenden Einfluss haben. Überall wo Maschinen donnern und Schilder die Realität beschreiben, werden wir so im Homogenozän zu einer bestimmten Sinnesordnung *verführt*. Dieser Normierung auf gänzlich intimer, sinnlicher Ebene können wir uns in den meisten, alltäglichen Situationen gar nicht bewusst werden, denn die schon früh eingeübte Vernunft gebietet, die sinnlichen Impulse, die uns wahnsinnig machen würden, zu unterdrücken. Die Katastrophe hat uns so weit geprägt, dass es erst ein bewusstes Heraustreten oder -fallen aus diesem rauschenden Treiben der Moderne braucht, um der sinnlichen Gewalt unserer Maschinenwelt gewahr zu werden.

Am ehesten entwickeln wir eine Ahnung dieser Normierung, wenn wir nach ein paar Stunden Waldspaziergang zurück an eine Straße treten. Das erste Auto, welches man dann riecht, hinterlässt oft einen viel stärkeren und ekelerregenderen Eindruck, als man es üblicherweise gewohnt ist. *Normalerweise*, im städtischen Alltag von Termin zu Termin huschend, fällt einem zumeist nicht mal der Gestank beim Warten an der Ampel einer stark befahrenen Durchzugsstraße auf. Doch natürlich ist er da. Wenn wir *rational* darüber nachdenken, kann es gar nicht anders sein. Doch die sinnliche Haltung, die uns die moderne Alltäglichkeit abverlangt, macht uns taub, stumpf und *anosmisch*[7], um überleben zu können. Auch bei Gesprächen, die wir Menschen am Straßenrand problemlos führen können, gelingt es uns das allermeiste des oftmals heftigen Verkehrslärms auszublenden und gar nicht wirklich zu hören. Und für viele an einer lauten Straße Aufgewachsenen ist das auf- und abflauende Rauschen der Verkehrswellen »Stille«, die sie zuallermeist gar nicht wirklich wahrnehmen.

Auch wenn wir Modernen so auf eine somatische Reizunterdrückung getrimmt sind, bleiben diese Impulse natürlich nicht aus und haben ihre teils sehr negativen Effekte auf unsere – vielfach unterdrückte – Körperlichkeit. Medizinische Studien zeigen, dass die Lärm- und Lichtbelastung der Großstadt das Adrenalin- und Cortisollevel überdurchschnittlich hoch halten – wir also auf Stresshormonen durch die Alltagswelt rauschen. Gesundheitlich kann dies leicht zu Stoffwechselproblemen wie Diabetes, Essstörungen oder Fettleibigkeit führen, der Hormonhaushalt kann gestört werden und das Risiko von Autoimmun- und Herz-Kreislauferkrankungen steigt (Münzel et al. 2020). Auch auf die tierische und pflanzliche Umwelt hat Lärm- und Lichtbelastung massive Auswirkungen: In lärmenden Städten und in der Nähe von Industrie und Minen (Krause 2012, Duarte et al. 2015) ist es erwiesen, dass die Vögel,

---

7   Anosmie ist der wenig bekannte Begriff für die Unfähigkeit, zu riechen. Es ist für unsere Kultur bezeichnend, dass wir zwar Begriffe wie »Blindheit« und »Taubheit« haben, jedoch keine allgemein bekannten für die Unfähigkeit zu riechen oder zu schmecken.

die bleiben, lauter singen, um noch gehört zu werden. Viele weniger resiliente Spezies scheitern aber an diesem verstärktem Wettbewerb, ihr Austausch wird gestört, was zu mehr Inzucht [inbreeding], einem weniger resilienten Genpool und Immunsystem und schließlich dem langsamen, *unhörbaren* Abwandern und Aussterben dieser Spezies führt. Die übermäßige Lichtverschmutzung der modernen Welt trägt außerdem einen massiven Teil zum Insektensterben bei, welches wiederum die Nahrungskette »weiter oben« beeinträchtigt (Owens et al. 2020). Pflanzen blühen durch das viele Licht erwiesenermaßen früher und sind so erhöhten Frostschäden ausgesetzt. Durch die moderne Reizüberflutung werden also Tiere, Pflanzen wie Menschen auf eine körperlich belastende Art hochgepumpt, als ob der Alltag auf Kokain abläuft.

Die *Einbetonierung* der abendländischen Metaphysik

Der Philosoph Peter Sloterdijk behauptet, dass »alle technologischen Erweiterungen [...] Konkretisierungen von metaphysischen Verlangen« sind. In seiner Arbeit *Eurotaoismus – Zur Kritik der politischen Kinetik* weist er darauf hin, dass die moderne Maschinenkultur wohl ohne die langjahrige kulturelle Einhegung der metaphysischen Tradition des Abendlandes seit Platon nicht hätte entstehen können. Die »altweltliche« Vernunft und die »neuweltliche Technik« sind sich demnach »darin einig, die angetroffenen vergänglichen Bestände nicht ernst zu nehmen, sondern sie zugunsten von Überwindungs- und Veränderungsfeldzügen zur Disposition zu stellen« (Sloterdijk 1989, 146). Die unkörperliche Vernunft von Platon bis Kant erscheint so als notwendige Bedingung für die technologische Entwicklung der Moderne, die sich von den irdenen Bezügen einer immanenten Umwelt lossagt. »Ohne tausendjähriges Weltüberwindungstraining keine moderne Weltverdampfung. Wo dieses Training nicht stattgefunden hat, lässt sich die Modernität offenkundig nur sehr mühevoll implantieren, weil die Anschlüsse in den Mentalitäten fehlen.« (Ibid. 147)

Es ist diese Etablierung einer neuen Sinnesordnung im Homogenozän, die diese Anschlüsse in der Form einer Globalisierung von dem Abendland ursprünglich fernen Zonen zugänglich macht. Durch das *offensichtlich* bessere Leben, welches moderne Maschinenwelten ihren Subjekten ermöglichen, wird so global eine Form von Weltteilhabe vorgelebt und zur Disposition gestellt, die ihre Ursprünge in abendländischer Metaphysik und ihrer Verneinung von Körperlichkeit und Umwelt findet. Für Kant, dem Chefarchitekten dieser Vernunftordnung, kann die ideale Gesellschaft nur eine sein, die ohne Gerüche auskommt. Es ist fast so, als ob sich in der modernen Großstadt dieses Ideal verwirklicht hat: Mit der Nase schnuppernd käme man als Mensch wirklich nicht weit, wenn man sich durch ihre stark befahrenen Gassen und Straßen bewegen würde. Die moderne Reizunterdrückung und die ihr inhärente Hierarchisierung von Sinnen ist notwendig, um in diesen lärmenden und stinkenden Milieus zu überleben. Dass diese Umwelten sowohl für den eigenen Körper als auch andere Flora und Fauna einen massiven Gesundheitsschaden mit sich bringen, stellt die Schattenseite der abendländischen Vernunft dar. Doch konnte sie diese nie reflektieren, da sie Körperlichkeit immer als irrelevant und nebensächlich dargestellt hat. Durch ihre Verwirklichung als eine bestimmte körperliche und sinnliche Haltung, die uns die moderne Lebenswelt abfordert, verstetigt sie so auch die ihr inhärente ökologische Blindheit als gesamtgesellschaftliches Problem: In einer Zeit, in der sich immer mehr Menschen der ökologisch katastrophalen Lage des Planeten bewusst werden, ziehen gleichzeitig immer mehr Menschen in Umwelten, die ihnen – ob sie das wollen oder nicht – eine bestimmte, ökologisch problematische Lebensweise und Sinnesordnung abfordern.

Die normale Lebensform des Homogenozäns macht uns also strukturell für das Problem unempfänglich, welches sie produziert. Dadurch sind wir durch simple Teilhabe zur Negation dessen verführt, was letztendlich die biosphärische Stabilität als Ganzes sowie unsere eigene Überlebensgrundlage gewährleisten könnte. Das Stampfen der Maschinen, selbst wenn es unhörbar und nicht zu riechen ist, hat unseren natürlichen Puls ersetzt. In ihren gesteigerten Tempi rasen wir einer Klippe entgegen, die wir innerhalb der Karosserie gar nicht wahrnehmen können, weil das glatte Heck, in dem sich der Motor verbirgt, die Sicht nach unten versperrt. Es ist wunderbar komfortabel im Innenraum. Ein plötzliches Aussteigen aus dem Vehikel würde uns vermutlich umbringen oder wahnsinnig machen.

Es bedarf sanfter Übungen einer anderen Sinneskultur, die uns langsam den toxischen Komfortzonen der Moderne entwöhnen könnten – ihr einen guten Tod in und um uns zu bereiten. Wenn wir uns mal nur für ein paar wenige Minuten der sinnlichen Brachialität der modernen Großstadt öffnen, kommen wir der durch unsere Normalität verstellten Katastrophe gefühlt am nächsten. Sie ist in uns und um uns stabil – und genau das ist ihr Problem.

Bevor wir uns diesem Problem der Stabilität und Resilienz der modernen Lebensweise im dritten Abschnitt widmen, werden wir im nächsten Kapitel die Untersuchung der Moderne als prothetische Praxis im Automobilismus durch einen Streifzug in erotische Phantasien, Bewegungslüste und aggressionsauslösende Stockungen abrunden, die dem modernen Guten Leben ein weiteres schützendes Korsett vor Veränderungsimpulsen auferlegt.

Kapitel 6: Bewegungsfreiheit

Zerstörungslust

»I don't have the time for the rules of the road«, grummelt Batman in tiefer, rauchiger Stimme, als er die Extramotoren seines schwarzen Boliden anwirft und die vernünftige Ordnung der modernen Großstadt aufgibt. Was folgt, ist eine unglaubliche Zerstörungsorgie, bei der kein Stein auf dem anderen bleibt. Nicht nur das Blech der verfolgenden Polizeiautos sowie unzähliger, zufällig auf der selben Straße unterwegs gewesener Fahrzeuge verbiegt sich in fast freudiger Leichtigkeit durch Überschläge, Kollisionen, Explosionen und weite Luftsätze in erotisch anmutenden Wellen. Auch diverse kleinere Häuser, Läden und Bürotürme gehen in diesem Fegefeuer einer automobilen Verfolgungs-jagd drauf und gesellen sich zur karnevalesken Aufmischung nach der Orgie. Die vormals so dystopisch-kalt geordnete *Gotham City* ist an den Wegen des Batmans plötzlich zu einer bunteren, vermischteren Angelegenheit geworden. Sie wirkt nun heimeliger, lebendiger. Sterbende Menschen hat man in dieser filmischen Zerstörungsorgie nicht gesehen. Die Regelüberschreitung und Ver-folgungsjagd war schließlich eine Heldentat, eine notwendige Unternehmung des Guten – ein nicht nur symbolischer Befreiungsschlag vor der unterdrücke-rischen Ordnung der modernen Großstadt.

Kaum ein (US-amerikanischer) Actionfilm kommt ohne die obligatorische Autoverfolgungsszene aus, bei der sich auf fast schon monotone Weise die mo-derne Großstadt in einen lautstark funkelnden Splitterregen auflöst. Egal ob im oben zitierten *Batman Begins* oder in *Matrix*, *Fast & Furious*, *James Bond* oder unzähligen anderen Streifen – fast immer muss der gute Heldenmann einmal in ein besonders geiles Auto springen und die kalt anmutende Stadt im Kampf für das Gute verwüsten.

Abb. 18: Der Held Neo räumt die dystopische Stadt für das Gute auf

Screenshot aus dem Spielfilm »Matrix Revolutions«, USA 2003

Diese fast erotische Lust an der Zerstörung der Autowelt ist tief in die DNA des modernen Konsumkapitalismus geschrieben. Dies beginnt bei den sich endlos wiederholenden Zeitlupenaufnahmen von Karambolagen bei Autorennen, die – wie es das wohl richtige Klischee besagt – die Hauptattraktion ihrer Übertragungen darstellen. In *Demolition Derbys* und *Monster Truck Shows* ist diese Lust gar nicht mehr kaschiert, sondern bildet den eigentlichen Inhalt des Ereignisses. Dasselbe Begehren zieht sich weiter durch Computerspielhits wie *Grand Theft Auto*, bei dem jede*r einen solchen automobilen Befreiungsschlag ausleben kann, ohne im Strafregister zu landen. Vorläufer dieser Computersimulationen ist das Autodrom am Jahrmarkt, welches seit den 1920er Jahren Kindern und Erwachsenen das freudige Einüben der städtischen Katastrophe ermöglicht.

Schon in den frühen 1960er Jahren landete Andy Warhol einen Verkaufshit am Kunstmarkt, indem er Zeitungsbilder von tödlichen Verkehrsunfällen als bunte Icons reproduzierte. Die *Car Crash*-Serie besteht aus fast manisch repetitiv gestampften Siebdrucken, in denen dieselbe Unfallszene in schrillen Farben zehn bis zwanzigmal wiederholt nebeneinander platziert ist. Die Drucke werden heute für Millionenbeträge verkauft und zeigen die postmoderne Obsession mit dem Crash, den die automobile Welt wie am Fließband produziert. Die Liste der künstlerischen Arbeiten, die sich dieser Faszination am spektakulären Scheitern der sonst so glatten Ordnung widmen, ist so lang wie die Liste der Berühmtheiten, die unter großer medialer Aufmerksamkeit in einem Autounfall umgekommen sind: Albert Camus, Grace Kelly, Jackson

Pollock, Prinzessin Diana, Isadora Duncan, James Dean, Falco, Jörg Haider, F.W. Murnau, Helmut Newton und selbst Paul Walker, der Star aus den *Fast & Furious*-Filmen, ist bei einem Unfall mit seinem privaten Porsche umgekommen.

Eine für unsere Zwecke besonders interessante künstlerische Reflexion dieses Phänomens der Lust an der Zerstörung ist die Videoarbeit *Ever is Over All* (1997) von Pipilotti Rist, in dem die Schweizer Künstlerin in wallendem Kleid und mit euphorischem Lachen durch eine eng beparkte Straße Zürichs tänzelt und rhythmisch die Scheiben der Autos mit einem blumenförmigen Prügel einschlägt, während eine Polizistin zustimmend nickt. Fetischistische Nahaufnahmen von Blumen rahmen die Arbeit auf einem zweiten Bildschirm ein. Dieses Video wurde populär von Beyoncé in ihrem Musikvideo zu *Hold Up* von 2016 zitiert, in dem der R'n'B-Superstar auf ähnlich euphorische Weise die großstädtische Ordnung tanzend mit einem Baseballschläger aufmischt. Interessant ist an diesem Zitat, dass – wider herkömmlicher Erwartung – alle Passant*innen diese Gewaltakte zustimmend begrüßen. Sie heben ihre Hände, lächeln bestätigend und lassen sich wie in einem Tanz in diesen destruktiven Befreiungsschlag einbinden. Es wirkt so, als ob Beyoncé als ersehnte Befreierin von langjähriger Unterdrückung willkommen geheißen wird. Sowohl beim Original wie auch bei Beyoncés Zitat kann man den feministischen Charakter dieser Befreiung nicht übersehen. Und es stimmen alle Geschlechter jubelnd in diese Befreiung von der patriarchal kodierten Maschinenordnung ein.

Die eingangs zitierten Verfolgungsszenen in Actionfilmen hegen dieses Befreiungsbedürfnis jedoch auf eine für das Patriarchat (und den Markt) konformere Weise ein: Schließlich sind es in den allermeisten Fällen Männer, die sich in den »besonders geilen Schlitten« (mit »satten Rundungen« zwecks der ... Stromlinienförmigkeit[1]) setzen und die Heldentat vollbringen – die massive Zerstörung erscheint als »notwendiges Übel«.

Doch auch oder gerade wegen der patriarchalen Übercodierung dieser Heldenszenen erkennt man in ihnen eine tiefgehende Spannung der Auto-

---

1   Laut Ottl Aicher ist die Stromlinienförmigkeit tatsächlich eine Ideologie, deren Vorherrschen besonders unter teuren Autos nicht aufgrund von besserer Aerodynamik zu begründen ist. Sehr klobige Autos haben demnach teils geringere Luftwiderstandswerte als die besonders runden und gewellten Formen eines manchen Mercedes-Rennwagen. Der Grund für das Vorherrschen der Stromlinienförmigkeit muss also woanders gesucht werden ... vgl. Aicher 1984, 20.

welt, die sich durch die cinematische Zerstörungsorgie in einer zivilisatorisch eingehegten Ersatzbefriedigung entlädt: Die obligatorische Auto-Verfolgungs- und Fluchtszene hat die Ventilfunktion der imaginären Flucht von der notwendigen Normierung des modernen Bewegungsregimes, das die Normautofahrer*innen unterdrückt. Hier kann man endlich der Macht der Maschine im Phantastischen freien Lauf lassen, ganz ohne Verkehrsregeln und Schilderwald. Die gesamte schwerfällige Infrastruktur aus Beton und Blech erhebt sich endlich in einer orgiastischen Zerstörungskur. Der Actionfilm zelebriert den extrem beschleunigten Freiheitsaffekt der automobilen Welt – frei von der sich in der realen Welt notwendig zu ihm gesellenden massiven Normierung und Regulierung der Straße.

Wie wir bereits gesehen haben – und in diesem Kapitel weiter erforschen werden – funktioniert das Autoregime keine Sekunde ohne die durch es notwendig gewordene Normierung von Umwelt, Wahrnehmung und Sinnlichkeit. Gleichzeitig gilt das Auto als *das* Symbol für Freiheit in der modernen Welt. Die Ideologie des Automobilismus besteht wesentlich in einer Negierung dieser Rückseite ihrer Paradigmas. Der Widerspruch zwischen Freiheitsversprechen und Normierungszwang ist Gegenstand dieses Kapitels. Durch den modernen Begriff von Freiheit als *Bewegungsfreiheit* – also Freiheit von Bezügen, um sich frei woanders hinbewegen zu können – entstehen diverse Aggressionsmuster, Zerstörungsgelüste und Feedbackloops, die das System des Automobilismus – welches eigentlich Quelle der Unterdrückung ist – weiter bestärkt. An dieser Stelle errichtet sich bereits eine Absprungschanze zum nächsten Abschnitt »stabil«, der sich mit dieser Selbststabilisierung oder Resilienz des katastrophalen Systems auseinandersetzt.

Phallus und Crash

Am vielleicht konsequentesten hat der englische Science-Fiction-Autor J.G. Ballard diese der modernen Welt inhärenten Lust an Verfall und Zerstörung erforscht. Ballards Erzählungen erkunden auf fetischistisch erscheinende Weise die Absurditäten der modernen Welt in beinahe ermüdendem, immer aber auch verstörendem Detail. Sei es in brutalistischen Betonwohntürmen, in der die gut gebildete High-Society der Bewohner*innen wenige Wochen nach Erstbezug in eine Art archaischen Urzustand degeneriert und in denen dann männliche Warlords, weibliche Sexsklavinnen und kriegerische »tribes« die Ruinen des ehemals pompösen Turms bewohnen (*Highrise* von 1975). Oder in einer Art postmodernen Aktualisierung von Robinson Crusoe (*Concrete Island* von 1974), in dem ein gut situierter Londoner mit seinem schicken Auto so unglücklich auf einer Betoninsel zwischen Autobahnen verunglückt, dass er leicht verletzt und ohne Hoffnung auf Rettung die gesamte Zivilisationsevolution noch einmal alleine durchlaufen muss, um sich selbst zu retten. Gegen Ende des Romans hat sich der Protagonist bereits so sehr in einer neo-tribalen Haltung eingefunden, dass er nicht mehr zurück will, sondern seine neue wahre Heimat in den Nicht-Orten der postmodernen Ordnung erkennt und dort dem primitiven Ausleben von sexistischen und destruktiven Lüsten frönt. Am konsequentesten jedoch in der Erforschung solcher unbändiger Begehren, die der modernen Maschinenwelt innewohnen, ist das 1973 erschienene Buch *Crash*, welches nach eigenen Angaben einer »völlig neuen Sexualität, welche aus einer perversen Technologie geboren wurde« (Ballard 1973, 11) nachspürt. Die von der alltäglichen Zerstörung der modernen Autowelt geprägten Charaktere erkennen im Laufe des Romans, dass sie »rein biologische« Sexualität zwischen Menschen kaum mehr antörnt. Einschneidendes Erlebnis ist für den Ich-Erzähler namens James Ballard ein von ihm fahrlässig verursachter Frontalunfall gegen den Wagen eines bürgerlich-respektablen Ehepaars, bei dem der Mann umkommt, aber die Ehefrau und James sich nach dem heftigen Aufprall lange und verdutzt durch die zerbrochenen Windschutzscheiben in die Augen schauen, bevor sie beide ins Koma fallen. Schon während der Behandlung im Krankenhaus reflektiert James, dass der Crash »die einzig wirkliche Erfahrung war, die er sei Jahren gemacht hat«.

In der reibungslos laufenden Welt des gut situierten Excecutive sind es die Aussetzer, die den Pep produzieren. »Zum ersten Mal war ich leibhaftig mit meinem eigenen Körper konfrontiert, einer unerschöpflichen Enzyklopädie von Schmerzen und Ausflüssen, mit den feindseligen Blicken der anderen Menschen und mit der Tatsache des toten Mannes.«[2]

Nur durch die maschinische Gewalt des Unfalls kommt der sonst unberührt durch die Betonstrukturen der modernen Großstadt fahrende Mann von Status in Kontakt mit seiner normalerweise verdrängten Körperlichkeit. Im Roman steuert der seine Umwelt beschreibende Schilderwald nicht nur seine Vernunft, sondern orientiert auch sein Begehren in unerwartete Territorien: »Nachdem ich ohne Ende mit Propaganda zur Verkehrssicherheit bombar-

---

2   Original: »For the first time I was in physical confrontation with my own body, an inexhaustible encyclopedia of pains and discharges, with the hostile gaze of other people, and with the fact of the dead man.«

diert wurde, war es fast eine Erleichterung, als ich einen echten Unfall hatte. Wie alle anderen, die von diesen Plakatwänden und Fernsehfilmen über imaginäre Unfälle heimgesucht wurden, verfolgte mich ein vages Gefühl des Unbehagens, dass der grausame Höhepunkt meines Lebens Jahre im Voraus geprobt wird und sich auf einer Autobahn oder einer Straßenkreuzung abspielen würde, die nur den Machern dieser Filme bekannt ist.«[3] Die wahren körperlichen Höhepunkte, erkennt James, finden in der Maschinenwelt nicht mehr zwischen zwei Menschen statt, sondern benötigen jenen dritten Part, die Verschmelzung mit sich in Unfällen verformenden Autos. In diesen Karambolagen entfaltet sich ihre den Alltag ermöglichende und normierende Macht am ungehemmtesten. Während inter-menschliche Sexualität in der Postmoderne weniger denn je gehemmt und tabuisiert ist (alle Protagonist*innen des Romans haben wie selbstverständlich diverse Affären mit allen möglichen Geschlechtern), ist es der Bruch des eigentlichen Tabus der Moderne, welches den wahren Höhepunkt für die Protagonist*innen des Romans ermöglicht.

Alle moderne Kultur fürchtet den Crash, versucht ihn durch tausend Warnschilder zu verhindern, präventiv gegen ihn auszubilden und kommt trotzdem nicht davon weg, ihn so mechanisch wie Andy Warhol zu reproduzieren – die Lust am Crash kommt der Lust am Verbotenen in der von Technologie überdeterminierten Welt am nächsten. Auf der Suche nach Orgasmen in immer verrückteren, künstlich herbeigeführten Autounfällen bildet sich im Roman so eine schnell wachsende Geheimgesellschaft, die sich der Spur dieser erotischen Aufladung widmet, die tief verborgen in der DNA der modernen Petrokultur schlummert. Ihr Anführer, Dr. Robert Vaughan, ist spezialisiert auf das Reenactment der Unfälle von Berühmtheiten wie James Dean und Jayne Mansfield, die als Schauplätze für immer grenzgängerischeren Sex herhalten. Die Narben und Wunden, die das verbeulte Blech in der menschlichen Haut beim Koitus hinterlässt, treiben seine Lust an. Vaughans tiefstes Begehren ist es, seinen ultimativen (und tödlichen) Höhepunkt während eines künstlich herbeigeführten Frontalunfalls mit der Starschauspielerin Elizabeth Taylor zu erreichen. Frauen sind in diesem Roman zumeist sekundäre Objekte, die erst durch

---

3   Original: »After being bombarded endlessly by road-safety propaganda it was almost a relief to find myself in an actual accident. Like everyone else bludgeoned by these billboard harangues and television films of imaginary accidents, I had felt a vague sense of unease that the gruesome climax of my life was being rehearsed years in advance, and would take place on some highway or road junction known only to the makers of these films.«

ihre Verformung durch die crashende Maschine einen wahren Sexappeal entfalten: »[Vaughans] Photographien von sexuellen Handlungen, von Teilen des Autokühlers und der Instrumententafel, von Verbindungen zwischen Ellenbogen und Chromfensterbank, Vulva und Instrumententafel, fassten die Möglichkeiten einer neuen Logik zusammen, die durch diese sich vervielfältigenden Artefakte geschaffen wurde, die Codes einer neuen Ehe zwischen Empfindung und Möglichkeit.« (Ibid. 106)[4]

Wie Zadie Smith (2014) in ihrem Kommentar zu *Crash* schreibt, ist diese Sexualität die Antwort auf den Umstand, dass in der Postmoderne nicht mehr der Mensch *seine* Technologie formt, sondern die Technologie den Menschen. Das Tabu des Crashs vereinigt sich so mit dem in der Postmoderne verblassendem Sexualitätstabu und bildet das neue und eigentliche Objekt des erotischen Begehrens.

Wie wir im vierten Kapitel bei der Lektüre von protofaschistischen Texten gesehen haben, ist diese Übertragung hauptsächlich männlicher Sexualität auf Maschinen nichts den 1970er Jahren eigenes. Schon Marinetti empfahl den Maschinenkoitus als bessere Alternative zu jenem mit Frauen. Doch mussten Jünger und Marinetti die Zerstörungskraft der Maschine noch gegen einen äußeren Feind – also die »roten Massen«, die Arbeiter*innen, Frauen* und Kommunist*innen – projizieren (Theweleit 2019 [1977]). Wo die Faschisten sich mit romantischer Kriegsrhetorik inszenieren mussten, ist bei Ballard diese Form von maschinellem Koitus in fast trockener, nüchterner Sprache beschrieben. Es gibt keine projizierten Feinde mehr für die die Autos steuernden Männer – und im besten Fall steigen die Frauen auch noch freiwillig mit ein in die letzte große Fahrt.

In den 1970er Jahren bemerkte der Vorsitzende von General Motors angesichts der Ölkrise, dass die »Liebesaffäre« der Amerikaner mit dem Auto nicht am enden ist – sie sei bloß zu einer Ehe herangereift. Als solche sei ein anderes Verhältnis zur Maschine entstanden, welches seine heißeste Phase von Hass und Liebe, Abwehren und Verschmelzungslust überstanden hat (Ladd 2011, 139). Man hat die lebensweltliche Liaison mit dem Auto als neue Normalität hingenommen, hat sich miteinander eingerichtet. Während die

---

4   Original: »[Vaughans] photographs of sexual acts, of sections of automobile radiator grilles and instrument panels, conjunctions between elbow and chrimium windowsill, vulva and instrument binnacle, summed up the possibilities of a new logic created by these multiplying artefacts, the codes of a new marriage between sensation and possibility.«

Faschisten ihre erotische Aufladung der Maschine noch in der Form einer ruppigen Liebesaffäre mit Hass- und Vernichtungsprojektionen ausleben mussten, um die Alternativen und Hindernisse zu plätten, können die Prot-agonist*innen von *Crash* in vordergründig zivilisierter Coolness und ohne viel Pathos derselben Erotik nacheifern. Die Zerstörungslust, das Bersten der Oberfläche und Austreten der wahren, maschinischen Gewalt hat ihren Platz in der Alltäglichkeit gefunden. So brauchen ihre Bewohner*innen die Umwelt nicht mit Panzern zu plätten, um der Lust an der Maschine zu frönen. Die Faschisten mussten noch beschwerlich ihre Maschinen über ruckelige Wege führen und träumten dabei von der Zerstörung der bremsenden Erde. Heute laufen die Motoren erschütterungsfrei über die beinahe überall hin führenden Flüsterbetonstraßen und regen zum Träumen über die wunderschöne Natur am Straßenrand an, für die man nebenbei eine Spende an Greenpeace vom Smartphone absenden kann. Die Lust an der Zerstörungskraft der Maschine ist so alltäglich geworden, dass sich über sie andere, scheinbar »zivilisiertere« oder gar »grüne« Ideologien bilden konnten, ohne an der destruktiven Essenz der modernen Lebenshaltung etwas zu ändern.

Was bei Ballard als absurde Experimentalpornographie erscheint, be-schreibt die affektive Tiefenstruktur des Homogenozäns. In jeder Straßen-verfolgungsszene, jedem Autodrom, jedem freitagnachmittäglichen Stau und bei jedem ungeduldigen Warten an der Ampel wartet dieses dunkle Begeh-ren nach der maschinischen Entladung unter der Oberfläche der rationalen Ordnung, die jedem als »vernünftig« erscheinen muss (siehe voriges Kapitel).

Die Männer haben auch in dieser weniger aggressiv auftretenden Welt der 1970er Jahre die Macht. Ballard situiert seinen Roman in einem fast schon ka-rikaturhaft erscheinendem heteronormativen Setting. Alle Männer sind gut situiert, haben tolle Jobs, sexy Sekretärinnen, wunderschöne Ehefrauen und diverse Seitensprünge. Diese Form von »male gaze« kann für manche verstö-rend sein und die Kritik des Phallozentrismus ist berechtigt (Smith 2014). Doch genau dadurch, dass er die männliche Maschinensubjektivierung überaffir-mierend zu ihrem grotesk erscheinendem Endpunkt verfolgt, kann Ballard af-fektive Tiefenstrukturen unserer modernen Welt bergen und den veränderten Status des Phallus ausleuchten. Man versteht durch Ballards pornographische Exzesse besser, warum die Männer im vierten Kapitel lieber mehr Zeit mit den Maschinen als mit ihren Frauen verbringen. Ballards Werk suggeriert, dass es die Maschinen sind, und nicht die Männer, die zum eigentlichen Träger des symbolischen Phallus der Postmoderne geworden sind. Das Auto ist der Phal-lus, der Macht und Zugang zur Welt ermöglicht. Durch das Erbe des mechanischen Weltbildes und der patriarchalen Moderne im Allgemeinen sind männlich sozialisierte Subjekte der phallischen Macht strukturell stets näher als andere Geschlechter. Doch da der Phallus auf die Maschine, und nicht das eigene Genital, projiziert ist, bedarf es regelmäßig ritueller Bondings unter Männern mit Maschinen – die Spritztouren, Autorennen, das Motorenschrauben, technisches Fachsimpeln, die Nerdcons und LAN-Battles. Die Konsumwelt stellt schier unendliche Angebote bereit, um dieses fragile Wesen der Maschinenmännlichkeit zu aktualisieren und stabilisieren. Für Baudrillard ist, wie bereits erwähnt, das Absolvieren eines Führerscheins der Initiationsritus in die Gesellschaft, und dessen Entzug kommt einer »Exkommunikation aus der Gesellschaft«, »eine[r] Art Kastration« gleich (2007, 87). Auch Frauen können und müssen den Führerschein natürlich machen oder an den männlich-konnotierten Maschinenritualen teilnehmen – sich einen mechanischen Phallus leisten und so vordergründig emanzipiert wirken. Die Maschine gewährt jeder*m Bewegungsfreiheit. Doch dies wird innerhalb der zutiefst patriarchal strukturierten Moderne immer nur das Emanzipationsangebot für eine privilegierte Minderheit von anderen Geschlechtern darstellen, während sich an der Matrix des maschinischen Phallozentrismus wenig ändern kann. Die ökonomische Macht ist großteils weiterhin in Männerhand, die unbezahlte Care-Arbeit und normierende Gewalt kommt immer noch großteils weiblich sozialisierten Menschen zu, um nur ganz grobe Eckpunkte dieses tief verankerten Sexismus zu nennen. Durch die ökofeministischen Exkurse in das mechanistische Weltbild im vierten Kapitel können wir ein bisschen besser verstehen, warum sich männliche Hegemonie[5] trotz großer Fortschritte des Feminismus im letzten Jahrhundert so hartnäckig hält. Ballard zeigt uns, dass die Begehrensstukur hinter der Maschine zwar allen verfügbar ist, aber eine phallozentrisch konnotierte ist. Die »Gläserne Decke« ist durch unser mechanistisches Erbe von oben rußverschmiert. Weiblich sozialisierte Personen haben viel weniger Vorbilder, Gründe, Werbungen, soziale Kreise, Ideale und finanzielle Mittel, die Maschine geil zu finden. Sie können das natürlich machen, doch ihr Weg wird

---

5   Raewyn Connell (2015) unterscheidet zwischen »männlicher Hegemonie« und »Patriarchat« – während sich zweiteres durch gesetzliche Normen wie Abtreibungsverbot, Vormundschaft des Mannes und Rechtsstatus von Frauen ausdrückt, ist »männliche Hegemonie« eine viel subtilere Form von phallozentrischer Macht. Im Rechtstext mag es so erscheinen, als ob alle Menschen gleich wären – doch die Strukturen sind weiterhin von massiver männlicher Hegemonie geprägt.

in dieser Welt stets ein beschwerlicherer sein als für männlich gelesene Subjekte. Dies erklärt auch, warum der Sexismus auf der Straße und rund ums Auto
sich so hartnäckig hält: Kaum ein Autoforum kommt ohne den massiven Gebrauch von misogynen und Frauen objektivierenden Phantasien aus. Die Autos, auch wenn sie einen Phallus darstellen, sind weiblichen Formen nachempfunden und fachen so ein männlich subjektiviertes Begehren an. Genauso hält
sich das Gerücht hartnäckig, dass Frauen die schlechteren Fahrer*innen sind.
Dies wurde zwar vielfach statistisch widerlegt, doch ändert dies nichts daran, dass in der unglaublich großen Mehrheit von Heteropaaren Männer am
Steuer sitzen – blicken Sie mal durch die Windschutzscheiben an der nächsten Ampel. Die Frau kann zwar auch fahren, »doch er macht es ja viel lieber als
ich, warum soll ich ihn da nicht lassen?«. Ein gewisser Jay Bazzinotti aus Bos-
ton beschreibt in einem Internetforum: »Männer fahren so viel häufiger, dass
mein Bruder, ein Polizist, sagt, dass wenn eine Frau fährt und der Mann auf
dem Beifahrersitz sitzt, dies ein guter Indikator (einer von vielen) für eine Ver-
kehrskontrolle ist. Normalerweise hat der Mann seinen Führerschein verloren
und es liegt ein Haftbefehl vor. Natürlich würde diese Art von Begründung vor
Gericht niemals Bestand haben, aber es ist nur eines von vielen Indizien, die
manchmal verwendet werden, um kriminelles Verhalten zu erkennen. Und,
nebenbei bemerkt, es funktioniert in der Regel.«[6]

All dies sind Indizien, dass sich die männliche Hegemonie des Abendlandes durch die maschinische Einschreibung und Einbetonierung in unsere Welt
perpetuiert und selbstversichert. Zwar ist gender immer breitentauglicher als
etwas »queeres« verstanden. Doch gleichzeitig brauchen immer mehr huma-
noide Wesen auf der Erde einen Maschinenphallus, um sich in der modernen
Welt zurecht zu finden.

---

6   Original: »Men drive so predominantly that my brother, who is a cop, says that when a
     woman is driving and the man is in the passenger seat that it's a good indicator (one
     of many) for a traffic stop. Usually the man has lost his license and has an outstanding
     warrant. Of course, that kind of reasoning would never hold up in court but it's just
     one of many indicators that are sometimes used to identify felonious behavior. And,
     by the way, it usually works.« via https://www.quora.com/In-hetero-couples-what-pe
     rcent-of-time-does-the-man-drive-when-the-couple-goes-out-together [28.2.2024]

Autoaggression

Im Kurzfilm *Motor Mania* von Disney aus dem Jahr 1950 werden wir Goofy als einem »Everyman« namens »Astra Walker« vorgestellt. Er ist ein netter Mann von nebenan, der die Nachbarn freundlich grüßt, sich beim Heraustreten aus der Haustüre noch musisch eine Blume ans Sakko steckt und dem zarten Vogelgezwitscher lauscht. Selbst vor einer Ameise am Weg schreckt er zurück, als er bemerkt, dass er fast auf sie gestiegen wäre, und er entschuldigt sich hochnotpeinlich. Doch als der »durchschnittliche Mann mit durchschnittlicher Intelligenz« aus einem »sehr guten Viertel [very nice neighborhood]« in sein Auto steigt: »tritt plötzlich eine Veränderung seiner Persönlichkeit ein.« Während Goofy scharfe Reißzähne wachsen und er ein teufelsgleiches Antlitz entwickelt, beschreibt der Sprecher des Kurzfilms: »Als er den Motor startet, wird er von einem plötzlichen Machtrausch erfasst und verwandelt sich in den höllischsten aller Dämonen: sein Name wird Mr. Wheeler, der Mad Max.[7]« Der Rest des knapp siebenminütigen Films zeigt Goofy alias Mr. Wheeler als extrem aggressiven und egoistischen Fahrer, der keinen Anstand und keine Scham vor anderen Verkehrsteilnehmern kennt und sogar Lust am Schaden von Passant*innen entwickelt. Der Kurzfilm ist eine automobile Version des Jekyll und Hyde-Themas, bei der freundliche Passant*innen, die zwischen kurzen Ampelwartezeiten von Autos gefressen werden, sofort zu ebensolchen Monstern werden, wenn sie den automobilen Phallus besteigen. Es ist dieses postmoderne Kippbild zwischen Innen und Außen, welches die Zerstörungslust weiter antreibt und die automobile Welt ausmacht.

---

7   Original: »As he starts the engine, a sudden surge of power gets him and then he transforms into the most hellish demon drivers of all, his name becomes Mr. Wheeler, the Mad Max.«

Abb. 19/20: Disney-Cartoon »Motor Mania«, USA 1950

Der Soziologe Wolfgang Sachs weist in seinem Buch *Die Liebe zum Automobil – ein Rückblick in die Geschichte unserer Wünsche* von 1984 darauf hin, dass im Auto auf eine höchst wirksame, symbolische Weise »Uterus und Phallus« vereint werden. Das Auto stellt innen einen weichen, behaglichen Schutzraum dar, er ist klimatisch und klangtechnisch von der Außenwelt abgeschirmt und sein gesamtes Design ist auf den Komfort des Fahrers (gendern nicht unbedingt notwendig) ausgelegt. Im Außen ist das Auto gleichzeitig ein blitzschneller Pfeil, ein Phallus, der die Macht über die Welt für alle Benutzer*innen um ein Vielfaches potenziert. Innen weich und ruhig, außen hart und schnell.

Während »passiv bewegt sein« die Kernform aller modernen Mobilität darstellt (Pelz 2002), kombiniert das Auto eine besonders drastische Kombination von körperlicher Unbewegtheit im Innen mit extrem potenter räumlicher Bewegungsfähigkeit im Außen. In der Eisenbahn sitzt man zwar auch zumeist, doch kann man sich in ihr auch ohne die Sicherheit der Fahrt zu gefährden körperlich bewegen. Außerdem ist der Innenraum im Zug nicht nur auf den Komfort *eines Selbst* ausgelegt. Zudem steuern Normalverbraucher*innen den Zug nicht selber, sondern sitzen passiv in ihm. Sie haben keine eigene Handlungsmacht über ihre beschleunigte Bewegung. Im Auto hingegen hat man mit ganz wenigen Handgriffen ein extrem potentes Handlungsfeld. Dies führt zu einem symbolischen Bedeutungswechsel, der für das Auto zentral ist. Während körperliche Bewegung des Menschen von den Beinen ausgeht, ist es im Auto primär die Hand, die die Bewegungspotenz ermöglicht. Die Füße machen nur ein ganz kleines, gehemmtes Auf und Ab, welches die Beine leicht verkrampft und steif zurück lässt, während man mit der Hand am Lenkrad und Schalthebel das wesentliche Steuern vollzieht. So ist die bewegte Interaktion mit dem Auto nicht mehr eine Angelegenheit der Füße, die durch die Welt ziehen, sondern eine der Hände. Menschen unterscheiden sich von den meisten Tieren im aufrechten Gang – durch das Freiwerden der Hände konnte der Einsatz von Werkzeugen perfektioniert werden. Ist dieser Rückgriff auf die Hände als primäres Bewegungsorgan im Auto ein degenerativer Rückschritt in animalischere Bewegungsformen oder wird durch ihn die ganze Welt zum vom Werkzeug Bearbeitbaren? Ich behaupte, dass die Antwort in der Spannung zwischen beiden Polen liegt. Einerseits führt die automobile Bewegungsform zu einer Degeneration von Interaktionsweisen, die leicht in schier archaischen Aggressionsausbrüchen explodiert. Andererseits suggeriert diese Bewegungsform *Handl*ungsmacht über die Umwelt: Die Welt erscheint durch das Auto vielmehr als etwas mit dem Werkzeug Bearbeitbares denn als etwas, durch das man sich hindurchbewegt.

Der menschliche Handlungsrahmen ist durch diese Art uteralen Phallus also extrem erweitert, während die körperliche Bewegung auf ein Minimum reduziert ist. Laut Wolfgang Sachs verschränkt sich durch diese dem Auto spezifische »Symbiose zwischen Mensch und Maschine [...] jene eigentümliche Mischung aus Regressions- und Omnipotenzgefühlen« (1990, 159). »Sie ist wohlig in ihrer Spannung zwischen Geborgenheit und Kraftgenuss, zwischen Uterus und Phallus, eine Spannung, die aus der autotypischen Inkongruenz zwischen Aufwand und Wirkung hervorgeht, die Dynamik [...] mit Passivität [...] vereint.«

Aus dieser dem Autofahren wesentlichen Spannung aus extremer Erweiterung des Handlungsradius bei gleichzeitiger Ruhigstellung des Körpers lässt sich das massive Aggressionspotential hinter dem Lenkrad erklären, welches Goofy in *Motor Mania* erfährt. Es ist das plötzliche Einbrechen in den uteralen Komfortraum von Äußerem, welches die phallische Geschwindigkeitsmacht prekär macht und leicht aggressive Abwehrhaltungen explodieren lässt. Im Innen ist alles so wohlig und selbst bei hoher Geschwindigkeit hört man nur ein beruhigend basslastiges Rauschen. Da erscheint jedes unvermittelt von außen Kommende als aggressive und bösartige Behinderung des eigenen Komforts. In einer instinktiven Täter/Opfer-Umkehr ist es so das, was sich in den Weg des schnellen Phallus stellt, welches mit blitzschnellen Hupen und aggressiven Beschimpfungen zurechtgewiesen wird. Während es bei Konfliktsituationen zwischen Fußgänger*innen oder Radfahrer*innen[8] im

---

8   Chris Shilling (2022) argumentiert in seinem Paper »Body pedagogics, culture and the transactional case of Vélo worlds« tendenziös aber sicher richtig, dass Radfahren im Gegensatz zum Autofahren das Bewusstsein gegenüber der Umwelt erhöht: »Besonders bemerkenswert an der Erfahrungsdimension des Radfahrens ist der Gegensatz,

Verkehr selten zu Schreikrämpfen oder physischer Gewalt kommt, ist die oftmals komplett unerwartete Explosion von Aggression im Auto eine häufigere Normalität. Wer wurde noch nicht unversehens und in abfälligster Sprache von einem Autofahrer (gendern sehr selten notwendig) angepöbelt, wenn eine winzige Kleinigkeit geschehen ist? Besonders Aktivist*innen bei Straßenblockaden kennen dieses unendliche Aggressionspotential. Blockiert man die Bewegungsfreiheit des uteralen Phallus, kommen manche Autofahrer sofort aus ihrer Hülle heraus und ziehen die »Störobjekte« alias Aktivist*innen gewaltsam von der Straße, drohen ihnen gar mit Mord und Vergewaltigung. Der Verkehrswissenschaftler Hermann Knoflacher beschreibt, dass die Kommunikationsfähigkeit von Menschen im Auto auf jenes von Insekten reduziert

---

den es zur zunehmend verwalteten und desodorierten »Sinneslandschaft« westlicher Verkehrssysteme darstellt. Eingeschlossen in einem ›Carcoon‹ oder getragen von einem Zug, während man sich auf eine innere Welt konzentriert, die durch ein Buch, einen Laptop oder einen iPod ermöglicht wird, ist die Fahrer*in oder Passagier*in von der Umgebung abgeschirmt. Im Gegensatz dazu ist ein wesentliches Merkmal des Radfahrens, welches sich in zeitgenössischen und historischen Berichten über diese Aktivität wiederfindet, die Tendenz, eine ›erhöhte Sinnlichkeit zwischen Fahrern und ihrer Umgebung‹ zu fördern, eine ›immersive‹ Erfahrung, die den Einzelnen für die ›olfaktorischen Signaturen‹ öffnet, die mit kontrastierenden ›Wetterwelten‹ assoziiert werden. Die Geräusche, Geschmäcker, Gerüche und Visionen, mit denen man beim Radfahren in Berührung kommt, stimulieren das, was Larsen als »taktil-kinästhetischen Körper« bezeichnet, der diesen auch abverlangt, mit der Nervosität umzugehen, die mit diesen sensorischen Erfahrungen einhergehen kann – ein Umstand, der noch verstärkt wird, wenn man inmitten von rasenden Autos und Lastwagen fährt. [Of particular note to the experiental exchanges central to cycling is the contest they provide to the increasingly managed and deodorised ›sensescape‹ of western transport systems. Enfolded within a ›carcoon‹ or carried by a train while focused on an inner world facilitated by book, laptop or iPod, the driver or passenger is shielded from the surrounding environment. In contrast, a key characteristic of cycling that recours in contemporary and past accounts of this activity is its tendency to promote an ›elevated sensuousness between riders and their environment‹, an ›immersive‹ experience opening individuals to the ›olfactory signatures‹ associated with contrasting ›weather worlds‹. The sounds, tastes, odours, visions and touches transacted with while cycling stimulate what Larsen refers to as a ›tactile kinesthetic body‹ that also requires learners to cope with the nervousness that can accompany these sensory experiences, a circumstance intensified when riding amind speeding cars and lorries« (6–7). Rebecca Solnit (2002) macht dasselbe Argument eines »Mehr« an sinnlicher Teilhabe an der Umwelt für das Zufußgehen, welches bestimmt ebenso aggressionshemmend wirkt.

ist (hupen, hupen hupen), während ihre körperliche Reichweite ins Übermenschliche gesteigert wird. Auch fehlt der Gesichtskontakt mit anderen Verkehrsteilnehmer*innen, der in anderen Situationen sofort konflikthemmend wirkt. Durch diese Mischung von stark potenzierter Bewegungsmacht und stark eingeschränkter Kommunikationsfähigkeit ergibt sich diese explosive Aggressionsmischung.

Es ist immer wieder interessant zu beobachten, wenn Autofahrer aus ihrem Schutzraum herausspringen und ihre Aggression als »rein menschliche Körper« in den öffentlichen Raum entladen. Oft schwelt die Aggression dann sehr bald ab, fällt zusammen wie eine Erektion nach erfolgtem Koitus. Aktivist*innen lernen bei Straßenblockaden solchen Aggressionen möglichst ruhig und höflich entgegen zu treten. Denn zumeist genügt dieser einfache Mensch-zu-Mensch-Kontakt, damit die Aggressoren in ihre Körperlichkeit zurückfinden und sich der Unangemessenheit der Lage bewusst werden – dass sie erkennen, dass sie sich gerade gehörig »unzivilisiert« verhalten haben. Die allermeisten dieser Aggressoren begreifen sich ja selbst als nette und anständige Menschen (sind es auch zu 99 % ihrer Zeit) und erschrecken dann leicht selbst, in was für einer gewalttätigen Haut sie da plötzlich steckten. Als vor einiger Zeit ein Autofahrer, den ich auf sein extrem enges Überholen hinwies, ausstieg, mich körperlich festhielt und mir verbal mit Mord drohte, musste ich seine eigenen Worte laut in der Öffentlichkeit wiederholen. Die verwunderten Blicke der Passant*innen brachten ihn plötzlich zur Selbsterkenntnis, in was für eine strafrechtlich prekäre Situation sich der sichtlich gut verdienende Familienvater (Kindersitze auf der Rückbank des SUV) gebracht hatte und ließ unmittelbar von mir ab. In ihrem Selbstbild würden solche Menschen nie mit anderen so umgehen. Sie würden sich auf Dinnerparties über gewalttätige Menschen echauffieren und ihren Frauen und Kindern raten, lieber mit dem Auto in der Nacht durch die schwierigen Viertel heimzufahren. Dass das Objekt ihrer Angst in ihnen selbst steckt, jagt ihnen einen gehörigen Schreck ein und bildet die dunkle Unterseite des Autoregimes, den postmodernen Mr. Hyde des automobilen »Everyman«.

Das Auto produziert also nicht nur das moderne Selbst, sondern auch gleichzeitig die Aggression und Angst, die zu seiner Selbsterhaltung notwendig sind. »Autoaggression« bezeichnet in klinischer Definition die »Aggression gegen sich selbst« – diese ist im Homogenozän, welches das moderne Selbst am Fließband produziert, auch genauso auf die anderen Selbste der Autowelt projizierbar. In uns allen steckt der freundliche Mr. Walker *und* der zerstörungswütige Mr. Wheeler.

In der jüngeren Vergangenheit kommentieren diverse Motorjournalisten, dass die Designs der neuen Automodelle immer aggressiver werden. »Oft erinnert das Antlitz der Autos an Raubtiere oder Monster«, schreibt Nils-Viktor Sorge im Spiegel 2018. Da frühere Modelle vom Konsumenten als »zu feminin« verstanden wurden, haben selbst Kleinwagen heute den ursprünglich von teuren Rennautos stammenden »bösen Blick« und gleichen »einer geladenen Waffe«, deren Formsprache bereits Kinder instinktiv als Befehl zum »aus der Bahn gehen« verstehen und besonders unter sogenannten Männern einen Hauptgrund darstellt, etwas mehr für das Auto auszugeben. In einem DPA-Artikel von 2017 trauert der Autor um die »gentler curves« des »more civilised styling of the past« – Autos waren damals noch »pretty«, »handsome«, »long-bonneted« und »curvaceous«. Heute hingegen seien es aggressive und prollig laute Kampfmaschinen, die die Autosalons bevölkern. So zum Beispiel in der Werbung: »Beast of the Green Hell«[9] von Mercedes-Benz (2016), bei dem Lewis Hamilton mit seiner Killermaschine durch einen unheimlichen und wuchernden Dschungel rast. Der Spot suggeriert eine seltsame Klimazukunft, in der »die Natur« sich die moderne Welt zurückerobert hat: Die Infrastrukturen des Nürburg Rings sind von der Wildnis überwuchert und nur der Rennfahrerheld scheint durch sein besonders aggressives Fahren noch *hindurchstoßen* zu können (die Straßen bleiben aber auffällig glatt). Am Schluss steigt ein unglaublich schönes, weibliches Modell zum Rennfahrer in den Wagen und erlebt einen kleinen Orgasmus, als der Held den Motor startet. Sein Blick verrät den Rest. Muss man hier noch eine ökofeministische Interpretation hinzufügen oder sprechen die Bilder für sich? Die »vom Klima« bedrohte Maschinenmännlichkeit flieht sich in immer aggressivere Lustphantasien zurück. Wo früher das Auto die schöne Lady symbolisierte, kehrt man angesichts der Krise zurück zur Kampfmaschine, mit der man seine »süße Kleine« retten und gleichzeitig gehörig durchschütteln kann. Vielleicht lösen sich die beiden ja sogar in einer orgasmischen Crash-Verschmelzung auf...

»Völlig losgelöst« – Freiheit von der Erde

Der postmoderne Mann erreicht die Transzendenz im Rausch der Geschwindigkeit. Jean Baudrillard beschreibt in *America* das heimliche Triumphgefühl,

---

9   https://www.youtube.com/watch?v=csAXruiBLTs [28.2.2024]

wenn er mit über 100 km/h durch die Wüste Nevadas braust. »Fahren ist eine spektakuläre Form von Amnesie. Alles ist zu entdecken, alles ist auszulöschen.« (2010, 9) Das beschleunigte Fahren entleert laut Baudrillard die durchfahrene Welt von ihrer Bedeutung. Genau darin liegt die Ekstase: Die automobile Geschwindigkeit evoziert die totale Loslösung und Freiheit von der organischen Erde.[10] Hierin realisiert sich das Erbe des mechanistischen Weltbildes als prothetische Welterfahrung: Wo die Philosophen der Neuzeit die Erde als atomistische Leere und sinn- und lebloses Zahnradgefüge umdeuteten, in der nichts Organisches, Warmes oder Bedeutendes ohne die Vernunftleistung des gottprivilegierten Mannes geschieht, kann man dem Begehren dahinter am besten im Sportcoupé[11] beim Rasen durch die Wüste nachgehen. »Diese Art des Fahrens erzeugt eine Art Unsichtbarkeit, Transparenz oder Transversalität der Dinge, indem diese einfach entleert werden. Es ist eine Art Selbstmord in Zeitlupe, ein Tod durch Ausdehnung der Formen – die köstliche Form ihres Verschwindens.« (Ibid. 7)[12]

Der fahrende Mann ist in dieser Aktivität im »intimen [...] Verkehr mit sich selbst« und »diese formelle Loslösung ist nirgends so ergreifend als vor dem Tod. Ein großartiger Kompromiss wird vollzogen: bei sich zu sein und

---

10   Es ist kein Wunder, dass die Nazis, die diesem Gefühl am meisten Raum gegeben haben, konsequenterweise *alle* Tempolimits im sogenannten »Dritten Reich« abgeschafft haben – auch jene in den Städten und Dörfern, was zu einem massiven Anstieg der Verkehrstoten führte (Kunze 2022, 105). Man kann es zum Teil des noch unaufgearbeiteten materiellen Erbe der NS-Zeit ansehen, dass es bis heute kein Tempolimit auf Deutschlands Autobahnen gibt (womit es in Europa und der westlichen Welt alleine ist – die einzig anderen Staaten, in denen es kein Tempolimit gibt, sind Nepal, Myanmar, Burundi, Bhutan, Afghanistan, Nordkorea, Haiti, Mauretanien, Somalia und der Libanon – wobei in den meisten Staaten wahrscheinlich kaum Straßen existieren, auf denen man schneller als 130 km/h fahren könnte). Wie mir ein befreundeter Sinologe erzählte, ist es heute gängige Praxis deutscher Autobauer, reiche Kund*innen aus China für eine »Probefahrt« ihrer Bolliden auf Kosten der Firma nach Deutschland zu fliegen, damit sie dort die Autos »mal wirklich fahren können«.

11   Sowohl für Baudrillard als auch für den Vorgänger eines solchen Befreiungsdenkens von der Erde, Marinetti, stellt der Düsenjet einen noch radikaleren Befreiungsaffekt dar – doch lässt sich dieser schwerlich unter den gängigen Produktions- und Umweltbedingungen als ein für jeder*mann* konsumierbares Produkt herstellen.

12   Original: »Driving like this produces a kind of invisibility, transparency, or transversality of things, simply by emptying them out. It is a sort of slow-motion suicide, death by an extenuation of forms – the delectable form of their disappearance.«

stets weit fort zu sein. Der Wagen erweist sich als ein Zentrum neuer Ich-bezogenheit, deren Umkreis gar nicht deutlich abgesteckt ist« (Baudrillard 2007, 88). Innerhalb dieses uteralen »Gehäuses der Intimität«, die das Auto für Baudrillard darstellt, ist die Sexualität eine masturbatorische, selbstbezogene. Die Welt wird vom narzisstisch gepolten Selbst als bloße Szenerie im Außen erfahren, über die es ganz selbstverständlich Herrschaft aus privilegierter Position ausübt. Im Uterus genügt der Phallus sich selbst. Und auch sogenannte Frauen haben in der abgeschotteten Schutzhülle des Uteralen einen Phallus, solange sie alleine darin sitzen (oder – in statistisch selteneren Fällen – den sogenannten Mann kutschieren).

Auf jeden Fall ist in dieser psychosozialen Affektökonomie das ungestörte, masturbatorische Brausen *über* die Wüste der wesentliche Freiheitsaffekt des Autofahrens. Doch entgegen den Bildern aus Autowerbungen, in denen wirklich ein erstaunlich großer Anteil von neuen Modellen alleine durch die Wüste saust, bewegt sich der Normalautofahrer in den seltensten Fällen in solch bedeutungslosem und leeren Gelände. Die Wüste mag zwar das Symbol der Freiheit des Autos sein, entspricht aber kaum der Realität seiner tagtäglichen Anwendung. Der absolute Großteil des automobilen Verkehrs ereignet sich *per Definitionem* in Ballungszentren und engen Nadelöhren, wo ganz viele Menschen zur selben Stoßzeit dem masturbatorischen Freiheitsaffekt alleine und nebeneinander nachgehen wollen. Um dieses von innen erlebte und gesuchte Freiheitsgefühl der Auto-Selbste mit der schieren Masse von Karosserien im urbanen Außen zu vereinen, bedarf es einer akribischen Verkehrsregulierung und eines ausufernden Regelkodex, den alle Autosubjekte internalisieren müssen. Der Schilderwald des letzten Kapitels, die unzählige Masse an Ausweichstraßen, Fly-Overs und Ampeln sind ein Resultat dieses Widerspruchs, welches affektiv eine ungeheure Selbst-Kontrolle erfordert, die oftmals nicht vorhanden ist (aber in den boomenden Yogastudios und Meditationskursen der modernen Großstädte angeboten wird).

Selbst die kürzeste Wartezeit an der Ampel kann zu einem massiven Wutausbruch führen, wie es Goofy im Kurzfilm *Motor Mania* vorführt: Zwar fährt er davor ganz gemütlich, mit offenem Coupé, um die an ihm vorbeiziehende »Natur« zu genießen. Doch sobald die Ampel auf Rot schaltet, kippt die Stimmung des »Everyman« und plötzlich flucht er wild und strampelt wie ein Neugeborenes. Ampeln sind oftmals wutauslösende »Konfliktzonen« weil, – wie der Medienwissenschaftler Florian Sprenger schreibt – »sie die ›freie Fahrt für freie Bürger‹ und den Liberalismus des automobilen Subjekts nicht nur mit der Notwendigkeit der Regulation und Reglementierung vermeintlich freier

Bewegung konfrontieren, sondern die Handlungsmacht, mit der diese Subjektivität aufgeladen wird, zerlegen.« (Sprenger 2022)

Als die Ampel für den »Everyman« wieder auf grün schaltet, sind alle Fahrer*innen voll Adrenalin und rasen sofort in erhöhtem Tempo los, nur um an der nächsten Ampel wieder quietschend anzuhalten. Allein der Treibstoffverbrauch durch dieses ach-so-alltägliche Stop-and-Go vor Ampeln, bei denen für zumeist nur wenige hundert Meter mehr als eine Tonne Gewicht von 0 auf 50 km/h beschleunigt werden muss, ist enorm. Dabei ist in den allermeisten Straßen »die grüne Welle« – also die privilegierte Durchschaltung der Ampelintervalle – auf Autos ausgelegt, und alle anderen Verkehrsteilnehmer*innen müssen noch viel länger und oftmals mehrmals auf ihr »grün« warten. Der französische Schriftsteller Sylvain Tesson (2008) hat einmal geschrieben, dass ein »Nomade niemals gestresst ist«, weil er ständig in Bewegung ist. Demnach entsteht Stress, wenn man sich wohin bewegen will oder muss, aber am Weg immer wieder anhalten muss. Das moderne Ampelregime, welches – dies wird zu oft übersehen – nur aufgrund des Automobils seine Vorherrschaft in den Städten angetreten hat, ist also demnach ein großer Stress- und Adrenalinproduzent, der für die Fußgänger*innen und Radfahrer*innen durch den Lärm und Gestank, von dem sie nicht abgeschottet sind, nochmals verstärkt wird. Dennoch ist das Aggressionspotential im Auto bei der Verkehrsstockung um ein Vielfaches höher als bei den anderen Verkehrsteilnehmenden. Schon bei kurzen Stauungen kommt es oftmals zum Hupkonzert. Fragen Sie sich zum Vergleich, wie oft sie laut aufschreiende Menschen in einer Warteschlange sehen. Die privilegierte Umhüllung und Stellung des Autoverkehrs macht es möglich. Und je privilegierter man(n) ist, desto höher das Aggressionspotential. So zeigen zum Beispiel zwei Studien aus der quantitativen Soziologie, dass Autofahrer*innen schneller hupen und seltener anhalten, je teurer ihr Auto ist (Jann 2008; Piff et al. 2012). Interessant ist auch, dass in ökonomisch ärmeren Ländern das Stop-and-Go sich in seiner radikalen Form noch nicht durchgesetzt hat: In Städten wie Neu-Delhi, Jakarta oder Teheran gibt es vergleichsweise wenige Ampeln und an diese wird sich darüber hinaus kaum gehalten. Der Verkehr und alle seine Teilnehmenden, sei es in Rikscha, Bus, Auto, Rad oder Scooter, rollen in vergleichsweise langsamem Tempo, aber dafür kontinuierlich.

Das spezifisch abendländische Bewegungsregime, welches die völlig losgelöste Bewegung als Kern von Freiheitsgefühlen versteht, reproduziert ein gänzlich eigenes Verhältnis zu Regulierung, die es unfähig ist, selbst zu reflektieren, weil seine gesamte Affektökonomie in Form von Wutausbrüchen, erotischen Phantasien und einseitigen Freiheitsglorifikationen dagegensteht. Wie es das schwedische Aktivist*innenkollektiv planka.nu in ihrem Buch *VerkehrsMachtOrdnung* ausdrückt, ist die Automobilität ein »System der Unmöglichkeit. Was als Weg zur Freiheit und Unabhängigkeit gefeiert wird, beruht auf einem feinmaschigen Kontrollnetz.« (Planka.nu 2015, 12) Dieser »innere Widerspruch« der Automobilität übersieht, dass sich »die angebliche Freiheit der Straße [...] Hand in Hand mit der Kontrolle unserer Bewegung entwickelt hat« (Ibid. 11). Auch die Ampel ist ein Versuch, diesen inneren Widerspruch des Autoregimes zu managen und das ideologische Freiheitsprivileg des Autofahrers in der Stadt gegen alle anderen durchzusetzen. Nochmal Florian Sprenger: »Die Geschichte der Ampel ist ein Moment der Geschichte automobiler Subjektivität, in der das *right of way* des Autos als gegeben und jeder Versuch einer Änderung als Angriff auf die Identität des automobilen Subjekts betrachtet wird.« (Sprenger 2022, 2) Die Kontrolle und Normierung unseres Verhaltens ist aufs Engste verwoben mit der Durchsetzung des Autos.

Die Rechtshistorikerin Sarah A. Seo zeigt in ihrem Buch *Policing the Open Road – How Cars Transformed American Freedom*, dass der US-amerikanische Polizeistaat in seiner gegenwärtigen aufgeblähten, und besonders für Minderheiten gefährlichen Dimension erst durch die Masseneinführung des Autos in den 1910er und 1920er Jahren entstanden ist. »Bevor es Autos gab, kümmerten sich die [Polizei-]Beamten hauptsächlich um Menschen am Rande der Gesellschaft wie Landstreicher und Prostituierte« (2019, 13). Der Großteil der Bevölkerung kam jedoch so gut wie nie mit der Staatsgewalt in Berührung, da die allermeisten Bereiche des Lebens noch einer informellen moralischen, sozialen und geschäftlichen Selbstregulierung vermittels Kirchen, sozialen Vereinen und Wirtschaftsverbänden unterstand. Das öffentliche Leben richtete sich großteils eher nach einem gewohnheitsbasierten *common law* (Ibid. 24) als nach abstrakten Gesetzen, die von einer Zentralgewalt exekutiert wurden. Laut Seo war es die Einführung des Autos, die eine Unterwerfung von allen sozialen Strata unter dieselbe gesetzliche Kontrolle erforderte. Das Auto ist eine Maschine, die durch ihre uterale Umhüllung die sozialen Bindungen kappt und so verstärkt zu rüpelhaftem Verhalten in der Straße führt, wo früher soziale Kontrolle vermittels Blickkontakt und verbalem Austausch möglich war. Das Gefühl der Freiheit von den Umwelt- und Gesellschaftsbezügen, welche das Auto produziert, führte zu einer Lawine an neuen Verkehrsvergehen und Todesursachen, die die Legislative aller von ihm betroffenen Staaten beschäftigte und zu einem Paradigmenwechsel brachte. Allein in den zwei Jahrzehnten zwischen 1909 und 1929 wuchs die Anzahl der Autos um 8400 % und die Anzahl der tödlichen Verkehrsunfälle um 2400 %, während die Bevölkerungsanzahl nur um 33 % anstieg. Der amerikanische Rechtsstaat erkannte, dass diese veränderten Bedingungen der Gesellschaft eine andere Form von Regulierung erforderten und so entstand eine nicht enden wollende Reihe an neuen und vielfach undurchsichtigen Gesetzen und Verkehrsregelungen, die ein Polizist 1936 wie folgt kommentierte: »Die Gesetze zur Regelung des Verkehrs sind so zahlreich, dass es nur wenige Menschen gibt, die sich auf den Straßen oder Autobahnen bewegen können, ohne zu jeder Stunde des Tages gegen eines oder mehrere zu verstoßen.« (Ibid. 26)[13]

Durch die anfangs noch unterreguliert hereinbrechende Katastrophe des Autos in die Straßen und Städte entstand so die Notwendigkeit, den Polizeiapparat massiv auszubauen und mit erhöhter Macht auszustatten. So wurden konstitutionelle Grundrechte wie das »Fourth Amendment« aufgrund des Automobils und der von ihm hervorgebrachten Welle an Verbrechen ausgehöhlt und die Polizei zu einem staatlich verwalteten Apparat mit massiv ausgebauten Eingriffsrechten in die Freiheit aller. Plötzlich gehörte es zur Alltagserfahrung einer jeden Bürger*in, sich den kontrollierenden Augen der Exekutivmacht ausgesetzt zu fühlen. Die Polizei, die davor ein kleiner und vergleichsweise wenig Macht besitzender Korpus war, wurde zu einem aufgeblähten und professionellen Unternehmen, welches sich nicht nur der Aufklärung mancher Vergehen am Rande der bürgerlichen Gesellschaft widmete, sondern auch der Prävention von zukünftigen Verbrechen durch massiv gestiegene Straßenkontrollen etc. verschrieb. Und sobald der Polizeiapparat einmal so aufgebläht war, musste dieser sich auch durch die Feststellung von Verbrechen selbst legitimieren (und teilweise auch finanzieren). Aus diesem Grund stieg die Gesamtanzahl der Verbrechen in den USA in den ersten Jahrzehnten des 20. Jahrhunderts in allen Bereichen um ein Vielfaches an, so Seo. Was früher der zivilen Selbstregulierung in den Kommunen überlassen wurde, ist vermittels der Durchsetzung des Autos zu einem föderalen Apparat von Strafverfolgung geworden, samt des Rattenschwanzes an finanziellen Schäden, Gefängnissen und Vorbestrafungen, die dieser mitproduziert. Wie es Sarah A. Seo ausdrückt: »Die Polizeiarbeit ist erst durch den Verkehr zu einem Beruf geworden, aber die öffentliche Wahrnehmung der Funktion der Polizei beschränkte sich auf die Verbrechensbekämpfung.« (Ibid. 112)

---

13   Original: »So numerous are the laws regulating traffic that few are indeed the persons who can travel the streets or highways without violating one or many of them every hour of the day.«

Die Masseneinführung des Autos produziere so einen davor nie dagewesenen Kontrollapparat. Doch an der Konnotation des Autos mit »absoluter Freiheit« änderte dies wenig. Stattdessen wurde die Zunahme an Verbrechen anderen Faktoren zugeschrieben und auch die primäre Aufgabe der Polizei als
Verbrechensbekämpfung missverstanden. Die Freiheit der Bewegung produzierte also auch hier einen massiven Kontrollmechanismus, der aber nicht auf
seinen Ursprung zurückgeführt wurde oder werden konnte.

Mechanisch fließende Moderne

Auch an dieser Stelle verwirklicht sich im Auto ein zentraler Anspruch der Moderne in seiner konkretesten Ausformung. Schon weit vor der Einführung des
Autos ist die freie Zirkulation eine zentrale Denkfigur der aufkommenden modernen Philosophie. Richard Sennett weist darauf hin, dass sich das Ideal eines
sich frei bewegenden Kreislaufs in so unterschiedlichen Bereichen wie der Medizin, dem Urbanismus oder der Ökonomie zu gleicher Zeit entwickelt. 1628
postuliert William Harvey in seiner Schrift *De motu cordis* das für die moderne
Medizin prägende Konzept des Blutkreislaufes. Wo zuvor das vorherrschende Modell des spätantiken Arztes Galenos aussagte, dass ein gesunder Körper derjenige sei, bei dem die verschiedenen Bereiche in einem harmonischen
Gleichgewicht neben einher stehen, ist für Harvey der gesunde Körper einer, in
dem alle Körpersäfte, allen voran das Blut, in einem aktiven Kreislauf der Bewegung und des Austausches stehen. Dieses Ideal übersetzte sich nahtlos auch
in die Theorie der Ökonomie des aufkommenden Kapitalismus. »Die neuen
Auffassungen vom Körper fielen mit der Geburt des modernen Kapitalismus
zusammen und waren Geburtshelfer der großen sozialen Transformation, die
wir Individualismus nennen. Das moderne Individuum ist, vor allem anderen, ein mobiler Mensch. Adam Smiths *Der Wohlstand der Nationen* ermaß zum
ersten Mal, wohin Harveys Entdeckungen führen würden, denn Adam Smith
stellte sich den Markt von Arbeit und Waren so vor, als wäre er frei zirkulieren-
des Blut – mit ähnlich lebensspendenden Konsequenzen.« (Sennett 1997, 319)
Dieses extrem folgenreiche Bild des freien Kreislaufs bildet eines der zugrundeliegenden Ideale modernen Seins. Alles wurde zunehmend mobilisiert: Die
früheren Bauern wurden von ihrem Flecken Erde enteignet und so zum Industrieproletariat, welches frei einsetzbar und austauschbar wurde. Die von
ihnen produzierten Waren wie die von ihnen verarbeiteten Ressourcen wurden zu standardisierten »Waren« normiert und in einem streng überwachten

Kreislauf für die aufkommende kapitalistische Ökonomie bewegt. Auch in den Städten setzte sich dieses Bild der freien Zirkulation zunehmend durch. Die Stadtmauern und eng verwinkelten Gassen wurden vielfach plattgewalzt und durch großzügige »Verkehrsadern« (man beachte hier das direkt vom Blutkreislauf inspirierte Vokabular) ersetzt, die sowohl für das Militär zur Niederschlagung diverser Aufstände wie auch für den freien Warenverkehr des Bürgertums unerlässlich waren. Im Verlauf des 17., 18. und 19. Jahrhunderts wurden Straßen, Kanäle und Verkehrsmittel zunehmend auf dieses Paradigma der Zirkulationsfreiheit eingestellt. »Eine Stadt wird seit dieser Zeit als begrenzter, vom Außen abgesetzter und doch auf die Waren-, Menschen- und Energieströme aus diesem Außen angewiesener Raum einer Population beschrieben, der durch die Dichte, Wiederholung und damit Serialität ständiger Bewegung charakterisiert ist. Mit dem Wegfall der Stadtmauern, der steigenden Bedeutung von Hygiene und Handel, der Erneuerung des Straßennetzes und vor allem der Bevölkerungsexplosion seit dem 17. Jahrhundert falle die Regierung der Stadt zunehmend mit der Aufgabe der Organisation und Regulation von Zirkulation zusammen.« (Sprenger 2022)

Abb. 21: You're always in my heart: Es ist kein Zufall, dass sich die Sprache über unser Herz-Kreislaufsystem vielfach Vokabular mit jenem aus dem Straßenverkehr teilt. Beide entspringen aus einem modernen Selbstverständnis.

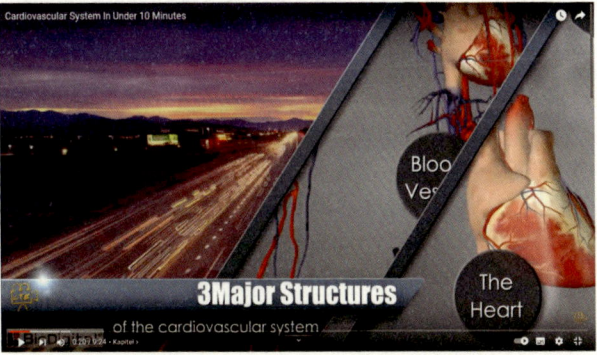

Screenshot aus einem edukativen Youtube-Video über den Blutkreislauf, »Cardiovascular System In Under 10 Minutes« von CTE Skills.com

Dieses in kapitalistischer Ideologie rein positiv konnotierte Bild der »Zirkulationsfreiheit« hat allerdings eine dunkle Unterseite der Normierung, die zumeist unter den Tisch des modernen Selbstverständnisses fällt. Laut Michel Foucault, der für diese Analyse der zentrale Ideengeber ist, besteht das Paradigma der »Zirkulationsfreiheit« entgegen früherer, feudaler Herrschaftsformen nicht mehr darin, das Territorium zu »befestigen und markieren, sondern die Zirkulationen gewähren [zu] lassen, die Zirkulationen [zu] kontrollieren, die guten und die schlechten aus[zu]sortieren, [zu] bewirken, dass all dies stets in Bewegung bleibt, sich ohne Unterlass umstellt, fortwährend von einem Punkt zum nächsten gelangt, doch auf eine solche Weise, dass die dieser Zirkulation inhärenten Gefahren aufgehoben werden.« (Foucault 2006, 101) Es handelt sich nicht mehr um die »Sicherung des Fürsten und seines Territoriums, sondern Sicherheit der Bevölkerung und infolgedessen derer, die es regieren!« (Ibid.)

Das moderne Paradigma der Zirkulationsfreiheit setzt also nicht alles undifferenziert gleich in Bewegung, sondern scheidet aus, was die kapitalistische Warenwirtschaft bedrohen könnte, und normiert den Rest dahingehend, dass dieser möglichst reibungslos innerhalb dieses fließenden Zahnradgewebes funktioniert. Wie Foucault in seinem Lebenswerk feinmaschig herausarbeitet, ist die Durchsetzung der Regierungstechnik der »Zirkulationsfreiheit« nur denkbar durch die »dunkle Unterseite« der Normierung der Körper und Geschlechter (Foucault 2014). Jene, die nicht diesem modernen Paradigma entsprechen, werden vermehrt als »wahnsinnig« pathologisiert und gar kriminalisiert und in die Psychiatrie oder das Gefängnis abgeschoben (Foucault 2015). Dasselbe ereignet sich für die Geschlechter und ihre Sexualitäten, die zunehmend in ein binäres Reproduktionsschema gezwungen werden (s. auch Kapitel 3) – die Frau arbeitet stillgestellt am Herd, damit der Mann als frei einsetzbare Arbeitskraft zirkulieren kann. Homosexualität wird zunehmend verpönt, damit sich dieses heteronormative System im Interesse des freien Warenaustausches stabilisieren kann. Und auch die Waren, die eine dermaßen normierte Bevölkerung konsumiert und produziert, werden zunehmend nach Standardmaßen, in Containern und zu global festgelegten Handelspreisen als rein abstrakte Zahlen in Fluktuation gehalten. Die Unterscheidung zwischen einer – beispielsweise – Kiwi aus Neuseeland und einer aus Italien wird demnach irrelevant, es zählt bloß die reine und abstrakte Form der Ware Kiwi als zu verkaufende Normeinheit – mit ökologisch katastrophalen Folgen, da es egal ist, wie weit die Kiwi reist, bevor sie in den normierten Supermarktregalen landet.

Diese dem modernen Zirkulationsideal inhärente Normierung verwirklicht sich massiv durch das System des Automobilismus, wie ich in diesem Abschnitt gezeigt habe. Es ist, wie wir gesehen haben, dem Automobilismus wie der modernen Philosophie im Allgemeinen unmöglich, die zugrundeliegende Normierung und Einschränkung einzusehen und mitzureflektieren. Deswegen gilt das Auto weiterhin als Symbol der Freiheit, obwohl es als einer der zentralen Akteure der massiven Normierung unserer Sinnlichkeit, Geschlechtlichkeit, Umwelt und Rechtsstaatlichkeit angesehen werden muss. Das moderne Selbst versteht sich als gänzlich von ökologischen, sozialen und kulturellen Bezügen befreites Subjekt, welches losgelöst von der Erde diese konsumiert. Wie es Peter Sloterdijk in fast schon religiösen Weihen zusammenfasst:

>»Wenigstens einen von ihren utopischen Plänen hat die moderne Gesellschaft ja verwirklicht, den der kompletten Automobilisierung, den Zustand, in dem sich jedes volljährige Selbst am Steuer seiner sich selbst bewegenden Maschine selbst bewegt. Weil in der Moderne das Selbst ohne *seine* Bewegung gar nicht gedacht werden kann, gehören das Ich und sein Automobil metaphysisch wie Seele und Körper zusammen. Das Auto ist das technische Double des prinzipiell aktiven Transzendentalsubjekts.
>Darum ist das Automobil das Allerheiligste der Moderne, es ist die kultische Mitte einer kinetischen Weltreligion, es ist das sanft rollende Sakrament, das uns Teilhabe verschafft an dem, was schneller ist als wir selbst. Wer Auto fährt, nähert sich dem Numinosum, er fühlt, wie sein kleines Ich sich zu einem höheren Selbst erweitert, das uns die ganze Welt der Schnellstraßen zur Heimat gibt und uns bewusst macht, dass wir zu mehr berufen sind als zum halb tierischen Fußgängerleben« (Sloterdijk 1989, 42)

Es ist aus dieser engmaschigen Verwirklichung und Zuspitzung des modernen Selbstverständnisses im Auto verständlich, warum die gegenwärtigen Straßenblockaden von aktivistischen Gruppierungen wie der *Letzten Generation* einen dermaßen großen Skandal auslösen. Ansonsten moderat auftretende Politiker*innen schreien nach massiven Polizeikontrollen und martialischen Strafen für ein paar Kids, die auf der Straße hocken. Sogar Vergleiche zum Terrorismus des Islamischen Staats werden von sonst als »seriös« geltenden Medien wie dem Wiener *Falter* (Dusini 2022) gezogen. Eine solche Überreaktion ist nur verständlich, wenn man sie als Resultat des blinden Flecks moderner »Zirkulationsfreiheit« als wesentliches Merkmal moderner Ideale versteht. Jeder Halt, jede Hemmung, jede außerplanmäßige Bremsung erscheint dann als Bedrohung für das ganze moderne Gute Leben und seine Errungenschaften. Die Normierung innerhalb des modernen Systems birgt ein gigantisches Aggressionspotential, welches es als konstitutive Blindheit stets auf ein Außen projizieren muss. Der normierte Körper im Auto wie im Staat möchte sich als unberührbar verstehen – und schottet sich so hasserfüllt ab. Auf diese Weise hält sich das moderne Autoregime stabil, wie wir im nächsten Abschnitt genauer unter die Lupe nehmen werden.

»stabil«

Kapitel 7: Resilienz der Moderne

Stabil in der Katastrophe

Abb. 22: »#BurningMan created an art installation one can see from space. It's called INSANITY and included tens of thousands of people burning thousands of gallons of gas while spending up to 13 hours trying to exit the festival in 110 degree heat.« Luftaufnahme des Staus weg vom Burning Man Festival 2022, welche vielfach als Meme durch Social Media kursierte

Facebook-Post von Naseem Rakha am 6. September 2022

Die Erde unter unseren Füßen bricht langsam weg, doch eines bleibt stabil: unsere Abhängigkeit von dem Auto. Selbst die allermeisten Subkulturen, die dem Kapitalismus, dem Konsum, dem Patriarchat oder »dem System« den

Krieg erklärten, fanden auf die ein oder andere Weise zurück ins Auto. So führte die Rote Armee Fraktion (RAF) zwar terroristischen Krieg gegen das gesamte »kapitalistisch-imperialistischen System«, doch legten ihre Anführer*innen
wie Andreas Baader, Christian Klar oder Gudrun Ensslin großen Wert auf teu-
re Sportwagen und rücksichtsloses Fahrverhalten. »Chefrevoluzzer« Baader
besaß einen ganzen, großteils geklauten, Fuhrpark aus auffälligen Luxusau-
tos wie u.a. einen Porsche 911 Targa, zwei BMWs der Luxusklasse (2002 ti und
2800CS) und einen Iso Rivolta IR300, um den ihn »selbst alle Nicht-Linksge-
richteten beneideten« (Werb 2008). Letzteren Boliden fuhr Baader so auffällig gegen die Einbahn, dass er letztendlich auf dem Kofferraum seines Luxus-
schlittens verhaftet wurde.

Der »Revolutionary Chic« von linken Systemstürzlern, die im Auto durch
die Landschaft brausen, ist in unzähligen Kulturdokumenten, wie Filmen
der französischen Nouvelle Vague oder Romanen der amerikanischen Beat-
Generation, verewigt. Wer kennt sie nicht? Die Hippie-Aussteiger, die im umgebauten VW-Bus vor »der Zivilisation« fliehen. Die Alternativbands, die vom
notwendigen Systemwandel singen – und im Tourbus um die Welt cruisen.
Die Biker auf der Harley, die Mechaniker in Pirsigs *Zen, or the Art of Motorcycle
Maintenance*, die anhalternden Hobos in Kerouacs *On the road*, die Naturlieb-
haber mit dem Pick-Up – sie alle suchen eine andere Welt und werden dabei
oftmals noch abhängiger von automobiler Infrastruktur, als es die normale
Kultur zu sein scheint. Selbst für die seltenen modernen Wesen, die noch nie
in einem Auto saßen, besteht eine gigantische Abhängigkeit von automobiler Infrastruktur durch ihren Warenkonsum, ihre Freizeitvorstellungen und
Freiheitsideen.

Die Utopie des autofreien Lebens beinhaltet nur wenig revolutionären
Charme. »Coolness« wird normalerweise nicht mir der Verweigerung des
Autos assoziiert. Zu sehr ist die Idee der Freiheit, Unabhängigkeit und Be-
weglichkeit, die auch links tonangebend ist, in der Moderne mit dem Auto
verwoben. Man kann auf vieles verzichten – doch das Auto scheint eines der
am wenigsten verzichtbaren Dinge im Gesamtausstieg zu sein, wie einem
die meisten Gründer*innen von Landkommunen bestätigen können. Und so
versiegeln wir weiter den Boden.

Ein gar zu gutes Beispiel für die beeindruckende Verharrenskraft des Autos innerhalb alternativer Lebensentwürfe ist das ursprünglich anarchistische
Aussteigerfestival *Burning Man*, welches mittlerweile zu einem temporären
Ventil für tausende in der Normalität Gefangene geworden ist, die jährlich mit
dem Auto in die Wüste pilgern. Alexander Klose und Benjamin Steiniger be-

merken: »Auf dem Festivalgelände abseits der Zivilisation, das ausschließlich mit dem Auto (oder dem Privatjet) erreicht werden kann, sind Autos verboten, es sei denn, es handelt sich um sogenannte *mutant vehicles*, zu fantastischen Karossen umgebaute Wagen. Die Ästhetik des Festivals hat viel mit den *Mad Max*-Filmen gemein, in denen es nur noch Wüste und kaum Wasser und Treibstoff gibt, aber Autos mit Verbrennungsmotor dennoch das entscheidende Statussymbol und Fortbewegungsmittel sind. Es stellt sich die Frage, warum sowohl sentimentale Liebhaber*innen als auch (vermeintlich) entschlossene Gegner*innen der Petromoderne sich in eine zugleich post- und hypertechnologisch erschlossene Wüste imaginieren, in der sie archaische Rituale ausführen.« (267)

Selbst wenn wir uns die Erde in einer Katastrophe vorstellen, bleibt die Form des Autos stabil. Neben den hier erwähnten *Mad Max*-Filmen kommt dies besonders stark in Octavia Butlers Roman *Clay's Ark* zum Ausdruck, in dem Staat, Familie oder Wirtschaft in einem postapokalyptischen und verwüsteten Kalifornien zusammengebrochen sind. Das Auto jedoch bleibt als letzter Identifikationspunkt stabil. Sogenannte »car people« organisieren sich in den wenig verbleibenden Benzinfressern und plündern mit ihnen das Umland. Selbst in der katastrophalen, erdölarmen Landschaft, in der alle »zivilisatorischen Feigenblätter«, wie Achtung vor Frauen, den Rechten anderer etc. weggefallen sind, bleibt das Auto das bindende Glied der modernen, oder rest-modernen, Menschen. Auch in der patriarchalen Dystopie *The Handmaid's Tale* von Margaret Atwood ist die Umwelt derart erodiert, dass die menschliche Fortpflanzung aufgrund einer unbekannten Krankheit nur mehr in Ausnahmefällen gelingt. Der patriarchale Kirchenstaat, der Frauen zu reinen Gebärmaschinen unterjocht, baut alle Errungenschaften der »liberalen Moderne« ab, aber eines bleibt stabil, wie die Erzählerin des Romans bemerkt, als sie die Transportmittel der sie unterjochenden Männer beobachtet: »Das Auto ist ein sehr teures, ein Whirlwind, besser als der Chariot, viel besser als der klobige, praktische Behemoth. Es ist natürlich schwarz, die Farbe des Prestige oder eines Leichenwagens, und lang und schlank. Der Fahrer fährt mit einem Polierleder darüber, liebevoll. Wenigstens das hat sich nicht geändert, die Art, wie Männer gute Autos streicheln.« (Atwood 1998 [1985], 17)[1]

---

1   Original: »The car is a very expensive one, a Whirlwind; better than the Chariot, much better than the chunky, practical Behemoth. It's black, of course, the colour of prestige or a hearse, and long and sleek. The driver is going over it with a chamois, lovingly. This at least hasn't changed, the way men caress good cars.«

Abb. 23/24: Katastrophen, wie hier die Flutkatastrophen in NRW und Zhengzhou 2021, werden auch zumeist als automobile Katastrophen medial repräsentiert – man sieht keine zu Schaden gekommenen Menschen, nur Autos.

Screenshots von Medienberichten der Flugkatastrophen in Zhengzhou und NRW 2021

Das Auto hat eine affektive Anziehungskraft, die über die Zerstörungskraft der zugrundeliegenden Moderne hinauszureichen scheint.[2] Mark Fisher (2013) hat einmal gesagt, die Menschen können sich das Ende der Welt leichter vorstellen als das Ende des Kapitalismus. Wir können diesen Satz vielleicht dahingehend ausdehnen, dass sich die Menschen das Ende der Welt besser vorstellen können als das Ende des Autos. Selbst diejenigen, die sich das Ende des Kapitalismus zumindest wünschen, schaffen es zumeist nicht, der Realität des Autos gänzlich zu entkommen. Wie wir bereits in der Einleitung bemerkt haben, gibt es spätestens seit den 1960er Jahren fundamentale Kritik am Auto, die durchaus eine große Breitentauglichkeit erwirkt hat. Dennoch sind seitdem die Gesamtzahlen von Straßen, Autos und Treibstoffverbrauch exponentiell gestiegen und diverse alternative Mobilitätsformen zerschlagen worden.

Dieser Abschnitt wird sich folglich mit der immensen Stabilität des Autoregimes oder »System of Automobility« beschäftigen. Wir sind bereits im

---

2   Interessanterweise spielt das Szenario der Katastrophe sogar in der gegenwärtigen Stadt- und Gebäudeplanung eine das Autoregime stabilisierende Rolle. Wie diverse Architekt*innen und Stadtplaner*innen berichten, ist es so gut wie unmöglich, eine Straße oder einen Vorhof tatsächlich autofrei zu gestalten, da diese aus Feuerschutzgründen immer einen Feuerwehrzugang vorweisen müssen. Da wir uns Feuerwehr scheinbar nur automobil vorstellen können, bedeutet dies praktisch, dass wir unsere Räume stets so gestalten müssen, dass Autos zumindest theoretisch überall hinkommen können. Die hypothetische Katastrophe stabilisiert so die Omnipräsenz des Autoregimes in der urbanen Gegenwart.

letzten Abschnitt an mehreren Stellen auf Faktoren gestoßen, die diese Stabilität begründen: Sei es die nach außen gerichtete »Autoaggressivität«, die Identifikation des modernen Selbst mit dem Auto oder das spezifische Wahrnehmungsregime, welches die durch die Windschutzscheibe wahrgenommene Umwelt als objektive Natur versteht und konsumiert. In diesem Abschnitt werden wir diese Einsichten systematisch ergründen und begrifflich problematisieren. Dabei werden wir im nächsten Kapitel über die zentrale – und bislang stets nur angedeutete – Funktion des »Schutzraums« des Autos sprechen, die eine wesentliche Triebfeder der Stabilisierung des Autoregimes in pluralen und gleichzeitig toxischen Gesellschaften darstellt. Darauf aufbauend werden wir dann im darauf folgenden Kapitel generell über eine »Autosubjektivität« und ihre *Bedingungen der Möglichkeit* von Weltbildern nachdenken. Ich möchte zeigen, dass der gegenwärtige Hype um ökologische Bilder des Denkens nicht unabhängig von dem hochtechnologischen Regime der Maschinenwelt der Moderne gedacht werden kann. Dabei geht es mir nicht um eine kritische Ablehnung dieser ökologischen Bilder, sondern vielmehr um eine *ökosophische Situierung* dieser Bilder. Ich bin der Überzeugung, dass wir besser verstehen müssen, warum manche Segmente der Bevölkerung eine zunehmende Sehnsucht nach »nachhaltigen«, »CO_2-neutralen« und »klimafreundlichen« Lebensstilen haben, damit diese nicht weiter ein Heraushebungsmerkmal privilegierter Klassen bleibt, sondern ein globales Transformationspotential entwickeln kann.

Zunächst werde ich in diesem Kapitel allerdings den Begriff der »Resilienz der Moderne« als Analyseinstrument kurz einführen und dadurch dem »grausamen Optimismus« unserer Gegenwart ein analytisch-kritisches Begriffswerkzeug hinzugesellen. Von einer Metaebene aus betrachtet könnte man sagen, dass die ersten beiden Abschnitte »normal« und »modern« eine kritische oder problematisierende Stoßrichtung hatten, während sich die folgenden Abschnitte vier (Politik) und fünf (Utopie) einem korrektiven, positiven Transformationspotential widmen. Der vorliegende Abschnitt bildet sozusagen das Übergangselement von Problematisierung zu Lösungsansätzen und nimmt Anleihe an beiden Stoßrichtungen. Durch die – noch nicht – lösungsorientierte Erzählung von Problemen möchte ich die Resilienz der Moderne in ihrer selten erkannten Tiefgründigkeit, mit der wir alle verwoben sind, beschreiben, um so viele im Mainstream anerkannte Lösungsszenarien als falsche Schimären zu enttarnen und unterhalb der Ruinen der Moderne wahre Alternativen zum autodestruktiven Kurs der Gegenwart auszugraben.

Grausamer Optimismus und resiliente Moderne

In den vergangenen Jahren ist das Problembewusstsein dafür, dass Menschen teilweise Dinge wünschen und begehren, die ihren eigenen Interessen eigentlich schädlich sind, massiv gestiegen. So wählten viele der vom neoliberalen Kurs der USA massiv prekarisierten Arbeiter*innen Donald Trump zum US-Präsidenten, der freilich wenig an den sie prekarisierenden, kapitalistischen Ausbeutungsstrukturen änderte. Dieses Phänomen wiederholt sich global mit rechtspopulistischen und neofaschistischen Parteien, die genau jene Bevölkerungssegmente zu ihrem Hauptklientel zählen, denen ihre Politik am meisten schaden würde. Doch auch auf viel kleinerer, individuellerer Ebene gibt es zahlreiche Beispiele für diese Art des *toxischen Begehrens*, beginnend mit dem Konsum ungesunder und extrem zuckerhaltiger Lebensmittel bis hin zu sexuellen Begehren, die niemals eine Art von Befriedigung hinterlassen oder das anziehend finden, was einem selbst schadet. Das Ideal des modernen Guten Lebens ist laut der Kulturwissenschaftler*in (they) Lauren Berlant durchzogen vom solchen toxischen Begehren, und wird von Berlant als eine Tendenz zum *cruel optimism* bezeichnet.

Eine solche Beziehung des »grausamen Optimismus« besteht demnach, wenn etwas, das man begehrt, ein Hindernis für das eigene Gedeihen ist.[3] Wir sind dieser paradigmatisch in Ballards Beschreibungen der Lust nach der Verschmelzung mit der Maschine begegnet, oder in all jenen Versuchen, mit dem Auto ein Mehr an Freiheit zu erreichen, welches zumeist in einem Mehr an legalistischer und sinnlicher Normierung mündet. Dass Konzept des *cruel optimism* hat in diversen Diskursen eine weitreichende Verbreitung erfahren, allerdings wird Berlants Begriff des »Gedeihens« und dessen Hemmung durch grausamen Optimismus zumeist noch im rein menschlichen Raum gedacht. Um diese Bindung an toxische Begehrensstrukturen ökosophisch und situiert in einer Umwelt im Zeitalter der Katastrophen und Umbrüche zu verstehen, erscheint es mir wichtig, die Analyse des Verhältnisses von grausamem Optimismus zu jenem zum »planetaren Gedeihen« auszuweiten und zu komplexifizieren. Denn innerhalb einer modern verfassten Gesellschaft kann beispielsweise der Besitz eines Autos sehr wohl das *eigene, persönliche* Gedeihen (puncto Karriere, Status, Mobilität etc.) fördern, während es gleichzeitig ein Hindernis für das Gedeihen von kollektiven menschlichen und nicht-menschlichen

---

3   »A relation of cruel optimism exists when something you desire is actually an obstacle to your flourishing.« (Berlant 2011, 1)

Bezügen darstellt. Mir erscheint der Begriff des *cruel optimism*, wie er landläufig verwendet wird, zumeist noch als zu anthropozentrisch gedacht. Dadurch entsteht ein Mangel an Verständnis für die komplexe Verwobenheit jeder Begehrensstruktur im größeren Dispositiv der Moderne, wie ich sie im vorigen Abschnitt beschrieben habe. Denn schließlich besteht jede Erdbewohner*in aus einer Vielzahl an verschiedenen und teils divergierenden Aspekten, und ihre Wertigkeiten sind von dem historischen Kontext der Moderne vielfach beeinflusst und übercodiert. Das Gedeihen oder Kultivieren eines Aspekts kann gleichzeitig ein Hindernis für anderes Gedeihen darstellen, welches allerdings weniger kulturellen Wert besitzt: So kann mir der Besitz eines fetten SUV, mit dem ich täglich zur Arbeit fahre, zwar auf der Ebene der Karriere im Gedeihen helfen – vielleicht werde ich über die Jahre aber auch aufgrund des Bewegungsmangels übergewichtig und habe grobe Haltungsprobleme. Dem könnte das tägliche Fahrradfahren zur Arbeit Abhilfe verschaffen, doch mag mein leicht verschwitztes Erscheinen am Arbeitsplatz und der (für immer noch viele so wahrgenommene) Statusverlust meinen Aufstiegschancen hinderlich sein.

Innerhalb der modernen Gesellschaft werden nur vergleichsweise wenige Aspekte menschlichen Seins gefördert und wertgeschätzt, während andere, die oftmals auch zuträglicher für ein allgemeineres, planetares Gedeihen wären, strukturell benachteiligt und marginalisiert werden. Die Normalität der Moderne besteht also in einer Förderung der ökologisch falschen Existenzaspekte von Menschlichkeit. Diese Einsicht ist keinesfalls neu, da die modernen Werteordnungen und Statussymbole seit Jahrzehnten kritisch durchlöchert wurden und unzählige Subkulturellen sprießen, die versuchen, andere Werte zu leben und zu fördern – und dennoch leicht in strukturell ähnliche Derivate des modernen Guten Lebens zurück fallen, wie wir an den Beispielen zu Counterkultur und Auto am Eingang dieses Kapitels angedeutet haben.

Um also den Widerspruch zwischen individuellem und planetarem Gedeihen aufzulösen, muss der »grausame Optimismus« als Phänomen einer spätmodernen Gesellschaftsstruktur, die sich selbst immer mehr als problematisch erkennt, aber keinen Ausweg wahrnimmt, verstanden werden. Ökosophische und zeithistorisch ist der *cruel optimism* also in der Spätzeit der Moderne situiert. Der *grausame Optimismus* ist dann einer von zahlreichen Faktoren der

Resilienz der Moderne, die ich andernorts[4] als Konzept bereits entwickelt habe und an dieser Stelle nochmals kurz zusammenfassen werde.

Mit dem Begriff der *Resilienz der Moderne* versuche ich, die unheimliche Fähigkeit des Systems der Moderne zu beschreiben, sich selbst entgegen gigantischen Störungen und Umsturzversuche wie der (gescheiterten) 68er Revolution, der Ölkrise (siehe weiter unten) oder den postkolonialen Befreiungskämpfen unter neuen Parametern zu stabilisieren und erhalten. Die *Resilienz der Moderne* ist das für mich wichtigste Konzept, um die Ausweglosigkeit des Status quo zu erklären und ein Tool zur langsamen *Dekompostierung* der ausweglosen Welt zu entwickeln (siehe Abschnitte 4 und 5). Wir haben bereits das für diesen Ansatz zentrale Konzept des »Hospicing Modernity« von Vanessa Machado de Oliveira kennen gelernt, die besagt, dass eine Revolution oder Bewegung gegen die Moderne als Massenphänomen so gut wie unmöglich ist, da wir alle – sofern wir mit der Moderne in Berührung gekommen sind – in unseren Begehrensordnungen, Werten und Idealen von dieser abhängig sind – auch wenn dies oftmals eine Beziehung des *cruel optimism* von planetarem Ausmaß darstellt. Mit dem Begriff der *Resilienz der Moderne* möchte ich diese Einsicht analytisch einrahmen und erweitern.

Der ursprünglich aus den Materialwissenschaften stammende Begriff der »Resilienz« beschreibt nach üblicher Definition »die Fähigkeit eines Systems, Störungen zu absorbieren, bevor es unvorhersehbarerweise von einem Gleichgewichtsstatus in einen anderen, weniger begehrenswerten [desirable] wechselt.«[5] Die »Resilienz« hat in den vergangenen Jahren einen beeindruckenden Vormarsch ins Vokabular von Managerseminaren, Selbsthilfegruppen und Sozialbereichen erlebt. In diesen Bereichen wird »Resilienz« zumeist entweder von Individuen oder Systemen (wie z.B. dem Gesundheitssystem) verlangt, von denen man erwartet, unter den verhärteten Bedingungen eines prekarisierenden und von Austerität beherrschtem Neoliberalismus trotz allem funktionsfähig zu bleiben. Ein resilientes Gesundheitssystem ist demnach eines, welches trotz erhöhter Gesundheitsbelastungen der Bevölkerung und

---

4   Siehe mein Buch *Backlash – Essays zur Resilienz der Moderne*, Textem 2020 sowie mein Paper »A Tool for Decomposing ›the World as We Know it‹? Resilience beyond Critique and Affirmation« (Jörg 2023b).

5   »[...] the ability of a system to absorb disturbances before unpredictably changing its structure from one equilibrium state to another, less desirable one« (via Hornborg 2011, 22).

weiterer Einsparungen magischerweise seinen Normalbetrieb aufrechterhalten kann. Ein resilientes Subjekt ist eines, welches trotz des Bewusstseins der ökologischen Katastrophe, der höchst unsicheren Zukunft und einem erhöhten Stresslevel durch Beruf und Alltag weiterhin so stabil wie bisher funktioniert, ohne psychische Erkrankungen oder revolutionäre Begehren zu entwickeln.Autor*innen wie Stefanie Graefe (2019) haben darauf hingewiesen, dass dieses Paradigma der Resilienz, wie es derzeit vorherrschend ist, ein Leitkonzept des späten neoliberalen Krisenkapitalismus ist. *Die fetten Jahre sind vorbei* – die bisherigen Versprechen des Kapitalismus von »immer besser, schneller, reicher und komfortabler« scheinen kaum mehr zu überzeugen. Resilienz wird in diesem Kontext eine Kernkompetenz, die ein innerhalb dieses Systems operierendes Subjekt entwickeln muss, um weiterhin ein funktionstüchtiges Glied in der langsam aber sicher erodierenden Moderne zu sein. *Cruel optimism* steht aus dieser Perspektive einer Resilienzentwicklung im Weg und müsste als solche bekämpft werden. Was in einer solchen anthropozentrischen Sichtweise aber zumeist außer Acht gelassen wird, ist die Problematisierung des herrschenden Systems, welches uns erst in die derlei Resilienz erfordernden Stresssituationen bringt.

Auch wenn Resilienz als subjektive Tugend oder Fähigkeit nicht abzulehnen ist, ist ihr einseitiger Fokus auf die Akteur*innen innerhalb des Systems höchst problematisch, da dieser zu einer Individualisierung der Verantwortung führt und die größeren gesellschaftlichen Zusammenhänge vernachlässigt. Genau diese Lücke möchte ich mit meiner kritisch-affirmativen Neubesetzung der *Resilienz der Moderne* füllen. Denn wohingegen unsere Ökosysteme, sozialstaatlichen Institutionen und individuellen Psychostrukturen immer anfälliger und kaputter werden, scheinen Systeme wie jene des Kapitalismus oder der Moderne so stabil wie noch nie. Der Kapitalismus, die Moderne und das für sie wesentliche System des Automobilismus sind also im höchsten Maße resilient, und es ist zumindest verdächtig, dass es derzeit die herrschende Lehrmeinung ist, von Individuen und sozialen Institutionen immer mehr Resilienz zu fordern. Der Verdacht drängt sich auf, dass damit eine weitere Durchkapitalisierung und Modernisierung von noch mehr Lebensbereichen versucht wird. Resiliente Subjekte sind dann zunehmend jene, die unter den herrschenden Bedingungen eines Katastrophenkapitalismus weiterhin ruhig und stabil bleiben. *Keep calm and carry on* – wie das ursprünglich aus der britischen Kriegszeit stammende Propagandaplakat besagt, welches wohl nicht zufällig seit der Zeit der Finanzkrise 2008 eine unvorhergesehene Verbreitung auf T-Shirts, Postern und Kappen gefunden hat.

Ich versuche hier, diese Negativität von Resilienz zu skizzieren, damit Strategien eines »Abbaus« von Resilienz entworfen werden könnten.[6] Dies erscheint mir als unausweichlich, um Fluchtlinien und Angriffspunkte sicht- barzumachen, die aus unserer misslichen Lage herausführen können und also »objektiv« (siehe Einleitung) zu erforschen, wie sich aus der Steifheit und zynisch machenden Verhärtung des ruinösen Systems der Moderne kleine, weiche und wendige utopische Inseln absondern können, die ein anderes Gutes Leben *in* Zeiten der Katastrophe ermöglichen, ohne zu grausamem Optimismus oder falschen Alternativen greifen zu müssen.

Die Ölkrise als Beispiel für die Resilienz der Moderne

Als Beispiel für die ungeheure Resilienz der Moderne möchte ich nun exem- plarisch die Geschichte der Ölkrise der 1970er Jahre und ihrer Folgen erzählen. Die Auswahl der erwähnten Ereignisse ist hierbei selektiv um manche Fallli- nien, die die Resilienz der Moderne ausmachen, auf makropolitischem Level fühlbar machen. Keinesfalls kann ich hier das hochkomplexe globale Gefüge der Krisenzeit der 1970er Jahre in irgendeiner Gesamtheit darstellen, doch die Tendenz sollte klar werden.

Nachdem in den Jahren um 1968 viele althergebrachte Werte und Vor- stellungen hinterfragt und diverse emanzipatorische Kämpfe geführt (und manche sogar gewonnen) wurden, waren die 1970er Jahre – besonders im globalen Norden – geprägt von einer großen Verunsicherung des »westlichen Lebensstils« durch die sogenannte Energiekrise. Als zündender Funke für die- se Krisen wird vornehmlich die Gründung der OPEC genannt, die als eine Art Dekolonialisierung der ölproduzierenden Staaten verstanden werden kann. Unter der Führung von Saudi-Arabien forderte die *Organization of the Petroleum Exporting Countries* faire Preise für den Barrel Öl und sagte sich so vom Preis- diktat der ausbeuterischen Dumpinglöhne ihrer vormaligen Kolonialherren los. Als die OPEC 1973 als Reaktion auf den Jom-Kippur-Krieg einen Ölboykott gegenüber westlichen Staaten forderte, stieg der Ölpreis innerhalb eines Jah- res von 2,89 auf 11,65 Dollar pro Barrel. Mit großer Selbstsicherheit, ruhiger

---

6   Natürlich ist für dieses Projekt zudem das Entwickeln einer Differenzierung zwischen positiver und negativer Resilienz notwendig, welche allerdings nicht der Gegenstand meiner Untersuchung ist, da diese Entscheidung m.E. viel eher als deliberativer gesell- schaftlicher Polylog entstehen muss.

Stimme und fast süffisant wirkendem Lächeln erzählt der damalige saudi-arabische Öl-Minister Ahmed Zaki Yamani der westlichen »Weltbevölkerung« im TV-Interview, wie sein Land den reichen Norden durch die Kontrolle des bisher zu billig verfügbaren Öls in einem Würgegriff hält.[7] Das erst im Lauf der vorigen zwei Dekaden wirklich groß gewordene petromoderne Gute Leben mit seiner Vollmotorisierung, seinen neuen Aluminiumküchen, Shoppingcentern und Schlafstädten verlor in dieser Krise seine Arglosigkeit und Naivität in Bezug auf seine globalen und ausbeuterischen Verstrickungen. Schlagartig wurde allen jüngst zu modernem Komfort gekommenen Wesen bewusst, wie abhängig ihr in der Nachkriegszeit so unkritisch gefeiertes Leben von der Ausbeutung von Rohstoffen auf der anderen Seite des Planeten war. Gepaart mit den immer breiter werdenden counterkulturellen Diskursen der »68er« und gefüttert von dem Anfang eines ökologischen Bewusstseins, welches 1972 durch die Publikation *The Limits of Growth* des Club of Rome und die erste Weltumweltkonferenz in Stockholm einen vielleicht ersten Höhepunkt erlebt hatte, gelten die Krisen der 1970er Jahre als ein – aus heutiger Sicht verpasstes – »Gelegenheitsfenster« für einen notwendigen, radikalen Wertewandel, wie es Ulrich Brand und Markus Wissen ausdrücken: »Bei dieser [Krise] handelte es sich nicht nur um eine Erschöpfung der ökonomischen Potenziale eines bestimmten Akkumulationsmodells, sondern um eine umfassende gesellschaftliche Krise, in der die vorherrschenden Formen des Arbeitens, Zusammenlebens und der Nutzung von Natur von alten und neuen sozialen Bewegungen politisiert wurden.« (18) In diesem kurzen Zeitfenster sah es tatsächlich für viele danach aus, als ob die Protestbewegungen der 68er mit ihren teils radikalen Hinterfragungen von Nation, Familie, Eigentum, Kapitel, Rasse und Geschlecht durch die Krisen der 1970er Jahre eine Art Hegemonie erreichen könnten, die das Kippen hin zu einem radikalen Wandel der Lebensweisen hätte auslösen können.

Dass dieses Gefühl von Möglichkeit einer öko-sozialen Transformation nicht nur manche linke Flügel erfüllte, sondern im Laufe der 1970er Jahre zu einem gesamtgesellschaftlichen Thema wurde, bezeugt die 1979 zur zweiten schweren Ölkrise gehaltene »Crisis of Confidence«-Rede des damaligen US-Präsidenten Jimmy Carter. In Tönen, die heute selbst von grünen Regierungsmitgliedern kaum denkbar wären, kritisierte Carter, dass »zu viele von uns heute dazu neigen, der Hemmungslosigkeit und dem Konsum zu huldigen. Menschliche Identität wird nicht mehr durch das definiert, was

---

7   https://www.youtube.com/watch?v=KJCxIr3SXJM [28.2.2024]

man tut, sondern durch das, was man besitzt. Doch wir haben entdeckt, dass der Besitz und Konsum von Dingen unsere Sehnsucht nach Sinn nicht befriedigt. Wir haben gelernt, dass die Anhäufung von materiellen Gütern die Leere von Leben ohne Zuversicht und Sinn nicht ausfüllen kann.«[8] Aus dieser misslichen Lage skizzierte der US-Präsident zwei Pfade, die die Gesellschaft an dieser Schwelle einschlagen könne: »Wir stehen an einem Wendepunkt in unserer Geschichte. Es gibt zwei Wege, die wir wählen können. Der eine ist der Weg, vor dem ich heute Abend gewarnt habe, der Weg, der zu Spaltung und Eigennutz führt. Auf diesem Weg liegt eine falsche Vorstellung von Freiheit, nämlich das Recht, für uns selbst einen Vorteil gegenüber anderen zu erlangen. Dieser Weg würde zu einem ständigen Konflikt zwischen engstirnigen Interessen führen, der in Chaos und Unbeweglichkeit endet. Es ist ein sicherer Weg des Scheiterns.«[9] Um diesem, in seinen Augen, »sicheren Scheitern« entgegenzuwirken, ordnete Carter per Gesetz an, »dass die Versorgungsunternehmen unseres Landes ihren massiven Ölverbrauch innerhalb des nächsten Jahrzehnts um 50 Prozent senken und auf andere Brennstoffe umsteigen«. Carter machte den Amerikaner*innen deutlich: »[A]ber es gibt keine kurzfristigen Lösungen für unsere langfristigen Probleme. Es gibt einfach keine Möglichkeit, Opfer zu vermeiden. [...] Ich verspreche Ihnen nicht, dass dieser Kampf für die Freiheit einfach sein wird. Ich verspreche keinen schnellen Ausweg aus den Problemen unserer Nation, wenn die Wahrheit ist, dass der einzige Ausweg eine allumfassende Anstrengung ist.«[10]

---

8   Original: »too many of us now tend to worship self-indulgence and consumption. Human identity is no longer defined by what one does, but by what one owns. But we've discovered that owning things and consuming things does not satisfy our longing for meaning. We've learned that piling up material goods cannot fill the emptiness of lives which have no confidence or purpose.«

9   Original: »We are at a turning point in our history. There are two paths to choose. One is a path I've warned about tonight, the path that leads to fragmentation and self-interest. Down that road lies a mistaken idea of freedom, the right to grasp for ourselves some advantage over others. That path would be one of constant conflict between narrow interests ending in chaos and immobility. It is a certain route to failure.]«

10 Original: »that our nation's utility companies cut their massive use of oil by 50 percent within the next decade and switch to other fuels«; »[...] but there are no short-term solutions to our long-range problems. There is simply no way to avoid sacrifice. [...] I do not promise you that this struggle for freedom will be easy. I do not promise a quick way out of our nation's problems, when the truth is that the only way out is an all-out effort.«

Abb. 25: Die Counterkultur nutzte die Krise und ihre Verordnungen zu einem Rückeinfordern automobiler Räume, wie hier bei einem Autobahn-Picknick in Holland: »Picnicking on the motorway in November 1973«, nahe Amsterdam.

Photo: Anefo/Nationaal Archief

Auch in europäischen Ländern wurden per Gesetz radikale Beschneidungen der petromodernen Freiheit ohne große Widerstände beschlossen, wie z.B. ein allgemeines Tempo 100 in Deutschland und Österreich, autofreie Sonntage und eine generelle Limitierung des Autofahrens auf manche Wochentage. Die Counterkultur nutzte dieses Zeitfenster, um die von dem Auto eingenommen Städte in den ganzen globalen Norden überspannenden Protesten zurückzufordern. Architekt*innen arbeiteten an radikalen Entwürfen zu nachhaltigen Wohnformen (Zardini et al. 2008) und die allgemeine Stimmung der Bevölkerung fühlte sich nach der Duldung (wenn nicht gar offenen Unterstützung) dieses radikalen Wandels an.

Doch das »Gelegenheitsfenster« zur radikalen ökologischen Transformation schloss sich bald darauf wieder. Im Januar 1981 gewann Ronald Reagan, dessen politischer Stil als Wegbereiter des Trumpismus gilt, die US-Präsidentschaftswahl gegen Jimmy Carter und sein neoliberaler Kurs setzte auf den Abbau sozialstaatlicher Errungenschaften und die forcierte Ausbeutung von Mensch und Natur. Schon im Redestil bei den Wahlkampfduellen zwischen Carter und Reagan war der Unterschied frappierend: Während Carter ein männlicher Intellektueller alter Schule war, der nach Fragen gerne mal kurz nachdachte und dann überlegte Antworten gab, hatte der ehemalige Hollywood-Cowboy Reagan sofort eine klug wirkende Floskel mit einem charmanten Lächeln zur Hand, welches ihm die Zustimmung im TV-Format zufliegen ließ. Wahlentscheidend jedoch war, neben dem bewussten Ausspielen rassistischer Stereotype der weißen Südstaatenwähler*innenschaft (R. C. Smith 2010, 108), die außenpolitische Lage im erdölreichen Nahen Osten: Am 4. November 1979 wurde die US-Amerikanische Botschaft in Teheran im Zuge der iranischen Revolution besetzt; Die 52 Botschaftsangehörigen waren über das ganze Wahlkampfjahr 1980 hinweg in Geiselhaft, welche absurderweise erst genau am Tag von Reagans Amtsantritt am 20. Januar 1981 nach 444 Tagen endete.[11] Während des gesamten Wahlkampfs forderte Reagan eine militärische Intervention im Iran (genau wie im ungefähr zeitgleich ausgebrochenen sowjetischen Afghanistankrieg), welche Carter vehement ablehnte. In einem TV-Interview fast 35 Jahre später (von 2014 bei CNBC International) sagte Carter, dass er schon damals wusste, dass ihm diese Weigerung vermutlich die Wiederwahl kosten würde – er aber trotzdem nicht einen so blutigen Konflikt wie jenen mit dem Iran vom Zaun brechen wollte. »Peace is difficult, war is popular in this country« räsoniert der gealterte Präsident resigniert als Erklärung, warum er sich selbst dem wahlkampftaktischen Rat seiner engsten Verbündeten widersetzte und auf die – in der amerikanischen Öffentlichkeit als blamable Schwäche geltende – militärische Nichtintervention beharrte.

Mit Reagan begann eine Ära der neoliberalen Beschleunigung, der Natur-Ausbeutung und des Sozialstaatsabbaus, was auch der aufkeimenden ökologischen Bewegung einen gigantischen Schaden zufügte. Während Carter das Problem erkannt hatte und den Ausstieg aus fossilen Brennstoffen und einen Solarstromanteil der USA von 20 % bis 2000 als Langzeitziele formulierte (Speth 2021), drehte Reagan den Kurs um, reinvestierte massiv in fossile Brennstoffe, deregulierte behördliche Kontrolle von Umweltverschmutzung. Außerdem gilt er als Wegbereiter der *Post-Truth* Politik, dessen intrinsisches Klimawandelleugnen Donald Trump 35 Jahre später auf die Spitze führen sollte. Für bittere Kommentatoren war es seit der Wahl Roland Reagans zu

---

11   Der texanische Politiker Ben Barnes behauptet sogar – ohne Beweise –, dass sich die Republikaner mit führenden arabischen Politikern abgesprochen haben, die Geiselnahme künstlich in die Länge zu ziehen, um Reagan so im Wahlkampf zu helfen. Vgl. z.B. https://www.derstandard.at/story/2000145161857/zeuge-bekraeftigt-verschwoerungstheorie-rund-um-jimmy-carters-wahlniederlage [28.2.2024]

spät noch »das Ruder herumzureißen« und den Klimawandel in seinem heute mit Sicherheit katastrophalen Folgen aufzuhalten.

Doch um diese schlaglichtartige Beschreibung der Resilienz des modernen Guten Lebens in seiner ersten großen Krise zu vervollständigen, ist es wichtig, noch ein Element zur Erzählung hinzuzunehmen, welches auf den ersten Blick wenig hiermit zu tun hat: das Bild des Islam in der westlichen Welt. Denn tatsächlich wird der Anteil der arabisch geführten OPEC an den Energiekrisen bis heute in den meisten Geschichtsschreibungen zu groß geschrieben, wie der Wirtschaftshistoriker Timothy Mitchell in seiner Studie *Carbon Democracy* argumentiert. Mitchell weist darauf hin, dass die Sachlage um einiges komplexer und vielschichtiger war und eng mit den ökonomischen und materiellen Umstellungen der 1970er Jahre in den USA und anderen westlichen Ländern zusammenhing. Demnach war es im geopolitischen Interesse der US-amerikanischen Ölindustrie, die damals noch unerschlossenen Ölvorkommen im eigenen Territorium (hauptsächlich Alaska) auszubeuten. Allerdings war das Preisniveau des Öls global zu niedrig, um derlei im Hochpreislohnland USA profitabel durchführen zu können. Aus diesem Grund setzte die US-amerikanische Ölindustrie ab den späten 1960er Jahren auf eine künstliche Erhöhung des Ölpreises, oftmals unter Duldung und gar direkter Hilfe der US-Regierung.

Dass sich die OPEC zu gleicher Zeit in einem Medienspektakel als »Dekolonialisierer des Erdöls« aufspielte, kam der heimischen Öl-Industrie dabei nur recht. Denn so ließ sich die Wut der Konsument*innen, die sonst die heimischen Akteur*innen getroffen hätte, auf ein äußeres Feindbild ablenken. »The fucking arabs are killing us« (Updike 2006, 24) schimpft der Hauptprotagonist Rabbit in John Updikes großen Energiekrisenroman *Rabbit is rich* von 1981 und bringt damit die kippende Stimmungslage oftmals auch liberaler Wähler*innen während der Ölkrise zum Ausdruck.

Laut dem Literaturwissenschaftler und postkolonialem Theoretiker Edward Said stellen die Ölkrisen der 1970er Jahre den entscheidenden Punkt in der Entwicklung moderner Islamophobie dar (Said 1997 [1981]). Davor wurden der Islam und Muslime, wenn überhaupt, dann exotisierend als nomadische Wüstenvölker im Stile von Lawrence of Arabia in westlichen Medien dargestellt – sie spielten in der öffentlichen Wahrnehmung und Politik des Westens allerdings kaum eine Rolle. Dies änderte sich mit der Ölkrise schlagartig. Plötzlich waren die Muslime und Araber, in Person des so selbstsicher auftretenden Saudi-Öl-Ministers Yamani, diejenigen, die »uns« das Autofahren verbieten wollen. Die braunen Muslime, die man davor kaum kannte, schienen es plötzlich auf den westlichen Lebensstil abgesehen zu haben und die Angst, dass »die muslimische Welt ihre mittelalterlichen Eroberungen wiederholen würde«, breitete sich aus. Politiker wie Reagan, die einen harten Kurs in den zeitgenössischen Krisen im Iran und in Afghanistan propagierten, erschienen so wie ein Bollwerk gegen diese muslimische Bedrohung, die »schwach« erscheinende Politiker wie Carter einfach gewähren ließen – so die xenophobe Wahrnehmung.

Dieses neue Feindbild der Muslime als Bedrohung für die westliche Welt wurde also gezielt in Stellung gebracht, um die großteils »homemade« gemachten ökonomischen und materiellen Veränderungen und Krisen der 1970er Jahre stabil und ohne radikalen gesellschaftlichen und kulturellen Wandel durchzuführen. Die Ursachen der viele so massiv verunsichernden Umwälzungen und Krisen der 1970er wurde auf ein bedrohliches Außen projiziert, gegenüber dem man das Innere abhärten und stabilisieren muss. Die Diskussionen über eine eigene, kritische Nabelschau und Selbsthinterfragung des Lebensstils endeten dann, als sich das Bild des »gefährlichen Muslims« durchsetzte.

Doch freilich ist dieses Bild des »uns unseren Lebensstil« wegnehmenden Muslims nicht mehr als eine xenophobe Projektion, die wahrscheinlich auch das historische Schuldgefühl darüber überdeckt, dass es oftmals genau anders herum war: Immerhin wurden die links-gerichteten Versuche der erdölproduzierenden Staaten ihre Vorkommen unter staatliche Kontrolle zu stellen, wie jene von Mohammed Mossadegh im Iran oder Abd al-Karim Qasim im Irak der 1960er Jahre, durch aktive militärische und geheimdienstliche Intervention der USA und des Vereinigten Königreichs verhindert und die führenden Politiker geputscht oder ermordet (bzw. im Falle von Mossadegh unter Hausarrest gestellt). Die OPEC war letztlich auch nur ein müder, mit dem Neoliberalismus konformer Versuch, die eigenen Lebensstile und Ressourcenvorkommnisse zu sichern.[12]

---

12   Zur Resilienz der Moderne zählen auch solche – oftmals staatlich und politisch – geförderten Projektionen auf ein ausländisches und feindlich gesinntes Außen, welches die ausbeuterische und bedrohliche Situation genau umdreht. Genauso wie historisch bis heute viel mehr weiße Männer schwarze und braune Frauen vergewaltigt haben, der mediale Diskurs im Westen aber fast ausschließlich von »muslimischen« und eingewanderten Vergewaltigern von weißen Frauen handelt (vgl. Penny 2022), genauso stabilisiert sich der weiterhin die muslimischen und andere, ärmere Staaten ausbeutende Westen durch eine Täter-Opfer-Umkehr und beschuldigt die unterworfenen und ausgebeuteten Völker einer Bedrohung des auf ihrer Ausbeutung basierenden Lebensstils.

Doch bis heute ist die vorherrschende Geschichtsschreibung, wie oben bereits angesprochen, eine andere. Durch die aktive Förderung von Islamophobie in der westlichen Politik wurde das »Gelegenheitsfenster« für radikale Transformation geschlossen und die moderne und katastrophale Lebensweise weiter stabilisiert. Wenn man sich historische Radiosendungen über die ersten »autofreien Sonntage« und andere den Autoverkehr beschneidenden Regulationen aus den 1970er Jahren anhört, ist es für gegenwärtige Ohren erstaunlich, wie verständig die interviewten Menschen die Beschneidungen duldeten und mittrugen.[13] Alle sahen die Notwendigkeit ein, niemand regte sich auf, von Protestbewegungen gegen die Beschneidungen ist nichts überliefert. Dies ist unter heutigen Bedingungen, wo bereits bei kurzen aktivistischen Straßenblockaden Vergleiche zu terroristischen Organisationen wie dem *Islamischen Staat* gezogen werden (siehe oben), kaum vorstellbar. Es ist also kein Zufall, dass dieselben rechtspopulistischen und rechtsextremen Parteien, die heute massiv gegen Muslime hetzen, auch die allerersten sind, die die »Rechte« der Autofahrer*innen verteidigen wollen. Seit der neoliberalen Konsolidierung nach der Energiekrise der 1970er Jahre kann – nach hegemonialen Narrativ – jede Hinterfragung und Bedrohung des Status quo nur mehr von außen kommen. Und wenn sich dieses Außen schon nicht als »braun« und »muslimisch« stigmatisieren lässt, was ja tatsächlich schwer ist angesichts der sehr weißen und privilegierten Öko-Aktivist*innen und Straßenblockierer*innen der Gegenwart, dann nimmt man eben eine Steuerung einer diffusen und bösartigen Elite an – Hauptsache, man bezieht die Kritik und Hinterfragung nicht auf seine täglich gelebte Alltagspraxis.

In einer Radiodiskussion zu dem ökologischen Wandel auf Ö1 im August 2021 sagte der OMV-Vorstandsvorsitzende Rainer Seele mit einer Selbstverständlichkeit: »Alle wollen CO_2 einsparen, aber alle wollen auch so weiterleben wie bisher.« Eine Untersuchung der Resilienz der Moderne möchte Fragen beantworten wie: Seit wann kann man das behaupten? Wer sind diese »alle«, die vermeintlich so weiterleben wollen wie bisher? Warum zählen nur ihre Stimmen? Wer hat sie befragt? Und warum haben diese Stimmen so wenig Fantasie bezüglich einer besseren, ökologisch, sozial und kulturell faireren und nachhaltigeren Welt? Ein Element der Erklärung habe ich versucht mit dieser kurzen Nacherzählung der wichtigen kulturellen Umstellungen der »Energiekri-

---

13   Siehe z.B. die Sondersendung zum Ersten autofreien Sonntag des SWR2 von 1973, welche hier nachzuhören ist: https://www.swr.de/swr2/wissen/archivradio/erster-autofreier-sonntag-sondersendung-100.html

se« der 1970er Jahre zu skizzieren. Wir haben im dritten Kapitel skizziert, wie das moderne – katastrophale – Gute Leben des Konsumkapitalismus auf einer von Kriegswirtschaft abhängiger und von Erdölprodukten erzeugter Normalität aufbaut. Diese doppelte Abhängigkeit von außen wurde allerdings von Anfang an verschleiert durch die Essentialisierung binärer Geschlechtsmodelle: Echte Männer sind dann diejenigen, die laute Maschinen als ihren Ersatzphallus (Kapitel 6) befehlen können; Frauen diejenigen, die als geschminkte Barbiepuppen durch eine saubere Aluminiumküche tanzen. Beide sind in dieser Form strukturell und affektiv abhängig von den Erdölexporten ausgebeuteter Völker – und jedes Drosseln der Lieferung, jede Agency der kolonisierten Völker erscheint durch diese affektive Instandhaltung wie eine existentielle Bedrohung des eigenen Lebensstils. Die kapitalistischen Eliten im Bande mit Populisten wie Reagan wussten seit den 1970er Jahren dieses höchst fragile Wesen petromoderner Subjektivierung für eine Stabilisierung des Status quo einzusetzen. Da alle sozialen Klassen innerhalb des modernen Guten Lebens von erdölintensiven Lebensstilen abhängig gemacht wurden, ist nun jede leichte Störung des hochkomplexen, imperialistischen und globalen Ausbeutungsnetzes, welches die Förderung von so viel Erdöl erfordert, eine individuelle Bedrohung für jede einzelne Person, deren Partizipation an diesem Guten Leben als zumindest möglich erscheint. Hierin liegt ein ungeheures Potential zur Selbststabilisierung des Systems, welches im Laufe der 1970er Jahre in Stellung gebracht wurde und bis heute durch immer offenere Xenophobie verfeinert wird.

Eine Lektion für heutige politische Versuche hin zu nachhaltigen Lösungen ist, dass man innerhalb jedes politischen Agitierens stets die Reaktion mitdenken muss. Die moderne Kultur und der Kapitalismus haben sich im Zuge ihrer von Krisen geprägten Geschichte vielfach resilienter und stabiler gemacht – die Moderne ist bei Weitem kein oberflächlicher Lebensstil, den man ohne Weiteres durch einen anderen ersetzen könnte. Denn die Moderne hat bereits so viele Krisen überwunden und für sich nutzbar gemacht, dass auch die meisten Fluchtwege, die als Auswege und Lösung erscheinen, eigentlich nur weitere Feedbackloops desselben Systems sind, die dieses über Umwege verstärken und restabilisieren.

Im nächsten Kapitel werden wir die Analyse der Resilienz der Moderne vom Makropolitischen der Energiekrise ins alltägliche, mikropolitische Bedürfnis nach einem Schutzraum, den das Auto für moderne Bedingungen perfekt verkörpert, fortführen. In der krisengebeutelten, toxischen Welt sind es gerade die marginalisierten, die ein verstärktes Bedürfnis nach einem von der Moderne als Konsumobjekt bereit gestellten Schutzraum empfinden. Eine Analyse dieses zentralen Aspekts der Resilienz der Moderne ist unumgänglich, um eine Öko-Politik der Zukunft von klassistischen, rassistischen und ableistischen »zu einfachen Antworten« abzubringen und ihr einen zukunftsfähigen Weg zur Kompostierung der Moderne und ihrer bevorteilten Kategorien zu bereiten.

Kapitel 8: Schutzraum

Die Welt ist nicht für alle gleich toxisch. Auch wenn das Auto im Homogenozän die Welt überall mehr angleicht, dürfen wir nicht den Fehler machen, alle als von der ökologischen Katastrophe gleich betroffen zu betrachten.

Der namensgebende *anthropos* des homogenisierenden Anthropozäns ist – wie wir bereits erarbeitet haben – dem Modell des weißen, privilegierten Mannes nachempfunden. Die Formen des Mensch-Seins, die diesem Ideal weniger entsprechen – z.B. Queere, Transgeschlechtliche oder schwarz, braun und weiblich gelesene Personen – sind der alltäglichen Toxizität dieser modernen Menschenwelt graduell mehr ausgesetzt. Zwar ist der weiße Mann der Hauptverantwortliche für die zunehmende Vergiftung und Zerstörung der Umwelt, doch die von dieser Toxizität am meisten Betroffenen sind statistisch gesehen dunkelhäutigere, ärmere und weibliche Menschen. Dies trifft global wie lokal zu. Wie unzählige Studien belegen, sind die ärmsten und historisch am wenigsten emittierenden Länder am meisten vom Klimawandel betroffen. Braune, schwarze Menschen sind statistisch einer viel höheren Wahrscheinlichkeit ausgesetzt, an den Folgen der schleichenden ökologischen Katastrophe zu Schaden zu kommen; gleiches gilt für weibliche Personen (Nagel 2015). Wie es Max Liboiron schlagwortartig auf den Punkt bringt: *Pollution is Colonialism*.

Doch auch lokal reproduziert sich diese diametral verkehrte Verteilung und dieses unfaire Outsourcing von Toxizität in der Alltagserfahrung der Menschen. Während Zufußgehen für weiße Männer in den meisten Winkeln der Welt als sicher und problemlos machbar gilt, trifft dies für anders sozialisierte Menschen weniger zu. Wie wir bereits in Kapitel 2 erfahren haben, wurde Mike Brown auf offener Straße von dem später freigesprochenen Polizisten Darren Wilson erschossen, weil er diesem durch Zufußgehen auf offener Straße als verdächtig erschien. Für viele nicht-weiße und nicht-cis-männliche Wesen ist die ökologischste Weise der Fortbewegung so in vielen humanen Habitaten

mit einer alltäglich schwelenden Gefahr von körperlichem Schaden, Verge-
waltigung und Tod durchsetzt. Die brutalen Polizeimorde an Mike Brown,
George Floyd und so vielen anderen sind hierbei nur die sichtbare Spitze eines
Eisberges.

Der in Jamaika aufgewachsene, schwarze Schriftsteller Ganette Cadogan
beschreibt in seinem Essay *Walking While Black* von 2016 sein Erstaunen über
die Gefährlichkeit des schwarzen Zufußgehens in New Orleans und New York
City:

> »Innerhalb weniger Tage bemerkte ich, dass viele Menschen auf der Straße
> vor mir Angst zu haben schienen: Manche warfen mir einen misstrauischen
> Blick zu, wenn sie sich mir näherten, und wechselten dann die Straßensei-
> te; andere blickten nach hinten, registrierten meine Anwesenheit und be-
> schleunigten dann; ältere weiße Frauen umklammerten ihre Taschen; junge
> weiße Männer grüßten mich nervös, als ob sie diesen Gruß für ihre Sicher-
> heit eintauschen wollten: ›What's up, bro?‹ Einmal, weniger als einen Monat
> nach meiner Ankunft, versuchte ich einem Mann zu helfen, der mit seinem
> Rollstuhl mitten auf einem Zebrastreifen feststeckte; er drohte, mir ins Ge-
> sicht zu schießen, und bat dann einen weißen Fußgänger um Hilfe.
> Ich war auf all das nicht vorbereitet. Ich kam aus einem mehrheitlich schwar-
> zen Land, in dem sich niemand wegen meiner Hautfarbe vor mir Angst hatte.
> Jetzt war ich mir nicht sicher, wer mich fürchtete. Besonders unvorbereitet
> war ich auf die Polizisten. Sie hielten mich regelmäßig an und schikanier-
> ten mich, indem sie Fragen stellten, die meine Schuld als gegeben voraus-
> setzten. [...] In dieser Stadt der quirligen Straßen wurde das Gehen zu einer
> komplexen und oft bedrückenden Verhandlung. Ich sah eine weiße Frau, die
> mir nachts entgegenkam, und überquerte die Straße, um ihr zu signalisie-
> ren, dass sie in Sicherheit war. Ich vergaß etwas zu Hause, drehte mich aber
> nicht sofort um, wenn jemand hinter mir war, denn ich entdeckte, dass ein
> plötzliches Umdrehen Alarm auslösen konnte. (Ich hatte eine Kardinalregel:
> Halte einen großen Abstand zu Leuten, die dich als Gefahr betrachten könn-
> ten. Wenn nicht, könnte die Gefahr deine werden.) New Orleans kam mir
> plötzlich gefährlicher vor als Jamaika. Der Bürgersteig war ein Minenfeld,
> und jedes Zögern und jede mich selbst beschneidende Kompensation ver-
> ringerte meine Würde. Trotz meiner Bemühungen fühlten sich die Straßen
> nie sicher an. Selbst ein einfacher Gruß konnte verdächtig wirken.«[1]

---

1   Original: »Within days I noticed that many people on the street seemed apprehensive
    of me: Some gave me a circumspect glance as they approached, and then crossed the
    street; others, ahead, would glance behind, register my presence, and then speed up;

Durch ein solches toxisches Klima wird der simple menschliche Akt des Gehens für diskriminierte Personen zu einem Spießrutenlauf der permanenten Gefahr, für den man sein eigenes Sensorium entwickeln muss. Wie Cadogan bemerkt, sind es besonders weiblich gelesene Personen, die diese Probleme und die daraus resultierende Sensibilität am besten nachvollziehen können, da diese ähnlichen, wenn auch weniger von Polizeigewalt geprägten Gefahrensituationen im öffentlichen Raum ausgesetzt sind.

Durch diese Toxizität des Alltags werden strukturell diskriminierte Personen zu einer Zuflucht in Schutzräume gedrängt. Dies erfolgt auf einem so alltäglichen, und dadurch so subtilen, Level, dass es selbst teils von dieser Diskriminierung Betroffenen nicht mehr auffällt. Der Druck ist so permanent, dass man sich ihm anpasst, ohne darüber bewusst nachzudenken. Es wird fast zur instinktiven Lebenshaltung von minorisierten Personen, über die erst eine Emanzipationspolitik des kollektiven Austausches ein Bewusstsein entstehen lassen kann.

---

older white women clutched their bags; young white men nervously greeted me, as if exchanging a salutation for their safety: ›What's up, bro?‹ On one occasion, less than a month after my arrival, I tried to help a man whose wheelchair was stuck in the middle of a crosswalk; he threatened to shoot me in the face, then asked a white pedestrian for help. Within days I noticed that many people on the street seemed apprehensive of me: Some gave me a circumspect glance as they approached, and then crossed the street; others, ahead, would glance behind, register my presence, and then speed up; older white women clutched their bags; young white men nervously greeted me, as if exchanging a salutation for their safety: ›What's up, bro?‹ On one occasion, less than a month after my arrival, I tried to help a man whose wheelchair was stuck in the middle of a crosswalk; he threatened to shoot me in the face, then asked a white pedestrian for help.

I wasn't prepared for any of this. I had come from a majority-black country in which no one was wary of me because of my skin color. Now I wasn't sure who was afraid of me. I was especially unprepared for the cops. They regularly stopped and bullied me, asking questions that took my guilt for granted. [...] In this city of exuberant streets, walking became a complex and often oppressive negotiation. I would see a white woman walking toward me at night and cross the street to reassure her that she was safe. I would forget something at home but not immediately turn around if someone was behind me, because I discovered that a sudden backtrack could cause alarm. (I had a cardinal rule: Keep a wide perimeter from people who might consider me a danger. If not, danger might visit me.) New Orleans suddenly felt more dangerous than Jamaica. The sidewalk was a minefield, and every hesitation and self-censored compensation reduced my dignity. Despite my best efforts, the streets never felt comfortably safe. Even a simple salutation was suspect.«

Einer dieser Schutzräume in der modernen Welt ist das Auto – und keine Kritik des Autos darf diese wichtige Schutzraumfunktion für diskriminierte Personen übergehen. Wir sind an einer der Schnittstellen angelangt, wo sich die in Europa mehrheitlich weiße Umweltpolitik oftmals in einen gefährlichen Widerspruch mit migrantischen und anders diskriminierten Menschen begibt. Ein überzeichneter Archetyp an diesem Gefahrenpunkt ist der weiße Öko-Aktivist, der einer schwarzen Transfrau vorschreiben will, weniger Auto zu fahren und sie von den Vorzügen des »ach so gesunden« Zufußgehens zu überzeugen sucht. Zugang zu Umwelt ist in der toxischen Welt der Moderne leider vielfach rassistisch und sexistisch strukturiert – und dort, wo sich der weiße Mann beim hippiesken Barfußgehen wohl fühlt, mag ein undurchdringlicher Gefahrenherd für weniger privilegierte Menschen liegen.

In diesem Kapitel möchte ich mich also dem schwierigen Thema der intersektionalen Anschlussfähigkeit ökologisch motivierter Politik widmen. Dadurch, dass ich die Schutzraumfunktion des Autos als wichtigen Faktor für moderne Emanzipationspolitiken affirmiere, sie aber gleichzeitig als einen zentralen Faktor der Resilienz der Moderne verstehe, möchte ich ein hinreichend tiefes Problembewusstsein entwickeln, dass das leichte Ausspielen verschiedener emanzipatorischer Politiken der Gegenwart gegeneinander verhindert und sie auf dieselbe Basis stellt. Die Moderne stellt von dieser Basis aus gesehen das gemeinsame Problem dar, welches verschiedene Betroffene allerdings auf entgegengesetzten Seiten platziert. Durch diesen Mechanismus lässt sich die Moderne, selbst wenn sie als toxisches Problem erkannt wurde, nicht einfach abtun oder frontal bekämpfen, wie es die heute landläufig durchgesetzte Bedeutung von »problematisch« als etwas einfach Abzulehnendes und zu Vermeidendes suggeriert. Stattdessen möchte ich das »Problematische« an der Moderne in seiner ursprünglicheren, wissenschaftlichen Bedeutung verstehen: In der Mathematik und Philosophie sucht man obsessiv das Problematische, richtet ihm ganze Professuren und Forschungsstellen ein, nur um sich mit ihm zu beschäftigen und produktive Umgänge mit oder Auswege aus ihm zu finden. Die Moderne – und damit unser metaphorisches Zentralvehikel des Autos – hängt zu stark mit positiv konnotierten und emanzipatorischen Errungenschaften zusammen, als dass man sie einfach abtun könnte, auch wenn man sie als tief problematisch erkennt. Dies formt einen wichtigen Aspekt ihrer ungeheuren Resilienz, wie ich nun erörtern werde.

Vehikel der Emanzipation

Die Erfahrung, einen schwarzen Körper in den USA durch den öffentlichen Raum zu navigieren, war, wie Ganette Cadogan erläutert, in vergangenen Jahrzehnten keinesfalls besser als heute, sondern zumeist noch um einiges schlimmer. In den Hochzeiten des Klu-Klux-Klans und der Jim Crow-Gesetze war Lynchjustiz gegen schwarze Menschen eine traurige Alltäglichkeit. Per Gesetz war »Rassentrennung« in allen öffentlichen Einrichtungen und Transportmitteln zulässig. Die Massaker von Tulsa und Greenwood in den 1920er Jahren, bei denen hunderte Schwarze von weißen Mobs auf offener Straße ermordet wurden, markieren die schaurigen Höhepunkte eines höchst toxischen und allzeit lebensbedrohlichen Alltags für schwarze Menschen in den USA.

In diesem toxischen Klima war der Erwerb eines KFZ, welches auch langsam für wohlhabendere Schwarze erschwinglich wurde, eine logische Entscheidung, um der sonst überall drohenden Gefahr im öffentlichen Raum durch einen stählernen Schutzraum zu entgehen. Bereits im Jahr 1929 ist der für die schwarze Bürgerrechtsbewegung zentrale Philosoph, Historiker, Journalist und Schriftsteller W.E.B. Du Bois bei einer 1399 Meilen langen Autoreise durch die Südstaaten ganz positiv überrascht, wie viele Afroamerikaner*innen ihm in Autos begegneten. »Das Automobil bringt eindeutig die gerechte Vergeltung für die alberne Geschäftemacherei von Jim Crow« notiert er freudig.[2]

Viele im Norden der USA wohnende, schwarze US-Amerikaner*innen hatten weiterhin enge Familienbande in die Südstaaten, in denen historisch (und bis heute) die meisten Afroamerikaner*innen (aufgrund der Sklaverei in den ehemals konföderierten Staaten) lebten. Das privat besessene Auto wurde zum zentralen Vehikel zur Vernetzung und Emanzipation schwarzer Communities. Wie die Historikerin Gretchen Sorin in Erinnerung an ihren eigenen Vater erzählt, hat das Auto aufgrund dieser schutzgebenden Rolle einen besonders hohen Stellenwert unter afroamerikanischen Männern. Eltern konnten durch den Rücksitz ihrer Autos ihre Kinder vom rassistischen Alltag schwarzer Mobilität abschirmen und ihnen ein psychisch wie physisch sichereres Aufwachsen ermöglichen – und trotzdem noch die Oma etc. regelmäßig sehen (Sorin 2020, 40). Das sogenannte *Negro Motorist Green Book*, welches von

---

2   Original: »The automobile is certainly bringing just retribution upon the silly profiteering of Jim Crow.« Aus: W.E.B. DuBois, »Jim Crow Cars Usually Empty« in *Baltimore Afro-American*, Feb 16, 1929 via Sorin 2020, 42.

1936 bis 1966 erschien, war für diese schwarze Vernetzung in toxischen Zeiten ein unerlässliches Hilfsmittel. Dieser jährlich erscheinende Reiseführer verzeichnete »sichere Orte« in den für Schwarze gefährlichsten Gegenden; also Restaurants und Tankstellen, in denen Schwarze bedient wurden, und Motels, in denen sie übernachten konnten, darüber hinaus solidarische Ärzte, Apotheken usw.

In ihrem Buch *Driving While Black – African American Travel and the Road to Civil Right* beschreibt Gretchen Sorin das Auto als zentrales Vehikel der Emanzipation für die schwarz gelesene Bevölkerung: »Der Erwerb und Besitz eines Familienautos war eine Antwort auf die Strapazen der öffentlichen Verkehrsmittel Bus und Bahn – ein Mittel, um den täglichen Demütigungen zu entgehen, die sich aus dem Ausgeliefertsein an Busfahrer*innen und Schaffner*innen, weiße Fahrgäste und Polizist*innen ergaben. Das Auto ermöglichte ungehindertes Reisen ohne diese ständigen Begegnungen mit Rassismus und bot ein gewisses Maß an physischer und psychischer Sicherheit. Es überrascht nicht, dass afroamerikanische Familien ab den 1930er Jahren häufig alle Ressourcen, die sie hatten oder aufbringen konnten, für den Kauf eines neuen oder gebrauchten Autos nutzten.« (Ibid. 33)[3]

Im 20. Jahrhundert gab es diverse historische Emanzipationskämpfe, wie zum Beispiel teilweise jene der Frauen und Queers, für die das Auto eine zentrale Rolle zur Befreiung oder zumindest der Bekämpfung toxischer Strukturen symbolisierte (vgl. u.a. Ganser 2009; Diehl 2022). Jede am Land aufgewachsene Person, die mit dem Führerschein erst ein Mindestmaß an Freiheit von der dumpfen und oppressiven Landalltäglichkeit gewonnen hat, wird dieses Emanzipationspotential am eigenen Leib ansatzweise nachempfinden können. Doch das vielleicht wichtigste historische Beispiel bleibt die Rolle des Autos in der US-amerikanischen *Civil Rights Movement* der 1950er bis 1970er Jahre, welches bis heute seine Nachwirkungen hat. So wären die durch Rosa Parks berühmt gewordenen Bus-Boykotte von Montgomery, Alabama, ohne das Auto kaum möglich gewesen, wie Sorin argumentiert. Um

---

3   Original: »The purchase and ownership of the family automobile was one response to the stress and tribulations of public transportation by bus and rail – a means of avoiding the daily humiliations that resulted from being at the mercy of bus drivers and conductors, white passengers and policemen. Cars enabled unfettered travel without these continuous encounters with racism and provided some measure of both physical and psychological safety. Not surprisingly, beginning in the 1930s, African American families often took whatever resources they had or could muster to purchase a car, new or used.«

das Busunternehmen Montgomery City Lines Company erfolgreich zwingen zu können, von ihrer rassistischen Sitzplatzpolitik abzukommen, musste die strukturell ärmere schwarze Bevölkerung andere Wege finden, um zur Arbeit zu kommen. Aus diesem Grund wurde aus kollektiven Mitteln eine kleine Flotte von Kombi-KFZs gekauft, wohlhabendere schwarze Autobesitzer*innen nahmen solidarisch ärmere mit, und schwarze Taxifahrer verlangten einen bloß symbolischen Transporttarif von 10 Cent, was dem Preis eines Bustickets entsprach. Durch diesen Umstieg auf das Auto war es möglich, die Einnahmen des diskriminierenden Busunternehmens innerhalb von einem Jahr um 69 Prozent zum Einsturz zu bringen (Sorin 2020, 44), wodurch sich dieses zum Einlenken gezwungen sah und so ein symbolisch extrem wichtiger Sieg gegen die rassistischen Jim Crow-Gesetze gewonnen wurde.

»Das Automobil erwies sich nicht nur für die Boykotte als unverzichtbar. Es trug auch dazu bei, die Bürgerrechtsbewegung in einer segregierten Welt zu ermöglichen. Denn die Akteur*innen des *Civil Rights Movements* benötigten etwas, um schnell und sicher in verschiedene Städte zu reisen. Einige Afroamerikaner*innen betrachteten das Auto als Grundlage für den Erfolg der Bewegung:»Der Schlüssel der Bewegung war ein Schlüssel zu einem Automobil ... der Schlüssel zu einem verdammt guten Automobil«, verkündete der *Pittsburgh Courier*.« (Sorin 2020, 44)[4]

Für Leader und Sprecher*innen der Bewegung waren Autos unablässig, da sie sonst gar nicht zu Flughäfen, zu denen Taxis Schwarzen oft den Transport verweigerten, oder anderen Örtlichkeiten gekommen wären. Zusammenfassend lässt sich sagen, dass sowohl für das individuelle Bewusstsein von schwarz gelesenen Personen wie auch deren Vernetzung das Auto ein nicht zu vernachlässigender Faktor war. Für viele schwarze Personen bildete das Auto die notwendige Prothese, die die verfassungsrechtlich eigentlich seit 1776 gewährleistete »Gleichheit aller Menschen« am eigenen Leib erfahrbar machte. »Das Lenken eines Autos erwies sich als wunderbare, befreiende Erfahrung für Bürger*innen, denen die vollen Rechte der Staatsbürgerschaft

---

4   Original: »The automobile proved to be essential for more than the boycotts. It helped make the civil rights movement possible in a segregated world in which the participants needed the ability to travel to different cities quickly and safely. Some African Americans viewed the car as the *foundation* to the success of the movement: ›The key to the movement was a key to an automobile ... the key to a damn good automobile,‹ proclaimed the *Pittsburgh Courier*.«

verwehrt waren. Das Automobil machte die gesamte Nation für Entdeckungen erreichbar und ermutigte Afroamerikaner*innen, Nationalparks und Denkmäler, historische Stätten und Museen zu besuchen, Ausflüge zu unternehmen oder einfach nur herumzufahren.« (Ibid. 38)[5] Weiße Konservative der Zeit, wie die Etikettenautorin Emily Post, beschwerten sich, dass mit dem Auto jede*r sich automatisch gleich mit jede*r anderen fühlte und dass sich Leute von »bescheidenen Mitteln« (Code für oftmals rassifizierten Pöbel) plötzlich gleichwertig zur (weißen) High Society fühlten. »Andere hingegen, insbesondere Afroamerikaner, betrachteten das Automobil als notwendige Erfindung einer demokratischen Gesellschaft.« (Ibid. 36)[6]

Blasenbildung in einer toxischen Welt

Die dezidiert linke, türkisch-österreichische Rapperin Esrap wurde in einem Interview im Kontext der Besetzung der Baustellen der (schließlich verhinderten) Lobau-Autobahn zu ihrem Standpunkt zum Auto befragt. Entgegen einer in weißen linken Kreisen zunehmenden Anti-Auto-Haltung hält Esrap am »Auto-Feeling« fest und zelebriert den durch es ermöglichten Lifestyle. Sie macht darauf aufmerksam, dass besonders für Frauen mit Kopftuch, die sich in der Straßenbahn regelmäßig rassistischen Übergriffen ausgesetzt fühlen, das Auto ein »Safe Space« ist und ganz allgemein das KFZ ein Mittel für diskriminierte oder ökonomisch benachteiligte Menschen ist, »sich gut zu fühlen«. – »Ein 25-jähriger Jugo oder Türke, der putzen geht und sich ein Auto gönnt, das ist cool. Ich denk' mir, ja, Bro, gönn' dir das. Die Frage ist doch: Was ist Luxus? Ein verwöhntes Bürgersöhnchen braucht keinen BMW, der hat eh alles, aber der 19-jährige Mohammed hat nichts.«

---

5   Original: »Operating a motorcar proved to be a wonderful, liberating experience for citizens for whom the full rights of citizenship were denied. The automobile opened up the entire nation for exploration, emboldening black people to visit national parks and monuments, historic sites and museums, and to take vactions or just go for a drive.«

6   Original: »Others, however, especially African Americans, viewed the automobile as the necessary invention of a democratic society.«

Sie führt weiter aus: »Mir ist nicht bewusst, dass ich jemanden störe, Platz wegnehme, wenn ich mit dem Auto fahre. Bei Fahrradfahrer*innen denk ich mir nicht, dass ich Platz wegnehme, sondern eher, der*die wohnt in der Dachgeschosswohnung und nimmt mir Platz auf der Straße. Ich finde die Mariahilfer Straße ohne Autos super, ebenso den 1. Bezirk. Wenn ich einkaufe, dann gehe ich, mir sind die Begegnungen wichtig, ich kaufe nicht online ein. Aber ich würde mich auch gerne ganz entspannt an der Tankstelle mit drei anderen Autos treffen und dafür nicht riskieren, 300 Euro Strafe zu zahlen. Es gibt zu wenige Plätze, wo sich vier Autos gemütlich treffen können, was zusammen trinken und dann weiterfahren.« Interessant ist hierbei die Gleichsetzung von Menschen, die sie wohl eigentlich treffen will, mit Autos. Die sichtlich konsternierte und dem von ihr kritisierten Milieu nähere Interviewerin fragt abschließend: »Ich würde gerne rauchen ohne die schädlichen Effekte. Würdest du gerne Autofahren ohne schädliche Effekte?«

Esrap: »Auf jeden Fall. Aber erst, wenn alles andere auf der Welt schon fast perfekt ist, braucht es das Autofeeling nicht mehr.« (Özmen 2022)

Dieses Interview mit dem Titel »Cruisen im Auto für die Emanzipation« spricht einen wichtigen Punkt an, für den sich in fast allen diskriminierten Gruppen Stimmen finden lassen. Auch die bekannte Auto-Kritiker*in Katja Diehl weist darauf hin, dass Trans*-Menschen und Frauen, die sich alltäglicher Diskriminierung im öffentlichen Raum ausgesetzt fühlen, eine größere Berechtigung haben, vom Schutzraum des Autos zu profitieren. Genauso erarbeitet die Amerikanistin Alexandra Ganser, dass das Auto ein wichtiges Mittel im historischen Emanzipationskampf der Frauen war, um der stereotypisch zugeschriebenen Immobilität und Passivität durch eine technische Prothese zu entgehen.

Abb. 26: Margaret Bourke-Whites berühmtes Photo der Louisville-Flut 1937 macht anschaulich, dass trotz aller emanzipatorischen Potentiale die Ideologie des Automobilismus eine von weißer, heteronormativer und patriarchaler Hegemonie war.

Photo mit dem Titel »World's Highest Standard of Living«, auch bekannt als »At the Time of the Louisville Flood«, aufgenommen von Margaret Bourke-White in Louisville, Kentucky nach der Überflutung des Ohio Rivers 1937. Ersterscheinung im Life Magazine, Februar 1937 – via Wikimedia Commons

Dabei ist es nicht so, als ob das Auto für die Befreiung schwarzer, migrantischer, queerer oder weiblicher Personen designt wurde. Nahezu alle genannten Verteidiger*innen des Autos aus minoritärer Position sind sich einig, dass das Auto die längste Zeit und bis heute hauptsächlich den Bedürfnissen des weißen Mannes entsprechend entworfen wurde. Dies äußert sich augenscheinlich in den für Männer sichereren Karosseriedesigns und die an männlichen Begehren orientierten Formsprachen von Autos, die wir bereits angesprochen haben. Auch die die autoorientierte Verkehrsplanung ist an Bedürfnissen von »männlichen Brotverdienern« orientiert (Diehl 2022, 36ff.). Zudem wurde bzw. wird die Errichtung von Stadtstraßen historisch und bis heute oftmals zur rassistischen Trennung von Stadtvierteln eingesetzt: »Zur Freude der Stadtreformer, die darauf erpicht waren, die Slums zu beseitigen, führten viele Strecken durch die billigsten Wohnviertel, in denen in der Regel Afroamerikaner*innen lebten (und oft auch leben mussten, da sie durch gesetzliche oder allgemein tolerierte Diskriminierung von den meisten Gebieten ferngehalten wurden). Kostenkalkulationen rechtfertigten die Entscheidung, die schwarzen ›Slums‹ mit Straßen zu durchschneiden, und es war ohnehin unwahrscheinlich, dass die weißen Politiker, die jede Stadt regierten, die schwarzen Viertel schützen würden. [...] In den Städten der Südstaaten waren Straßen seit Beginn des Automobilzeitalters ein Instrument der Segregation.« (Ladd 2011, 105)[7]

Im Zuge des *Civil Rights Movement* entstand massiver Protest in »newly empowered African American neighborhood organizations« gegen »white men's roads through black men's homes.« (Ibid. 106) Trotzdem wurden rassistisch segregierende und vertreibende Straßenplanungen in zahlreichen Städten von Atlanta bis Los Angeles durchgesetzt.

Laut Douglas Kuswa konnte Segregation nicht ohne die »Highway-Machine« aufgebaut werden – »Damit meine ich nicht nur den Beton und Asphalt, sondern auch das Auto als solches. Allein dieses Fahrzeug ermöglichte es den Weißen, an den Ghettos vorbeizufahren, ohne jemals neben einem Schwarzen sitzen zu müssen.« (Via Malm and The Zetkin Collective 2021, 369)

In einem ebenfalls *Driving While Black* betitelten, bereits 2001 erschienenen Artikel kommentiert Paul Gilroy, dass es für Afroamerikaner*innen genau der ursprüngliche Ausschluss aus der Auto-Kultur war, der spätere Generationen so anfällig für das Prestige des Autos als kompensatorischen Konsum machte. Für ihn war die fetischistische schwarze Autokultur, die aus unzähligen Hip-Hop-Videos seit den 1990ern bekannt ist, ein Symptom des Scheiterns eines radikalen emanzipatorischen Projekts der 1968er. Während für Black Liberation Activists Songtexte wie »You may not have a car at all, but remember, brother and sisters, you can still stand tall« von William DeVaughn von 1974 identitätsstiftend waren, wurde nach dem Zusammenbruch des radikalen und kommunistischen Programms der Black Panthers der SUV und andere dicke Autos

---

7   Original: »To the delight of urban reformers eager to raze the slums, many routes also sliced through the lowest-value residential neighborhoods, which were typically where African Americans lived (and often had to live, since legal or widely tolerated discrimination kept them out of most areas). Calculations of cost justified the decision to traverse the black »slums,« and in any case the white politicians who ran every city were unlikely to protect black neighborhoods. [...] In southern cities, roads had been a tool of segregation since the beginning of the automobile age.«

besonders für männliche Schwarze ein Symbol der Macht. So besang der Hip-Hopper R. Kelly 1995 die Erotik von Frauen und Autos (und wie man sich beide im kapitalistischen Kompromiss kaufen kann) in einem Atemzug: »You remind me of a jeep, I want to ride it« und »Girl you just look like my car, I want to wax it, and something like my bank account, I want to spend it, baby.« (Via Malm and The Zetkin Collective 2021, 389)

Abb. 27/28: Der SUV Rolls-Royce Cullinan im Fokus der Aufmerksamkeit im Musikvideo »Countdown« von Snoop Dogg feat. Swizz Beatz (2019)

Der SUV-Effekt: Triumph der Resilienz der Moderne

Diese Vorliebe Schwarzer für dicke Autos hat ihren Ursprung in der Geschichte schwarzer Automobilität unter toxischen Bedingungen, die wir weiter oben angesprochen haben. Die – zumeist – Familienväter, die ihre Kinder und Frauen zu ihren Familien in die Südstaaten fuhren, mussten oftmals hunderte Meilen durch (großteils) ihnen feindlich gesinntes Land fahren, in denen das »Green Book« nur selten »safe spaces« außerhalb des Schutzraums der Autokarosserie kannte. Viele schwarze Fahrer*innen trauten sich nicht einmal bei Tankstellen in den vom KKK geprägten Südstaaten zu halten und nahmen lieber volle Benzinkanister für die ganze Fahrt genauso wie genügend Nahrung mit, um nirgends stehen bleiben zu müssen. Wie Sorin erzählt, gehörten ewig lange und nervöse Nachtfahrten auf den Rückbänken ihrer Eltern zur kollektiven Erinnerung ihrer Generation. Um genügend Stauraum für diese Non-Stop-Fahrten zu haben, tendierten schwarze Konsument*innen von Anfang an zu größeren und dickeren Autos als Weiße. Zudem bevorzugten schwarze Konsument*innen Autos mit so mächtigen Karosserien, dass sie dem Rammen anderer (weißer) Fahrer Stand halten konnten, und so leistungsfähigen Motoren, dass sie im Falle einer Verfolgung vor anderen Autos fliehen konnten. »Ein schwarzer Mann – insbesondere ein schwarzer Mann, der auf den Nebenstraßen von Mississippi unterwegs war – musste lange und gründlich überlegen, welches Auto er kaufen sollte. Spezielle Überlegungen, wie z.B. die Frage, wie bequem ein Auto zum Schlafen sein würde oder wie leicht es eine schnelle Flucht vor einem wütenden Mob ermöglichen würde, beschäftigten weiße Fahrer im Allgemeinen nicht.« (Sorin 2020, 51)[8] Sorin erzählt, wie der immer flexible amerikanische Kapitalismus sich diesem neuen und traurigen Bedürfnis der entstehenden schwarzen Mittelklasse sofort annahm. Durch diverse Marktumfragen erkannten Konzerne wie Buick und Esso sehr bald dieses Bedürfnis von Afroamerikaner*innen nach »dickeren Autos« und deren überproportional hohe »Bereitschaft«[9], viel Geld für Autos auszugeben, und

---

8   Original: »A black man – particularly a black man driving the back roads of Mississippi – had to think long and hard about which car to buy. Special concerns, such as how comfortable a car would be for sleeping or how easily it would allow a quick escape from an angry mob, generally did not concern white drivers.«

9   Wobei unter Berücksichtigung der strukturellen Rahmen »Gezwungenheit« vielleicht das treffendere Vokabular wäre, welches der Ideologie des sogenannten freien Marktes aber nicht entspricht.

214 Kilian Jörg: Das Auto und die ökologische Katastrophe

schalteten gezielt Werbungen in schwarz geführten Zeitungen. Die rein weiß geführten Konzerne profitierten auf diese Weise doppelt vom staatlichen und gesellschaftlichen Rassismus, in dem sie die von ihm produzierten speziellen Bedürfnisse noch zusätzlich finanziell abschürften.

Hierin findet sich eine weitere Lektion in puncto Resilienz der Moderne: Man macht einen Markt aus den besonderen Bedürfnissen, die die Moderne aufgrund ihrer jeweils spezifischen Lebensfeindlichkeit erst hervorgebracht hat. Dadurch wird die naheliegendste Lösung für die systemimmanenten Probleme ein Konsumprodukt, welches die zugrundeliegende Problematik qua weiterer Ausbreitung von Marktlogik weiter verschärft, anstelle sie zu lösen. Die Minderung des Symptoms füttert so weiter die Ursache des Symptoms. Solche sich selbst verstärkenden Feedbackloops sind ein wesentliches Merkmal der Resilienz der Moderne und es gibt ihrer unzählige Beispiele[10]. Diese historische Exkursion lässt noch einen weiteren Schluss bezüglich des »SUV-Effekts« der Gegenwart zu. Wie wir bereits in der Einleitung angesprochen haben, muss die derzeit stark ansteigende Zahl an SUVs auf den Straßen nicht als ein Ausdruck des *Climate Change Denialism* verstanden werden, sondern als eine auf das steigende Bewusstsein der Klimakatastrophe reagierende Konsumentscheidung. Die Exkursion in die Geschichte schwarzer Automobilität verdeutlicht uns: Wenn die Umwelt als toxisch erscheint, neigen die meisten zur Abschottung in einer noch massiveren Schutzhülle. Dass auch unter Weißen und Privilegierten der SUV zur primären Konsumentscheidung und zum Statussymbol wurde (und nicht mehr der tiefliegende Sportwagen, der es noch Anfang der 2000er Jahre war), bedeutet, dass sich nun selbst den Privilegiertesten die Toxizität der Moderne ins Bewusstsein drängt. Mit dem tiefergelegten Ferrari wird man kaum durch die Flutkatastrophen, Bürgerkriege und neuen Wüsten der kommenden Katastrophen kommen –

---

10 Um hier ein paar Beispiele zu nennen: das Fitnessstudio sowie der Ausflug »in die Natur« erfüllen beide ein ähnliches Bedürfnis nach Bewegung und Zerstreuung, welches die autozentrierte Stadt auf ihren öffentlichen Flächen nur mehr schwierig erfüllen kann, aber massiv produziert. Weiter könnte man den Umstand nennen, dass mittlerweile fast alle sozialstaatlichen Rentensysteme nur mehr funktionieren, weil sie an der Börse in teils moralisch sehr fragwürdigen Bereichen investieren. Durch diesen Börsengang des Rentensystems sind wir alle effektiv interessiert und *investiert* am Erhalt des finanzkapitalistischen Status quo, solange wir uns noch eine Rente in heute bekannter Form erwarten. Im Kapitel »Männerwelt« meines Buchs *Backlash – Essays zur Resilienz der Moderne* (Jörg 2020) behandle ich außerdem verschiedene Männlichkeitsperformances unter dem Gesichtspunkt der Resilienz der Moderne.

mit dem SUV höchstwahrscheinlich realiter auch nicht, aber im populären Imaginär auf jeden Fall. Der SUV ist die weitere Versteifung des herrschenden modernen Paradigmas unter einer zusätzlichen Schutzschicht. Er ist ein triumphales Symbol für die Resilienz der Moderne: Selbst im Angesicht der hereinbrechenden, globalen Katastrophe ändert sich nichts am herrschenden Paradigma. Es wird nur in einen noch kriegstreiberischen Panzer umhüllt. Der dieses Paradigma am bislang radikalsten ausdrückende SUV ist der Rezvani *Vengence*, der mit einem »Securitry Survival Kit«, »Military Grade Run flat tires«, eine Wärmebildkamera, kugelsicheren Westen und Helmen, Elektroschock-Türgriffen für ungewünschte Gäste und einem »Ram Bumper«, der nach Herstellerangabe »trough any road situation« rammen kann, geliefert wird.

Abb. 29: Der Rezvani Vengence in der glücklicherweise makellos gepflasterten Wüste der kommenden Klimakatastrophe

Photomaterial zum Rezvani Vengeance auf der Homepage der Firma

Stockholm-Syndrom am giftigen Globus

Die Sache wird nicht einfacher, wenn man sich der Resilienz der Moderne im Allgemeinen und der intersektionalen Anschlussfähigkeit ökologisch motivierter Politik im Speziellen widmet. Das Auto ist zugleich Symbol des weißen, kapitalistischen Patriarchats wie auch Schutzraum und Emanzipationsvehikel der von ihm unterdrückten Personen – zumindest jene, die es sich leisten können. In Ermangelung echter Alternativen oder radikalem Wandel tendieren Menschen zum Festungsbau im herrschenden, toxischen System. Dass dieses zunehmend gesamtgesellschaftlich als katastrophal und zerstörerisch wahrgenommen wird, scheint kaum etwas an diesem Reflex zu ändern. Die Zulassungszahlen von SUVs steigen derzeit fast exponentiell. In Österreich zum Beispiel hat sich der SUV-Anteil seit 2005 verfünffacht, und der Anteil an SUVs unter allen Neuzulassungen liegt derzeit in Österreich wie Deutschland um die 40 Prozent – SUVs, allgemein bekannt für ihr unnötiges Mehr an Klimaschädlichkeit, sind damit die meistgekauften Autotypen in Zeiten der erhöhten ökologischen Aufmerksamkeit.

Die Weißen und Privilegierten des Globalen Nordens kommen gerade erst an den Punkt, an dem Minderprivilegierte schon längst sind: Im Zeitalter der ökologischen Katastrophe erkennt selbst das letzte verwöhnte »Weißbrot«, dass die herrschende Weltordnung eine toxische und tödliche ist – wenn auch weiterhin viel weniger für weiße Privilegierte als für schwarz, braun, queer oder weiblich gelesene Personen. Die Weißen hinken den Schwarzen im Schutzsuchen im SUV zeitlich ein wenig hinterher, haben dies durch ihre viel stärkere Kaufkraft aber schon längst und vielfach aufgeholt. Trotzdem weisen ökologisch motivierte Gruppierungen wie die »Tyre Extinguishers«, die es auf eine Art Gamification des Luftauslassens von SUV-Reifen abgesehen haben, explizit darauf hin, dass man lieber nur in »posh/middle-class areas« zur Tat schreiten soll,[11] da in migrantischen und ärmeren Vierteln oftmals auch sehr viele SUVs stehen. Ich kenne dies aus persönlicher Erfahrung. In meiner Wahlheimat Berlin-Kreuzberg traue ich mich nicht, gegen SUVs zu agitieren, weil in diesem stark gentrifizierten und linken, ehemals aber migrantischen »Problembezirk« zu einem gigantischen Großteil migrantisch wirkende Menschen in SUVs sitzen, während die hipperen, weißeren und jünger Zugezogenen gefühlt alle mit dem Lastenrad ihre weißen Kinder zur Bio-Kita fahren. Als ebenfalls weiß und männlich gelesene Person steht es mir gefühlt nicht zu, eine Art »Klassenkampf von oben« gegen die SUVs der hauptsächlich braunen Besitzer im rassistischen Deutschland zu führen. Esraps oben zitiertes »gönn dir, Bro« klingt zu stark in meinen Ohren nach. Lieber gehe ich nach Charlottenburg oder in meinen Geburtsbezirk Wien-Währing, wo proportional mindestens genauso viele SUVs herumstehen. Dort kann ich fast sicher sein, dass sie einem weißen, privilegierten Menschen gehören, der sich morgen tierisch ärgern wird, wenn sein Schlitten ihn nicht

---

11   https://www.tyreextinguishers.com/how-to-deflate-an-suv-tyre [7.3.2024]

pünktlich zur ersten Vorstandssitzung trägt. Für meine Leser*innen vom BKA möchte ich hier noch explizit erwähnen, dass alles in den letzten zwei Sätzen rein fiktional ist und eigentlich aus dem Elevator Pitch eines moralischen Bildungsromans stammt, der in einer Art »fallen from grace« Geschichte das langsame Erkennen der (herrschenden) Vernunft eines verwirrten, jungen Bürgersöhnchens namens Jörg Kilian erzählt. Coming up im Passagen Verlag.

Das Homogenozän plättet alle anderen Formen von Welt-Beleben und Welt-Machen und zwingt die Überlebenden in die eine homogene Welt der Moderne. In dieser können sie sich irgendwann mal einen SUV als Ausdruck höchster Gefühle kaufen, wenn sie brav arbeiten gehen und die multiplen gläsernen Decken des weiterhin stabilen weißen Patriarchats durch Magie oder extrem starken Willen durchbrechen. Dass nun selbst diese eine Welt des Homogenozäns erste Symptome des ökologischen Kollapses durchlässt, zeigt, wie ernst die Lage ist. Doch da alle anderen Welten, in die man fliehen könnte, in der Moderne unsichtbar sind, klammern sich die Überlebenden mit verstärkten Mitteln an die eine übrig gebliebene Welt. Bei weitem nicht alle empfinden die in Kapitel 5 angesprochenen Abgase als sinnlichen Störfaktor. Wie der Kulturwissenschaftler Nicholas Mirzoeff (2014) herausstellt, evoziert der Geruch von Abgasen und Luftverschmutzung für viele Menschen nicht nur ein Gefühl von Erfolg, sondern sogar von Heimeligkeit und Komfort – man fühlt sich wohlig akkommodiert in der ruß-speienden Fortschrittsmaschine, die so vielen ein besseres und sicheres Leben ermöglicht hat. Der Geruch eines neuen Autos, von Plastikfolie oder von Benzin an der Tankstelle kann so auf subtilster, zumeist unbewusster Weise eine sinnliche und affektive Verbundenheit mit der toxischen Moderne herstellen. Diese ist besonders für von Umweltverschmutzung stärker betroffene und also ärmere Menschen oftmals viel naheliegender als sinnliche Identifikationsquelle, als die »Natur« in einem Park oder gar einem Wald, der von den Armenbezirken zumeist am weitesten entfernt liegt und oft nur sehr umständlich zu erreichen ist. Wenn also gerade finanziell ärmere Männer den Geruch von Rennbahnen und getunten Autos mehr lieben als den Waldspaziergang, dann lässt sich dies fast als Stockholm-Syndrom der affektiven Bindung zu einer toxischen Umwelt begreifen.[12] Für

---

12 Bei den besonders in ärmeren Milieus hochpopulären Beschleunigungsrennen in Detroit namens »Drag Races« werden immer noch großteils Verbrennermotoren verwendet, obwohl ein E-Motor viel schneller beschleunigen könnte. In der Interpretation des Filmemachers Arthur Summereder (2021) liegt dies daran, dass »das Entladen der Batterie eines Elektroautos, nicht [den gleichen] feierlichen, verschwenderischen Impetus

viele durch den Neoliberalismus prekarisierte Menschen ist das Auto gar der letzte Besitz, den sie nicht aufgeben können oder wollen. Nach aktuellen Schätzungen leben in den USA heute bis zu drei Millionen Menschen – also fast 1 % der Bevölkerung – in ihren Autos oder Vans (ZDFheute Nachrichten 2021). Auch wenn manche unter ihnen diesen hippiesken Aussteigerlebensstil bewusst gewählt haben, ist es bei den meisten der ökonomische Zwang, der sie zur Aufgabe ihrer Häuser gezwungen hat – die Bejahung dieser Art »postapo-kalyptischen« Lebensstils in mobilen Wohnvehikeln erfolgt nach der Aufgabe des sesshaften Lebens in der Reihenhaussiedlung, welches immer noch als Symbol des Guten Lebens gilt. Der Ausstieg ist für viele mit einem großen sozialen Stigma verbunden und diese maximierte Autoabhängigkeit wird von den neuen Monopol-Mächten des digitalen Kapitalismus bereits erfolg-reich abgeschöpft. So hat der Großkonzern Amazon für dieses prekarisierte Nomadenvolk eigens die »Amazon Camperforce« entworfen. An bereits 14 Standorten in den USA hat Amazon extra Stellplätze vor seinen gigantischen Verteilerzentren eingerichtet (Gärtner 2021), bei dem Camper gegen geringes Entgelt direkt am Arbeitsplatz parken können und so ihr vergleichsweise klei-nes, aber dennoch vorhandenes Finanzbedürfnis durch repetitive und streng überwachte Arbeit zum Mindestlohn (oder darunter) verdienen können. Auch in Paris sind diese Art obdachloser Arbeiter*innen, die zwar dem Anschein nach noch einem »bürgerlichen Erwerbsleben« in Büros etc. nachgehen, aber nur mehr ein Auto als Schlafplatz im überteuerten Paris besitzen, ein viel beachtetes Phänomen (Augé 2011).

Man stelle sich vor, man fordere aus mittelständischer, abgesicherter und städtischer Perspektive einen Rückbau der Straßen oder gar eine Erhöhung der Benzinpreise. Auch wenn man mit solchen politischen Forderungen sicher eher die Wohlhabenden in den Reichenbezirken im Visier hätte, träfe man mit ihnen die Leben solcher prekarisierten Existenzen noch viel massiver und würde sich deshalb verständlicherweise ihren Widerwillen zuziehen. Das hierfür eindrucksvollste Beispiel ist die französische Gelbwestenbewegung, die Frankreichs Straßen und Einkaufsmeilen seit 2018 regelmäßig lahmlegt: Der Auslöser der Bewegung war eine Erhöhung der Treibstoffpreissteuer (ins-besondere auf Diesel), die der neoliberale Staatspräsident Emanuel Macron als Teil der »ökologischen Energiewende« (zu der für ihn auch Atomenergie gehört) ausgerufen hat. Seitdem werden in politisch interessierten Kreisen

---

hat, wie das Verbrennen von Treibstoff.« Der Lärm, Ruß und Gestank ist also wesentli-cher für die Drag Racer als deren formelle Leistungsfähigkeit.

heiße Debatten geführt, ob man die »Gilet Jaunes« für ein emanzipatorisches und zukunftsweisendes Politprogramm gewinnen kann, oder ob man sie als rein rechte und reaktionäre Meute abtun muss. Wir werden auf diesen Punkt im nächsten Abschnitt »Politik« zurückkommen.

Abrundend können wir für dieses Kapitel zum Schutzraum zusammenfassen: Die Resilienz der Moderne besteht auch darin, dass sie die Menschen, die vermehrt der modernen Toxizität ausgesetzt sind, auch vermehrt an diejenigen Prothesen bindet, welche das Fortdauern der Toxizität garantieren. Eine ökologische Politik, die keinen »Klassenkampf von oben« führt und also eine Anschlussfähigkeit an die anderen, wichtigen emanzipatorischen Kämpfe der Gegenwart sucht, muss sich dieser Resilienz bewusst sein und komplexer über die Toxizität unserer Umwelt nachdenken, als sie es landläufig tut. Toxizität ist nicht nur etwas, das sich so einfach in (für alle gleiche) Zahlen wie CO^2 und Stickstoffwerte ausdrücken lässt. Nein, Toxizität ist auch ein kulturelles Grundmuster der Moderne, welches vielfach rassistisch und misogyn stratifiziert ist und als unsichtbarer Faktor Lebenswirklichkeiten hemmt, fördert, stört und unterdrückt. Nur wenn man diese sowohl ökologische wie kulturelle Toxizität gemeinsam mit Umweltschäden denkt, kann man ein emanzipatorisches Projekt erfinden, welches es allen ermöglicht, irgendwann mal – wie Esrap es so schön sagt – »das Autofeeling nicht mehr« zu brauchen.

Kapitel 9: Autosubjektivität

>»Alles was du kannst ist doch nur
rückwärts parken«
Einstürzende Neubauten, Weil Weil Weil

Abb. 30: Screenshot der Opening Credits der Serie True Detective (HBO)

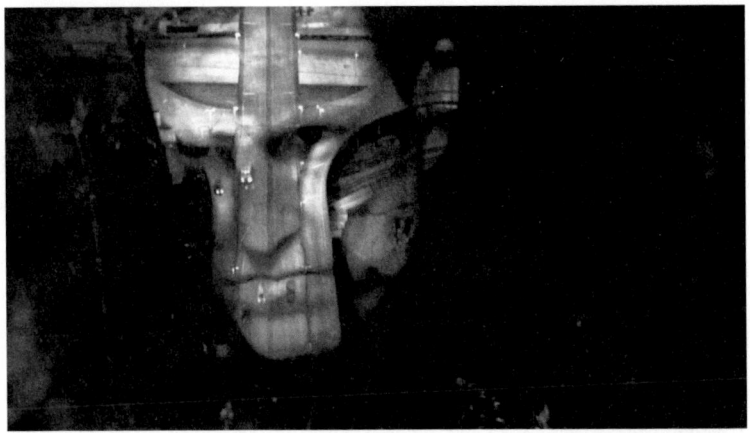

Solidarität unter Gleichen

»Wer die amerikanischen Autobahnen kennt, findet eine Litanei von Zeichen. *Right lane must exit*. Dieses *must exit* hat mich immer wie ein Schicksalszeichen getroffen. Man muss runter, muss sich aus diesem Paradies vertreiben lassen, muss die Autobahn der Vorsehung verlassen, die nirgendwohin führt, aber auf der man in jedermanns Gesellschaft ist. Das ist die letzte wahre Gesellschaft mit dieser ausschließlichen Wärme des Antriebs und des kollektiven Nachrückens, eine Gesellschaft von Lemmingen in selbstmörderischer Starblindheit. Warum sollte ich mich von ihr losreißen? Nur um auf meine individuelle Flugbahn zurückzufallen, in eine leere Verantwortlichkeit abzustürzen? *Must exit:* ich bin verdammt wie ein Spieler, den man aus seiner einzigen Existenzform, der des nutzlosen und doch glorreichen Kollektivs, herausgerissen hat.« (Baudrillard 1987, 77)

Wie wir bereits im vorigen Abschnitt gesehen haben, ist die moderne Welt für viele so eingerichtet, dass sie ihr Selbst mit einem Auto gleichsetzen. Das moderne Selbst muss sich von der organischen und sinnlichen Welt lossagen und als selbstbestimmt und »self-possessed« in einem kalten, leeren Universum setzen, welches nurmehr mit logischen und visuellen Informationen *wahr*genommen wird. Das Auto ist hierbei eine der zentralen Prothesen, die in der kalten Maschinenwelt ein Gefühl von Zugehörigkeit, ja fast Heimeligkeit evozieren kann. Wer hat sie nicht, die Erinnerungen eines wohligen Einschlafens auf der Rückbank des Autos, während Mama* und Papa* einen heim fahren? Das angenehme Gefühl, nach einer längeren Wanderung in der Wärme des Autos anzukommen und sich in ihm aufzuwärmen. Die Gespräche, die man im Auto führen kann, entwickeln leicht eine Intimität, die wenig andere Situationen außerhalb von Bettgesprächen und Psychoanalysen mit sich bringen – man sieht auf den beruhigenden Fahrstreifen vor sich und lässt sich tief in die Psyche schauen. Hier im Auto fühlt man sich bei sich, unter sich, angenehm und vertraut. Im zähen Verkehr heim von der Arbeit fühlen sich so manche am ehesten als Teil einer größeren Gesellschaft, die sonst zwischen dem Arbeitsplatz vor dem Computer, dem Reihenhaus und dem Supermarkt so atomisiert ist, dass man sich außerhalb des Boliden einsam in der Millionenstadt fühlt.

Der Romancier Julio Cortázar hat diesem Gefühl der automobilen Zusammengehörigkeit mit seiner Novelle »Südliche Autobahn« von 1966 ein Denkmal gesetzt. Der männliche Protagonist der Erzählung gerät bei der Heimfahrt nach Paris an dessen südlicher Autobahn in einen Stau, der anfangs noch stockt und kaum einen Verdacht erregt. Doch bald sind aus Minuten des Stillstandes Stunden geworden und die ursprünglich sich anonymen Fahrer*innen steigen aus ihren Autos aus und lernen sich gegenseitig als »das Mädchen aus dem Dauphine« oder »der Ingenieur aus dem Peugeot 404« kennen. Die sich so langsam einspielende Gemeinschaft tauscht sich über erste Bedürfnisse aus – wer hat noch Nahrungsreserven, wo kann das Baby gewickelt werden, wie kann das »Mädchen« beschützt werden – und in den darauf folgenden Tagen, während derer sich der Stau jeweils nur wenige Meter vorwärts bewegt, entsteht ein Solidaritätszusammenhang unter den ehemals fremd Nebeneinherrollenden, die sich kollektiv um Nahrung und Wasser kümmern, Informationen austauschen, Liebschaften beginnen und Care-Arbeit neu aufteilen. Anfangs ist die Stimmung dieser neuen Gemeinschaft noch eine sehr heitere, einer entfallenen Schulstunde gleich, bei der alle freudig über die unerwartet freie Zeit in Austausch treten und die im Kofferraum verstauten Leckereien herzlich teilen. Irgendwann verliert man als Lesende*r den Überblick über die Anzahl der vergangenen Tage, ein Übergang von Sommer zu Winter wird angedeutet. Die Protagonist*innen, die anfangs als »Ingenieur«, »Mädchen«, »Nonnen« oder »Soldat« beschrieben wurden, werden ab ungefähr der Hälfte der Erzählung nur mehr nach den Automarken bezeichnet, in denen sie in der Blechlawine sitzen – »404«, »Porsche«, »2CV«, »Dauphine« und »Ford Mercury«. Nachdem alle Kofferraum-Reserven aufgebraucht sind, zieht ein männlicher Suchtrupp in das ländliche Umland der Autobahn, um nach Nahrung zu suchen. Doch die lokale Bevölkerung stellt sich als ihnen feindlich gesinnt heraus, »ohne dass die Gründe dafür festzustellen waren. Es genügte, die Autobahn zu verlassen, und schon hagelte es Steine« (Cortázar 2019, 571). Sogar Sensen werden auf die stehenden Autos des Nachts geworfen und so bleibt man lieber am sicheren Asphaltstreifen. Je kälter es wird, desto weniger wollen die Personen ihre Autos noch verlassen. Die Kinder kann man glücklicherweise auf fast magisch effektive Weise mit den mitgebrachten Spielzeugautos ruhigstellen. Obwohl sich ein paar Randfiguren umbringen, sucht seltsamerweise niemand nach einer Alternative des Heimkommens abseits der Autobahn. Der einzige Charakter, der in der Erzählung den Stau scheinbar zu Fuß verlässt, wird von den anderen abschätzig als »Deserteur« bezeichnet (Ibid. 569). Niemand zählt mehr die wenigen Meter, die sie täglich voran kommen. Stattdessen üben sich alle im Fachsimpeln über Maßnahmen, die eine diffuse Autorität sicher bald treffen werde, um das Stauproblem zu lösen. Manchmal wird sogar ein Helikopter gesichtet.

Tatsächlich setzt sich irgendwann mal, nach gefühlt Monaten, der Stau plötzlich wieder in Bewegung. Überrumpelt von diesem plötzlichen Aufbruch hasten alle schnell in ihre Autos, ohne sich auch nur »Auf Wiedersehen« sagen oder Kontaktdaten austauschen zu können. Anfangs rollen die Charaktere, die wir in der Erzählung kennen gelernt haben, noch in einem Block auf die Großstadt zu. Doch – wie das bei Staukolonnen so üblich ist – verzerren sich die Reihen und die umschwärmte »Dauphine« ist schon einige Meter voraus, während der 404 zurück fällt und die Gemeinschaft unter aufkommender Panik des Ingenieurs, bzw. 404s langsam aber sicher auseinander fällt. Gepackt von Angst betätigt er die Handbremse und versucht die Kolonne wieder zum

Stehen zu bringen. Doch unter dem Hupkonzert der anderen muss er einsehen, dass die Gemeinschaft bereits zerfallen ist. Er kommt zur traurigen Vernunfteinsicht: »Nichts anderes konnte man tun, als sich der Fahrt überlassen, mechanisch die Geschwindigkeit der Wagen ringsum anpassen, nicht denken. In dem Volkswagen des Soldaten war wohl seine Lederjacke geblieben. Taunus hatte den Roman, den er in den ersten Tagen gelesen hatte. Eine fast leere Flasche Lavendel blieb im 2CV der Nonnen. Er hatte – mit der rechten Hand berührte er ihn zuweilen – den kleinen Plüschbären, den Dauphine ihm als Maskottchen geschenkt hatte.« (Ibid. 578) In Tagträumen an die verflossene Gemeinschaft »und mit achtzig Stundenkilometern fuhr man den Lichtern [der Stadt] zu, ohne dass man genau wusste, wozu diese Eile, warum dieses Rennen in der Nacht zwischen fremden Autos, in denen keiner etwas vom anderen wusste und jeder nur geradeaus starrte, nur geradeaus.« (Ibid. 578)

Die Solidarität unter Autofahrenden wird in dieser Novelle gekonnt als ein Imaginär herausgestellt, welches sich nur im – zumeist fiktiv bleibenden – Stillstand des motorisierten Dispositivs konkretisieren kann. Allerdings macht dies den gefühlten Effekt der Solidarität während der Fahrt kaum kleiner. Gerade weil sich der Zusammenhalt so gut wie nie verwirklicht, ist ihre sehnsuchtsvolle und Gesellschaften verbindende Kraft umso größer. Der Zusammenhalt ist brüchig, im Verkehrsfluss stets nur ephemer, knapp vor der Motorhaube schwebend. Und doch ist er das einzige, was sich die entfremdeten Subjekte der Postmoderne als gesellschaftliche Wärme vorstellen können. Im Schutzraum des Autos wird genau die von ihm produzierte Einsamkeit und Atomisierung zur Bedingung der Möglichkeit eines abstrakten Solidaritätsgefühls, zu dem man sich durch die »Litanei« (Baudrillard) der Verkehrsschilder und den (von innen) sanft im Gleichklang brummenden Motoren zugehörig fühlen kann.

Gesichtslosigkeit und Zugehörigkeit zum Abstrakten

Deleuze und Guattari arbeiten heraus, dass ein wesentliches Merkmal der Moderne die von ihnen als »Visagéité« bezeichnete Erfindung des Gesichts ist. In mittelalterlicher Malerei ist demnach das Gesicht ein vergleichsweise unwichtiges Körperteil, das nicht viel detailreicher als das Knie, der Oberleib oder die Hand dargestellt wird. Laut den beiden Philosophen entsteht erst im Laufe der Moderne der Fokus und die Verankerung des Subjekts in dessen Gesicht, aus dessen Eigenheiten und Formen sich angeblich Charakter, Disposition, Haltung, Intelligenz usw. herauslesen lassen. Das Gesicht hat so erst in der Moderne seine normierende und regulative Funktion entwickelt, nachdem Subjekte entlang der rassistischen und sexistischen Ordnungsstrukturen der modernen Gesellschaft anhand ihres Gesichts bewertet werden. Du hast eine Gaunervisage, ein N-Wort-Gesicht, eine adelige Erscheinung etc.

Abb. 31: Photo eines selbstgemachten Straßenaushangs, gefunden auf der satirischen Facebook-Seite »Die Kärntnerstraße muss wieder befahrbar werden. Autos in die Innenstadt.«

Das Auto wiederum bildet eine Art Gegengift zu diesem sichtbar machenden und gesellschaftlich differenzierenden Regime der »Visagéité«. Auto fahrend, in einer Kolonne unter annähernd gleichen Boliden rollend, erfüllt sich das großteils leer gebliebene Versprechen der Gleichheit aller Menschen durch eine konsumierbare technische Prothese. Im Auto sind wir wirklich alle gleich. Zwar gibt es natürlich gewisse Unterschiede zwischen fetten SUVs, aggressiven Sportwagen und kleinen Zweckautos (und die verschiedenen Arrangements der Scheinwerfer lassen eine gewisse Wahl des prothetischen Ersatzgesichts zu), doch trotzdem tendiert die Homogenisierung von Körperlichkeit und Sinnlichkeit, die das Auto produziert (siehe Kapitel 5), zu einer instinktiven Solidarisierung der Gesichtslosen, die sich zusammen gegen ein Außen solidarisieren. Ruhig rollen alle nebeneinander brummend heim in die Großstadt und fühlen sich als Teil der »Wirtschaft« und der »Gesellschaft«, von der sie in der Zeitung lesen und in den Nachrichten hören. Ihre »Menschlichkeit« und »Staatsbürgerlichkeit« ist außerhalb des Schutzraums genauso abstrakt wie diese Begriffe von »Wirtschaft«, »Gesellschaft« und »Demokratie«, denen sie dienen. Doch das Auto hat den realen Vorteil, diese Abstraktheit real-prothetisch zumindest auf den Fahrstreifen zu verwirklichen. Der halbstündige Verkehrsfunk ist das Mantra dieses motorisierten Zusammenhalts unter anonymen gleichen. Man fühlt Mitleid mit jenen, die gerade woanders als Teil der rollenden Communitas ins Stocken geraten sind. An dieser Hemmung sind stets die Anderen, im Außen schuld. In rezenter Form sind es oftmals gar die nervigen Öko-Aktivisten, die einen an den Boden unter unseren Füßen erinnern wollen, über den man doch so sanft rollt. Gegen Fahrradfahrer*innen, die ihren Platz einfordern, oder gar Sitzblockaden solidarisieren sich instinktiv die sonst erbittertsten Klassenfeinde: denn sie sind beide in ihrem abgeschottet fließenden Selbstverständnis fundamental erschüttert, wenn sie plötzlich, auf offener Straße, gezwungen sind, *Gesicht* zu zeigen und sich mit ihren Körpern schutzlos dem öffentlichen Raum und seiner Zuschreibungen aussetzen zu müssen. Nur das Auto ermöglicht die sinnliche Abstraktion im Wirklichen, die die sonst blutleeren Freiheitsversprechen der Aufklärung ausfüllen. Sinnlichkeit und Wahrnehmung sind im Auto für alle auf die gleiche Weise gestreamlined – und alles von außerhalb erscheint als Störfaktor/Gefahr, der man sich gemeinsam, unter Gleichen, entgegensetzen kann.

Um diese Einsicht auf die Erkenntnisse zur Schutzraumfunktion des Autos in toxischen Lebenswelten (aus dem vorigen Kapitel) zu erweitern: Das Auto bietet also ein systemimmanentes Lösungsangebot für ein das System prägendes Problem an. Die toxische Ausgrenzung von Menschen anderer Hautfarbe, anderer Geschlechtlichkeit, anderen Auftretens, auf der die Moderne fundamental aufbaut, wird durch ein Konsumprodukt wieder gelindert. Alle, die sich ein Auto leisten können, dürfen dann doch in der sie strukturell benachteiligenden und unterdrückenden Moderne als Gesichtslose abstrakt gleich teilnehmen. Du hast eine »Ausländervisage«? Kauf dir ein Auto! Deine Mimik wirkt nicht ganz deinem Gender konform und kann so in der U-Bahn leicht zu Prügeln führen? Kauf Dir ein Auto!

Das Auto ist ein Gleichmacher und Vernichter von den Differenzen, auf denen das es ermöglichende Regime erst aufbaut. Hieraus lässt sich auch die Ambivalenz erklären, dass das Auto gleichzeitig Symbol patriarchaler-rassistischer »Whiteness« wie auch Schutzraum und Identifikationsmittel von diskriminierten Menschen sein kann. Mit dem Auto konsumiert man das ansonsten uneingelöste Gleichheitsversprechen der Moderne.

Wie wir gesehen haben, ist das moderne Selbst auf dem Ausschluss von sogenannter »Natur« basierend. Entgegen dem Rest der »natürlichen Welt« hebt das moderne Selbst sich als *self-possessed* und *selbst-bestimmt* hervor. Denise Ferreira da Silva weist darauf hin, dass dieser Ausschluss des eigenen Selbst aus der körperlichen Welt ebendiese Welt fundamental einer »totalen Gewalt« aussetzt, die auch Menschen, die schwarz und oder weiblich sind, zu spüren bekommen (Ferreira da Silva 2022, 61). Gerade diese *Selbstbestimmung* des modernen Subjekts hat also die weiter oben angesprochene Toxizität der Welt hervorgebracht. Das Auto als prothetisches Selbst ist hierbei die technologische Zuspitzung der modernen Subjektphilosophie. Die von ihr ausgestoßene Toxizität ist nicht nur mehr eine soziokulturelle, sondern eine die auch ganz direkt klimaschädliche Schadstoffe ausstößt. Das moderne Selbst wie auch das Auto bauen auf der Ausbeutung einer verdrängten und vergifteten Umwelt auf.

Da sich dieses moderne Selbstverständnis bis heute noch nicht zu Grabe tragen ließ, bleibt den von seiner Toxizität vulnerablen Personen nichts anderes übrig, als im Auto selbst dieser Selbstbestimmung als prothetischem Konsumprodukt nachzugehen. In diesem Auto hat man dann Anteil an diesem herrschaftlich die Welt unterjochendem Selbstkonstrukt – hat Anteil an der modernen *Autosubjektivität*, die sich selbst als Autor aller seiner Umstände und Bedingungen setzt. In der hochmotorisierten Welt der Gegenwart ist diese moderne Autosubjektivität genauso eine von »Selbst«bestimmung geprägte, wie eine vom Auto als diese Selbstbestimmung prothetisch ermöglichende. Deswegen setzen alle ihre Selbste mit dem Auto gleich, sei es die linke Migrantin Esrap (siehe weiter oben) oder die rechten Populisten, die menschliche Bewegungsfreiheit zunehmend mit jener von automobiler Bewegungsfreiheit gleichsetzen. Das Auto ist der einfachste Weg, sich durch die stark modifizierte Landschaft des Homogenozäns mit einem Gefühl von »entitlement« hindurchzubewegen.

Abb. 32–34: Wahlplakate der AfD, FDP und CDU zum Thema Automobilität aus den Jahren 2022 und 2023

Das lösungsorientierte Denken der Modernen: mehr Autobahnen

Wie tief sich das Auto in den Denkbildern selbst von counterkulturellen Imaginären verankert hat, wird durch das Buch *Die Seelenfresser* von Colin Wilson eindrücklich illustriert. In diesem 1966 erschienenen Kult-Buch der *New-Age*-Bewegung berichtet ein von okkulten Mächten kundiger Erzähler, wie sich die Menschheit von bösen »mind parasites«, die uns angeblich seit Jahrhunderten befallen, befreien und so ihr utopisches Potential zu einer besseren, freieren und glücklicheren Welt endlich entfalten kann. Der Erzähler ist explizit von Husserl'scher Phänomenologie beeinflusst, und als Teil seiner soteriologischen Anleitung zur Selbstheilung empfiehlt er eine Art meditative Reise in das Selbst. Sehr bald, und in klassisch cartesianischer Manier, erkennt der Erzähler, dass seine Körperlichkeit nicht viel zählt, weil »des Menschen wahres Heim sein Bewusstsein [ist].« Nach einiger Zeit der Arbeit an seinem Selbst kann der Erzähler als Galionsfigur der seelischen Befreiung seinen Fortschritt wie folgt beschreiben: »Ich war imstande, mich so einfach und frei darin [=sein Bewusstsein] zu bewegen, wie jemand mit einem Auto durch die Gegend fährt.« (Wilson 1986, 193)

Diese Gleichsetzung von Vernunftleistung und Autofahren konnte schon 1966 ganz nebenbei und scheinbar unschuldig getroffen werden, ohne weiteren erklärenden Satz. Dennoch fragt man sich aus heutiger Perspektive: Was würde es bedeuten, sich im Denken so frei zu bewegen, wie ein »Auto durch die Gegend«? Schließlich ist die Bewegung von Autos trotz allem in den meisten Zonen auf einige Asphaltstreifen limitiert – und sobald man aufs Feld oder gar in den Wald oder einen Berg hinaufwill, ist sehr bald Schluss mit der Bewegungsfreiheit. Die in Wilsons Roman gepriesene Befreiung des Bewusstseins versteht sich also – ohne darum groß bekümmert zu erscheinen – als eine, die Freiheit bloß als eine reibungslose Bewegung auf bereits etablierten Bahnen versteht. Hier begegnen wir wieder jener Art von einbetonierter Vernunft, die sich auf Schilder und Wege beruft, welche wir mit Marcuse in Kapitel 5 kennen gelernt haben. Markant für diese Vernunft ist zusätzlich, dass sie sich als »große« Freiheit versteht und genau die Bedingungen, von denen sie abhängig ist, vollends ignoriert. Ganz naiv glaubt Wilson scheinbar, dass das Auto eine undifferenzierte Bewegungsfreiheit in jedem Territorium, überall, leisten kann. Die zugrundeliegende Ontologie dieses Bildes von Bewusstsein erscheint Wilson als neutrales Medium, nicht als gewachsene kosmologische Ordnung, die an sich die Tendenzen und Probleme der Moderne eingraviert hat. Damit entpuppt sich Wilson als ein klassisch Moderner, der seine eigenen Bedingungen des Denkens – also den Boden, von dem sein Denken aufbricht – nicht mitdenken kann und als unproblematisches Universelles setzt.

Dieses paradigmatische Bild von Befreiungsdenken kommt offensichtlich gar nicht auf die Idee, andere Gebiete jenseits der metaphorischen Straßen nach Lösungsansätzen zu erkunden. Jenseits dieser vorplanierten Wege würde das Vernunft/Auto/Selbst sofort einen epistemologischen Achsenbruch erleiden und stecken bleiben. Es kann sich nur so schnell und frei dort bewegen, wo der Grund nach abendländisch-moderner Ordnung geplättet wurde. Doch das versteht es nicht. Diese Ordnung erscheint ihm als universell. Es gibt für die moderne Vernunft nur asphaltierte Straßen. Alles andere sieht sie nicht. Das Gestrüpp am Wegesrand und die Felsen, die neben der Autobahn hochragen, zählen nicht. Sie sind bloß »Natur«, die man vom sicheren, unabhängigen und freien Selbst aus bewundern, beschützen und/oder konsumieren kann. Sie können nicht Teil einer Lösung, einer politisch horizontalen Verhandlung oder einer kosmologischen Neuordnung werden.

Das lösungsorientierte Denken ist für moderne Menschen wie das Autofahren auf einer Straße, die sich tief zerfurchend durch die Berge und Landschaften frisst und eine glatte, saubere Ebene aus Flüsterbeton unhinterfragt voraussetzt. Alles, was für dieses Bewusstsein zählt, ist auf Schildern am Wegesrand angebracht. Lösungen können nur an diesen bereits etablierten Wegpunkten erscheinen. Falls sich dann doch etwas als ein gröberes Problem erweist, baut man man halt noch eine Fahrspur dran oder planiert unter großem Aufwand ein neues Territorium, welches dann genau so aussieht wie alles bisher bekannte. Innerhalb der Epistemologie des Homogenozäns ist Befreiung dann nur mehr eine Beschleunigung oder Flüssigmachung des bereits Etablierten, welches alternativlos bleibt. Nichts anders erscheint als möglich.

Ich glaube, dass dieses Beispiel eines recht obskuren Romans der wilden 1960er Jahre Auskunft über eine sehr allgemeine Beschaffenheit unserer majoritären Lösungsansätze für gegenwärtige Probleme geben kann. Die Mehrheit unserer Gesellschaften denkt wie Wilson Befreiungstheologie, die angesichts von Problemen alles bestehende nur noch effizienter, flüssiger, schneller, freier wünscht, aber im Wesentlichen unverändert lässt. Das Problem der ökologischen Katastrophe wird zwar erkannt, die Lösungen erscheinen aber bloß als (Auto-)Bahnen, denen man das Label »klimaneutral« aufsetzt. Dass unsere zugrundeliegende, historisch gewachsene Ontologie an sich aber das Problem ist, kann von den Autobahnen aus nicht gesehen werden. Die »Klimaautobahn«, wie der von der CDU vorgebrachte Begriff für die Stadtautobahn A100 in Berlin ist, ist dafür das fast schon zu verräterisch offensichtlichste Beispiel: Im Grunde möchte die CDU auch im Angesicht der Klimakrise alles beim Alten belassen und die seit vielen Jahren hart umstrittenen Baupläne genauso umsetzen wie eh und je. Der einzige Unterschied ist, dass die »Klimaautobahn« nun vermehrt unterirdisch geführt werden soll – man wird ihre umweltbelastende Tendenz also nicht mehr sehen, und oben drauf werden dann ein paar Bäumchen gepflanzt. Dort fahren dann vielleicht viele Tesla-SUVs (die in Österreich sogar eine grün eingefärbte Nummerntafel erhalten), die zwar von Strom betrieben fahren, aber noch schwerer als normale Autos sind und also noch mehr Reifenabrieb und Lärm produzieren und den Extraktivismus und die globale Ungleichheit weiter verschärfen – wir werden dies im nächsten Abschnitt weiter ausführen.

Das Auto als Bedingung der Möglichkeit unseres Denkens

Um diesen dritten Abschnitt zur Stabilität des Autoregimes abzuschließen, werden wir uns nun nochmal in schwierige philosophische Fahrwasser begeben, die sich mit der *Bedingung der Möglichkeit* von ökologischen Denkweisen und unseren Bildern von Utopien und Dystopien beschäftigen. Wie ich in den vorigen beiden Abschnitten hoffentlich hinlänglich gezeigt habe, ist das Auto vielmehr als ein problematischer Schadstoffemittent. Das Auto ist zusätzlich der Produzent eines die europäische Moderne prägenden Umweltverhältnisses und seiner Subjektphilosophie. Durch das Auto reproduzieren sich prothetisch moderne Haltungen und Selbstverständnisse, die uns *ontologisch* unfähig machen, andere Seinsweisen als gleichwertig zu betrachten und eine sinnliche Verankerung in der Umwelt zu etablieren.

Doch auch die überall keimenden Bilder ökologischen Denkens, wie ich sie auch in diesem Buch anwende, können nicht außerhalb dieses Kontextes des Homogenozäns und seiner massiven Tendenz zur Glättung aller Wege nach einem Prinzip verstanden werden. Zwar können diese ökologischen Bilder unter gewissen Gesichtspunkten als Auswege und tiefer reichende (sprich: »radikale«, an die Wurzel gehende) Lösungsansätze aus dem Homogenozän erscheinen. Sie können pluralistische Ansätze eines Überkommens unserer ökologisch katastrophalen Lage hervorbringen. Doch auch sie sind ein Kind der Moderne. Um aus ihnen eine tatsächliche politische, soziale und ästhetische Transformationskraft zu entwickeln, muss man sich von gewissen Romantisierungstendenzen des Ökologischen befreien (allen voran: der »Natur«) und ökologische Denk- und Handlungspraxen (eine relativ künstliche Unterscheidung) *in den Ruinen der Moderne denken.*

Hierfür werden wir uns abschließend Peter Sloterdijks Wissenschaft der »Immunologie« und »Spherologie« zuwenden, welche untersucht, was für Schutzhüllen Denkbilder (zumeist stillschweigend) benötigen, um zu existieren. Sloterdijk geht grundlegend davon aus, dass jede Seinsform – und also auch jede philosophische Haltung – ihre eigene Blase benötigt, in der sie gedeihen kann. Nur durch solche zumeist unbewussten »Sphären« werden Positionen gleichwie immunologisch von einem Außen abschirmt, um im Inneren, Weichen und Wandelbaren ein Selbstverständnis des Denkens und Seins entfalten zu können. Auf über 2000 Seiten und in drei Bänden namens »Sphären 1, 2 und 3« (Sloterdijk 1998; 1999; 2004) entwickelt Sloterdijk diese Wissenschaft der Blasenlehre auf mannigfaltigen Ebenen vom Uterus bis zum Globus. Auch das Auto als Schutzhülle und Bewegungskörper der Moderne streift er in diesem fulminanten Ritt immer wieder, wie wir es bereits in den Kapiteln 5 und 6 zitiert haben. Ohne sich an dieser Stelle aber zu weit in den Spitzfindigkeiten der Spherologie nach Sloterdijk zu verlaufen, ist für unsere Zwecke die These zentral, dass sich das moderne europäische und es begründende antike griechische Denken nur in einem Schutzraum der Polis entwickeln konnte, der die Umwelt strategisch ausschließt. Sokrates und andere die abendländische Metaphysik begründende Denker (gendern nicht notwendig) konnten demnach nur deswegen von den ewigen, übersinnlichen und unveränderlichen Wahrheiten des Ideenhimmels ausgehen, weil sie von den Schutzwällen Athens hinreichend von Umwelteinflüssen abgeschirmt wurden. Nur in der Steinwelt der Stadt kann *die* Vernunft demnach von gleichbleibenden, fundamentalen Prinzipien ausgehen, die tiefer reichen als die Sinneseindrücke der sich ewig wandelnden »pflanzlichen« und »tierischen« Umwelt (die natürlich auch immer Teil des menschlichen Selbst sind, auch wenn das moderne Selbstverständnis genau auf dem unmöglichen und folgenreichen Ausschluss dieser Tatsache beruht). Wenn man von ganz viel Lebendigem, Riechendem, Duftendem, Klingendem, Lärmenden, Stinkendem, Quakendem, Wuselndem, Singendem, Lachendem, Wallenden, Fließendem, Springendem, Strahlendem umgeben ist, wird man kaum genug Abschottung finden, um sich ungestört auf die unveränderliche Wesentlichkeit des Seins zu beziehen. Das permanent fließende Werden der Welt wird einen zu sehr inspirieren, stören, ablenken, euphorisieren. Laut Sloterdijk konnten anfänglich nur menschliche Steinwälle diesen Schein des ewigen Seins absichern.

Wie ich andernorts erarbeite,[1] ist ein begründender Moment dieser Art der Vernunft die Szene in Platons Dialog *Phaidros*, in dem Sokrates zurück in die Stadt flieht, da ihm am Fluss in »natürlicher Umwelt« die philosophischen Gedanken entfliehen. Sokrates gilt als der erste in der abendländischen Denkgeschichte, der ein streng argumentatives Denken, losgelöst von Sinneseinflüssen, vollends kultiviert hat. Doch am Fluss Illisos, inmitten von wallenden Bäumen, murmelndem Gewässer, singenden Vögeln und duftenden Blumen verliert der Athener seine sonst so rigorose Strenge im Denken: »Merktest du nicht, Seliger, dass ich schon Verse sang und nicht mehr bloße Dithyramben? Was wäre wohl passiert, wenn ich noch so weiter getönt hätte? Wusstest du, dass ich von den Musen, denen du mich mit Absicht vorgeworfen hast, vollkommen besessen sein werde? Kein Wort mehr werde ich von dieser durch meinen von dir verzauberten Mund gesprochenen Rede aufsagen. Tu du, was du willst, ich aber kehre heim durch den Bach, bevor ich von dir zu etwas noch Ärgerem gezwungen werde.« (Platon 2012, 20)

Inspiriert von den »Musen des Ortes« beginnt der Gründervater der abendländischen Metaphysik plötzlich Dinge zu erdichten, die seinem fundamentalen Vernunftanspruch keineswegs genügen. Er verliert die sich auf die ewigen Ideen berufende Klarheit seines Denkens und denkt plötzlich *mit* der Umwelt, anstatt *über sie*. Es ist dieses Verlangen nach Dominanz der Umwelt vermittels einer fundamentaleren Transzendenzebene, die Sokrates in die Stadt fliehen lässt. Eine Bedingung der Möglichkeit abendländischer Metaphysik ist al-

---

1   Siehe hier Kapitel 5.1 in meinem bereits mehrfach erwähnten »Zwillingsbuch« *Ecological Reasonings* (Jörg 2025).

so laut Sloterdijk diese steinerne Blase, die die Stadt mit ihren Mauern und Steinstraßen bietet.

Diese in antiker Zeit noch embryonale Denkform hat sich gefestigt und ist nunmehr unabhängig von steinernen Mauern oder anderen altertümlichen Schutzformen, die das moderne Bewegungsparadigma aufgelöst hat (siehe Kapitel 6 Ende). Auch Sloterdijk weist darauf hin, dass eine wesentliche Festigung dieses von der Umwelt abgewandten Denkens bereits durch Platons Universalisierung von Sokrates‹ Transzendenzphilosophie bestand. Demnach war für Platon, den Schüler Sokrates, die Stadt zu unsicher als Befestigung des Denkens, und so warb er in seiner Philosophie für ein rein abstraktes, von der Umwelt radikal losgelöstes Sein als Stabilitätsgarant: »Man muss das Ereignis Platon vor dem Hintergrund der politischen und biologischen Polis-Katastrophe setzen, um zu verstehen, welch einen Wandel das spätere Griechentum im Hinblick auf die Lebensstile der Gebildeten bewirkt hat. Von ihm strahlt eine Suggestion aus, die ein Weltalter lang für das philosophische Leben charakteristisch blieb: Als Makler der neuen Ontologie wirbt der Philosoph bei seinen Mitbürgern dafür, sich an dem Übergang von Stadt-Wohnen zum Seins-Wohnen zu beteiligen.« (Sloterdijk 1999, 360) Die Stadt erschien Platon also immer noch als zu »weltliche« Befestigung des Denkens. Seine Lösung des komplett abstrakten, universellen »Seins«, abgewandt von jedem konkreten sinnlichen Bezug, ist also die radikalisierte und universalisierte Form eines aus der Stadt gewachsenen Denkens. Trotzdem – oder genau deswegen – bleibt für die nächsten fast zwei Jahrtausende diese Art von Transzendenzdenken ein Nischenphänomen, welches spezielle Schutzhüllen benötigt. Nur im Kloster und in den dort entwickelten asketischen und dezidiert (um)welt-abgewandten Praktiken schirmt sich das Seins-Denken von der turbulenten Umwelt der zerfallenden Antike und des Mittelalters zur Genüge ab, um die universale Wahrheit der abendländischen Metaphysik zu erhalten. Es ist erst in der europäischen Moderne, dass sich dieser Stil des Denkens weiter ausbreiten und heute – wie ich argumentiere – zu so etwas wie einem *common sense* aller Modernen werden konnte. Wie ich bereits im zweiten Abschnitt erarbeitet habe, ist es heute unsere hochgradig von Betonstrukturen und Maschinen geprägte moderne Lebenswelt, die uns quasi automatisch zu platonistisch-cartesianischen Denkweisen *verführt*.

Während die heute dominante Vernunftform als eine Art Flucht in eine Blase aus Stein begonnen hat, befinden wir uns heute in der paradoxen Situation des Homogenozäns, in der fast alle uns einfach zugängliche Umwelt derart geplättet und betoniert ist, dass die Flucht vor den sinnlichen Eindrücken einer

234 Kilian Jörg: Das Auto und die ökologische Katastrophe

bestimmten Umwelt kaum mehr notwendig ist. Während die von Sokrates erfundene Vernunft also damals ein subversives oder zumindest aufklärerisches
Potential hatte, ist sie heute derart zu einem Gemeinverstand geworden, dass
für sie kaum eine Schutzblase mehr notwendig ist.

Durch die ausufernden modernen Infrastrukturen und Landnahmen der
Moderne, die maßgeblich vom KFZ vorangetrieben wurden, gibt es kaum
mehr dem Menschen einfach zugängliche Orte, in denen man so einfach
von den »Musen des Ortes« überfallen werden kann, wie Sokrates vor fast
2500 Jahren. Während damals eine Art musisch-poetisches Denken *mit* der
Umwelt wohl noch eher die Norm war – und der Ausbruch aus diesem ebenso limitierten Denken eine subversive und errungenschaftsreiche Leistung
darstellte – ohne die moderne Wissenschaftlichkeit und Vernunft nie auf
den Weg gekommen wäre – ist dies heute genau umgekehrt. Heute muss
man so wie Sokrates denken, wenn man am modernen Leben teilhaben will.
Dies bringt allerdings einen massiven Kultur- und Wertewandel mit sich:
Während von Sokrates bis Descartes und Kant diese Vernunfthaltung eine
aufklärerische Einforderung war, weg vom »gemeinen« Verstand und seinen
einfachen Antworten zu kommen, ist im Zeitalter des Homogenozäns genau
diese Vernunfthaltung zum gemeinen Verstand geworden. Früher war es
die ephemere Körperlichkeit und die musisch-unscharf stimmende Umwelt,
gegen die die Philosophen wetterten – heute muss kaum mehr jemand von
diesen Texten überzeugt werden, da die anthropogene Umwelt von ihnen eine
Entfremdung von Körperlichkeit und Umwelt *automatisch* abverlangt.

Viele teilen heute das Gefühl, dass uns »die großen Philosophen« nicht
mehr so viel sagen können. In ökosophischen Diskursen ist es *common place* zu
behaupten, dass wir heute die komplexen Sachlagen des Anthropozäns nicht
mehr cartesianisch und platonistisch auffassen können. In den Worten von
Donna Haraway: Die »alte« cartesianische Vernunfthaltung ist »nicht mehr
verfügbar zum Denken, wahrlich nicht mehr denkbar« (Haraway 2016, 5).[2]
Auch wenn ich, wie nach dem bisherigen wohl klar sein sollte, ideologisch
auf derselben Seite stehe, fehlt mir oft in gegenwärtigen Diskursen die Hinterfragung, *warum* die klassischen abendländischen Diskurse heute nicht mehr
dieselbe Überzeugungskraft ausstrahlen und *warum* heute so philosophische
Ansprüche wie »nicht-binär«, »nicht-cartesianisch«, nicht-dualistisch« fast
mantra-ähnlich wiederholt werden. Meines Erachtens ist es weniger, dass die

---

2   Original: »has become unavailable to think with, truly no longer thinkable«.

Klassiker für unsere heutige Welt komplett irrelevant geworden wären; sondern vielmehr, dass sie bereits ein dermaßen wesentlicher Bestandteil unserer heutigen Welt geworden sind, dass es den meisten als instinktiv redundant erscheint, sie zu lesen. Warum soll ich noch Descartes‹ *Meditationen* lesen, wenn mich mein Auto tagtäglich und ganz somatisch von der Notwendigkeit des Körper-Geist-Dualismus überzeugt? Warum Platons gewundenen Argumentationen für eine höhere, logisch vermittelten Vernunftordnung folgen, wenn mich die Verkehrsschilder überall und ganz unmissverständlich an ihre Transzendenz erinnern?

Heute liegt kein subversives und auch kein aufklärerisches Potential mehr in Platon, Descartes oder Kant – ganz einfach, weil die wesentlichen Parameter ihres patriarchalen Weltbildes überall in die Umwelt einbetoniert sind. Aus diesem Grund geriert sich jede einigermaßen vernünftige ökologische Philosophie fast mantra-ähnlich als »nicht-cartesianisch«, »antiplatonistisch« und »nicht-dualistisch«. Wie so oft verbirgt sich hinter dieser inflationären Verneinung aber die tiefer gehende Verstrickung mit und Abhängigkeit von dem, was man verneint. Wir Modernen müssen zu einem nicht unwesentlichen Grad alle Platonist*innen und Cartesianer*innen sein, um im Homogenozän überleben zu können. Während unzählige Aufklärer*innen die Abkehr von Animismus und Spiritualismus predigten, ist es heute schwer, noch irgendetwas Animistisch-Lebendiges oder Spirituelles in den endlosen Monokulturfeldern und Autobahndreiecken des Homogenozäns zu entdecken. Dass man als Mensch Herrscher über eine mechanisch verbundene Welt ist, in der nichts als die Menschen und ihre Maschinen *agency* hat, erscheint heute als intuitiv logisch, wenn man einer Autobahn entlang fährt. Wie bereits erarbeitet, ist die *natürlichste* Haltung innerhalb dieser Lebenswelt eine des *Klimawandelleugnens*. Und die Fetischisierung der »unberührten Natur« ist ein wesentlicher Teil dieser Matrix. Wir fliehen heute zu den wenigen »Musen des Ortes«, weil sie allerorts vom Aussterben bedroht sind. Nurmehr dort hören wir noch etwas anderes als die Wiederholung des Ewig-Gleichen, des sich als alternativlos gerierenden Status quo der Moderne.

Es erscheint mir als wesentlich, auf diesen Punkt als *Bedingung der Möglichkeit unseres Denkens* hinzuweisen, der auch ökologische Denkformen miteinbezieht. So zeigt u.A. Pierre Charbonnier (Charbonnier 2020, 39), dass eine ökologische Rationalität ein wesentliches Kind der Moderne ist, welches sich logisch aus den industriekapitalistischen Bezügen zur Umwelt entwickeln musste. Wenn heute viele Denker*innen Philosophien wie jene des alten Indiens und insbesondere von amerindischen indigenen Kulturen als wegweisend für ihr »animistisches« und »anti-dualistisches«, »nicht-cartesianisches« Denken verstehen, dürfen wir nicht den Fehler machen, die komplett veränderten Bedingungen dieser Philosophien zu übersehen. Viele sehen diese ökologischen Philosophien heute als eine Art *Gegenphilosophie* zum herrschenden common sense. »Anti-cartesianisch« erscheint so oft als Schlüsselformel und Ideal, welches es im Denken zu erreichen gilt. Doch im Gegensatz zu uns kannten die indigenen Menschen, von denen wir heute so viel Inspiration beziehen, zumeist keinen Cartesianismus, von dem sie sich absetzen mussten oder konnten. Keine indigene Philosophie ist anti-cartesianisch, genauso wenig wie »Naturvölker« tatsächlich etwas mit »Natur« zu tun haben (Descola 2015). Sowohl »Natur« als auch Cartesianismus sind moderne Begriffe, die außerhalb einer modernen Lebenswelt keinen Sinn ergeben. Zwar können wir uns inspirieren lassen von »indigenen«, und »nicht-modernen« Denkweisen, doch sind wir in dieser Sehnsucht nach Inspiration von Außen von modernen Begehren geleitet. Für uns sind solche »exotischen« Philosophien eine Art Flucht vom zubetonierten, hyper-cartesianischen Zustand des Homogenozäns, während sie für Indigene zumeist eher ein Art *common sense* war.

In dieser Tendenz zur Flucht aus der uns formenden Umwelt sind wir noch viel näher an Sokrates, als wir es vielleicht wahrhaben möchten. Die Vorzeichen haben sich geändert. Während Sokrates zwecks eines universellen Seins von der Umwelt floh, haben wir erkannt, dass es in diesem Sein keine Luft zum Atmen gibt und fliehen vom herrschenden Weltzustand zurück in Bilder einer lebendigen Umwelt. Dies heißt keinesfalls, dass ökologische, »nicht-cartesianischen« Bilder des Denkens Chimären oder falsche Freunde sind. Auch ist es prinzipiell kein Problem, dass diese Inspiration aus »exotischen« Denktraditionen beziehen. Ganz im Gegenteil – wie bereits in der Einleitung erwähnt, halte ich diese neuen Diskurse für wesentliche Impulsgeber für fortschrittliches und pluralistisches Denken im Homogenozän. Doch ist ein Bewusstsein von ihrer Situierung in der Moderne notwendig, um einer zu vereinfachenden Romantisierung zu entgehen.[3]

---

3   Und hierbei habe ich leider meine Zweifel, ob dies bei allen zurzeit in progressiven Blasen gehypten Diskursen der Fall ist. Das für mich illustrativste Beispiel dieser Tendenz zur romantisierenden Betriebsblindheit ist Robin Wall Kimmerers viel besprochenes Buch *Braiding Sweetgrass* (2015), welches als eines der Hauptwerke eines »indigenen neuen Materialismus« (Clary-Lemon 2019) verstanden wird. Kimmerer beschreibt in ihrem Buch diverse indigene Pflanzenphilosophien und was diese für Auswege und Alternativen zum modernen Denken bieten. In schönen, wenn auch ein wenig roman-

Um eine Formulierung von Anna Tsing zu verwenden, sind diese pluralen ökologischen Bilder des Denkens auf den »Ruinen der Moderne« (Tsing et al. 2017) gewachsen. Sie sind aus einem Überdruss und der offensichtlichen Katastrophalität des Homogenozäns entstanden. Sie schreien nach »anti-cartesianischen«, »nicht-binären« Lösungen, weil die immer noch majoritäre Vernunft sich immer klarer als lebensfeindlich geriert. Aus der Perspektive der alten Ordnung sind sie das Unkraut, das aus den Rissen der festgefahrenen Strukturen der Moderne wächst. Die ökologischen Denkweisen des »New Materialism« und andere sprießen auf dem toxischen und asphaltreichen Boden, wo kaum mehr anderes Denken als sinnvoll erscheint. Das »vernünftige« Denken der Mehrheit übernimmt die Autobahn. Von ihr muss das kreative und subversive, an der Erhaltung des Leben interessierte Denken fliehen.

Um eine Chance auf Veränderung zu haben, gilt es dieses Bild des ökologischen Denkens als »Flucht« von der majoritären Ordnung ernst zu nehmen. Ökologisches Denken und Handeln kann sich nicht mit dem Grünstreichen von Autos und Flughafen begnügen. Vielmehr geht es um »eine Umwertung aller Werte« im beinahe nietzscheanischen Sinn. Das, was der herrschenden Ordnung als Unkraut erscheint, ist Hoffnungsgeber*in eines zukunftsgewandten Denkens.[4] Unter den gegenwärtig majoritär hoffnungslosen Zuständen gilt es als allererstes, den Ausbau von Fluchtmöglichkeiten (Kapitel 12) zu forcieren, in denen utopisches Denken wieder möglich wird. Hierbei handelt es sich nicht um Defätismus, sondern um eine strategische Neuorientierung für die Schaffung der Bedingungen der Möglichkeit von Überleben und besser Weiterleben. Es geht um die Errichtung neuer Normalitä*ten* und Welt*en*,

---

tisch überhöhten, Kapiteln beschreibt sie ihre Reisen zu den wilden Erdbeeren, duftendem Mariengras und wallenden Weiden und was diese unserer cartesianisch verführten Kultur beibringen können. Doch was sie kaum erwähnt, ist, dass die vielbeschäftigte Professorin einer amerikanischen Eliteuniversität zu all diesen wunderschönen »Natur«-Orten mit dem Auto fährt. Unbeantwortet bleibt die Frage, ob Kimmerer auch am Steuer ihres Autos eine ähnlich spirituelle Verbindung zu den Pflanzen erfährt wie an den Orten, an denen sie mit dem Auto hingelangt ist. Ob ihr Bedürfnis nach »anti-cartesianischen Denkbildern« nicht auch durch das stundenlange Sitzen in der stickigen Luft des Autos bestärkt wurde. Vgl. hierzu mein Paper *Politicising New Materialism against the Toxic Entanglements of the Now: Towards a New Materialist Philosophy of the Car* (Jörg 2023a).

4   Aus diesem Grund ist es kein Zufall, dass das vielleicht prominenteste Buch über die ZAD – die wir als Beispiel einer solchen Fluchtzone im letzten Kapitel besprechen werden – »Eloge des mauvaises herbes: Ce que nous devons à la ZAD«/»Lob des Unkrauts – was wir der ZAD schulden« (Lindgaard, Collectif, and Graeber 2018) betitelt ist.

die einen Dualismus und das Selbst als Auto irgendwann als nicht mehr begehrenswert erscheinen lassen. In denen man lieber als mit der problematischen Umwelt verwobenes Unkraut gedeiht, statt als selbstbewegtes Subjekt darüber zu schweben. Mit dem Beschreiben von politischen und utopischen Auswegen aus dem Autoregime und der Entwicklung von nachhaltigen Überlebenspraktiken in den Ruinen der Moderne beschäftigen sich die letzten beiden Abschnitte dieses Buchs.

Politik

Die Autopest stirbt an der Autopest

Stellen wir uns Folgendes vor: Wir schreiben das Jahr 2032. Die sogenannte Dieselpest, ein bis dato relativ harmloser mikrobiologischer Befall von Dieselkraftstoffen, mutiert ohne Vorwarnung zu einer ernsthaften Pandemie. Aufgrund von nie restlos geklärten Umständen machen die diese Motorenkrankheit verursachenden Cyanobakterien und Schimmelpilzkulturen einen plötzlichen Evolutionssprung durch, der ihre Ausbreitung nicht nur in allen handelsüblichen Erdöldestillaten von Kerosin bis Super-Benzin ermöglicht, sondern auch ölgetränkte Metalle für einen noch nie dagewesenen Zersetzungsprozess anfällig macht. Die betroffenen Autos fallen Minuten nach einem Befall schlicht auseinander. Das unter solchen Voraussetzungen unvermeidliche Chaos beendet die Ära der Automobilität schlagartig.

Erst stemmt man sich noch gegen diese neuartige »Autopest«, wie sie bald im Volksmund genannt wird. Da die seit mehr als einem Jahrhundert bekannte herkömmliche Dieselpest erst nach langen Standzeiten einsetzt, versucht man anfangs, Autos und andere erdölbetriebene Motoren gesetzlich zur täglichen Bewegung zu verpflichten. Doch diese Maßnahme hat keinen Erfolg. Die neue Autopest macht auf so unfassbar schnelle Weise die Metallträgerkonstruktionen von Automotoren porös, dass es in der Anfangsphase dieser Pandemie zu einer Serie furchtbarer Unfälle kommt, bei der KFZs im vollen Fahrbetrieb einfach auseinander blättern und ihre Überbleibsel unkontrolliert in Passant*innen rasen. Um den Schutz von Menschenleben zu garantieren, machen gesetzgebende Instanzen weltweit bald eine Kehrtwende und untersagen den Gebrauch von herkömmlich motorisierten KFZs gänzlich. Die geringe Anzahl an elektrisch betriebenen Autos wird kurzerhand beschlagnahmt und in kollektive Taxinetze und Kurztransportsysteme umgewandelt, damit die moderne Mobilität nicht gänzlich zum Erlahmen kommt oder einer extremen Verteilungsungleichheit unterliegt.

Natürlich gibt es anfangs regen Widerstand in der Bevölkerung. Die Verschwörungstheorien, die hinter dieser neuartigen Pest eine »links-grüne Verschwörung gegen den Verbrennermotor« sehen, sprießen allerorts. Videos von bärtigen Männern, die als Akt des zivilen Ungehorsams demonstrativ das halbe Land mit ihren Pick-Up-Trucks durchfahren, während sie ihrem Smartphone von einer »Greta Thunberg-Elite« erzählen, gehen viral. Die wütenden Männer berichten von einem Netz aus Lügner*innen, die den Staat unterwandert haben und ihre radikale killjoy-Politik mit der Hilfe von Silicon-Valley-Eliten nun diktatorisch durchsetzen. Autoaufkleber wie »Don't be a sheep« oder »Auto-Pest ist der Gehirntumor der Grünen!« verbreiten sich rege. Doch es hilft dem Erfolg dieser Widerstandsbewegung nicht, dass viele der Autoaufkleber letztlich auf Karosserie-Wracks am Straßenrand enden. Eine digitale Gegenaufklärung ruft mit Fotos der von Autopest befallenen Trümmer zur Vernunft auf und mobilisiert gegen die unberechenbare Gefahr auf der Straße. Das Aufschlitzen von Reifen, früher nur in ganz kleinen Splittergruppen gängig, wird in kurzer Zeit zu einer bürgerlichen Tugend. Junge Leute, Mütter und in Anzug gekleidete Brillenträger*innen schlitzten vor der Kamera überzeugt Reifen auf und präsentierten dies als Schutz vor den »rücksichtslosen und lebensgefährlichen Verschwörungstheoretiker*innen«. Barrikaden machen die meisten Innenstadtviertel bald kaum mehr befahrbar.

Nach nur wenigen Monaten hat sich ein autofreier Normalzustand der modernen Gesellschaften herausgebildet; und seltsamerweise ist die Mehrheit der Menschen der Ansicht, dass das Leben nun eigentlich besser ist. Die Vorkämpfer*innen der radikalen Mobilitätswende gelten plötzlich als allgemein anerkannte Visionäre des besseren Lebens, denen nun hohe Verwaltungsposten überantwortet werden. Die allermeisten genießen es letztendlich, nicht mehr täglich mit dem Auto zur Arbeit pendeln zu müssen, ihre Kinder unbesorgt um die Straßen ziehen zu lassen und die Gesänge der Vögel wie die Düfte der Bäume in der Stadt genießen zu können.

Die Stadt- und Dorfzentren erholen sich schnell. In den zuvor leerstehenden Gaststätten und Läden herrscht bald wieder reger Betrieb. Endlich muss man nicht mehr weit fahren, um sich mit dem Lebensnotwendigen einzudecken. Es entsteht Gemeinschaft und spontaner Austausch, wo früher nur leere Reihenhausgassen und Supermarktparkplätze prangten. Mit einem Mal ist es Teil des sozialen Lebens, sich gegenseitig mit Transporten und Besorgungen zu unterstützen. Eine solidarische Wirtschaft jenseits des Geldes sprießt vielerorts – man verteilt Waren nach Bedürfnis und berät sich darüber in Gremien. So lernen sich zuvor unbekannte Nachbar*innen kennen.

Per Notverordnung werden die Lieferketten so priorisiert, dass durch ein ad-hoc organisiertes Netzwerk aus Bahn, E-Autos und Lastenrädern die Versorgung mit Nahrungsmitteln und anderen wichtigen Gütern gesichert ist. Die Produktion von Dingen wie Heimkinos und natürlich Autos wird hingegen so gut wie eingestellt. Die so massenhaft frei gewordenen Arbeitskräfte können wohnen, wie sie wollen und sind nicht mehr an Pendlerrouten oder Industriestandorte gebunden. Viele bestellen die nun nicht mehr praktischen Monokulturfelder der Agrarindustrie neu und experimentieren mit neuen und alten Anbau- wie Wohnformen. Der Alltag einer normalen Person kann so aussehen, dass sie ein paar Stunden am Tag mit Computer und per Digitalkonferenz »globalen« Tätigkeiten nachgeht. Danach setzt sie sich vielleicht auf das Rad, fährt den entspannenden Weg zu einem ehemaligen Feld, wo in neuen Patchworks diverse essbare und nicht essbare Pflanzen bestellt werden. Oder man meldet sich freiwillig zum Transportdienst, setzt sich auf ein öffentlich bereit gestelltes E-Lastenrad und fährt vom Bahnhof diverse Güter oder Reisende zu ihrem Zielort. Man plaudert dabei gerne und kommt in den Austausch über alles mögliche, was bisher hinter Windschutzscheiben verborgen blieb. Das menschliche Leben organisiert sich bald wie von selbst in kollektiveren Kleinstrukturen namens »bolos«, die sich nach ihren Vorlieben und Bedürfnissen sammeln und diese dann gemeinsam frei entfalten. Die Kleinfamilie ergibt in diesem neuen Mobilitätsregime wenig Sinn, auch wenn sie natürlich nie gänzlich verloren geht. In Kiezen und Grätzeln bilden sich die Bekanntschaftsnetzwerke der »bolos« heraus, die Care-Arbeit als gemeinsame Aufgabe verstehen. Anders als althergebrachte Dorfgemeinschaften sind diese postpandemischen Gemeinschaften global vernetzt.

Während die ganzen nervigen sogenannten »Berufsreisen« hinfällig werden, nimmt das Reisen aus Lust und Interesse sogar zu – denn die Zeit, die eine Reise nach Italien oder in die USA beansprucht, ist im Durchschnitt nun viel länger. Durch das Wegfallen der Autos ist die unmittelbare Umgebung bald viel interessanter, und man will gar nicht mehr so weit oder so schnell reisen. Wo früher jedes Dorf und jedes Innenstadtzentrum gleich aussah, sprießt schon nach wenigen Jahren eine hohe Diversität der Lebensformen, die vormals durch das Auto homogenisiert wurden. Nach dem Wegfallen der StVO entstehen die abenteuerlichsten Bauten und Strukturen in vormals kargen Betonwüsten. Man muss gar nicht mehr weit reisen, um Erfahrungen vom inspirierenden Anderen zu machen. Das »bolo« 30 km weiter kann schon so eine andere Selbstverständlichkeit von Werten und Wesen leben, dass die Inspiration des Fremden ganz nah ist. Und wenn man doch einfach mal in die Kälte des Nordens oder die Wärme des Südens will, steht ja immer noch das elektrisch betriebene Schnellzugnetz bereit ...

Realismus, Demokratie und politischer Stillstand

Wenn man ausreichend Zeit für individuelle Gespräche hätte, könnte man wahrscheinlich 95 Prozent aller modernen Menschen davon überzeugen, dass das Leben in einer solchen autofreien Utopie besser wäre als der Status quo. Wie während der Corona-Pandemie kämen bestimmt sehr viele Menschen zu der Erkenntnis, dass ein solcher pandemisch verursachter Einschnitt in die moderne Normalität viele Aspekte des Lebens um einiges attraktiver und lebenswerter macht.

Dennoch könnte keine politische Partei ein demokratisch herbeigeführtes Ende des Automobils mit Erfolg zu ihrem Wahlprogramm machen. *Realistisch* betrachtet käme eine solche Forderung einem politischen Selbstmord gleich. Selbst die Grünparteien vermeiden es tunlichst, jemals laut von einem Autoverbot zu träumen, obwohl sie ohnehin regelmäßig damit assoziiert werden. Der mediale Backlash, die blanke Entrüstung der von der Autolobby gefütterten Parteien und Medien wäre unabwendbar. Die Stimmen, die von einem Diebstahl der Freiheit und diktatorischen Gelüsten schrien, würde jede vernünftige Debatte im Keim ersticken.

»Die Politik« im modernen, oftmals substantivierten, Sinn steht also am Eingang des Anthropozäns in einer Sackgasse, aus der sich kein offensichtlicher Ausweg anzeigt. Emanzipatorische, linke Politik ist sich bis heute unsicher, wie sie sich gegenüber dem Auto und seiner homogenisierenden Welt positionieren soll. Der katastrophale Lebensstil ist für so viele zur Normalität geworden, dass jeder Ausweg aus ihr als eine Bedrohung des eigenen, »hart erkämpften« Lebensstils erscheint. In den unzähligen Meinungsumfragen, Mediendebatten und repräsentativen Stimmabgaben wird das Bild einer öffentlichen Gemeinschaft produziert, der man realistischerweise nicht viele Änderungen zumuten kann. Schon der kleinste Schritt in Richtung einer Absage an Autoprivilegien, wie beispielsweise bei der Berlinwahl in Jahr 2023,[1] kann

---

1   Die Berlinwahl 2023 ist tatsächlich ein sehr eindrucksvolles Beispiel für die Grenzen der Aussagekräftigkeit des politischen Willens innerhalb der repräsentativen Demokratie in Krisenzeiten. Während noch im September 2021 eine überragende Mehrheit von 59,1 % für die Enteignung und Vergesellschaftung großer Wohnungsunternehmen

in der nächsten Wahl abgestraft werden und zu einem ausgleichenden Kurswechsel ins Rückwärts führen. Die Resilienz der Moderne stabilisiert die Gemüter und Begehren auf eine katastrophale Weise, die *realistisch* nicht zu überkommen ist. Es ist der weiter oben erarbeitete Realismus des »Ist halt so«, der in den Domänen der Politik jegliche Hinterfragung des Normalen als *nicht normal* erscheinen lässt. Dieser Art Realismus stabilisiert so nicht nur den Status quo, sondern lässt darüber hinaus die Katastrophe als einzigen Ausweg erscheinen – und diese kann man eben *realistischerweise* nicht politisch fordern oder anstreben. »Mehr ist den Leuten halt nicht zuzumuten« oder »Man muss langsam vorgehen, um eine Änderung des Verhaltens zu begünstigen« sind dann die Räsonnements der Stunde in dieser medial produzierten und lebensweltlich stabilisierten Gemeinschaft. In den von den meisten als »die Politik« bezeichneten Strukturen der repräsentativen Demokratie, innerhalb derer man bei nur einem Urnengang über so diverse und widersprüchlich ineinander verzahnte Themenbereiche wie u.a. Baurecht, Familienpolitik, Migration, Landnutzung, Verkehrsordnung, Steuer, Erbrecht, Klimapolitik, Genderpolitik und vieles mehr nur *eine* Stimme abgeben kann, scheint sich kein Bewegungsraum aus diesem Zustand der toxischen Normalität heraus aufzutun, selbst wenn immer mehr Wähler*innen abstrakt erkennen, dass wir da irgendwie herausfinden müssen.

Wie im letzten Abschnitt erarbeitet, sind die demokratisch hochgehaltenen Begriffe von Freiheit, Mobilität, Sicherheit, Selbstbestimmung, Unversehrtheit, Emanzipation, Geschlecht und Vernunft dermaßen mit dem prothetischen Maschinenleben der Gegenwart verwachsen, dass jede »freie«,

---

mit dem Volksentscheid »DW enteignen« gestimmt haben, fuhr nicht einmal eineinhalb Jahre später die sich stets klar gegen den Volksentscheid aussprechende CDU einen überragenden Wahlsieg von plus 10,2 % ein. Dieser große Erfolg der CDU wird von vielen Beobachter*innen großteils ihrer aggressiven Pro-Auto-Politik zugesprochen. Dies führt dazu, dass zwar 59,1 % der Wahlberechtigten in Berlin für die Enteignung von großen Immobilienkonzernen demokratisch gestimmt haben, im Berliner Senat allerdings nur eine Partei (Die Linke) mit bloß 12,2 % der Stimmen sitzt, die sich klar zu der Durchführung des Volksentscheids bekennt. Wie wir später noch genauer aufgreifen werden, nehme ich stark an, dass viele Kieze Berlins sich mehrheitlich für eine radikale Autoreduzierung aussprechen würden, die landesweite Politik dies aber überhaupt nicht repräsentiert. Besonders in Zeiten, die von Verwirrung und Unklarheit geprägt sind, reicht es demokratisch nicht mehr aus, mit einem Kreuz über so viele Themen gleichzeitig abstimmen zu müssen – dies verzerrt den eigentlichen Wählerwillen bis zur Unkenntlichkeit und kann kaum mehr als repräsentativ gelten.

»demokratische«, »sichere« und »selbstbestimmte« Politik (im Substantiv Einzahl) innerhalb der majoritären, zubetonierten Welt kaum etwas anderes machen kann, als danach zu trachten, den Status quo zu erhalten.[2] Wenn man »die Politik« daran misst, ob sie es schafft, die Überlebensbedingungen des Planeten und der Gesellschaft zu erhalten, dann muss man »der Politik« des vergangenen Jahrhunderts ein ziemlich fatales Zeugnis ausstellen – und dies gilt für beide politischen Blöcke, die dieses Jahrhundert prägten: den Staatssozialismus/Kommunismus und den Kapitalismus. In diesem Abschnitt werde ich anhand des Autos Erklärungen für dieses fatale Scheitern suchen. Wie auch bislang in diesem Buch verstehe ich das Auto hierbei nicht als singuläre Maschine oder »Buhmann«, sondern als extrem weitläufige Metapher, die ganz viele Zusammenhänge der Moderne vereint und sichtbar macht. Dieser Abschnitt beschäftigt sich also hauptsächlich damit, warum »die Politik« bisher an den *auch* vom Auto herbeigeführten Problemen gescheitert ist. Hierbei unterscheide ich begrifflich zwischen »der Politik« (eine abstrakte Kategorie) und diversen »politischen Bewegungen« (die konkret Wandel und Auswege durch Selbstermächtigung suchen). Die majoritäre Politik, die oftmals mit »denen da oben« assoziiert wird und an der sich wenige wirklich partizipierend fühlen, unterscheide ich hierbei von kleinteiligeren Bewegungen von Anderswelten, die mich gegen Ende des Abschnitts zu der in Kapitel 3 gestellten Frage, ob es eine »Politik gegen das Normale« geben kann, zurück führen wird. In den nächsten zwei Kapiteln, die eng miteinander verzahnt sind, werde ich mich den zwei Feldern widmen, von denen man sich innerhalb der Moderne die als notwendig erkannte und ersehnte Transformation am häufigsten erhofft (hat): der Technologie und der Linken. Bei beiden handelt es sich selbstverständlich nicht um homogene Felder oder eine einheitliche Akteur*in. Vielmehr versuche ich innerhalb dieser Kapitel gewisse prägende

---

2   Selbst wenn jedes Wahlplakat trotzdem mit dem Wandel, der doch kommen muss, wirbt: Im abstrakten, »geistigen« Wissen von der Notwendigkeit des radikalen Wandels bei gleichzeitiger Beibehaltung der materiellen, körperlichen und begehrlichen Verankerungen in der modernen Welt schreibt sich die cartesianische Körper-Geist-Trennung ins Anthropozän fort. Zunehmend *wissen* wir zwar alle, dass es so nicht weiter gehen kann – und trotzdem *fühlt* sich das Beibehalten des Status quo weiterhin viel bequemer und richtiger an, als irgendeine Alternative (Radfahren fühlt sich weiterhin todesgefährlich am Straßenrand an und Versuche der Subsistenzwirtschaft in Kommunen scheitern weiterhin an den realwirtschaftlichen Bedingungen einer industrialisierten Agrarwirtschaft.)

Tendenzen in beiden Bereichen zu skizzieren, die eine problematische Verhärtung des herrschenden Realismus der »alternativlosen« Moderne bewirk(t)en.
Ganz schematisch könnte man sagen, dass die Technologie die prinzipielle Innovationshoffnung innerhalb des Kapitalismus darstellt, während ein
wie auch immer konkret verstandenes »linkes« Programm die Lösung dieser
Probleme mit einem Überkommen des Kapitalismus und seiner Gesellschaftsverhältnisse verbindet.[3] Bei genauerer Betrachtung fällt diese Unterscheidung
allerdings zusammen, denn auch viele Linke sind und waren eng verwoben
mit einem massiven Technikglauben – genauso wie viele Kapitalist*innen
glaubten, dass technische Innovation auch die soziale Struktur verändern
wird.

Meine Konklusion wird sein, dass dasjenige, was wir heute landläufig als
»die Politik« und »Demokratie« bezeichnen (und welches ich als ein schematisches Resultat der dialektischen Auseinandersetzung der beiden angesprochenen Politikfelder des letzten Jahrhunderts verstehe),[4] nicht mit der Herausfor

---

3 Da sich historisch die linke Strömung des Kommunismus gegenüber dem Anarchismus
   majoritär durchgesetzt hat (weil der Kommunismus Staaten gegründet/übernommen
   und vielfach Anarchist*innen verraten und ermordet hat) und es also bis heute viel
   mehr Institutionen gibt, die eine ideologische Verbreitung von marxistisch-kommunistischen Ansätzen fördern, widmet sich meine Analyse real-exisitierender linker Akteure in der Geschichte des 20. Jahrhunderts fast ausschließlich kommunistischen Ansätzen. Keine anarchistische Bewegung hatte jemals lang genug irgendeine Form von
   Macht oder Kontrolle inne, um Autos zu produzieren oder Autopolitik zu prägen. Wie
   sich im Laufe des verbleibenden Buchs zeigen wird, sehe ich darin ein großes Problem
   der historischen Linken sowie ein großes Potential der noch kommenden Linken, die
   sicher eher öko-anarchistisch als staats-sozialistisch geprägt sein muss. Für eine Skizze dieser »anderen«, ökologischeren Geschichte der Linken, die eher dem Anarchismus
   nahe steht, siehe Probst 2021.

4 Hier werden viele sicherlich einwenden, dass doch ganz klar der Kapitalismus gewonnen hat und man also nicht vom Resultat einer Vermengung der beiden Pole sprechen kann. Auch wenn ich gerne bereit bin zuzugestehen, dass das, was wir heute »den
   Kapitalismus« nennen, gegen den vermeintlichen Systemkonkurrenten des Kommunismus gewonnen hat, bin ich der von Karl Polanyi geprägten Ansicht, dass sich jede Wirtschaftsform – und also auch die kapitalistische – auch und besonders durch
   die Widerstände, die sie durch ihre erfolgreiche Durchsetzung auslöst, entwickelt. Die
   Entstehung des europäischen Sozialstaats, aber auch bloß das Verständnis von Maximalarbeitszeiten, Solidarität oder Pensionen wäre demnach kaum denkbar ohne die
   lange Widerstandsgeschichte der Arbeiterinnenbewegung etc. Die große Gefahr des
   gegenwärtigen Zustands besteht vielleicht darin, dass sich kein klarer Gegenpol findet, der der herrschenden Ordnung gewisse Zugeständnisse abfordert. Doch wie wir

derung des Autos im Speziellen und der Klimakrise im Allgemeinen zurecht kommen wird. Doch dies heißt keinesfalls, dass ich für eine Art Ökodiktatur, wie sie großteils von rechten Paranoikern an die Wand gemalt wird,[5] einstehe. Genauso wenig halte ich eine Rückkehr in stalinistische oder maoistische Zeiten für etwas anderes als eine Katastrophe. Tatsächlich zeigt sich an der aktuellen Krise vielmehr an, dass der historische Kompromiss, den wir heute als »liberale« und »repräsentative Demokratie« bezeichnen, tatsächlich ein markantes Demokratiedefizit aufweist,[6] welches wir schleunigst überkommen müs-

---

im Kapitel zur Linken sehen werden, halte ich die »kommunistischen« Staaten des 20. Jahrhunderts nur bedingt für eine wahre Alternative, da sie die tayloristischen und fordistischen Grundpfeiler des Kapitalismus euphorisch übernommen haben und damit keine notwendige, radikale Alternative zum maschinenfetischistischen Homogenozän entwickeln konnten.

5   Die rechts-liberale Angst vor der »Ökodiktatur« ist eigentlich die Angst vor dem Wieder-explizit-zu-Tage-Treten der autoritären-faschistischen Form, die das moderne Autoregime erst ermöglicht hat (und untergründig weiter erfordert – siehe Kapitel 3 und 4). Sie ist das Ergebnis einer Projektion der zunehmend reaktionärer werdenden Modernen, denen sich unter wachsendem Widerstand aufdrängt, dass die weitere Durchsetzung und Aufrechterhaltung ihres konsumkapitalistischen Lebensstils diktatorischer Mittel bedarf (und dies in Randzonen und Sattelzeiten immer schon so war). Wie wir in Kapitel 3 gesehen haben, konnte sich das Autoregime als majoritäre Mobilitätsform nur aufgrund der diktatorischen Einschnitte des Faschismus durchsetzen und konnte erst nach den Breschen des Krieges als »freie Wahl« erscheinen, die davor niemals mehrheitsfähig gewesen wäre. Derzeit mehren sich die Indizien, dass der Widerstand am »liberalen« Autoregime wieder wächst – die Kinder kleben sich auf die Straßen und die Bobos fordern Radwege (überspitzt formuliert). Dies führt dazu, dass Verfechter*innen des automobilen Status quo wieder expliziter diktatorische Maßnahmen gutheißen müssen (Enteignungen für Autobahnbau, Staatsverfolgung von als »Terroristen« eingestuften Öko-Aktivist*innen etc.). Da dies ihrem eigenen Selbstverständnis als liberale Verfechter der Freiheit widerspricht, projizieren sie auf die Kräfte des ökologischen Wandels in einer Art Spiegelfunktion ihre eigenen, uneingestandenen Verflechtungen mit der Form der Diktatur.

6   Hierbei folge ich lose David Graebers und David Weingrows (2021) Demokratie-Begriff, die diesen in einer dekolonialen Analyse von eurozentrischen Perspektiven loslösen und zeigen, dass bis weit ins 19. Jahrhundert »Demokratie« für keinen europäischen Staat (und nicht mal die meisten Revolutionäre wie Lafayette, Washington oder Voltaire) eine wünschenswerte Staatsform darstellte (sowohl die französische wie die US-amerikanische Verfassung sprach stattdessen von einer »Republik«) und zumeist sogar bekämpft wurde (die US-Constitution schreibt explizit, dass sie Demokratie verhindern möchte). »Demokratie« ist demnach vielmehr etwas, welches Europäer*innen aus ihrer (zumeist gewaltsamen) Begegnung mit indigenen Regierungsformen in den

sen, um eine Chance auf ein nachhaltiges und freudigeres Leben auf diesem Planeten zu haben. Hierfür werden wir die inszenierte »Alternativlosigkeit«

Amerikas kennengelernt haben und über einen jahrhundertelangen kulturellen Verdauungsprozess mit Verwischung der Quellen sich dann irgendwann mal selbst zugeschrieben haben. Zudem ist zu bemerken, dass heutige sogenannte »Demokratien« sehr wenig mit ihren angeblichen Ursprüngen in Athen zu tun haben. Hierzu Graeber/ Weingrow in *The Dawn of Everything*: »Moderne Staaten sind demokratisch, oder jedenfalls sollten sie es nach allgemeiner Auffassung sein. Doch die Demokratie in modernen Staaten ist ganz anders konzipiert als etwa die Funktionsweise einer antiken Stadtversammlung, die sich kollektiv über gemeinsame Probleme beriet. Vielmehr ist die Demokratie, wie wir sie heute kennen, ein Spiel von Gewinnern und Verlierern, das von überlebensgroßen Individuen ausgetragen wird, während der Rest von uns weitgehend zu Zaungästen degradiert wird. Wenn wir einen antiken Präzedenzfall für diesen Aspekt der modernen Demokratie suchen, sollten wir uns nicht an die Versammlungen von Athen, Syrakus oder Korinth wenden, sondern – paradoxerweise – an die aristokratischen Wettkämpfe der ›heroischen Zeitalter‹, wie sie in der *Ilias* mit ihren endlosen *Agonen* beschrieben werden: Rennen, Duelle, Spiele, Geschenke und Opfergaben. […] die politischen Philosophen der späteren griechischen Städte betrachteten Wahlen eigentlich gar nicht als eine demokratische Methode zur Auswahl von Kandidaten für öffentliche Ämter. Die demokratische Methode war das Losverfahren, ähnlich wie die moderne Geschworenenwahl. Wahlen galten als aristokratische Verfahren (Aristokratie bedeutet ›Herrschaft der Besten‹), bei denen das gemeine Volk – ähnlich wie die Gefolgsleute in einer altmodischen, heroischen Aristokratie – entscheiden konnte, wer von den Wohlgeborenen als der Beste von allen gelten sollte; und Wohlgeboren bedeutete in diesem Zusammenhang einfach all jene, die es sich leisten konnten, einen Großteil ihrer Zeit mit Politik zu verbringen. [Modern states are democratic, or at least it's generally felt they really should be. Yet democracy, in modern states, is conceived very differently to, say, the workings of an assembly in an ancient city, which collectively deliberated on common problems. Rather, democracy as we have come to know it is effectively a game of winners and losers played out among larger-than-life individuals, with the rest of us reduced largely to onlookers. If we are seeking an ancient precedent to *this* aspect of modern democracy, we shouldn't turn to the assemblies of Athens, Syracuse or Corinth, but instead – paradoxically – to aristocratic contests of ›heroic ages‹, such as those described in the *Iliad* with its endless *agons*: races, duels, games, gifts and sacrifices. […] the political philosophers of later Greek cities did not actually consider elections a democratic way of selecting candidates for public office at all. The democratic method was sortition, or lottery, much like modern jury duty. Elections were assumed to belong to the aristocratic mode (aristocracy meaning ›rule of the best‹), allowing commoners – much like the retainers in an old-fashioned, heroic aristocracy – to decide who among the well born should be considered best of all; and well born, in this context, simply meant all those who could afford to spend much of their time playing at politics.]«

des sich mit Prothesen wie dem Auto selbst-stabilisierenden System der modernen Staatlichkeit überkommen und neue und alte Formen von Partizipation entwickeln müssen. Ich möchte mich hier allerdings nicht in die Position eines »abgeklärten Wissenden« begeben, der den Weg schon kennt (diese Sprecherposition ist viel zu eng mit der modernen Subjektphilosophie verwoben, die wir eigentlich überkommen wollen) oder ganz konkrete Policy-Empfehlung unterstützen möchte (siehe Kapitel 12). Auch wenn meine Analysen teilweise recht abgebrüht wirken, sind diese bloß als informierte Prognosen zu verstehen, ähnlich eines Wetterberichts: Zwar möchte ich behaupten, dass ich nach vielen Jahren Beschäftigung mit dem Thema eine etwas zuverlässigere Prognose als der Durchschnitt zu tätigen in der Lage bin, doch behaupte ich keinesfalls, so etwas wie Gewissheit über die Zukunft zu besitzen und bin mir darüber hinaus bewusst, dass jede Prognose auch eine essentiell offene Zukunft mit-determiniert. Genau aus diesem Grund sehe ich meine hier getätigten politischen Analysen als prognostische Intervention, mit der ich versuche, das Zukünftige möglichst positiv zu beeinflussen. Hierzu werde ich recht eklektisch verschiedene Materialien zusammentragen, die die gegenwärtige Paralyse der herrschenden Politik so erklären kann, dass aus dieser Erklärung ein utopischer Horizont und Handlungsspielraum entstehen kann. Gegen Ende des Abschnitts werde ich hierfür zu der in Kapitel 4 erarbeiteten Frage nach minoritären Politiken gegen das Normale zurückkehren und versuchen, der dort bloß gestellten Frage eine Antwort zu geben: Kann es eine Politik gegen das Normale geben? Dies wird mich direkt in den letzten Abschnitt zur Utopie führen, in der ich über gewisse Formen der utopischen Blasenbildung nachdenken und die Frage einer »Utopie der autofreien Welt« auf ihre ermächtigende Perspektive hin untersuchen möchte. Obwohl ich nicht glaube, dass eine konkrete Unterstützung *einer* politischen Linie uns aus der katastrophalen Normalität führen kann, glaube ich sehr wohl, dass es uns an gewissen politisch-lebensweltlichen Utopien mangelt, die uns die Sehnsucht nach einer anderen, besseren und zukunftsfähigeren Welt anregt.

Kapitel 10: Die technische Lösung des technischen Problems

Klimaneutralität - das höchste aller technischen Gefühle?

Mittlerweile wurde der »Klimanotstand« in fast jeder Industrienation ausgerufen, und selbst so hohe Repräsentant*innen wie der Papst, der UN-Generalsekretär oder die EU-Kommissionspräsidentin warnen in teils schrillen Tönen vor der kommenden Katastrophe. Man könnte also meinen, dass nun, wo das Problem selbst in den höchsten Etagen angekommen ist, allerorten mit Hochdruck an Lösungsansatzen gearbeitet wird. Ein Beispiel für diese *Can Do*-Attitude der herrschenden Ordnung ist die Mobilitätsstrategie des »European Green Deal« der Europäischen Kommission (2021). Unter dem Titel »Sustainable and Smart Mobility Strategy« werden 82 Initiativen vorgestellt, die in den nächsten Jahren folgende Wegmarken erreichen sollen:

»By 2030

- at least 30 million zero-emission cars will be in operation on European roads
- 100 European cities will be climate neutral.
- high-speed rail traffic will double across Europe
- scheduled collective travel for journeys under 500 km should be carbon neutral
- automated mobility will be deployed at large scale
- zero-emission marine vessels will be market-ready

By 2035

- zero-emission large aircraft will be market-ready

By 2050

- nearly all cars, vans, buses as well as new heavy-duty vehicles will be zero-emission.
- rail freight traffic will double.
- a fully operational, multimodal Trans-European Transport Network (TEN-T) for sustainable and smart transport with high speed connectivity.«

Bald also werden der EU zufolge alle Häfen, Städte, Flughäfen, Autobahnen und noch vieles mehr »carbon neutral«, »climate neutral« und »zero emission« sein! Good news! In unmittelbarer Zukunft werden »zero emission« Flugzeuge und Schiffe erfunden sein. Wie das bewerkstelligt wird? Man weiß es noch nicht, hat aber höchstes Vertrauen in die Ingenieure. Die »guten« Autos sind ja zum Glück sogar schon da, und so kann sich »die Politik« damit begnügen, die Produktion und Verteilung dieser neuen Vehikel an die begeisterten Konsument*innen zu managen. Versuchen wir, uns diese grüne und smarte Zukunftswelt der EU vorzustellen, stellen wir verzückt aber auch verwundert fest: Eigentlich sieht alles genauso aus, wie bisher. Auch in der grünen Zukunft werden die Autobahndreiecke, Häfen und Flughäfen den internationalen Warenverkehr des globalisierten Markts bedienen und selbigen hoffentlich sogar noch weiter wachsen lassen. Bloß die Motoren summen von nun an elektrisch und ein paar mehr Bäume sind an den Wegesrändern der urbanen Zentren angebracht.

»Visionen« wie die der EU Green Charta lesen sich wie magische Wunschzettel. In dieser sich als innovativ und waghalsig gebenden Vision eines »Grünen Europas« zeigt sich bei genauerem Hinsehen die extreme Fantasielosigkeit der herrschenden Ordnung, sich selbst im Angesicht der wissenschaftlich belegten Katastrophe neu zu erfinden. »Klimaneutral«, »carbon neutral« und »zero emission« sind damit eng verwobene Ausdrücke, die sich weit in unserem alltäglichen Sprachgebrauch durchgesetzt haben und ein moralisches Ziel für einen Großteil der Bevölkerung vorgeben: Möglichst leise treten. Jede Handlung, jede Fahrt, jeder Kauf ist prinzipiell als »negativ« zu verbuchen. Doch man kann sich Abhilfe verschaffen mit dem Konsum der richtigen Ware/Transportleistung, die klimaneutral (und zumeist ein wenig teurer) ist. Der Designer und Chemiker Michael Braungart weist mit seinem Kollegen William McDonough darauf hin, was für ein trauriges Verhältnis zur planetaren Materialität und unserer Interaktion mit dieser sich in solchen »grünen Idealen« fortschreibt: »Wenn Menschen das traurige und selbsterniedrigende Ziel der

>null Emissionen< anstreben, kämpfen sie für eine Reduzierung der Bevölkerungszahl, sie wollen eine Drosselung des Konsumverhaltens und des Wachstums, sie drohen der Industrie mit dem Finger und sehen sich gefangen in einer Welt voller Grenzen. Sie haben insgesamt keine sehr hohe Meinung von ihrer Spezies.« Außerdem »schreiben [sie] damit die Trennung zwischen >natürlich< und >menschlich< fest« (Braungart & McDonough 2014, 44). Letztlich erscheint dann alle körperliche Interaktion mit der Umwelt als negativ zu bewerten. Im besten Fall ist unser Verhältnis zur Erde »neutral«. Braungart (2020) zufolge schreibt sich hierbei ein urchristliches Motiv in säkularem Ökokleid fort: Aller körperlicher Umgang mit der irdenen Welt ist mit Sünde behaftet, und man kann sich nur durch Abbitte oder Konsumleistung möglichst rein halten. Eine positive Einwirkung auf diesem Planeten fällt so allerdings gänzlich außerhalb des Bereichs des Vorstellbaren und also auch des moralisch-politischen Handlungsfeldes.

Es sind genau solche Geisteshaltungen, die die moderne Ausweglosigkeit des Status quo befestigen. Zwar wissen wir mittlerweile, dass ökologisch vieles im Argen liegt. Doch für die Mehrheitsperspektive tut sich kein positiverer, besserer Umweltbezug oder Handlungshorizont auf. Ein »neutrales« Verhältnis erweckt weder individuelle Begeisterung noch kollektive Mobilisierungspotentiale zu einem *besseren* Leben. Viel eher spielt sich so das Ressentiment der weniger Privilegierten in der weiterhin grassierenden Ungleichheit als weitere Stabilisierung des Status quo aus, da diejenigen, die sich den Konsum des weniger schlechten Umweltverhalten nicht leisten können, in einer trotzigen Affirmation der toxischeren Lebensweisen in Form von lauten Motoren aus Mangel an Alternativen ergötzen.

Unter Leitmotiven wie der »Klimaneutralität« wird die Klimakrise, ähnlich wie das Verkehrsproblem, in der gegenwärtigen Politik zumeist als ein Thema behandelt, welchem man beinahe ausschließlich mit technischen Lösungen Herr zu werden gedenkt: Windräder, Solarpanele, (neuerdings auch wieder Atomkraftwerke), Carbon-Capturing – und natürlich allen voran das Elektroauto.

Das Elektroauto ist mittlerweile in fast allen Schichten zum Symbol für die Politik der »ökologischen Transformation« eines »grünen Kapitalismus« geworden, egal, wie man zu diesem steht. Sowohl reaktionäre und rechte Kritiker*innen als auch linke Öko-Aktivist*innen sprechen oftmals vom E-Auto als Symbol der Scheinheiligkeit des von der gegenwärtigen staatlich-kapitalistischen Ordnung vorangetriebenen Paradigmas. Der Vorwurf lautet meist, dass die Umweltschäden nur woandershin ausgelagert und nicht wirklich im Keim

angegangen werden. Während dies auf rechter Seite zu einer zynischen Affirmation des Bisherigen führt, hadern linke Akteur*innen oft an einer klaren
Linie: Einerseits wollen sie das »ökologisch bessere« E-Auto nicht gänzlich ablehnen (und so vielleicht sogar den Rechten in die Hände spielen), andererseits
wollen sie aber auch nicht zu Geburtshelfer*innen eines sogenannten »grünen« Kapitalismus und dessen neuen Ausbeutungsdynamiken gemacht werden.

Doch in diesem Abschnitt soll mich weniger das Für- und Wider des Elektroautos interessieren. Wie nach dem bisherigen Verlauf dieses Buches nicht
verwundern sollte, glaube ich nicht, dass ein bloßer Wechsel der Antriebsform auch nur annähernd eine Lösung für unsere ökologisch katastrophale
Lage bereitstellen kann. Ich denke, dass die Frage nach dem Elektroauto als
Symbol der »ökologischen Wende« schlicht die falsche ist: Mich interessiert
weniger das Hin- und Herrechnen der CO^2-Ausstöße oder das Erreichen des
neuen Ideals der »Klimaneutralität«, sondern vielmehr eine Politisierung der
Lebensweisen, die mit dem Auto, egal welchen Antriebs, majoritär zugänglich
gemacht werden. Diese scheinen innerhalb der Mainstream-Politik weder von
links noch rechts direkt angegangen werden zu können, da sie eine Hinterfragung der Normalität implizieren würden, bei der man politisch weiterhin nur
verlieren kann. Das Pro- und Contra des E-Autos, wie viele andere Aspekte
der sogenannten »Umweltpolitik«, sind Teil und Derivat einer Vernunft, deren
Genese für mich das eigentliche Problem darstellt. Denn in ihr wird – wie
gezeigt – Umwelt stets als etwas passiv Verfügbargemachtes dargestellt, mit
dem man dann auf die eine oder die andere Art umgehen kann, also entweder
klimaschädlich oder klimaneutral. Doch es ändert sich in dieser Konfiguration
nichts an der Zusammensetzung unseres politischen Körpers und also an den
Selbstverständlichkeiten, aus denen sich eine Normalität zusammensetzen
und also auch wandeln könnte. Wie ich gegen Ende dieses Abschnitts und
im darauf folgenden erarbeiten werde, müsste eine Politik, die radikale Alternativen ermöglichen will, zuvorderst daran arbeiten, dieser hegemonialen
Vernunft ihre Monopolstellung wegzunehmen und andere Umweltrelationen
als intuitiv besser wahrnehmbar erscheinen lassen.

Doch bevor wir soweit kommen, werde ich in diesem Kapitel die Ideologie
des »Techno-Optimismus« genauer unter die Lupe nehmen. Das Problem des
Elektroautos ist, dass es bloß als technische Lösung gedacht wird. Wie wir
im Laufe der nächsten beiden Kapiteln sehen werden, ist »technische Machbarkeit« nicht nur untrennbar von politischem Willen und gesellschaftlicher
Bereitschaft. Die gesamte Ideologie einer »wert-neutralen« Technik, die die

großteils von ihr selbst hervorgebrachten Probleme zu lösen verspricht, ist an sich ein Teil der die Moderne in ihrer Katastrophalität stabilisierenden Ideologie. In diesem Kapitel werden wir uns dieser Ideologie in Reinform widmen, wie sie gegenwärtig von kapitalistischen Regimen in Szene gesetzt wird. Wir werden uns diverse gängige technische Lösungsvorschläge für das technische Problem Auto ansehen, die derzeit im Kapitalismus in Form von Start-Ups, Börsenunternehmen und staatlichen Förderprogrammen hoch im Kurs stehen. Im Fokus stehen dabei zwei Innovationsvisionen des Autos, die sich heute als »grüne Lösungen« verkaufen, aber viel älter sind als das »grüne Bewusstsein« in der Politik: das elektrische Auto und das selbstfahrende Auto. Durch einen Abriss ihrer historischen Entwicklung möchte ich zeigen, dass ein unserem System inhärenter Techno-Optimismus nicht nur viel zu kurz greift, sondern darüber hinaus das gegenwärtige, toxische System stabilisiert. Gegen Ende des Kapitels werde ich zu dem Resultat kommen, dass technische Innovation nie von ihrem gesellschaftlichen Kontext, auf den sie einwirken will, losgelöst gedacht werden kann. Dies wird uns nahtlos im nächsten Kapitel zu demjenigen Akteur überleiten, dem innerhalb der Moderne neben der Technologie das meiste Transformationspotential landläufig zugesprochen wird: »der Linken« (die es in ihrer Einheitlichkeit so natürlich nur als Sammelbegriff gibt). Durch einen kurzen historischen Abriss mancher »linker Positionen« zum Auto werde ich versuchen, Absetzungspunkte zu einer neuen öko-sozialen Transformationspolitik zu entwickeln. Ich werde zeigen, dass die meisten großen linken Akteur*innen in der Politik ihr Konzept von »gesellschaftlicher Transformation« noch zu sehr in Abhängigkeit des gängigen bürgerlichen Technologiebegriffs verstanden haben – was neben diversen anderen Faktoren auch zum Scheitern des linken als revolutionärem Projekt beigetragen hat.

Verschiedene (Früh-)Formen des Automobils und dessen fossil-patriarchale Formdeterminierung

Erstaunlich an der Geschichte des Automobils ist, dass viele seiner Innovationsvorstellungen beinahe so alt sind wie das Auto selbst. Egal ob das fliegende Auto, das selbstfahrende Auto oder das Elektroauto – all diese Ideen sind so alt wie die des Automobils selbst. Und in allen drei Fällen gab es vergleichsweise früh zufriedenstellend funktionierende Prototypen.

Die ersten Entwürfe des fliegenden Autos datieren – je nachdem, was man noch als »Auto« bezeichnet – bis zurück in die Mitte des 19. Jahrhunderts. Bereits Anfang des 20. Jahrhunderts gab es erste Prototypen wie den »Vuia1« (1905) und das »Autoplane« (1917), welche wenige Meter fliegen konnten. Vehikel wie das »Arrowbile« (1937), das »Dixon Flying Car« (1940) und das »Fulton Airphibian« (1946) gelten heute als die ersten zuverlässig fliegenden Autos, die allerdings nie kommerziellen Erfolg erreichten. So wurden nur wenige Sammlerstücke produziert, die teils bis heute erhalten sind.

Während das fliegende Auto in den stark von Science-Fiction-Romanen beflügelten Imaginären der Nachkriegszeit als unmittelbar bevorstehend erschien, ist man heute großteils von ihm abgekommen. Zu sehr drängt sich den meisten wohl intuitiv auf, wie schrecklich eine Welt wäre, in der nicht nur alle öffentlichen Flächen (2D), sondern auch der öffentliche Raum (3D) automobil kolonialisiert wird. Zwar träumt immer mal wieder ein noch in den Techno-Fantasien der 1960er Jahre stecken gebliebener Milliardär zusammen mit ein paar technikbegeisterten Jungs aus einem Start-Up vom fliegenden Auto. Manchmal wird ein solches dann auch tatsächlich hergestellt – denn an der reinen technischen Machbarkeit mangelt es nicht. Doch wenn unsere Staatskonstrukte nicht gänzlich ins dystopische Abrutschen und nur mehr Politik für die 1 % machen, kann man darauf hoffen, dass Maschinen wie das slowakische »Aircar 1« oder das chinesische »Xpeng X2« keine gesellschaftliche Durchsetzungsfähigkeit, gesetzliche Zulassung und also Massenproduktion erfahren werden.

Ganz anders sieht dies derzeit bei den zwei anderen, oben angesprochenen Innovationsvisionen aus: dem Elektroauto und dem selbstfahrenden Auto. Denn beiden wird von »der Politik« landläufig ein hohes Potential hinsichtlich des Gelingens einer »grünen Transformation« zugesprochen. Während sich beinahe jeder Nationalstaat der fast schon panischen Förderung der E-Mobilität verschrieben hat, gibt es bezüglich des selbstfahrenden Autos noch ein gewisses Zögern aufgrund rechtlicher Problematiken (insbesondere: Wer hat Schuld bei einem Unfall? Die Programmierer*in oder die Fahrer*in?).[1] Doch

---

1   Laut Timo Daum (2019) ist es in Deutschland bereits ausjudiziert, dass ab »Level 4« K.I. (siehe unten) bei selbstfahrenden Autos die rechtliche Verantwortung bei den Herstellern liegt. Ohnehin bezweifelt Daum genau aufgrund dieser schwer zu lösenden Verantwortungsfrage im Unfallfall, dass sich das selbstfahrende Auto jemals wirklich durchsetzen wird. Selbst wenn – wonach es aussieht – das selbstfahrende Auto statistisch sicherer als das von Menschen gesteuerte ist, ist die Vorstellung, dass ein großes, anonymes Maschinenensemble für die Tötung von Menschen verantwortlich sein soll,

wie wir sehen werden, treten beide Innovationsversprechen bei gegenwärtig führenden Herstellern in Mischformen auf. Die Effizienzsteigerung durch ein zentral gesteuertes Verkehrssystem von selbstfahrenden Autos wird oftmals als grüne Lösung verkauft – besonders in der Form von selbstfahrenden Taxiflotten, die die »letzte Meile« (zum Endverbraucher und Eigenheim) übernehmen sollen.

Wir werden uns nun zuerst dem Elektroauto zuwenden und dann, gegen Ende des Kapitels, seiner Symbiose mit dem selbstfahrendem Paradigma. Es ist eine Ironie der Geschichte, dass das, was heute vielfach als »visionäre« Zukunftsvorstellung der grünen, urbanen Zentren beworben wird, die Wirklichkeit des Automobils in seinen Anfangsstunden ausmachte: elektrisch betriebene Taxiflotten, die eine Reichweite von bis zu 30 km hatten und den heute als ineffizient und ökologisch katastrophal erkannten Individualverkehr da ersetzen sollen, wo ÖPNV und Rad nicht ausreichen. Denn in London gab es bereits ab 1897 eine stark frequentierte E-Taxi-Flotte, in Paris ab 1898, in Berlin und diversen US-amerikanischen Städten ab 1899 (Geels 2005, 460). Wie bereits in der Einleitung erwähnt, lag der E-Auto-Anteil in den USA im Jahr 1900 bei ca. einem Drittel – und auch in Europa war der Anteil der drei großen Antriebsformen der automobilen Anfangszeit (Verbrennermotor, Dampfantrieb und Elektro-Antrieb) ungefähr gleichauf, mit leichtem Überhang für strombetriebene KFZs. Der erste Geschwindigkeitsrekord über 100 km/h wurde von einem E-Auto aufgestellt (die belgische »La Jamais Contente« 1899) und weitläufig wurde der E-Antrieb als den beiden anderen Optionen überlegen eingestuft, welches auch Menschen von so hohem Rang wie Kaiser Wilhelm zu dieser Antriebswahl bewegte.

Was führte also zum Niedergang des E-Autos, welcher so dramatisch war, dass Magazine wie der Spiegel 2017 titeln konnten: »Wenn der Boom von Elektro-Flitzern so weitergeht, erreichen wir bald den Stand von 1899« (Patalong 2017)? Neben der langsamen kommerziellen Verfügbarmachung von Benzin

---

viel zu leicht in eine populistische Horrormeldung umzuwandeln. Es ist nur zu wahrscheinlich, dass die am herrschenden Modell festhängende Automobilindustrie jeden Unfall eines selbstfahrenden Autos medial für eine Propaganda einsetzen wird, um die »Freiheit« der »normal« Autofahrenden zu verteidigenden. Schon im Jahr 2011 inszenierte eine Werbung für den *Dodge Charger* diesen als Teil der »Human Resistance« gegen die Einführung von selbstfahrenden Autos, die angeblich linear dazu führen wird, dass die Menschheit bald wie im Film Matrix von Robotern unterworfen wird, die uns als Wärme-Batterien versklaven. Siehe: https://www.youtube.com/watch?v=tCPJQGT aHJI [18.7.2023]

und anderen ölbasierten Treibstoffen, deren koloniale, faschistische und konsumkapitalistische Geschichte wir bereits in den Kapiteln 3, 4 und 7 behandelt haben, und mancher technischer Innovationen wie dem elektrischen Anzünder des Benzinmotors, wird von diversen Forscher*innen ein vielleicht unerwarteter Faktor besonders hervorgehoben: das Autorennen.

Landläufig wird die Durchsetzungsgeschichte des Autos meist fälschlicherweise als mehr oder weniger linear dargestellt. Das Auto ersetzte keineswegs direkt die Kutsche, das Pferd oder das Fahrrad – denn das Auto war zu teuer und zu unzuverlässig. Vor und während der Anfangszeit des Autos gab es in allen westlichen Großstädten (in denen sich auch das Auto als erstes ausbreitete) ein gut funktionierendes, multi-modales Mobilitätsnetzwerk aus Straßenbahnen, Zügen, Pferden, Kutschen, Omnibussen, Fahrrädern und Fußgänger*innen. Das jüngst dazu gekommene Automobil konnte sich anfangs nur in kleinen Nischen hinzugesellen, wie eben in Taxiflotten, als Statussymbol für das aufkommende Bürgertum oder das sogenannte »Touring« am Land. Die meisten Menschen lernten das Automobil anfangs als Attraktion auf Jahrmärkten und bei Wettrennen kennen, wobei letztere laut dem Mobilitätsforscher Frank Geels »eine wesentliche Rolle bei der Bildung der Vorstellung davon, was ›das Automobil‹ können sollte« (2005, 462), spielten.

Das frühe E-Auto hatte gegenüber dem Verbrenner einen entscheidenden Nachteil: seine geringere Reichweite. Spätestens nach 80 km mussten die hochsensiblen Akkus in einem »Akkumulatoren-Depot« aufgeladen werden. Während dies in seinen primären Einsatzfeldern wie eben dem urbanen Taxieinsatz oder Spazierfahrten im Park kein Problem darstellte, kam der elektrische Antrieb bei den sehr populären Autorennen von Anfang an ins Hintertreffen. Schon bei den ersten großen Rennen für »pferdelose Wagen«, wie beispielsweise die Wettfahrt Paris-Bordeaux-Paris von 1895, waren acht der neun erfolgreich das Ziel erreichenden Autos erdölbetrieben. Dies führte dazu, dass Verbrennermotoren im populären Verständnis als »stärker« und »mächtiger« wahrgenommen wurden (Dennis und Urry 2009, 28–33). Das Elektroauto wurde zwar vielfach als leiser und sauberer gepriesen – im New Yorker Central Park waren so beispielsweise nur E-Autos für Spazierfahrten zugelassen (Geels 2005, 461), und der einflussreiche Journalist Louis Baudry de Saunier bezeichnete den Elektromotor 1900 als den »reinlichste[n], geschmeidigste[n], den man sich nur wünschen kann [...] Er verbreitet weder einen üblen Geruch, noch lässt er weiße oder schwarze Rauchwolken als unangenehme Zeichen seiner Gegenwart am rückwärtigen Teile des Gefährts zurück.« (Via Maxwill 2012)

Doch die Werbewirkung für die lauteren und rußenden Verbrennermotoren als im Wettrennen überlegene Autos führte besonders bei männlich sozialisierten Personen dazu, sie als Symbol für den rasenden Fortschritt der Moderne zu identifizieren (siehe Kapitel 4). Da diese von maschinellen Beherrschungsphantasien geprägten Männer vielfach das kaufkräftigste Segment der Gesellschaft darstellten, konnten sie so die Entwicklung des Marktes und seiner Technik entscheidend prägen. Das erste massenproduzierte Auto, das Ford Model T von 1908, war so mit einem Verbrennermotor ausgestattet, was auch den Interessen der in den USA zu der Zeit aufkommenden Erdölindustrie entsprach (vergessen wir zusätzlich nicht, dass Henry Ford ein großer Bewunderer und Unterstützer Hitlers war und damit wahrscheinlich auch persönlich den Begehrensstrukturen der in Kapitel 4 ausgearbeiteten Maschinenmännlichkeit entsprach). Durch diesen sich gegenseitig bestärkenden Komplex einer von fossilem Treibstoff unterfütterten Maschinenmännlichkeit, dessen Fortschrittsbegriff mit lauten und rußenden Motoren, die die weiblich verstandene Natur unterwerfen, assoziiert war, galt die Antriebsweise des Verbrenners bald als »locked in«.

Die Produktion von E-Autos wurde so in Nischen verdrängt und ging langsam ein, ohne jemals komplett auszusterben. Die E-Taxiflotten bestanden noch lange Zeit und es vergingen noch Jahrzehnte, die von Faschismus und Kriegsindustrie geprägt waren, bis sich das Verbrennerauto als vorherrschendes und mono-modales Mobilitätsparadigma wirklich vollends durchsetzen konnte (Kapitel 3). Am Anfang dieser Entwicklung stand die den Markt mit seinem Begehren definierende Kaufkraft des wohlhabenden Bürgertums, welches im benzinbetriebenen Auto seinen bürgerlichen Freiheitsbegriff am besten verwirklicht sah (siehe Kapitel 9).

Um diese kurze Exkursion in die Anfangszeit des Autos in einer These abzurunden: Die Antriebsform des Autos war nicht technologisch vordeterminiert. In einer anderen Gesellschaftsordnung hätte sich vielleicht eine andere Antriebsart, wie jene des Elektroautos, durchgesetzt. Doch in den kapitalistischen und patriarchalen Gesellschaften, in denen sich das Auto entwickelte, war es ein Amalgam des bürgerlichen Begehrens der Naturunterwerfung, männlicher Technikphantasien, der Atomisierung der Gesellschaft unter einem liberalen »völlig losgelösten« Freiheitsbegriff und der Entstehung der Erdölindustrie, der die Form des Auto definierte. Und selbst unter diesen Voraussetzungen blieb das Auto zunächst ein Nischenphänomen der wenigen privilegierten Bürger*innen, bis die Kahlschläge des Faschismus es ermöglichten, das Auto zu einem die breite Masse durchziehenden Verkehrs- und Lebensstil werden zu lassen, welches alle Alternativen beseitigte.

Technische = gesellschaftliche Form

Man kann also elektrisch betriebene Autos weder pauschal als Heilmittel betrachten noch verteufeln. Denn ein kleines, selbstfahrendes E-Taxi würde ein komplett anderes Gesellschafts- und Umweltverhältnis suggerieren, als es ein gigantischer Tesla SUV im Privateigentum tut. Leider sieht bei genauerer Betrachtung des gegenwärtigen Automarkts und der staatlichen Förderprogramme zu einer »grünen Mobilitätswende« die Situation alles andere als rosig aus. Vergleichsweise wenig hört man von elektrischen E-Taxiflotten, die öffentliche Debatte konzentriert sich auf das Für und Wider des Elektroautos als Privateigentum und mono-modales Verkehrsmittel.[2]

Der US-amerikanische Elektroautohersteller Tesla (dessen Gründer Elon Musk wir schon als Ernst Jünger-Fan im Kapitel über faschistische Maschinenmännlichkeit kennen gelernt haben) gilt landläufig als derjenige, der das E-Auto im anfänglichen 21. Jahrhundert aus seinem Nischendasein befreit hat und zu einer »realen Alternative« zum Verbrenner werden ließ. Doch was unterscheidet die Teslas von den zuvor bereits existierenden E-Autos? Während andere und frühere Elektroautos aufgrund ihrer Antriebsart und ihres Einsatzgebietes leichter und kleiner gebaut waren als Verbrenner, bestand Musk darauf, die Form und Bauweise der schicksten Verbrennerautos beizubehalten und nur den Motor zu elektrifizieren. In Größe, Gewicht, Geschwindigkeit und PS können es die Teslas mit den Modellen der obersten Preisklasse von BMW und Mercedes leicht aufnehmen, und sie richten sich offensichtlich auch an diese Konsument*innenschicht. Ihr Design ist an der Formsprache der »geilsten Schlitten« von Rennautos und SUVs orientiert – und bietet zusätzlich eine ein wenig sleakere Oberfläche, die es im digitalen Zeitalter zeitgemäßer erscheinen lässt. Form, Status, Klassen- und Größenverhältnisse wurden also

---

2   Am vielleicht eindeutigsten drückte dies der Premierminister Frankreichs Jean Castex 2022 aus, der in einer öffentlichen Ansprache deklarierte, dass das Problem nicht die Straßen sind, sondern die Autos, die auf ihnen fahren. Oder in anderen Worten: Alles darf und muss so bleiben wie bisher, nur bitte elektrisch betrieben (praktisch, dass im selben Jahr Atomstrom von der EU durch die Initiative Frankreichs als »grün« deklariert wurde).

maximal an die bestehende fossil-kapitalistische Verbrennerordnung angenähert. Entgegen früherer E-Autos, die nicht der normalisierten Optik eines »guten Autos« entsprachen, sieht ein Tesla genauso aus wie die »geilsten Verbrenner« – und sogar noch moderner. Erst damit galt das E-Auto als durchsetzbar am Markt und förderungswürdig von »der Politik«.

Die heute von der majoritären Politik gepriesene Zukunftsvision der E-Mobilität basiert also großteils nicht auf einem Willen zur Umgestaltung des herrschenden Mobilitätsparadigmas sowie seiner impliziten Wahrnehmungsweisen und Gesellschaftsverhältnisse, sondern auf seiner Fortschreibung und Radikalisierung unter »grünen« Vorzeichen. Das Auto wird weiter als individuelles und privat besessenes Freiheitsmittel verstanden und gefördert[3] – nur dass im oberen Preissegment nun die geilsten Schlitten auch noch mit dem Bonus des ökopolitisch guten Gewissens angeboten werden.[4]

---

3   Es ist ein oft angebrachter Punkt, wie viel sinnvoller es im Sinne der Klimagerechtigkeit und der von ihr erforderten Werte (die ein Staat ja mitproduziert) wäre, die mindestens 5.000 Euro, die man für den Erwerb eines E-Autos (zusätzlich zu den ohnehin schon gigantischen staatlichen und europäischen Automobilitätsförderprogrammen!) an staatlichem Zuschuss erhält, zumindest auch für den Erwerb einer Bahncard 100, eines Klimatickets und eines guten Fahrrads auszuzahlen. In diesem Sinne gibt es Forderungen wie die einer »Kein Auto-Prämie« von 5000 Euro, da der Erwerb keines Autos immer noch um vieles grüner ist als des besten Elektroautos der Welt.

4   Sicherlich wird es bei einer Umstellung auf das E-Auto als ideales Gefährt auch geringfügige Änderungen (und Aufspaltungen) in der automobilen Begehrensordnung geben. Immerhin klingt ein Tesla bei weitem nicht so »männlich« und »herrisch« wie ein vergleichbarer Benziner. Vielleicht wird sich eine neue Art dominanter Bürgerlichkeit vom ruß-verliebten Dominanzbegriff einer patriarchalen Naturbeherrschung zugunsten eines »smarten« und »klimaneutralen« Regierungsparadigmas wandeln, welches seine Toxizität nicht mehr in protofaschistischer Deklination feiert, sondern durch neue »Effizienzsteigerung« in Produktion und Auslagerung komplett invisibilisiert. Viel wahrscheinlicher wird sich das Bürgertum aber in diese zwei Lager aufteilen und einen vordergründigen Kampf gegeneinander führen, der die Grundparameter der Gesellschaftsordnung so gut wie unangetastet lässt. Denn auch hier formiert sich bereits ein Stolz auf »alte Werte« um den Verbrennermotor, der den E-Auto-Fahrer*innen Verweichlichung und größere Abhängigkeit »vom System« vorwirft. Dies wird natürlich von den aufwendigen Werbespots der jeweiligen Industrien unterstützt, wie z.B. jener des Erdölgiganten ExxonMobile, der das E-Auto als Teil einer dystopischen Welt darstellt, in der alle Menschen durch riesige Kabeltentakel in ihrer Bewegung eingeschränkt sind. Unter dem Titel »Breaking Free« entdeckt ein bärtiger, leicht korpulenter Mann die Tugend seines alten Verbrenner-PickUps wieder, mit der er in »neu gewonnener« Freiheit über die leeren Highways durch die American Wilderness braust – hinter

Doch nicht nur die Form des Autos wird durch diese Art der E-Auto-Politik stabilisiert. Paradoxerweise könnte es sogar gut sein, dass durch die Förderung des E-Autos die Zukunft des Verbrenners stabilisiert und gesichert wird. Denn wie der Politikwissenschaftler Conrad Kunze (2022, 23) vorrechnet, würde es selbst nach den optimistischen Prognosen der Internationalen Energieagentur IEA noch 130 Jahre dauern, bis die gesamte gegenwärtig global vorhandene Autoflotte (ca. 2 Milliarden Autos, Tendenz weiterhin steigend) elektrifiziert wäre – denn schneller ließen sich so viele Elektroautos gar nicht produzieren. Darüber hinaus ist es noch gänzlich unklar, ob es überhaupt genug seltene Erden gibt, um die weiter global wachsende Autoflotte theoretisch gänzlich elektrifizieren zu können.

Ohne die Vision einer radikalen Reduzierung des Individualverkehrs und dessen Re-Kollektivisierung und Multimodalisierung könnten die von »der Politik« ausgegebenen Wegweisungen der Elektrifizierung des Verkehrs den Effekt haben, dass aus Mangel an Alternativen wieder aufs Verbrennerauto zurückgegriffen wird – schlicht, weil kein anderes Auto vorhanden ist – und die aktuelle Politik weiterhin viel zu zaghaft in radikal andere Mobilitätsweisen investiert. Erste Anzeichen für diesen Backlash deuten sich leider bereits an. Im Jahr 2023 wurde das eigentlich schon beschlossene »Aus für den Verbrennermotor 2035« in der EU unter Federführung der Automobilnation Deutschland wieder aufgeweicht. Nun werden unter bestimmten Voraussetzungen (Stichwort: der grüne, klimaneutrale Verbrennermotor) auch nach 2035 noch Neuzulassungen von Verbrennermotoren erlaubt. Wie bereits in der Einleitung angesprochen, war es bei den bisherigen Krisen der Automobilität immer so, dass diese mit einer geringfügigen technischen Änderung abgefedert wurden. Nach einem kurzen Einbrechen der Absatzzahlen entstand durch eine neue »Innovation« (wie dem Katalysator in den 1980er Jahren)[5] ein neuer Absatzboom, der die Kurve der global vorhandenen Autos weiter

ihm wetzen auf der Straße die abgerissenen Kabel, von denen er sich dank Erdöl befreit hat. https://www.youtube.com/watch?v=9s--8LEML_E [15.3.24]

5   Dieses Phänomen wird öfters als der »Rebound-Effekt« bezeichnet: Weil ein technisches Objekt durch eine Innovation als »sauberer« gilt, verwenden ihre Anwender sie häufiger und in Gebieten, die ihnen davor nicht eingefallen wären. Damit wird oftmals der Einsparungseffekt nivelliert, den die sauberere Technologie bei gleichbleibender Anwendung bewirkt hätte. Das vielleicht beste Beispiel dieses Rebound-Effekts sieht man, wenn man beleibte E-Mountainbiker*innen in hohem Alter an Gipfeln sieht, auf die sie wohl nicht zu Fuß, geschweige denn mit einem Mountainbike ohne Motor jemals hinaufgekommen wären ...

fast exponentiell nach oben steigen ließ. Dies könnte sich fatalerweise auch beim Elektroauto wiederholen – große Teile der »Politik« scheinen darauf gewollt oder ungewollt hinzusteuern. Nach den Einbrüchen der Absätze um die »Krisenjahre« der Corona-Pandemie (welche vielleicht noch viel mehr geprägt waren von einer bis dahin ungekannten Ökologisierung der Mainstreampolitik durch Fridays for Future in den Jahren davor) erholt sich der Automarkt zurzeit mit teils zweistelligen Wachstumsraten in der EU. Als ausschlaggebender Faktor wird hierbei das E-Auto genannt, auch wenn weiterhin insgesamt mehr Verbrenner zugelassen werden. Seltsamerweise geschieht diese Erholung im Kontext einer weiteren Krise, die auf den ersten Blick das Privatauto eigentlich viel unattraktiver machen sollte: Während in der Zeit des Corona-Virus Abschottung die Tugend der Stunde war und der Benzinpreis ein Rekordtief erreichte, ist aufgrund des Ukrainekriegs der Ölpreis so hoch wie seit einem Jahrzehnt nicht mehr – und dennoch steigen gerade jetzt die Absatzzahlen. Die Form des Autos erweist sich mal wieder als viel zu stabil, als dass die von der Politik im Tagesgeschehen behandelten Krisen daran etwas ändern könnten.

Neuer alter Extraktivismus

Während das Erdöl die Antriebsformen des 20. Jahrhunderts weitgehend allein determinierte, gesellen sich im 21. Jahrhundert im selben Mobilitätsregime jene Motoren dazu, die von seltenen Erden abhängig sind. Vieles deutet darauf hin, dass wir uns nicht auf eine Ablösung der einen Art mit der anderen hin bewegen, sondern eine Diversifizierung der jeweiligen Rohstoffregime erleben werden, die zu einer nochmals erhöhten Ausbeutung planetarer Ressourcen auf verschiedenen Ebenen führen wird. Während Erdöl weiter aggressiv gefördert und erschlossen wird (Stichworte: Run auf die Arktis, Fracking etc.), entsteht zeitgleich ein neuer Extraktivismus rund um seltene Erden wie Lithium, Cerium und Ytterium, die nicht nur für die Herstellung der Batterien moderner Elektroautos notwendig sind, sondern auch für die allermeisten anderen »grünen Infrastrukturen« wie Solar-Panels oder Windräder und natürlich auch für das Smartphone (siehe die Exkursion nach diesem Kapitel) unersetzlich sind. Jubelmeldungen über neue Funde dieser Metalle werden über die jeweiligen Staatsmedien ungebrochen als Wettbewerbsvorteil auf dem Weg in die »grüne Transformation« gefeiert, ohne dass jemals die massiven Umweltschäden und Vertreibungen von indigenen Bevölkerungen angesprochen werden, die ihr Abbau mit sich brächte.[6] Ganz unverhohlen wir oft verlautbart, dass man halt manche Opfer zu bringen habe für die »ökologische Wende« und man es schließlich nicht allen recht machen könne.

Ein paradigmatischer Kampf ist derzeit auch jener in Westserbien, wo das britisch-australische Bergbauunternehmen Rio Tinto seit Jahren und mit großteils offener Unterstützung der europäischen Politik im großen Stil Lithium abbauen will, wodurch ganze Dörfer und Städte verpesten und unbewohnbar gemacht werden würden. »Ihr zerstört unsere Lebensgrundlage, damit ihr in Amsterdam in sauberer Umwelt mit dem E-Rad fahren könnt« bringt es ein lokal ansässiger Aktivist überspitzt in einem Radiointerview auf den Punkt (Kersting 2023). E-Mobilität droht in der gegenwärtigen politischen Konstellation zu einer Verschärfung bereits bestehender Ausbeutungsstrukturen und globaler Ungleichheiten zu führen. Finanziell arme Länder mit schwachen Umweltschutzgesetzen und korrupten Machteliten werden im Zeichen dieses neuen, grünen Extraktivismus zunehmend von Erdbauunternehmen ins Visier genommen. Dies wird – wie von der EU – oftmals als »Entwicklungshilfe« getarnt, ist aber, wie es die serbische Aktivistin Marija Alimpić ausdrückt, nichts anderes als die Fortführung von alten kolonialen Ausbeutungsstrategien unter grünem Deckmantel (Kersting 2023, min. 15). Ihrer Ansicht nach geht es darum, den überkonsumierenden, reichen Nationen und ihrem kaufkräftigen Wahlvolk zunehmend eine Illusion von Sauberkeit und Umweltfreundlichkeit zu geben – während die Umweltschäden ihres weiterhin über alle planetaren Maße gehenden vampirischen Lebensstils immer gekonnter auf ärmere Länder abgewälzt werden. Bei den Reichen sind die Wälder grün und die Flüsse sauber während die Dschungel abgeholzt und die Gewässer im globalen Süden ausgebeutet werden.[7] Dabei

---

6   So zum Beispiel die im Januar 2023 durch alle Medien gehende Meldung über die Lithiumfunde in Kiruna, Schweden, die nie erwähnten, dass damit die indigenen Sami weiter zu Schaden kommen werden. Die Rentierherden, von denen die nomadischen Sami in ihrer Lebensweise abhängig sind, wurden im vergangenen Jahrzehnt aufgrund des ohnehin schon grassierenden Eisenerzabbaus um viele Tausende dezimiert, was es für jüngere Sami immer schwieriger/unattraktiver macht, ihren nomadischen Lebensstil weiterzuführen. Die Stadt Kiruna wurde das letzte Mal 2015 gänzlich versetzt wegen des Eisenerzabbaus – nun scheint der Stadt abermals das selbe Schicksal aufgrund von Seltenen Erden bevorzustehen. Vgl. Dibbern 2023

7   Um beim Beispiel Serbien zu bleiben: Ich hatte das Glück, bei einer Residency auf dem Floß MS Fusion mitfahren zu dürfen, auf dem wir zwei Monate lang die Donau – den Fluss meiner Geburtsstadt Wien – hinabfahren konnten. Ich war erstaunt darüber, dass

gäbe es auch beispielsweise im deutschen Oberrheingraben zwischen Frankfurt a.M. und Basel große Lithiumvorkommen, die angeblich sogar drei Mal so groß wie jene ganz Serbiens sind und darüber hinaus leichter abzubauen wären (Kersting 2023, min. 11:00). Doch erscheint es in den gängigen politischen Machtverhältnissen einfacher, einen armen Staat wie Serbien, Mauretanien oder Bolivien gegen den Willen seiner Bevölkerung auszubeuten. Einerseits ist es für die betreffenden Unternehmen kostengünstiger, in Ländern ohne strenge Umweltauflagen und gute Tarifverträge abzubauen. Und andererseits weiß sich die Bevölkerung in den reichen Ländern besser zur Wehr zu setzen. Die Lithiumvorkommen in Deutschland bleiben also unangetastet, und der reiche und oberflächlich progressiv gesinnte Hesse kann sich sowohl darüber freuen, dass die Abgase des eigenen Autos nicht mehr in seiner unmittelbaren Umwelt wahrzunehmen sind; als auch darüber echauffieren, wie schlimm der Zustand der Umwelt und der Naturschutzgesetze in Serbien ist. Der Kampf in Serbien ist nur insofern speziell, als die Distanz zu den reichen Ländern der EU vergleichsweise gering ist und so die Auslagerung der öko-sozialen Ausbeutung nicht gar so leicht unsichtbar gemacht werden kann wie in Ländern des globalen Südens. Deswegen versucht man, diesen Extraktivismus als »Entwicklungshilfe« zu verkaufen und verteidigt ihn offen mit dem Argument, dass man den Abbau sonst dem totalitären China überlässt und es so gesehen wohl doch besser wäre, wenn es der »demokratische Westen« mache. Dass die wirtschaftlichen Akteure dieses Westens wie eh und je in der Erlangung der automobil begehrten Ressourcen sehr wenig mit demokratischen Prinzipien am Hut haben, verdeutlicht das Beispiel Boliviens, auf dessen Territorium die größten Lithiumvorkommen weltweit vermutet werden. Der demokratisch gewählte Präsident Evo Moralez entschied 2019, den Export unverarbeiteten Lithiums einzustellen und den gesamten Sektor zu verstaatlichen. Wie bei den in Kapitel 7 angesprochenen Beispielen von Mohammed Mossadegh im Iran oder Abd al-Karim Qasim im Irak, die die Erdölvorkommen ihrer Länder verstaatlichen wollten, kam es auch gegen Evo Moralez 2019 zum sogenannten »Lithiumputsch« (Kunze 2022, 22), in Zuge dessen Militär und Polizei die Macht übernahmen und den westlichen Vertragspartnern versprachen, die Lithiumproduktion wieder zu privatisieren und den Export auszubauen.

---

es, je weiter stromabwärts man fuhr (und also je ärmer die Umgebung wurde), immer schwieriger wurde, das in der Donau zu tun, was ich von Kindheit an als selbstverständlich angenommen habe: ohne Gesundheitsrisiken zu baden. In Serbien geht schon heute fast niemand mehr in die Donau, weil sie als zu verschmutzt gilt.

Als Elon Musk, dem »wahrscheinlich größten Lithiumkäufer der Welt«, auf Twitter vorgeworfen wurde, er stecke hinter dem Putsch, tweetete dieser ganz unverhohlen: »Wir putschen weg, wen immer wir wollen! Komm klar damit.« (Ibid.)

Zum Glück war die Macht Musks nicht so unbegrenzt, wie er es in dem baldigst wieder gelöschten Tweet vorgab. Denn die Putschregierung wurde im Folgejahr von dem Linken Luis Acre wieder abgesetzt. Aber an diesem Beispiel zeigt sich das wahre Gesicht des sogenannten »grünen Kapitalismus«, egal ob dieser unter demokratischen oder diktatorischen Vorzeichen bemüht wird. Sowohl die USA als auch die EU bezeichneten die Putschregierung sofort als »demokratisch« und legitim – von Sanktionen war nicht ernsthaft die Rede. Der Extraktivismus um seltene Erden zeigt immer deutlicher eine Kontinuität mit den bisherigen Praktiken des fossilen Kapitalismus: Die Rohstoffe, die das jeweilige Wirtschaftsmodell als essentiell definiert, werden unter Heranziehung jedweder Machtmittel gesichert. So wie einst der Irak und der Iran unter aktiver Hilfe des Westens geputscht wurden, weil sie ihr Erdöl verstaatlichen wollten, müssen heute viele ökonomisch ärmeren Staaten mit reichen Lithiumvorkommen ähnliche Szenarien befürchten – so die Lektion Boliviens. Im Fall Boliviens kooperiert die staatliche Bergbaufirma YLB mittlerweile mit chinesischen und russischen Unternehmen, was zu zahlreichen negativen Schlagzeilen in den westlichen Medien führte. In Serbien wurde das Projekt nach den größten Umweltprotesten der Staatsgeschichte, bei denen mehrere 10.000 Leute im Herbst 2021 die Belgrader Stadtautobahn komplett lahm legten, vorerst auf Eis gelegt. Doch Ministerpräsident Vucic bezeichnete nach seiner Wiederwahl im Frühjahr 2022 die Absage der Lithiummine als seinen größten politischen Fehler. Er schwankt zwischen einem Bündnis mit dem Westen oder mit Russland und China – viele Akteur*innen in der EU bieten an, anstelle von Rio Tinto den Abbau zu übernehmen. Im allgemeinen ist die Lage zum Zeitpunkt der Drucklegung in Serbien noch zu offen, um Genaueres zu prognostizieren.

Doch an dieser Stelle interessieren mich weniger die spezifischen Kämpfe und ihre Ausgänge. Vielmehr interessiert mich die globale Ausbeutungsdynamik, die sich dahinter abzeichnet. Es deutet sich wenig überraschend an, dass bei der oben analysierten Beibehaltung der gesellschaftlichen Mobilitätsform und ihrer impliziten Gesellschaftsverhältnisse auch dieselben globalen Ausbeutungsdynamiken reproduziert werden. Letztendlich ist es fast egal, ob es Erdöl oder seltene Erden sind: Ihre demokratiepolitisch katastrophalen Auswirkungen stellen sich dann ein, wenn sie als majoritäres Lösungsschema von Mobilität und Technik eingesetzt werden. Da es nicht danach aussieht, dass das E-Auto den Verbrennermotor in diesem Jahrhundert komplett ersetzen wird, steht eine weitere Diversifizierung des globalen Extraktivismus und seiner Ausbeutungsdynamiken im Raum. Wenn »grüne Transformation« und »Klimaneutralität« hauptsächlich bedeuten, dass man Verbrennermotoren durch E-Autos ersetzt, wird sich fast automatisch nicht nur das bereits bestehende Regime von extraktivistischen Ausbeutungen auf Basis von globalen Ungleichheiten fortführen, sondern auf weitere Erdschichten hin ausdehnen. Dies wird weiter noch dadurch verschärft, dass E-Autos und andere »grüne Technologien« wie Windräder oder Solarpanele nur eine vermeintliche Ablösung des Öls vorgeben. Tatsächlich gibt es laut Paolo Servigne und Raphael Stevens schlicht nicht genug leicht-umwandelbare Energie jenseits des Öls, die eine solche vermeintliche »grüne« Transition auch nur in Teilen ermöglichen könnte. Elektroautos, Windräder und Solarpanele erscheinen in der herrschenden politischen Konfiguration also nur vordergründig für den Endverbraucher als »postfossil«, während ihre Produktion und ihr Ressourcengewinn auf unabsehbare Zeit weiterhin vom fossilen Kapitalismus abhängig ist (Servigne and Stevens 2021, 53).

Das selbstfahrende Selbstfahrende

Wenden wir uns nun dem dritten großen technischen Innovationsversprechen des Autos zu: dem selbstfahrenden Automobil. Wie bei dem fliegenden und dem elektrischen Auto geistern Konzepte desselben schon fast so lange wie das Auto selbst im kollektiven Imaginär herum. Bereits kurz nach dem Ersten Weltkrieg gab es erste Entwürfe, die ersten Versuche mit ferngesteuerten Autos datieren auf die 1920er Jahre. Das »American Wonder« und das »Phantom Car« waren radiogesteuerte Autos, deren Feinabstimmung im Verkehr durch Elektromotoren reguliert wurde. Die erste weitläufig bekannte Darstellung eines Netzwerks selbstfahrender Autos findet sich in Norman Bel Geddes Diorama Futurama, welches von General Motors für die Weltausstellung 1939 in New York finanziert wurde. In seinem im Folgejahr erschienenem Buch Magic Motorways argumentiert Geddes, dass Menschen aus Sicherheits- und Effizienzgründen von dem Fahren von Autos ausgeschlossen werden sollten und legt ein detailliertes System aus elektro-magnetischen Highways mit durch Radiosignalen gesteuerten selbstfahrenden Autos vor. Geddes glaubte, dass erste Verwirklichungen dieses Systems bereits in den 1960er Jahren Realität sein könnten (Geddes 1940, 43-56). Wie im Falle des elektrischen Autos gab es auch sehr bald technische Verwirklichungen des selbstfahrenden Autos, die prinzipiell funktionierten. Schon 1957 hat das RCA Lab in Nebraska ein prototypisches Netz selbstfahrender Autos auf einem kurzen Autobahnabschnitt mit am Asphalt angebrachten Magnetstreifen entwickelt, welches 1960 von Journalist*innen in Princeton getestet werden durfte – die Kommerzialisierung des Systems wurde damals für das Jahr 1975 prognostiziert. Solcherlei magnetbasierte Systeme »selbstfahrender Autos« gab es in prototypischen Varianten an diversen Orten, zum Beispiel das Aramis Projekt in Paris (siehe weiter unten) oder den Citroen DS des UK Transport and Road Research Laboratory, der bereits in den 1960ern aufgrund von Magnetstreifen bei jedem Wetter effektiver und sicherer mit 130 km/h fuhr als von Menschen gesteuerte Autos.

Allerdings kommt bei einer weiteren Skizzierung der Geschichte des selbstfahrenden Autos sehr bald die Frage nach der Definition auf: Was gilt noch als selbstfahrendes Auto und was ist eigentlich ein Zug, ein autonomes Öffisystem oder überhaupt etwas ganz anderes? Wie gesagt basierten die meisten anfänglichen selbstfahrenden Autos auf einem Netzwerk von Magnetstreifen und Radiowellen, welches das Auto als abgekapselte Freiheitsmaschine radikal hinterfragt. Selbst der Begriff »selbstfahrendes Automobil« ist eigentlich eine Tautologie, da ja schon Automobil auf Alt-Griechisch das »selbst bewegende« oder »selbst fahrende« bedeutet. Wir reden hier also eigentlich vom selbstfahrenden Selbstfahrenden. Aus einer gewissen Perspektive heraus scheint das selbstfahrende Auto die Ideologie des Autos als individuellem Verkehrsmittel zu unterwandern. Denn es gibt genau die Autonomie des fahrenden Menschen auf, auf dessen Vermarktung das Auto im letzten Jahrhundert aufbaute. Aus einer anderen Perspektive wiederum ist das selbstfahrende Selbstfahrende eine logische Konsequenz des Automobils in seiner historischen Entwicklung. Denn in ihm vollendet sich eine Tendenz, die sich im Auto schon immer angedeutet hat: die zunehmende Delegierung der Verantwortung und des Steuerungsprozesses weg vom menschlichen Individuum und hin zu einem größeren technischen System. Streng genommen beginnt dies schon bei der Asphaltierung der Straßen, die das Navigieren durch holprige Routen durch ein technisch vor-installiertes System löst. Weiter geht es bei jeder Taste am Armaturenbrett, die eine Vereinfachung von bislang manuellen Steuerungsprozessen bedeutet, und es führt sich fort mit Leitplanken, Verkehrsleitsystemen, Schildern und Ampeln, die die »Vernunft«

als äußeres Maschinenensemble erscheinen lassen, wie es Marcuse in den 1940er Jahren festgestellt hat (Kapitel 5).

Seit 2005 fährt mit dem ParkShuttle in Rotterdam ein Vehikel, das die allermeisten als »selbstfahrendes Auto« bezeichnen würden. Doch ist es auf eine sehr limitierte Route festgelegt und widerspricht so vielfach der Ideologie der von Umwelt und Gesellschaft völlig losgelösten Freiheit, die dem Auto seit seiner fossilen Formdefinition innewohnt. Die Frühformen und seltenen Verwirklichungen des selbstfahrenden Autos waren vor der Digitalisierung sehr begrenzt, oder sie waren auf magnetische Schienensysteme angewiesen, was ihre »Wesentlichkeit« als Auto hinterfragt. Zwar ist selbstverständlich auch das personengesteuerte Auto auf ein massives System an automobiler Infrastruktur gebunden; doch wie wir im nächsten Kapitel genauer sehen werden ist die Ideologie des Automobilismus auf einer Verdrängung dieser notwendigen kollektiv-systemischen Einbindung aufgebaut, die sich mit dem selbstfahrenden Auto bis vor kurzen nicht aktualisieren ließ. Wie wir gleich sehen werden, könnte sich dies mit der jüngsten Generation von E-Autos mit eingebauter »Autopilot«-Funktion ändern.

Wir werden uns im Folgenden zwei der am meisten besprochenen gegenwärtigen Innovatoren hinter dem selbstfahrenden Selbstfahrenden widmen: Tesla und Uber. Bezeichnenderweise stammen beide Firmen aus dem Silicon Valley und ihr Verhalten ist paradigmatisch für eine neue Form von digitalem Kapitalismus, die, oftmals gepaart mit einer Form der »Green Economy«, als Lösungsstrategie in der Klimakatastrophe angepriesen wird. Im Folgenden möchte ich anhand dieser zwei Beispiele die Tendenz aufzeigen, dass die aus dem Silicon Valley stammenden »revolutionären« Lösungsansätze zumeist nur sehr wenig konkret verändern (bis auf den Kontostand mancher neuer Monopolisten), sondern die Ausgangslage sogar verschlechtern. Ich beginne bei Tesla.

Ähnlich wie im Falle des E-Autos gilt Tesla oft als die Firma, die das selbstfahrende Auto aus der Nische einiger weniger öffentlicher Transportlinien geholt und – zumindest theoretisch – zu einem allgemein verfügbaren Konsumprodukt gemacht hat. Seit spätestens 2014 verspricht Musk regelmäßig in öffentlichen Ansprachen, dass das völlig autonom fahrende Auto in 1–3 Jahren am Markt sein wird.[8] In jedem Auto von Tesla ist schon heute

---

8   Siehe hierzu den Cut-Up von Musk-Statements in Trevor Noah's *Daily Show* hier: https ://www.youtube.com/watch?v=7BuJjlrOrhs (Min 4) [15.3.24]

standardmäßig die Software Autopilot eingebaut, um – wie auf der firmenei-
genen Homepage zu lesen ist – »die Autopilot-Funktionalität schon heute und
vollkommen autonomes Fahren in der Zukunft zu ermöglichen. Software-
Updates werden diese Funktionalität im Laufe der Zeit weiter ausbauen und
verbessern.«[9] Wenn diese Formulierung für Sie verwirrend klingt, sind Sie
nicht alleine – laut dem US-amerikanischen Motorjournalisten und Experten
der US-Automobilindustrie Ed Niedermeyer (2019; 2022) sind die Formulierungen absichtlich unklar, um so eine möglichst hohe Werbewirkung bei
gleichzeitiger Entsprechung der rechtlichen Vorgaben zu erzielen. Denn laut
Niedermeyer darf Tesla seine Autos nicht direkt als »selbstfahrende Autos«
bezeichnen, da die Software dafür noch nicht bewilligt und freigegeben ist.
Nur bei genauem Hinsehen auf der oben zitierten Homepage stolpert man
über den Hinweis, dass »die gegenwärtigen Autopilot-Funktionen [...] aktive Überwachung durch den Fahrer verlangen – ein autonomer Betrieb des
Fahrzeugs ist damit nicht möglich.«

So gut wie alle Software selbstfahrender Autos der Gegenwart basiert nicht
mehr auf Magnetstreifen und Radiosignalen, sondern auf der Ansammlung
ungeheurer Datenmengen, die mittels sogenanntem »Machine Learning« –
oder noch genauer: »Probabilistic Inference« – zu einer statistisch fast nar-
rensicheren Datenlage zusammengeführt werden, mit der das Auto auch ohne
aktiv am Steuer sitzendem menschlichen Gehirn fahren kann. Es ist, um es ein
bisschen zu vereinfachen, wie das Sammeln von Erfahrung: Damit eine Software auch nur halbwegs verlässlich ein selbstfahrendes Auto bedienen kann,
müssen Menschen Millionen von Kilometern in mit feinen Sensoren, Rund-
um-Kameras[10] und Computern bestückten Autos zurücklegen, damit die Software genug Beispiele und Präzedenzfälle sammeln kann, um in 99,9999 % der
Fälle sicher agieren zu können. Das, was wir »Künstliche Intelligenz« nennen,
ist demnach – wie es Luise Meier (2022) treffend formuliert – viel eher »Kollektive Intelligenz«. K.I.-gesteuerte Autos operieren nicht ohne menschliche Ge-
hirne – vielmehr sind es die oftmals von unterbezahlten menschlichen Arbeits-

---

9   https://www.tesla.com/de_AT/autopilot [15.3.24]
10   Eine große Gefahr der selbstfahrenden Autos, die viel zu selten angesprochen wird, ist,
     dass durch ihren breiten Einsatz eine Art 24/7-CCTV-Rundum-Live-Überwachung aller
     Straßen möglich wird. Jedes selbstfahrende Auto ist mit so vielen Kameras ausgestat-
     tet wie die Autos, die für Google Maps Street View Bilder sammeln, und ist perma-
     nent mit dem Internet verbunden. Bei gleichbleibendem Verkehrsaufwand würde es
     möglich werden, dass Staaten oder Firmen diese Information zur Live-Überwachung
     in jeder Straße verwenden können.

kräften über Jahre und Abermillionen Kilometer zusammengetragene Daten, die irgendwann mal ausreichen, dass eine Maschine in einem eingeschränkten Anwendungsbereich genug gespeicherte menschliche Gehirnleistung zur Verfügung hat, um selbstständig fahren zu können.

Teslas Alleinstellungsmerkmal gegenüber allen anderen Anbietern selbstfahrender Autos ist laut Niedermeyer, dass die Firma weiterhin an selbstfahrenden Autos mit K.I. auf »Level 5« forschte und diese bereits gleichzeitig zum Kauf anbot. Während selbstfahrende K.I. auf »Level 4« auf einen vordefinierten Bereich (also einen Campus, einen Park, eine Kleinstadt, o.Ä.) limitiert ist, besteht der Quantensprung zu »Level 5« darin, dass Software auf diesem Level so autonom agieren können soll, dass sie auch in einem Gebiet sicher fahren kann, in dem sie noch nie zuvor war. Bis 2012 war Google die treibende Kraft hinter solcher »Level 5«-Technologie. Allerdings zeigten diverse interne Studien, dass es nicht moralisch zu verantworten war, großangelegte Versuche mit dieser Software zu unternehmen. Denn so sehr man auch die Testsubjekte warnte, dass sie trotz komplett selbstständig agierender Software ihre volle Aufmerksamkeit auf die Straße richten mussten, zeigte die Erfahrung, dass dies nie der Fall war. Menschen nutzen die Leerzeit hinter dem Lenkrad zum Telefonieren, Schminken, Lesen etc. Da die Software allerdings nicht sicher genug war, kam es so vermehrt zu Unfällen, die Google dazu bewogen, die weitere Forschung an dieser Autopilot-Technologie einzustellen.

Der um solche ethischen Betrachtungen weniger bekümmerte Elon Musk kaufte die von Google eingestellte Technologie und setzte die Forschung nicht nur fort, sondern baute sie einige Jahre darauf standardmäßig in jeden Tesla ein. Die oben angesprochene Autopilot-Software basiert auf genau jener, die Google aus ethischen Gründen 2012 fallen ließ. Die Firma Tesla hat sich also entschieden, all ihre Kund*innen zu unwissenden Testsubjekten einer Weiterentwicklung von Software zu machen, die andere aus moralischen Gründen aufgegeben haben. Dabei setzt die Firma wissentlich Menschenleben aufs Spiel: Laut Niedermeyer gibt es bereits zahlreiche Fälle von Teslas, die teilweise ungebremst frontal in Mauern, Glasscheiben oder Staukolonnen rasen – manches davon findet man auch auf YouTube. Wie Niedermeyer analysiert, wusste Tesla von Anfang an von den Problemen und wurde sogar von der US-amerikanischen Verkehrssicherheitsbehörde NTSB darauf hingewiesen – doch nichts wurde unternommen. Zu groß war der Selling Point, dass Tesla heute als die einzige Firma gilt, die das »wirkliche« – also überallhin fahrende – selbstfahrende Auto verkauft. Wie Niedermeyer zusammenfasst, ist auch hier der Clou von Tesla ein ganz ähnlicher wie bei dem Elektroauto: Es wurde so gut wie alles an der Form und Benutzungsweise des Autos behalten, bis auf, dass man es angeblich nicht mal mehr steuern muss (aber unbedingt mit voller Aufmerksamkeit hinterm Steuer sitzen muss, wie einen das Kleingedruckte gesetzestreu informiert). Dennoch wartet das Auto weiterhin durchschnittlich mehr als 95 Prozent der Zeit in der Garage des Eigenheims und ist Privateigentum und Statussymbol eines kaufkräftigen Individuums.

Der eigentliche, bereits seit mehreren Dekaden theoretisch mögliche Einsatzbereich von »selbstfahrenden Autos« wäre als autonome Taxiflotte in einem bekannten und begrenzten Anwendungsbereich oder in diversen ländlichen Regionen (siehe Aramis-Projekt weiter unten) als öffentliches Verkehrsmittelnetz. Hierfür würde die bereits recht zuverlässige K.I. des Level 4 ausreichen. Doch würde dies eine Änderung der Lebens-, Mobilitäts- und Konsumweise der Bevölkerung erfordern, die einen echten politischen Willen zur soziokulturellen Transformation erfordert. Laut Niedermeyer ist Tesla so erfolgreich, weil es den »traditional dream of a self-driving car« verkauft, wie er im Detroit der 1950er Jahre und im Futurama von Geddes glorifiziert wurde: als individuelle Maschine, die eine abgeschottete Freiheit des bürgerlichen Subjekts ermöglicht, ohne mit anderen in Austausch zu geraten. Wie im Falle des Elektroautos liegt also auch beim selbstfahrenden Auto der Erfolg von Tesla darin begründet, dass sich nichts am Auto ändert – bis auf dessen Antriebsform oder Steuerinstanz. Das Paradigma des Autos als Prothese, die den abendländischen Subjektbegriff verstetigt, wird hingegen keinesfalls verändert. Das Subjekt wird immer autonomer und abgelöster, und am Umwelt- und Gesellschaftsverhältnis ändert sich nichts Wesentliches. Bei aktuellen Concept Cars für selbstfahrende Autos, wie dem Mercedes F 015, können alle Fensterscheiben des Autos sogar in undurchsichtige Bildschirme verwandelt werden: Damit könnte man selbst durch die Slums der Ärmsten und Ausgebeutetsten fahren, ohne die Resultate der das Auto weiterhin ermöglichenden Ausbeutungsdynamiken im Vorbeifahren sehen zu müssen. In den meisten Werbevideos dieses Concept Cars sieht der reiche Fahrer Bilder wunderschöner Natur im Inneren – egal wo er gerade draußen fährt. Da braucht es nicht einmal mehr Nationalparks.

Nach dieser ernüchternden Untersuchung des selbstfahrenden Autos als individuell gedachtem Besitzverhältnis wollen wir uns nun zwei Beispielen der Forschung am kollektiv gedachten selbstfahrenden Selbstfahrenden widmen. Zuerst werden wir uns das auf dem Versprechen selbstfahrender Software aufbauenden Businessmodell von Uber ansehen und uns dann Bruno Latours Studie des alternativen Verkehrsprojekts ARAMIS widmen, welches zwischen den 1960er und 1980er Jahren für Paris entwickelt wurde.

»Millionen von Menschen sterben jedes Jahr in Autos. Aber das müssten sie nicht. Zig Millionen Menschen werden verletzt. Billionen von Stunden verbringen sie gestresst hinter einem Lenkrad. Aber wir müssten diesen Verkehr in unseren Städten gar nicht haben. Die Parkplatzinfrastruktur, die 15 Prozent des Bodens in einer Stadt beansprucht, könnte an die Stadt zurückgegeben werden. Und stellen Sie sich vor, die Verkehrsmittel könnten so günstig sein, dass jede*r Zugang dazu hätte – wie fließendes Wasser. Das ist es, worüber wir hier sprechen.«[11]

Das 2009 gegründete Unternehmen Uber trat in Silicon-Valley-typischer Bombastik mit dem Anspruch an, den Mobilitätssektor zu revolutionieren, wie dieses Langzitat von Uber CEO Travis Kalanick aus dem Jahr 2016 verdeutlicht (via Goodyear et al. 2019).[12] Im selben Jahr versprach Kalanick, dass Leute in Zukunft keine Autos mehr besitzen werden, und der Präsident des Konkurrenzunternehmens Lyft – welches genau dasselbe Buseinessmodell vertrat – versprach sogar, dass der Privatbesitz von Autos in großen Städten 2025 Geschichte sein wird (Dudley 2016). Zeitungsartikel aus demselben Jahr fragten sich ernsthaft »Will anyone still own a car in ten years?« Mit derlei Versprechen und dem Slogan »Disrupting Mobility« gelang es Uber, Milliarden an Venture-Kapital von Investor*innen zu lukrieren und sogar manche Bürgermeis-

---

11   Original: »Millions of people die a year in cars. They don't have to. Tens of millions of people get injured. Trillions of hours are spent sitting behind a wheel holding that steering wheel, stressed out. And we don't have to have traffic in our cities. You know, that parking infrastructure that's 15 percent of the land in a city could be given back to the city. And by the way, imagine transportation that's so inexpensive that everybody could have access to it like running water. That's what we're talking about.« Der Plural von »Millionen« stimmt im ersten Satz übrigens nicht – es gibt weltweit »bloß« 1,3 Millionen Verkehrstote pro Jahr.

12   Wenn auch etwas off-topic, ist es mir an dieser Stelle wichtig, dass ein Jahr später Kalanick als CEO zurücktreten musste, da er von diversen Seiten massiv wegen seiner rücksichtslosen Ausbeutung von Mitarbeiter*innen und insbesondere seines extrem misogynen Verhaltens kritisiert wurde. So lehnte er über längere Zeit eine Untersuchung von vielfach vorgefallenen sexuellen Übergriffen auf Frauen in Ubers als firmenschädigend ab und entwickelte ein von toxischer Männlichkeit geprägtes Firmenklima, bei der für die männlichen Mitarbeiter regelmäßig Bordellbesuche inklusive waren und Frauen abschätzig kommentiert wurden. Es ist kein Zufall, dass diese Form von extrem toxischer Männlichkeit sich so oft in dieser Art Technovisionärem wiederfindet.

ter*innen von US-amerikanischen Klein- und Mittelstädten davon zu überzeugen, anstelle eines verbesserten ÖPNV-Netzes in Uber zu investieren. Damit Uber mit bereits bestehenden Mobilitätsangeboten wie dem Eigenauto, Taxiunternehmen und dem ÖPNV konkurrieren und eine Fahrer*innenflotte überhaupt erst rekrutieren konnte, musste die Firma laut Cory Doctorow (2022) ca. 40–50 % zu den Einnahmen der Fahrer*innen selbst hinzubezahlen und diverse Boni verteilen. Ich erinnere mich noch an meine Überraschung, als ich Ende der 2010er Jahre in Delhi war und mir meine lokalen Freund*innen eindringlich zum Uber anstelle der bisher üblichen Rikscha rieten. Das Uber-Taxi war im lauten und stressigen Verkehr der indischen Hauptstadt nicht nur komfortabler als die halboffenen Rikschas, bei denen man alle Abgase direkt einatmen muss. Nein, die Fahrt mit dem Uber war noch dazu günstiger – und das obwohl die sauberen und neuen Uber-Autos der Fahrer*innen sicherlich um einiges teurer in Anschaffung und Wartung waren als die Rikschas.

Woher kam das Geld, das Uber anfangs einen so großen Wettbewerbsvorteil verschaffte, dass es nicht nur Taxiflotten im Westen, sondern selbst Rikschaflotten in Delhi finanziell bedrohte? Oberflächlich betrachtet möchte man meinen, dass ein Wirtschaftsmodell, das die Hälfte des Produktpreises selbst bezahlt, nie auch nur in die Startlöcher kommen würde. Doch hierbei übersieht man die zwei Elemente, aus denen Unternehmen des digitalen Kapitalismus üblicherweise Kapital schlagen: Daten und Versprechen von »revolutionären« Lösungen für gegenwärtige soziotechnologische Probleme. Im Falle von Uber sind diese beiden Elemente noch enger verwoben als bei manch anderen Silicon Valley-Unternehmen. Der Einsatz menschlicher Fahrer*innen in der Uber-Taxiflotte wurde in offiziellen Firmenpräsentationen vor Investor*innen zumeist bloß als eine Übergangslösung kommuniziert. Das eigentliche Ziel des Unternehmens war es, mit der gigantischen Fahrer*innenflotte genügend Daten zu sammeln, um nach wenigen Jahren das »selbstfahrende Auto« auf den Markt bringen zu können. Die sogenannten »Human Resources« und ihre Kosten waren laut Ubers Sales Pitch nur eine vorübergehende Investition, die sich nach Erreichung des eigentlichen Ziels x-fach bezahlt machen würde. Denn wie im Langzitat weiter oben angeführt, plante Uber den gesamten globalen Verkehrssektor zu revolutionieren und durch ihre App aus so gut wie jeder dann noch bestehenden Transitbewegung Kapital zu schlagen. Mit dieser Vision gelang es Uber, Milliarden an Venture-Kapital zu lukrieren. Bis heute schreibt das Unternehmen keine schwarzen Zahlen, sondern schafft es durch das Versprechen auf eine großartige Zukunft und die Entwicklung des »selbstfahrenden Autos«, genug Investor*innen zu überzeugen, ihnen genug Kapital auszulegen. Doch auch heute ist Uber bekanntlich noch auf »normale« Autos mit menschlichen Fahrer*innen angewiesen. Es mehren sich laut des Journalisten und Silicon Valley-Kenner Cory Doctorow (2022) die Anzeichen, dass die Blase Uber platzt. Denn mittlerweile wird angeblich immer mehr Investor*innen klar, dass die Marktreife des versprochenen »selbstfahrenden Autos« in weiter Ferne ist – keine seriöse Forscher*in würde demnach heute behaupten, dass wir auch nur in der Nähe davon sind und für Doctorow ist es zumindest eine nicht auszuschließende Möglichkeit, dass dies der Leitung von Uber von Anfang an bewusst war und also der gesamte Sales Pitch um das »selbstfahrende Auto« Bestandteil eines großangelegten Betrugskonzepts war.

Fatalerweise hat Ubers gefährlicher »gamble« nicht nur dazu geführt, dass einige reiche Investor*innen langsam ihr Vertrauen und vielleicht sogar Kapital verlieren, sondern auch dass ganz entgegen der ausgegebenen Visionen und Versprechen die Verkehrssituation in vielen, besonders US-amerikanischen Städten[13] seit der Einführung Ubers schlechter wurde. Zwischen 2010 und 2016 stieg so z.B. die Verkehrsüberlastung in der Silicon-Valley-Stadt San Francisco um 60 %, wobei die Hälfte dieser Steigerung direkt Uber und Lyft zuzuschreiben sind (Goodyear et al. 2019). Eine Studie des MIT aus dem Jahr 2021 belegt, dass in allen US-Städten seit der Einführung Ubers die Verkehrsstaus um 0,9 % und ihre Dauer um 4,5 % zugenommen haben, während die Benutzung von öffentlichen Verkehrsmitteln um 8,9 % weniger wurde (Diao, Kong, and Zhao 2021). Wieder eine andere Studie zeigt, dass Ubers zwischen

---

13   Im Folgenden widme ich mich aus Platzgründen nur dem US-amerikanischen Raum, da dort der »Uber-Effekt« am besten erforscht ist. In Europa ist es glücklicherweise zumeist gelungen, durch den Widerstand von Gewerkschaften Uber soweit zurückzudrängen, dass sie zu normalen Taxiraten fahren müssen und so ihren »Wettbewerbsvorteil« nicht erzielen konnten. Aufgrund dieser erfolgreichen Eindämmung in Europa zählt Indien mittlerweile nach den USA zum zweitwichtigsten Markt für Uber (Karnik 2017). Weil allerdings viel weniger Menschen in Indien ein Auto besitzen, funktioniert das Geschäftsmodell dort laut Madhura Karnik gänzlich anders als in den USA oder Europa: Uber-Driver sind in Indien keine (schein-)selbstständigen Fahrer*innen, die (oftmals nur Teilzeit) mit ihren Privatautos Fahrtdienste anbieten. Stattdessen hilft Uber aktiv mit »attraktiven« Leasing-Angeboten Inder*innen, Autos zu erwerben (die trotzdem oftmals in Firmenbesitz bleiben), mit denen sie dann zumeist in Vollzeit-Anstellung Fahrtdienste absolvieren. Uber trägt in Indien also nicht nur aktiv dazu bei, dass mehr Autos auf die Straßen der Großstädte kommen – die wenige Forschung zu Ride-Sharing-Diensten in Indien belegt auch, dass sie zu einer Häufung von Verkehrsstauungen im zweistelligen %-Bereich beitragen und die durchschnittliche Reisedauer in Städten massiv erhöhen (Agarwal, Mani, and Telang 2021).

38–46 % ihrer Zeit nicht Fahrkunden chauffieren, sondern leer herumfahren und also den Gesamtverkehr so weiter erhöhen (Bliss 2019). Laut Sarah Goodyear (et al. 2009) erkannte Uber recht bald, dass sein Hauptkonkurrent nicht das Privatauto war, sondern die öffentlichen Verkehrsmittel. Wie wir bereits gesehen haben, besteht innerhalb der existierenden Ordnung gerade die Attraktivität des Autos im Privatbesitz, an dem zu viele Menschen hängen. Allerdings waren viele Benutzer*innen von öffentlichen Verkehrsmitteln in den USA, die dort großteils ohnehin berüchtigt sind für ihren maroden Zustand, bereit, in die bequemeren Ubers zu steigen – und die Preispolitik von Uber machte dies dort möglich, wo sich viele vorher noch für den Bus oder die U-Bahn entschieden. Gepaart mit dem Umstand, dass mehrere Gemeinden ihr Öffinetz aufgrund des Auftauchens von Uber reduzierten oder weniger warteten, führte dies dazu, dass Uber ganz entgegen seiner laut hinausposaunten Vision nicht die Gesamtanzahl der Autos auf den Straßen und die individuelle Autoabhängigkeit verringerte, sondern die ohnehin schon schlechten öffentlichen Verkehrsmittel weiter zurückgedrängte und die Autoanzahl und -abhängigkeit so weiter zunehmen ließ.

Die Karotte vor dem Esel und die Innovation vor dem Autofahrer

Welche Lehre können wir aus dieser verzweigten Geschichte ziehen? Selbst, wenn wir keinem der Akteure böse Absichten unterstellen, zeigt die Geschichte der Entwicklung Ubers, dass die real-wirtschaftliche Umsetzung einer rein technischen Problemlösung wie dem »selbstfahrenden Auto« das bestehende Problem oft verschlimmert und den Status quo verhärtet. Die technische Innovation ist vielfach für den Kapitalismus das, was die Karotte für den Esel ist: ein Lockmittel, das die Maschinen in unveränderter Weise weiterlaufen lässt. Das E-Auto setzt sich, wie wir gesehen haben, nur durch, wenn es genau die Form und Anwendungsweise des Benzinautos hat, und wird so auch nur dazu dienen, die fossile Grundform des Individualverkehrs weiter zu befestigen. Zudem intensiviert sich ein neuer Extraktivismus nach altem Schema. Das Versprechen der selbstfahrenden Autos von Uber führte dazu, dass heute noch mehr Menschen, die bislang vielleicht Bus gefahren sind, auf das Auto angewiesen sind.

Man muss hier gar nicht verschwörungstheoretisch irgendwelche diabolischen Masterminds annehmen, die von Anfang an bewusst mit dem Versprechen technischer Innovation soziale Transformation zu verhindern wussten.

Vielmehr scheint sich das System in der herrschenden konsumkapitalistischen Ordnung selbst zu regulieren und stabilisieren. Wie bereits in Kapitel 3 von einer anderen Perspektive aus erarbeitet, führt der Umstand einer katastrophalen Normalität dazu, dass selbst die »besten Absichten« der Entrepreneurs dazu führen können, dass die toxischen Grundstrukturen weiter verschärft werden. Das Gute und Richtige wird von dieser Normalität, an der wir alle teilhaben, mit definiert und kann so keinen guten moralischen Kompass anbieten.

Abb. 35: Die Kritik an Musks Hyperloop in Meme-Form

Aber natürlich soll dies nicht heißen, dass es nicht doch gewisse Akteur*innen gibt, die das System zumindest soweit durchschauen, dass sie in begrenzten Bereichen ganz bewusst irreführend mit dieser techno-optimistischen Karotte des Konsumkapitalismus spielen, um individuell von ihr zu profitieren. Das eindrücklichste Beispiel hierfür ist – schon wieder! – Elon Musk. Diesmal mit seinem Projekt Hyperloop, von dem mittlerweile viele Analysten annehmen, dass das Versprechen seiner Entwicklung nur dazu diente, den Staat Kalifornien davon abzubringen, ein Schnellzugnetz zu bauen und damit seinen Autos gefährlich Konkurrenz zu machen. Das futuristische Modell eines Netzwerks an Vakuumröhren, durch die Kapseln – sogenannte »Vactrains« – mit nahezu Schallgeschwindigkeit auf Luftpolstern durchgeschossen werden sollen, (und welches, es wird kaum mehr überraschen, seit mehr als 100 Jahren erforscht wird) steht demnach seit Jahren unverändert und unverwirklicht »in der Pipeline« (no pun intended). Kalifornien hätte gemessen am chinesischen Beispiel in derselben Zeit schon längst ein zuverlässiges Schnellzugnetz bauen können, welches die kalifornische Autoabhängigkeit massiv hätte reduzieren können. Selbst die von Musk errichtete Teststrecken in Los Angeles, auf der Hyperloop angeblich entwickelt wird/wurde, ist mittlerweile wieder abgerissen. An ihrer statt finden sich – man könnte es sich kaum besser ausdenken – Parkplätze für die Angestellten der Tesla-Werke (Holland 2022).

Doch kommen wir von diesen pessimistischen Fallstudien ab und widmen uns einem anderen, real-existierenden Projekt, welches das Potential gehabt hätte, unser Mobilitätsparadigma grundlegender zu verändern: Aramis. Unter diesem Namen versuchten diverse Unternehmen in Partnerschaft mit den französischen und Pariser Regierungen zwischen 1969 und 1982 ein Verkehrssystem zu entwickeln, welches eine Fusion aus den Vorzügen öffentlicher Verkehrsmittel und privater Autos erreicht hätte. Die Basis von Aramis‹ Modell waren kleine, selbstfahrende und elektrisch betriebene Vehikel für (anfangs) 4 Personen, die automatisiert und auf Wunsch der Kund*innen bis zur Türschwelle fahren konnten. Durch ein zentral gesteuertes Rechenzentrum wären diese Wagen dann im Laufe ihrer Route so synchronisiert worden, dass sie mit anderen Wagen mit ähnlichen Destinationen zusammengeführt wurden. Durch ein einzigartiges elektronisches Kupplungssystem wären so spontan Züge entstanden, die platz- und energiesparend gemeinsam Personen durch den engen urbanen Raum transportieren konnten. Zu jedem Zeitpunkt konnten sich diese kleinen Wagen aber wieder vom Zug-ähnlichen Fahrverband lösen und also direkt zu ihrer individuellen Destination gelangen. Um dieses System an einem Beispiel zu illustrieren: Wenn ich am Morgen vom Vorort zu meinem Arbeitsplatz fahren wollte, hätte mich ein Aramis-Wagen wie ein Privatchauffeur vollautomatisiert abgeholt. Während der Fahrt in die Stadt wäre ich nicht, wie es bis heute der Fall ist, im Stau steckengeblieben, weil alle zur selben Zeit mit einem ähnlich großen Wagen in die Stadt fahren. Mein Wagen hätte sich stattdessen im Laufe der Fahrt mit anderen solchen Wägen zu einer Zug-ähnlichen Struktur zusammengeschlossen, die viel effizienter und schneller ihren Weg in die Stadt gefunden hätte. Am Rückweg wäre dasselbe in die entgegengesetzte Richtung erfolgt – alles wohlgemerkt mit elektrischem Antrieben und einem selbstfahrenden Verkehrssystem, doch im Gegensatz zu den obigen Beispielen nicht mehr individuell, sondern kollektiv gedacht.

Warum scheiterte dieses so utopisch-vielversprechende Projekt? Glücklicherweise hat Bruno Latour (1993) diesem Projekt eine frühe Arbeit mit dem Titel »Aramis oder die Liebe zur Technologie« gewidmet, welche heute als ein Standardwerk der sogenannten STS (Science and Technology Studies) gilt. Noch bevor Latour ausgiebig seine ökologische Philosophie und Kritik der Moderne, die wir bereits in Abschnitt 2 kennen gelernt haben, ausbuchstabierte, untersuchte er ein extrem modern erscheinendes technisches Innovationsprojekt und sein reales Scheitern.

Latour zu Folge war es entgegen der offiziellen Präsentation nicht die technische Machbarkeit, an der Aramis scheiterte. Alle seine Einzelteile waren in Prototypen praxiserprobt und erfolgreich. Das Scheitern von Aramis ist laut Latour eine viel komplexere Angelegenheit, die zeigt, dass sich »technische Machbarkeit« nie von Faktoren wie kommerziellen Aussichten, ökonomischen Interessen, Konkurrenzsituationen der beteiligten Unternehmen, Optimismus der beteiligten Forscher*innen, Visionen der gesellschaftlichen Zukunft und politischen Akteur*innen – um nur einige wenige zu nennen – trennen lässt. Es gibt nicht die Technologie, die sich unabhängig von ihrem gesellschaftlichen Kontext nach reinen »Naturgesetzen« entwickelt. Latour zeigt, dass dieser unter den Ingenieur*innen und Politiker*innen weit verbreitete Glaube als Faktor des Scheiterns verstanden werden muss. Denn nur weil die das Projekt vorantreibenden Akteur*innen vielfach an die Unabhängigkeit technischer Entwicklung glaubten, konnten sie nicht den soziokulturellen und politischen Kontext mitdenken, an dem Aramis letztendlich scheiterte.

Es ist sicherlich auch aufgrund von dieser Einsicht, dass Latour sein anschließendes Werk hauptsächlich dieser Kosmologie der Modernen und ihrer ökologischen Konsequenzen widmete. Man könnte aus diesem Frühwerk Latours schließen, dass innerhalb der Normalität der Moderne, die vom Konsumkapitalismus geprägt ist, technische Innovation nie eine sozial-ökologische Transformation voranbringen kann. Entweder wird die Idee der rein technischen Innovation bloß zur »Karotte vorm Esel«, der den Status quo feststampft (wie die Beispiele von Telsa und Uber gezeigt haben) – oder sie kann sich innerhalb des Status quo nicht durchsetzen und wird als »technisch nicht machbar« herausgestellt.[14] Unter dem Teppich bleibt, dass es die soziale Konfiguration ist, die eine Technologie als unmachbar erscheinen lässt. Dies stellt eine radikale Folge des kapitalistischen Realismus dar: Innerhalb seiner Ordnung erscheint nur als realistisch (machbar), was den Status quo weiter befestigt.

Die Frage für die Zukunft ist also viel weniger, ob sich vermittels Technologie die Gesellschaft verändern und ihre Probleme lösen lassen, als vielmehr: In welcher gesellschaftlichen Form wird welche Technologie überhaupt erst machbar erscheinen und also umsetzbar sein? Es mehren sich die Indizien, dass der Kapitalismus kaum mehr echte Innovation hervorbringen kann, die nachhaltige Lösungen für die gegenwärtigen Probleme darstellen. David Graeber (2016, 105ff.) behauptet sogar, dass sich die Rate technologischer Entwicklung seit den 1950er Jahren verlangsamt hat, weil eine real existierende Systemalternative wie jene des Kommunismus immer klarer scheiterte und sich der Kapitalismus immer erfolgreicher als »alternativlos« inszenieren konnte. Selbst bei so technischen Großprojekten wie dem Geo-Engineering (also dem technischen Eingreifen in planetare Prozesse zur Minderung der Folgen der Klimakatastrophe) gibt es viele Expert*innen, die mittlerweile argumentieren, dass diese Technologie sich wohl nie innerhalb des Kapitalismus marktfähig umsetzen lassen wird, sondern viel mehr ein Projekt für eine neue Art von sozialistischer Mobilisierung darstellen könnte (Buck 2019, 35). Um einen utopi-

---

14   Selbst so vergleichsweise kleine Innovationen wie ein Mechanismus in Privatautos, der sie dazu zwingt, sich an das jeweilige Tempolimit zu halten, haben sich bis heute nicht durchgesetzt. Dabei gibt es diese heute als »ISA« (Intelligent Speed Adaptation) bezeichnete Idee seit 1912 (Sachs 1990, 245), und es kann einem wohl keiner bei nüchterner Betrachtung vormachen, dass dies mit heutigen (und gestrigen Mitteln) nicht leicht umsetzbar wäre. Schon ein rein mechanisches System wäre denkbar, und mit heutiger GPS-basierter Software, in der jedes Navi die Geschwindigkeitsbegrenzung anzeigt, sollte es überhaupt kein Problem darstellen. Doch ebenso klar ist, dass eine solche zentrale Limitierung das individuelle Freiheitsgefühl, auf dem die moderne Auto- und Subjektphilosophie aufbaut, auf gefährliche Weise hinterfragt. Tatsächlich hat im Juli 2022 die EU verabschiedet, dass ISA bald in neuen Autos standardmäßig verbaut wird. Seitdem liest man verdächtig wenig davon.

schen Horizont auch gegenüber der Technologie zu entwickeln, muss man diese immer als von ihrer jeweiligen Gesellschaftsform mit determiniert verstehen. In anderen Gesellschaftskonfigurationen, in denen »Gesellschaft« nicht mehr eine rein menschliche Angelegenheit sein muss, könnten vielleicht neue technische Lösungen entstehen, die heute als verrückt und unrealistisch erscheinen. Vielleicht entwickeln wir modulare Fließbänder, die wie Flüsse verschiedene Geschwindigkeitszonen haben und das Land so überspannen, dass ich zu Fuß oder mit dem Rad auffahren kann und dann mit mehreren 100 km/h durch die Landschaft reisen kann (eine Vision, die der Zukunftsforscher und Sci-Fi-Autor Arthur C. Clarke bereits 1963 formulierte). Vielleicht finden wir Arten der Mobilität, die so schnell wie unsere heutigen Vehikel sind, sich allerdings durch Wälder bewegen können, ohne in diese einzugreifen. Vielleicht sehen wir es aber auch einfach schon als »technischen Fortschritt« an, wenn wir Autobahnen so umwidmen, dass in Zukunft Schienen auf ihnen verlegt sind und Züge verkehren. Vielleicht entwickeln wir sogar somatische und psychedelische Praktiken, die uns unser modernes Mobilitätsbedürfnis als verrückt erscheinen lassen und die Vorzüge der Ruhe und des Verweilens als großen psycho-technischen Fortschritt fühlbar machen.

Egal wie inspiriert man von solchen »Spinnereien« ist: Es ist nun an der Zeit, sich den Akteur*innen innerhalb der modernen Geschichte zuzuwenden, die landläufig mit dem Projekt der sozialen und kulturellen Veränderung und der Errichtung eines »besseren« Systems assoziiert werden: den Linken.

Exkursion: Ist das Smartphone das neue Auto?

Man hört mitunter Stimmen, die meinen, dass das Smartphone das Auto als moderne Schlüsseltechnologie und Identifikationsmaschine ersetzen wird. Auf dem Weg zu einer grünen, smarten Zukunft wird das Smartphone oft implizit als nicht wegzudenkendes Vehikel verstanden, wie das Auto seinerzeit zentraler Antrieb der modernen Träume einer freiheitlichen Stadt- und Lebensraumplanung war. Bevor wir uns also endgültig den »linken«, gesellschafts-transformatorischen Kräften zuwenden, möchte ich in dieser kurzen Exkursion die Frage aufbringen: Ist das Smartphone das neue Auto?

Zwar ist das Smartphone nicht groß genug, eine*n vor der Umwelt schützend zu umhüllen. Jedoch zeigt sich mit dem Smartphone eine Veränderung im Zugang zur Umwelt, die paradigmatisch für unsere Zeit und die gegenwärtig hegemonialen Tendenzen der Transformation (oder viel zu oft: Scheintransformation) ist. Im Smartphone kündigt sich vordergründig ein neuer Umweltbezug an, eine Variation der modernen Selbstbestimmung: Man verwendet die Umwelt weiterhin als Gegebenes, welches sich für alle möglichen Applikationen willig anbietet, mit der man sie verbessern kann (»augmented reality«). Das Smartphone eröffnet eine andere Art der Transzendenz, die trotzdem Kontinuität zur modernen Tradition des hierarchischen Körper-Geist-Dualismus aufzeigt: Da oben, im ideellen, textuell Verfassten ist das eigentlich Relevante, hier unten muss man nur durch.

Wahrscheinlich gab es seit dem Auto keine so radikal unsere Gesellschaft und unsere Wahrnehmung umorganisierende Technologie wie die des tragbaren Internets in Form eines Smartphones. Genauso wie man sagt, ein Ort sei »ganz nah«, weil er mit dem Auto schnell erreichbar ist, sagt man heute, ein Ort sei leicht zu finden, wenn einen Google Maps dort hinführen kann. Auch nimmt man soziale Begegnungen mittlerweile als selbstverständlich über ein digitales Telekommunikations-Device organisiert wahr. Egal ob das Date auf Tinder, die Organisation des nächsten Treffens der über das ganze

Land verteilten Familie oder den Termin im Caféhaus, den man 30 Minuten vorher nochmal verschiebt – alles ist essentiell abhängig von der Vermittlung eines Smartphones und man kann berechtigt annehmen, dass unsere soziale Normalität einen kurzen Moment der Paralyse erleben würde, wäre das Smartphone von einem Tag auf den anderen verschwunden.

Wie beim Auto ist man sich auch beim Smartphone irgendwie bewusst, dass man sich mit seiner univoken Verbreitung diverse massive gesellschaftliche Probleme einkauft: die gläserne Bürger*in und den Überwachungskapitalismus, der heute jegliche Spionagetechnologie der Stasi als lächerlich in den Schatten stellt; der massive Ressourcenverbrauch von seltenen Erden und anderen, mit massiver Ausbeutung verbundenen Rohstoffen; die Entfremdung der sozialen Zusammenhalte und die Blasenbildung der Meinungen; das Fördern eines Plattformkapitalismus, der lokale Läden und Restaurants auslöscht etc.

Auf eine Art ist die* Smombie (eine Kurzform für »Smartphonezombie«), der* hektisch von Termin zu Termin huscht und dessen Batterie stets kurz »vorm Sterben« – wie man auf Englisch sagt – ist, ein Sinnbild für den sehr späten Kapitalismus, der es schafft, auch im Angesicht des systemverschuldeten Kollapses die Leute durch immer enger getaktete Termine bei der Stange zu halten.

Diese und andere Probleme sind eine*r, als aufgeklärter Bürger*in, die am Klo regelmäßig das Zeit-Feuilleton durchscrollt, allesamt bewusst, doch wie bei den Problemen des Autos stellt sich auch bei der Diskussion der Probleme des Smartphones schnell eine unangenehme Stille bei Dinnerparties ein. Klar, man sieht die Probleme, aber was will man machen? Nach einer Runde der kollektiven Entrüstung wechselt man gerne wieder das Thema, oder lädt sich eine Digital Detox-App herunter, die man dann immer wegklicken muss, wenn was Wichtiges hereinkommt. Das Smartphone hat den Bann, den das Auto in den 1950er und 1960er Jahren hatte, und tatsächlich sagt man(n) (Mangold and Weisbrod 2021), dass die heutige Jugend nicht mehr das Auto als cooles technologisches Statussymbol wahrnimmt, sondern das Smartphone. Wo man früher noch seine Gleichaltrigen mit einem aufgemotzten und »individualisierten« Auto abschleppen konnte, ist es heute vermehrt (und besonders in urbanen Lagen) das Smartphone, welches zur sozialen Distinguierung herhält. Man individualisiert es mit Panda-Ohren, Glitzer-Cover und anderen Gadgets, hat es mit einem Halsband ganz nah beim Herzen, um jederzeit wichtige Nachrichten zu beantworten oder einen Post für seine Follower abzusetzen. Besonders Jüngere scheinen instinktiv zu merken, dass sie in der herrschenden Normalität keine Zukunft haben, wenn sie nicht das Smartphone radikal affirmieren und also hochstilisieren. Das Auto können sich eh immer weniger unter ihnen leisten, und so kommt es manchmal zu der recht kurzsichtigen Analyse, dass das Auto bei der Jugend überhaupt nicht mehr gefragt ist und durch das Smartphone ersetzt werde – manche »grüne« Start-Up-Unternehmer*innen sehen darin sogar ein großes Potential, das herrschende Autoregime zu überkommen, wie wir z.B. auch bei Uber im vorigen Kapitel gesehen haben.

Ich würde der Einschätzung zustimmen, dass das sehr schnelle Umformen der Normalität durch das Smartphone eine wesentliche Bedingung der Möglichkeit des aktuellen Hypes der Autokritik ist, den wir in der Einleitung besprochen haben. Wahrscheinlich können sich viele »digital natives« eine Welt ohne Autos auch vermehrt deswegen vorstellen, weil sie ein Smartphone haben, vermittels dessen sie sich über Alternativen austauschen, organisieren und eine multi-modularere Mobilitätsweise verwenden können. Doch erscheint mir, dass dieses digital ermöglichte Vorstellungsvermögen nicht sehen kann, dass das Smartphone-Regime das Autoregime nicht ersetzt, sondern vielmehr auf ihm aufbaut.

In Steven Spielbergs Zukunftsdystopie *Ready Player One* von 2018 ist die ökologische Katastrophe so weit fortgeschritten, dass der Großteil der Bevölkerung selbst in so reichen Staaten wie den USA in slumähnlichen Strukturen wohnt und sich niemand mehr ein Auto leisten kann. Während sich die Reichen in grüne, inselhafte Gated Communities zurückgezogen haben, geht die Mehrheit furchtbar langweiligen und prekären Arbeitstätigkeiten in einer kaputten und vermüllten Umwelt nach. Einziger Hoffnungsort für diese Menschen ist der digitale Raum, in den sie vermittels VR-Brillen gänzlich eintauchen und ihre übermenschlichen Avatare in bunten Schillerwelten weiterentwickeln können. Es ist ein bisschen so wie im Film Matrix, nur, dass die Menschen sich freiwillig in die Computersimulation einspeisen lassen, weil die Welt da draußen so hässlich und hoffnungslos geworden ist. Die intelligenten Maschinen haben uns nicht willentlich versklavt, sondern sind ein vom digitalen Kapitalismus eingesetztes Ventil zur Stabilisierung des desaströsen Status quo.

Doch auch wenn das Auto in dieser Zukunftsgeschichte seinen mobilen Absolutheitsanspruch eingebüßt hat, sind seine Strukturen weiterhin omnipräsent. Die meisten Menschen, die man in dem Film sieht, kommen zwar nie in den Genuss ein echtes Auto zu fahren, leben aber in aufeinander getürmten Campern – also ausrangierten KFZs. Darüber hinaus findet der Held des Films in einer Höhle aus kaputten Autos auf einem Müllsammelplatz Zuflucht von seinem schrecklichen Alltag. In dieser kann er sich ungestört mit der Matrix-ähnlichen digitalen Welt verbinden und in ihr der vom tollen Mädchen angehimmelte Held zu sein. Dieses Heldentum wird auch weiterhin bei einem atemberaubenden Autorennen über eng verzweigte, bunte und Loopings-schlagende Rennstrecken bewiesen, die an *Mario Cart* erinnern.

Es scheint so, als ob sich die Autowelt im Digitalen besser entfalten konnte, als draußen in der gemeinen echten Welt – die dem Auto inhärente Innen/Außen-Spaltung ist hier nochmals radikalisiert: Während in der wirklichen, vom fordistischen Kapitalismus verwüsteten Welt alle negativen Reste des Automobilzeitalters als Schrott und Gift aufgetürmt sind und die Welt lähmen, bietet der digitale Raum die Möglichkeit des radikalen Auslebens derselben automobilen Freiheitsaffekte, die nun endlich gänzlich von den bösartigen materiellen Banden der Wirklichkeit befreit sind. Auf eine Art ist dies die radikale Weiterführung von Elon Musks Aktion, seinen Tesla-Sportwagen in den Weltraum schießen zu lassen. Was auf den ersten Blick absurd erscheinen mag, erweist sich aus diesem Blickwinkel als logische Fortführung der entgrenzenden Normalitätsversprechen des Automobils. Irgendwann mal sind Schwerkraft und fragile Ökosysteme einfach nur mehr nervig und im Weg der vom Autoregime versprochenen Freiheit, weswegen man das freiheitliche Vehikel konsequenterweise einfach in den von solchen Gesetzen unbeherrschten Raum schießt.

Abb. 36: Endlich richtige Freiheit für richtig freie Bürger – Teslas Roadster im Weltraum

Wikimedia Commons

Wie es Benjamin Steiniger und Alexander Klose in ihrem Buch über das Erdöl treffend formulieren, sollte man also nicht von einer »Ablösung«, sondern von einer »Überlagerung des fossilen und des digitalen Zeitalters ausgehen […], um dem Satz ›Daten sind das neue Rohöl‹ auf den Grund zu gehen.« – »Mit dem individuellen Automobilverkehr schien das technische Freiheitsversprechen sein Maximum und sein Ende – in Dauerstau und ökologischer Katastrophe – erreicht zu haben. Doch werden explizit petromoderne Verheißungen individueller Ermächtigung in einem nie dagewesenen Maße eingelöst – virtuell« (Steininger and Klose 2020, 259). Auch Shoshana Zuboff weist in ihrer großen Studie zum Überwachungskapitalismus auf die großen Kontinuitäten zwischen fordistischem und digitalem Kapitalismus hin. Während der Fordismus das Modell der konsum- basierten Produktion optimierte, fügt der digitale Kapitalismus das Modell der *Extraktion* von Konsument*innen-Daten hinzu (Zuboff 2019, 87). Der Satz »Daten sind das neue Rohöl« baut auf der halb verdrängten Tatsache auf, dass die Datengewinnung sehr oft auf der Verbrennung von verarbeitetem Erdöl basiert: Autofahren ist heute die wohl vorherrschende Form von Data Mining, wie die Beispiele von Uber und Tesla im letzten Kapitel bereits gezeigt haben. In den Zukunftsdelirien des selbstfahrenden Autos kann diese Kombination noch verfeinert werden: In den Visionen der Autofirmen könnten die Windschutzscheiben durch halbtransparente Displays ersetzt werden, damit die passiv Fahrenden Social Media bedienen, digital arbeiten, und also: Daten produzieren können, während ihr Auto brav Erdöl verbraucht und selbstständig Live-Überwachungsdaten aller Straßen, die es durchfährt, liefert.

Doch auch im traurigen Außenraum des Autos, also der Restrealität, schließen das Smartphone-Regime und das Autoregime nahtlos aneinander an. Mittlerweile ist es ein dermaßen großes Problem, dass Passant*innen aufgrund einer Fixierung auf ihr Smartphone-Display nicht mehr auf den Straßenverkehr achten und also überfahren werden, dass sich Behörden von Antwerpen bis Chongqing angehalten fühlen, diverse Warnsysteme einzurichten, um sogenannte *Smombies* vom ungewollten Selbstmord abzuhalten. Das Smartphone, so lamentiert zum Beispiel Roberto Simanowski (Simanowski 2022), macht das menschliche Gehen nur mehr zu einem abstrakten von Punkt A nach B laufen, ohne sinnliche Verankerung und soziale Teilnahme an der Umwelt. Dabei wird allerdings ein wesentlicher Grund übersehen, warum Leute beim Gehen zur Flucht in den digitalen Raum verführt werden: weil die automobil-beherrschte Umwelt so laut, abstrakt und hässlich ist, dass man an ihr so und so keine Lust oder keine Möglichkeit der Teilhabe findet. Der digitale Raum bildet, wie es *Ready Player One* gekonnt anzeigt, die passgenaue Fluchtzone für eine von der Petronormalität unaushaltbar gemachte Welt – aus der sich nochmals eine Schicht Kapital in Form von Daten lukrieren lässt. Das Selbst, welches sich nahtlos mit dem Autoregime identifiziert, wird in den unvermeidbaren, hässlichen Momenten seiner Normalität ins Digitale ausgelagert, in dem ihm ein neuer Freiraum suggeriert wird. Die Privilegierten bestellen ihre Nahrung und ihre Konsumwaren vermehrt per Smartphone und lassen oftmals illegalisierte, prekarisierte Arbeitskräfte in halb-kaputten Kleinlastern oder auf Rädern ihre Ware durch die dreckige Welt bis an die Haustür bringen. Sie kommen von riesigen Logistikzentren und Lagerhallen am Stadtrand, die noch mehr Boden versiegeln und Autoinfrastruktur erfordern – doch als privilegierte Person, die hauptsächlich in den bunten Innenräumen des modernen Freiheitsversprechen bleiben können, erscheint diese schöne neue Welt als zunehmend autofrei. Die Innenstädte werden langsam begrünt, und so überzeugt man sich, dass das Smartphone das glücksbringende Tool zur grünen Transformation ist. So wird der wirkliche Raum auf dem Planeten weiter homogenisiert – in den Außenräumen nach den grauen Standards des Autoregime, in den Innenräumen mit den glücklichen Farben des digitalen Zeitalters. So wie das Auto den Umweltzugang des modernen Selbst homogenisiert hat, ist es heute zunehmend unmöglich, ohne Smartphone durch die moderne Welt zu navigieren. An diversen Bahnhöfen kann man sein Ticket nur am Display zeigen und erwerben, Verkehrsmittel vom Car-Sharing-Auto bis zum E-Scooter sind nur mit einem Device aktivierbar, viele Menüs von Restaurants sind nur mehr per QR-Code abzurufen (weil es so »grüner« ist), und für viele Formen der sozialen Teilhabe braucht man Social-Media-Accounts und Chat-Tools, die nur über das Smartphone zugänglich sind.

Entgegen vielen Vorhersagen wird meiner Einschätzung nach das Smartphone nicht als Chip-Implantat verschwinden. Die Leute brauchen das Objekt, die Berührung und das Licht des Displays, den Schutz vor dem Umherschweifen des Blickes und der grausamen Umwelt. Die vergangenen Jahre zeigen vielmehr die folgende Tendenz an: Das Smartphone wird immer größer, immer mehr Kameras prangen auf ihm. Auch in diesem Trend zum immer Protzigerem zeigt sich seine strukturelle Verwandtschaft mit dem Auto, welches ebenso – trotz aller »technischen Innovationen« – immer größer und klobiger wird. Es geht um das Gefühl und den Status, den es vermittelt, nicht um seine inneren Eigenschaften.

Der radikale Ökologe Ivan Illich (2013) unterscheidet zwischen zwei Formen von Technologie: solche, die eine Pluralisierung von Lebensformen ermöglicht, und solche, die zu einer Homogenisierung von Lebensformen führt. Das Smartphone gehört immer eindeutiger zur zweiten Kategorie und entpuppt sich immer klarer als eine neue Schicht zur Erhaltung des katastrophalen Status quo des Homogenozäns. Hierbei spielen auch die immer zahlreicher werdenden Kameras eine große Rolle. Durch die Gewohnheit, alles überall zu dokumentieren (in der Kunst, auf der Straße, bei Demos etc.) können immer weniger Räume Unterschlüpfe für wirklich abseits der Norm lebende Menschen sein – für Leute, die im Untergrund leben oder anders Illegalisierte besteht im Zeitalter des Smartphones eine permanente, paranoide Gefahr. Man kann sich nie sicher sein, ob man nicht doch gefilmt wird und irgendwie das Fehlverhalten zur Anzeige gebracht wird. Dies hat einen ungeheuer normalisierenden Effekt auf die Öffentlichkeit. Das Smartphone bildet – analog zum Auto – auch eine neue Schutzschicht um das moderne Selbst: Neben der konkret-harten Ummantelung von Stahl zückt das digitale Subjekt bei jedem Anzeichen der Irritation, Gefahr oder Abweichung das Smartphone und filmt alles preemptiv mit: bei Demos, Aufständen, Straßenmusiker*innen oder ein fach nur komischen Personen auf der Straße. So kann jede irgendwie falsche Handlung sofort in den Äther – diese neue Transzendenz – hochgeladen werden und von einer digitalen Community und in gegebenem Fall auch der Justiz verurteilt werden. Neulich bin ich mit dem Rad bei Rot über die Ampel gefahren. Als mich ein davon offenbar aufgebrachtes Auto überholte, ragte ein Smartphone aus dem Beifahrerfenster – ich wurde gefilmt. Dass dies nach gängigen Personenschutzrechten nicht erlaubt ist, konnte ich natürlich nicht sagen, weil das Auto schnell wegfuhr.

Kapitel 11: Linke Politik und das moderne Selbst

Abb. 37: »Classwar Machine«

Photo von Victor Kössl

In seiner Anfangszeit war das Automobil nur wenigen, wohlhabenden Privilegierten vorbehalten. Dieser Umstand barg eigentlich ein großes Potential für einen »Widerstand von unten« gegen das Auto, der von linken Akteur*innen aber nie konsequent angezapft wurde. Viel eher waren linke Haltungen von Ambivalenz bis Euphorie dem Auto gegenüber gekennzeichnet – und es ist bis heute keine Seltenheit, dass das Auto von Linken als »Classwar Machine« verstanden wird, wie im Bild oben, welches ein Freund an einem Camper in einer anarchistischen Kommune gefunden hat. In diesem Kapitel werden wir uns in einem ersten Schritt eine kurze Geschichte linker Positionen zum Auto ansehen und daraus im Folgenden Schlüsse für eine zukünftige ökologische Politik ziehen, die mit dem vorigen Kapitel erkennt, dass die ökologische

Katastrophe nicht rein technisch gelöst werden kann. Ökologische Politiken bedürfen notwendigerweise auch einer Perspektive sozialer und kultureller Transformationen, die traditionell der Linken zugeschrieben wird. Doch wie wir nun herausfinden werden, hat keine der majoritären linken Positionen »der Politik« bisher einen produktiven und wirklich alternativen Umgang mit dem Auto im Speziellen oder dem Ökologischen im Allgemeinen gefunden. Zwar gibt es manche Stimmen innerhalb der gegenwärtigen Linken, die die systemische Tragweite des »Problem Auto« in Ansätzen erkennen, doch ist der Weg noch weit zu einer emanzipatorischen Massendynamik, die in der Tradition linker Klassenkämpfe auch das ökologische Thema behandeln könnte. Durch eine selektive Thematisierung dieses Problems werden wir zu einer Hinterfragung der Normalität und ihrer *einen* Welt zurück finden, die uns direkt in den letzten Abschnitt »Utopien« führen wird. Dort werden wir dann die Arbeit am Imaginär einer *Utopie der autofreien Welt* als einen wichtigen Beitrag einer solchen neuen, emanzipatorischen (und nicht mehr auf Verzicht und Rückhaltung gepolten) ökologischen Bewegung in linker Traditionslinie herausarbeiten.

Linker Techno-Optimismus und die Ambivalenz gegenüber dem Auto

Wie wir bereits im zweiten Kapitel gesehen haben, war es in den ersten Jahrzehnten des Autos keine Seltenheit, dass ein sogenannter »Herrenfahrer« tätlich angegriffen wurde, wenn er durch ein armes Bauerndorf oder eine belebte Arbeiter*innenstraße brauste. Mitunter wurden Steine nach diesen lärmenden, für Vieh und Nachwuchs lebensgefährlichen Vehikeln geworfen, manchmal sogar ein Drahtseil über die Straße gespannt. Die arme, ausgebeutete Bevölkerung in Stadt und Land, die die Linke zu repräsentieren vorgab, konnte sich am Anfang nicht in ihren Träumen ein Auto leisten und bekämpfte es deswegen oftmals intuitiv.

Doch es gab so gut wie keine linken Akteur*innen, die in diesen intuitiven Abwehrreaktionen gegen die neuen Maschinen ein Potential für einen produktiven Klassenkampf sahen.[1] Ganz im Gegenteil, viele standen im Bann des ma-

---

1   Diese linke, marxistische Ablehnung gegenüber Sabotage von und direktem Kampf
     gegen Maschinen zieht sich zurück bis zu den Anfängen der Industrialisierung mit der
     »Maschinenstürmer«-Bewegung der Ludditen, die Marx als geschichtsvergessen und
     fortschrittsfeindlich ablehnte. Neuere Forschung (z.B. Hobsbawn 1964) erkennt aber

schinischen Fortschritts, der auch für die kommunistische Revolutionserzählung zentral war. Der Fortschritt der Maschinen, der für linke Utopist*innen auch den sozialen Fortschritt versprach, ließ sie eher jubeln als auf die Barrikaden gehen. Für Lenin war es bereits 1918 klar, dass der Sozialismus »undenkbar« ist ohne einerseits »den großkapitalistischen Maschinenbau, der auf den neuesten Errungenschaften der modernen Wissenschaft aufbaut« und andererseits »ohne eine planmäßige staatliche Organisation, die Dutzende Millionen Menschen zur strengsten Einhaltung einer einheitlichen Norm bei der Produktion und der Verteilung der Produkte zwingt.« (Lenin 1934 [1918])[2] Der Marxismus, der bis heute wohl (noch) die majoritäre Strömung der Linken ausmacht, sah kapitalistische Technik und ihre wissenschaftlich-effiziente Produktionsweise des Taylorismus und Fordismus als zur Erreichung des kommunistischen Ideals notwendig an.[3] Deswegen wurden Autos eher als Technikwunder begriffen, die man unter das Volk bringen sollte, um mit ihrer Hilfe die begehrte soziale Transformation zu erreichen. Aus dieser Perspektive ist es dann weniger verwunderlich, dass sich selbst ein prominenter Linker wie

---

zunehmend, dass die Ludditische Bewegung um einiges »bewusster« in ihrer Ablehnung kapitalistisch-ausbeuterischer Dynamiken war, als es Marxist*innen glaub(t)en, und für viele neue, radikalere aktivistisch-ökologische Ansätze gelten sie vermehrt explizit als Vorbild oder Inspirationsgeber, wie z.B. für die französischen *Soulevements de la Terre* (Jarringe 2023)

2   Zitat geht weiter mit: »Davon haben wir Marxisten stets gesprochen. Mit Leuten, die sogar das nicht begriffen haben (die Anarchisten und die gute Hälfte der linken Sozialrevolutionäre), lohnt es nicht, auch nur zwei Sekunden für ein Gespräch zu verlieren.« Dies zeigt an, dass »die Linke« zu diesem Zeitpunkt keineswegs einig in diesem Punkt war. Da diese Doktrin allerdings ein Jahr nach der russischen Revolution von dessen Führer ausgegeben wurde (und auch von Stalin, wie wir im Weiteren sehen werden, weiter geführt wurde), definierte sich die majoritäre Linke der »real existierenden Sozialistischen Staaten« um dieses Diktum herum und hatte von da aus auch einen prägenden Einfluss auf die »westliche« Linke.

3   Hierbei handelt es sich freilich nur um die majoritäre Lesart von Marx. Neuerdings gibt es hier auch vermehrt andere Lesarten, wie jene von Kohai Saito (2023), der den Techno-Optimismus von Karl Marx nur als eine geistige Etappe der 1860er-Jahre in seinem Werk herausstellt und argumentiert, dass der späte Marx der 1880er Jahre in große Zweifel gegenüber der industriellen Landwirtschaft im Speziellen, und der industriellen Produktion im Allgemeinen geraten ist, gerade ob seiner ökologischen Schäden. Deswegen näherte sich Marx, so Saito, am Ende seines Lebens den kommunardischen, bäuerlichen Lebensstrukturen an, die er früher als zu überkommen betrachtete. Marx mag also anarchistischer gewesen sein, als er es sich selbst zutraute.

Bertolt Brecht zehn Jahre später sogar zum frühen Werbetexter für die Automobilindustrie machen ließ. 1928 sendete er ein Poem an den Autobauer Steyr mit Zeilen wie »*Wir liegen in der Kurve wie Klebestreifen – Unser Motor ist: – Ein denkendes Erz. – Mensch, fahre uns!! – Wir fahren dich so ohne Erschütterung – [...] – Wir fahren dich so leicht hin – Daß du glaubst, du mußt uns – Mit deinem Daumen auf den Boden drücken und – So lautlos fahren wir dich – Daß du glaubst, du fährst – Deines Wagens Schatten.*« Die Firma reagierte sofort und verwendete das Gedicht des damals schon recht berühmten Literaten für massenhaft verbreitete Werbebroschüren. Als Vergütung erhielt Brecht einen nigelnagelneuen Steyr XII, den er begeistert fuhr (so begeistert, dass er damit sogar einen glimpflich verlaufenden Unfall baute und danach noch einen weiteren Wagen der Firma Steyr erhielt).

Auch wegen des Mangels einer klaren linken Linie gegen das Auto, dieser prothetischen Verkörperung des bürgerlichen Privilegs, war der Widerstand gegen die automobile Landnahme bald als »reaktionär« verschrien (Sachs 1984, 36). Denn tatsächlich war neben den mittellosen Bäuer*innen vor allem eine andere soziale Gruppe relativ zahlreich vom Auto aufgebracht: der Adel. Erinnern wir uns an den Duke of Beaufort aus dem zweiten Kapitel, der sich nach dem ersten automobil verschuldeten Todesfall zur Forderung des Erschießens aller Autofahrer entrüsten ließ. Für viele Aristokraten galt das Auto als Symbol eines aufkommenden Bürgertums, welches zwar ökonomisch längst die Nase vorn hatte, aber – so das vornehme Gefühl – zu »pöbelig« und »ordinär« in ihren Ausdrucks- und Mobilitätsweisen war. Das stinkende, grölende Verbrennerauto, welches sich dank der bürgerlichen Kaufkraft durchgesetzt hatte (s. voriges Kapitel), galt für blaues Blut oft als Indiz für die Verrohung der Sitten, die die bürgerliche Revolution mit sich brachte. Man sehnte sich nach den ruhigen vorrevolutionären Zeiten, in denen nur der privilegierte Stand mit Kutschen gemächlich durch das Land fuhr, die Bauern freundlich am Wegesrand grüßten und niemand mit Rennfahrzeugen die feudale Ruhe störte (Ibid. 46, 56).

Aus diesem Grund entsprangen die wenigen erfolgreichen Politisierungen gegen das aufkommende Automobil, wie z.B. das totale Autoverbot im Schweizer Kanton Graubünden von 1900 bis 1925, zumeist einem Bündnis von Adel und Bauerntum, welches bald – von links wie rechts – als »rückwärtsgewandt« und »reaktionär« abgetan wurde. Weil sich also die meisten Linken von der oben kurz skizzieren marxistischen Befreiungserzählung durch bürgerlich-kapitalistische Maschinenordnung hinreißen ließen, war die Linke nie in der Lage, eine dezidiert kritische Position dem Auto gegenüber zu beziehen. Brecht war kein Einzelfall unter Linken, wenn er die Macht und Freiheit des Autos glorifizierte. Die Linie des linken Autoromantizismus zieht sich von ihm über moderne Robin-Hood-Erzählungen wie jene von Bonnie & Clyde, Andreas Baader und Jean-Luc Godard bis zu den gegenwärtigen Linken, die mit großen Campern, die sie als »Classwar Machine« deklarieren, den Systemausstieg versuchen.

Man könnte einwenden, dass »die Linken« zu spät an die Macht kamen, um bei der Determinierung von Form, Antrieb und Nutzweise des Autos eine tragende Rolle spielen zu können. Wie wir im vorigen Kapitel gesehen haben, gab es in der Anfangszeit des Autos viele kollektivistisch organisierte Formen des Automobils wie eben die E-Taxi-Flotten, die einer linken Politik vielleicht zuträglicher gewesen wären. Doch diese alternativen automobilen Mobilitätsformen waren bereits Geschichte oder absterbende Relikte, als 1917 mit der Sowjetunion der erste Staat unter »linke« Kontrolle gebracht wurde. Zu diesem Zeitpunkt war der mit Blick auf Privatbesitz designte Verbrennermotor als »das Auto« definiert und konnte von der im Aufbau befindlichen Produktion der sozialistischen Staaten nur übernommen werden. Oszillierend zwischen techno-optimistischer Fortschrittsliebe und der Ablehnung bürgerlicher Privilegien entstand in den »realsozialistischen Ländern« so eine ambivalente »nicht Fisch nicht Fleisch«-Politik dem Auto gegenüber, welche – wie wir nun sehen werden – mit zu ihrem Scheitern führte.

Außerhalb der DDR, die durch das Nazierbe bereits Autobahnen auf ihrem Territorium hatte, baute keiner der sogenannten »Bruderstaaten« der Sowjetunion jemals eine Autobahn (Kunze 2022, 333). Im Staatssozialismus wurde das Auto weder (wie im »Westen«) massiv gefördert noch konsequent abgelehnt. Das fordistische Produktionsprinzip beeindruckte zwar diverse sowjetische Theoretiker. So versuchte Stalin aktiv, diese von ihm so bezeichnete »amerikanische Effizienz« in die kommunistische Sphäre zu übersetzen, und es wurden mehrere Ingenieure von GM abgeworben mit dem Ziel, ein »Detroit des Ostens« zu kreieren (Siegelbaum 2008, 14). Auch im Osten wurden also Autos am Förderband produziert, wenn auch zahlenmäßig deutlich weniger. Das Ideal war hier, besonders in der Anfangszeit, eher jenes des kollektiv geteilten Automobils, als das des individuellen Eigentums.[4]

---

4   In der SU gab es hin und wieder Versuche, Elektroautos zu entwickeln, von denen die meisten große Transporter waren. Das erste E-Auto war der 1935 als Müllfahrzeug entwickelte LET auf Basis des ZIS-5. Keines der spärlichen sowjetischen E-Auto-Modelle wurde je in Massenproduktion gebaut – auch weil ihre geringere Reichweite gerade

Am konsequentesten war hierbei Mao Tse Tung im kommunistischen China, der privaten Autobesitz tatsächlich mit der Revolution 1949 verbieten ließ. Erst mit der langsamen wirtschaftlichen Öffnungspolitik unter Deng Xiaoping wurde 1984 der Privateigentum von KFZs entkriminalisiert. Doch diese Verbotspolitik führte nicht dazu, dass man auf den Straßen Chinas keinem Auto begegnen konnte oder dass die verheißungsvolle Anziehungskraft des Autos gebrochen wurde. Zwar galt das Auto laut offizieller Parteilinie als »bourgeois« und »schlecht«. Dennoch waren es ausschließlich hohe Parteimitglieder, die in den Genuss eines privat verfügbaren Automobils kamen. Die Assoziation des Autos mit einem hohen sozialen Status blieb also auch in dieser Verbotszeit ungebrochen erhalten. Laut der Anthropologin Beth E. Notar (2017) ermöglichte diese widersprüchliche Handhabung des Autos in China auch den extremen Autoboom nach der Öffnungszeit. Als sich China in den späten 1980ern dem Auto wieder öffnete und ab den 1990er Jahren selbst mit der Produktion von Autos begann, gab es dort einen nie dagewesenen Run auf das Automobil. Plötzlich konnte jeder »jemand sein«, in dem man sich ein Auto kaufte. Die Staatsdoktrin »ein Auto pro Mann«, die bereits der kapitalistische Staatspräsident Chinas Sun Yat-sen in den 1920er Jahren ausgegeben hatte, wurde unter dem wirtschaftlich geöffneten »kommunistischen« China dann übernommen. Die auf dem Papier »linke« Staatlichkeit musste sich letztendlich dem Freiheits- und Statusversprechen des Autos öffnen, um sich zu restabilisieren.

Das gesellschaftliche Verhältnis zum Auto war in der Sowjetunion ähnlich. Zwar war der Privatbesitz eines Autos nie de facto verboten. Doch war er sozial verpönt und wirtschaftlich auch kaum rentabel. So kostete in Moskau 1965 ein Freiluft-Parkplatz monatlich mehr als eine Zweizimmer-Wohnung mit Nebenkosten (Siegelbaum 2008, 235). Derselben Quelle zu Folge galten Autobesitzer*innen der Polizei sofort als verdächtige *chastnik* – »Privatpersonen« –, die oft willkürlich angehalten und bestraft wurden. Regelmäßig wurden privat geparkte Autos mutwillig in der Nacht beschädigt – doch wenn man sich bei der Polizei darüber beschwerte, konnte man selten mit Verständnis oder Rechtsbeistand seitens der Exekutive rechnen. Viel eher bekam man zu hören, dass »man halt zu verstehen habe, dass *chastniks* hier nicht gerne gesehen werden.« (Ibid.)

Auch infrastrukturell war die Sowjetunion alles andere als das gelobte Autoland. Neben den berüchtigt schlechten Straßen, die selten asphaltiert wa-

---

in der russischen Weitläufigkeit und besonders für Transportfahrten ein wesentlicher Nachteil war.

ren und leicht in Schlammschlachten endeten, waren fast alle Ersatzteile für KFZs Mangelware. Ebenso gab es viel zu wenig Tankstellen und Automechaniker*innen, um den trotz allem wachsenden Autobestand (vor allem in den Großstädten Leningrad und Moskau) in Schuss zu halten (Ibid. 244). Es war in der Sowjetunion also weniger ein Problem, ein Auto zu kaufen, als es auf Dauer zu betreiben. Laut des Historikers Lewis H. Siegelbaum bestand im Allgemeinen eine »feindliche Atmosphäre für Autoeigentum« (235), was sich auch in der im Vergleich zum Westen geringen Gesamtanzahl von Autos ausdrückte. Während in den USA im Jahr 1970 schon mehr als 82 % der Haushalte ein Auto besaßen, waren es in der Sowjetunion zum selben Zeitpunkt nur 2 % (Siegelbaum 2008, 238; Bureau of Transportation Statistics 2015). Zwar wuchs diese Ziffer in den letzten beiden Jahrzehnten der Sowjetunion stark an (1975: 5 %, 1980: 10 %, 1985: 15 %), doch konnte sie nie auch nur annähernd mit westeuropäischen oder gar US-amerikanischen Raten mithalten.

Das war allerdings durchaus so gewollt. Als der damalige sowjetische Staatschef Nikita Chruschtschow im Jahr 1959 die USA besuchte, zeigte er sich bestürzt über die Ineffizienz des dortigen auf Privatbesitz basierenden Mobilitätsparadigmas, welches er als ein »Wunder der Verschwendung« bezeichnete. Der US-amerikanischen Urbanistin Jane Jacobs zu Folge hinterließ diese Erfahrung einen bleibenden Eindruck auf ihn. Gleich nach seinem US-Besuch gab der sowjetische Führer die Parteilinie aus, dass man wieder verstärkt Taxiflotten und keine privaten Autos fördern möge (Jacobs 2016 [1961], 368).

In den sozialistischen Ostblock-Staaten wurde das Auto häufig als eine Gefahr betrachtet, die gewisse »individualistische Tendenzen« fördere, welche im Gegensatz zur »Natur unserer [sozialistischen] Gesellschaft« und ihren »Prinzipien und Werten« stehen, wie es ein Professor B.T. Efimov des staatlichen Moskauer Automobil Instituts MADI 1930 ausdrückte (Siegelbaum 2008, 243+300). Dennoch gelang es keinem Staatssozialismus, dem KFZ eine wirklich konsequente Absage zu erteilen. Wie in China blieb die anziehende Magie des Autos als Individualisierungs- und Arrivierungsmaschine über die »kommunistische« Zeit hinaus erhalten. Mit zunehmender Öffnung des Ostblocks stiegen auch die politischen Konzessionen an das individualistische Autokonzept, und damit die Absatzzahlen privat verkaufter KFZs.

Wie Brian Ladd (2008, 63) analysiert, sind die sogenannten Ostblockstaaten auch daran politisch gescheitert, dass sich die kommunistischen Regime zwar immer mehr dem Auto öffneten, es aber parallel dazu nie in ausreichender Quantität produzieren konnten.[5] In der DDR der 1970er und 1980er Jahre gehörte es zur Normalität des Erwachsenwerdens, dass man sich in Wartelisten für einen Trabant einschrieb, sobald man 18 war. Bis man tatsächlich so ein »kommunistisch« produziertes Auto erhielt, gingen mindestens zehn Jahre ins Land, während derer die wenigen »Parteibonzen«, die über bessere Autos aus dem Westen verfügten, neidisch beäugt wurden. Um früher an den Luxus der konsumorientierten Normalität zu gelangen, wünschte man sich vermehrt den Wechsel ins »bessere System« – und die Güte des »Systems« wurde zunehmend an der Verfügbarkeit von Autos gemessen, wie ein interner Stasi Bericht von 1989 erschrocken bemerkte (Ibid.). Da die kommunistischen Führer euphorisch von der sozialistischen Verwirklichung der fordistischen Produktionsweise träumten, übersahen sie den in ihr implizit angelegten Individualismus der Konsument*innen. Dies führte letztendlich auch dazu, dass die Verheißungen des individuellen Freiheitskonsums die kollektivistische Gesellschaftsutopie der Ostblockstaaten von innen her aufweichte. Besonders nach der sogenannten Wende 1989, als die westlichen Autohersteller rasant den neuen östlichen Markt erschlossen, gab es einen unglaublichen Run auf das Auto. In den 1990er Jahren zog das Auto als triumphales Symbol der anderen, angeblich besseren Ordnung in die ehemaligen kommunistischen Staaten ein. In Moskau wurden die großen Boulevards in gigantische Straßen umgewandelt und selbst am »Haus am Kai« – dem Wohnort der früheren Parteieliten direkt gegenüber des Kremls – prangte bald ein gigantischer Mercedesstern (Siegelbaum 2008, 255). Gepaart mit einem Ausverkauf der sozialstaatlichen Infrastrukturen, wie u.a. der öffentlichen Verkehrsinfrastruktur, führte all dies zu einer massiven Autofetischisierung und letztlich Autoabhängigkeit, die bis heute anhält. Laut Siegelbaum wurde durch die im Vergleich zu den Westprodukten minderwertigen Ost-Autos ein Minderwertigkeitskomplex reaktiviert, der seit Jahrhunderten in der russischen und slawischen Mentalität als Selbstverständnis des »unterentwickelten Europas« latent herrschte. Solange die Utopie des Kommunismus noch Strahlkraft hatte, konnte dieses Gefühl in Zaum gehalten werden. Doch mit dem schleichenden Zerfall der Sowjetunion

---

5   Oder wollten: Bei einer auf langjährige Industrieplanung basierten Wirtschaft der Fünfjahrespläne wie jener der Staatskommunismen lassen sich »wollen« und »können« weniger klar von einander trennen, als man es üblicherweise erwartet.

und seiner »Bruderstaaten« kam er wieder in aller Gewalt zum Vorschein. Als Kompensation kaufte man sich Westautos und baute die Straßeninfrastruktur massiv aus. Laut Siegelbaum ist das Gefühl, »jemand zu sein, wenn man ein Auto hat« im ehemaligen Ostblock heute stärker ausgeprägt als im Westen.

Während der Individualismus konsumkapitalistischer Ausprägung in den »realsozialistischen Ländern« erfolglos bekämpft wurde, versuchten Linke im sogenannten Westen viel eher eine Synthese ihrer politischen Ideen mit diesem Individualismus. Gerade um sich von den immer totalitärer werdenden Ostblockstaaten abzugrenzen, versuchten viele Linke im Westen eine individualistischer geprägte Spielart linker Politik zu formulieren, welche laut Bini Adamczak (2017) ihren eindrucksvollsten Ausdruck in den Rebellionen und versuchten Revolutionen um 1968 fanden. Ikonen dieser Zeit sind u.a. der Darsteller Jean-Paul Belmondo, der in Filmen des linken Kultregisseurs Jean-Luc Godard für eine ganze Generation zum Symbol des coolen Revoluzzers mit Zigarette an den Lippen und Arm lässig am Lenkrad wurde. Zwar waren sich diese linken Akteur*innen oftmals der Probleme der automobilen Individualkultur bewusst (wie z.B. in Godards Film *Weekend*, der die Absurdität des Staus und des motorisierten Massenautomobilismus minutiös untersucht). Gleichzeitig litten wie bereits gesehen – diverse linke Akteur*innen wie jene der RAF an einem schon fast manischen Autofetischismus und klauten sich einen Fuhrpark aus Porsches, BMWs und Mercedes zusammen und fuhren diese Luxusmaschinen auf höchst fahrlässige Weise, die zu mehrfachen Unfällen führte.

Abb. 38: Screenshot von Jean-Paul Belmondo im Film »À bout de souffle« (1969) von Jean-Luc Godard

Die meisten linken Akteur*innen konnten sich also nie wirklich dem konsumkapitalistisch oder US-amerikanisch geprägten Individualismus entziehen. Während der Kommunismus des »Ostens« – neben diversen anderen Faktoren – auch an diesem Drang zum Individualismus scheiterte, versuchte man unter der Linken im Westen eine coolere Synthese aus amerikanischer Popkultur und linken Revolutionsallüren kulturell zu etablieren. Im historischen Rückblick konnte sich aus diesem Versuch allerdings nie ein erfolgreiches gesamtgesellschaftliches Politikprojekt entwickeln, das den Kapitalismus hätte überkommen können. Stattdessen wurde der linke Habitus vermehrt zu einem coolen Anstrich mit sozialem Kapital, mit dem man sich innerhalb der weiterhin grassierenden kapitalistischen Ordnung situieren konnte. Bis heute beißen sich kommunale anti-kapitalistische Projekte an der Frage des Autos die Zähne aus: Einerseits ist man sich bewusst, dass Automobilität und Straßenbau zu den essentiellen Aspekten des bekämpften Kapitalismus zählen; andererseits steigert sich die Abhängigkeit vom Auto proportional zu dem Abstand vom Zentrum der Macht. Viele Kommunard*innen sehen den Gebrauch des Autos als notwendigen Kompromiss und im kollektiv geteilten Auto einen alternativen Ansatz – doch im Zuge der Verstetigung und des Älter-Werdens der

Kommune leisten sich dann doch immer mehr Kommunard*innen ein Privat-auto, weil es schon nervig ist, auf die verfügbaren Slots des kommunalen Autos warten zu müssen. Der Widerspruch und die Anziehungskraft des Autos und des durch es verkörperten Individualismus durchziehen fast alle emanzipato-rischen linken Projekte. Aus diesem Grund werden wir nun als nächsten Schritt die Konstruktionsweise dieses Individualismus untersuchen. Hierfür werden wir uns paradigmatisch die Attraktivität des Autos gegenüber der Bahn ge-nauer ansehen und daraus Schlüsse für das Wesen des Konsumkapitalismus als Ersatzbefriedigung für die ausbleibende soziale Revolution ziehen.

Konsumkapitalistischer Individualismus = Verdrängte Kollektivität

Abb. 39: Graphik der Kunst-Aktion »Traverso la Città« (Graz 2020) von Rainer Prohaska

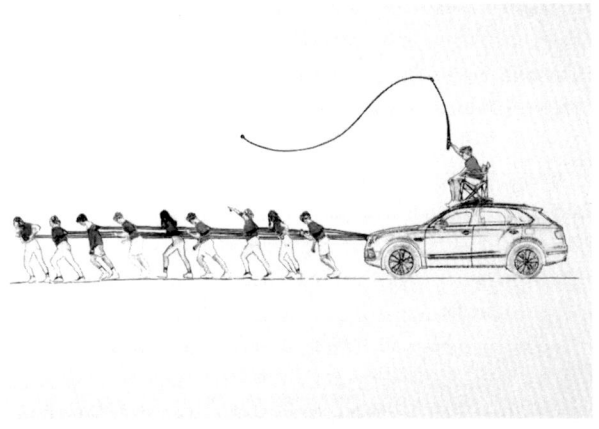

Vor dem Aufstieg des Autos veränderte die Eisenbahn die moderne Welt auf eine radikale Weise, ohne die das automobile Homogenozän wohl nie denkbar gewesen wäre. Doch während – wie wir in Kapitel 4 und 5 gesehen haben – die Wahrnehmungs- und Mobilitätsformen schon durch den Zug massiv umgebaut wurden, behielt die soziale Gesellschaftsstruktur noch einen kollektiven und pluralistischen Charakter. Mit der Bahn wurde die moderne Gesellschaft zwar auf eine neue Art gegenüber einer immer mehr vergegenständlichten »Natur« situiert, doch blieb sie in sich konstituiert aus vielen, diversen Menschen, die sich ihrer Co-Abhängigkeit bewusst waren.

Denn im Zug fanden alle Stände von Adel bis Bauerntum in einem Transportmittel zusammen (nur Könige und Kaiser hatten zumeist ihren eigenen Zug). Zwar waren sie durch Klassen und Abteile getrennt, doch fuhren sie alle in ihrer Vielheit gemeinsam zum gleichen Ziel. Beim konservativen Adel führte dies zumeist zu einer angewiderten Sehnsucht nach der guten alten Kutsche, oder aber – im selteneren Fall – zu einem Verbundeinheitsgefühl mit den »gemeineren Menschen«, von denen man sich als natürliches (Gott-gegebenes) Oberhaupt verstand.

Für das von Losungen wie »Freiheit, Gleichheit, Brüderlichkeit« inspirierte Bürgertum war diese soziale Vermischung im Zug anders konnotiert. Die Werte der Aufklärung verboten es ihnen, sich als »natürlich besser« als andere Menschen zu verstehen, obwohl sich ihnen diese Attitüde am Bahnhof im direkten Kontakt mit müden, überarbeiten Menschenmassen aufdrängte. Hier musste man sehen, was für »Lumpenpack« es auch noch gibt, welches daran erinnerte, dass trotz aller liberaler Gleichheitsversprechen das eigene Privileg doch mit den dreckigen und kränklichen Arbeiter*innen in der dritten und vierten Klasse in Verbindung zu bringen war. Das moderne, liberal-bürgerliche Selbstverständnis fand sich mit seinem eigenen, von Marx herausgearbeiteten Widerspruch konfrontiert und wandte sich von der Bahn ab. Der bürgerliche Journalist und frühe Autofetischist Otto Julius Bierbaum zum Beispiel sah in Zugreisen 1902 eine »Aufgabe des Selbstbestimmungsrechtes«, für die man auch noch zahlen muss, und zog Parallelen mit einem Gefängnisaufenthalt (via Sachs 1984, 14). Das Auto bot hingegen eine »wollüstige Perspektive: Wir werden nie von der Angst geplagt werden, dass wir einen Zug versäumen könnten. Wir werden nie nach dem Packträger schreien, die nachzählen müssen, eins, zwei, drei, vier – hat er alles? Wir werden nie Gefahr laufen, mit unausstehlichen Menschen in ein Coupé gesperrt zu werden [...]« (Ibid. 113)

Das Auto bildete eine willkommene Verbindung von hoher Geschwindigkeit mit der Wiederherstellung sozialer Abgrenzung. Es reaktivierte einerseits die Vorteile der (aristokratischen) Kutsche, war aber gleichzeitig technologisch in Sachen Geschwindigkeit und Komfort so fortgeschritten wie die Eisenbahn. Moderne Technologie und feudale Gesellschaftsordnung fanden so im Auto ihre bürgerliche Synthese. Der Historiker Wolfgang Sachs spricht deswegen von einer »restaurativen Bedeutung« des Autos. »Die Ideale der Kutschenzeit konnten wiedererstehen ohne die Schwächen der Pferdekraft; diese Mischung aus Restauration und Fortschritt öffnete den Geldbeutel der Wohlbetuchten.«

(1984, 18) Es war die Kaufkraft, mit der man sich die Selbstbestimmung nach bürgerlichen Verständnis leisten konnte. Die Allgemeine Automobil-Zeitung jubelte 1906 demnach: »Das Automobil, es will dem Menschen die Herrschaft über Raum und Zeit erobern, und zwar vermöge der Schnelligkeit der Fortbewegung. Der ganze ungeheure Apparat der Eisenbahn, Schienennetz, Bahnhöfe, Signalstationen, Überwachungsdienst und Verwaltungsdienst fällt hier weg, und verhältnismäßig frei waltet der Mensch über Raum und Zeit.« (Ibid. 19)

Interessant an dieser Jubelbotschaft ist eine zweifache Verdrängung der Tatsachen. In der soeben zitierten Beschreibung erscheint es so, als ob das Auto unabhängig von einem »ungeheuren Apparat« wie jenem der Eisenbahn operieren könnte. Das engmaschige Netz an Straßenbaumeistereien, gut gewarteten Fahrbahnen, Tankstellen, Werkstätten und Raststationen, welches das Autoregime benötigt, bleibt ebenso unterm Teppich wie die zahlreichen Arbeiter*innen, die diesen eben doch existierenden Apparat entwerfen, bauen, erhalten und betreiben müssen. Das Bild des automobilen Bewegungsraum wurde von Werbung und Journalismus von Anfang an als komplett leere Fläche in einem sozio-ökologischen Vakuum repräsentiert. Die archetypische Werbung der Gegenwart, in der das Auto durch die leere Wüste braust, ist Teil dieser Tradition der Darstellung des Automobils als Freiheits- und Unabhängigkeitsversprechen ohne umweltlichen und soziokulturellen Kontext. Nie sieht man in der Werbung ein Auto im Stau stehen oder in einer Kolonne fahren. Von Anfang an und bis heute wird das Auto zumeist kontextlos gedacht. Während die enge Bestuhlung und das Gewusel an den Bahnhöfen die Mobilität mit der Bahn als kollektive Abhängigkeit erscheinen lässt, wird das coole und »einsame« Brausen über die einfach vorhandenen Autobahnen als individuelle Freiheit und Unabhängigkeit von der Gesellschaft wahrgenommen (und das selbst, wenn man im Stau steht – siehe Kapitel 4 und 9). Der Ausbau von Straßen wird politisch fast immer von einer ausschließlich individuellen Perspektive argumentiert (»wenn mehr Platz ist, kann ich schneller ans Ziel kommen«), und nicht aus einer – dem Politischen eigentlich eigenen – gesamtgesellschaftlichen Perspektive, die erkennt, dass mehr Straßen auch mehr Verkehr und also mehr Staus bedeuten (dieses Phänomen bezeichnet die Verkehrswissenschaft als »induzierter Verkehr« oder »induzierte Nachfrage«; dies ist seit den 1930er Jahren bekannt und wird seither geflissentlich von »der Politik« ignoriert). Genauso wird viel mehr über das Für- und Wider von staatlicher Förderung der Bahn öffentlich diskutiert als über den ebenso kostspieligen Erhalt des Straßennetzes.[6] Selbst der individuelle Besitz eines Autos wird meist nur als persönliche Errungenschaft angesehen, wohingegen die Bankkredite und öffentlichen Förderstrukturen, die das Auto erst leistbar machen, selten Thema sind.[7]

Diese geschickte Inszenierung des Autos als kontextlose Maschine führt dazu, dass sich Autofahrer*innen auf der Straße und in der Gesellschaft fast immer als »die Mehrheit repräsentierend« fühlen, auch wenn dies faktisch fast nie stimmt. Das auf dieser Seite abgebildete Meme drückt diesen Umstand eindrücklich aus: Mit dem Auto identifiziert sich das moderne Selbst so

---

6   Diese Invisibilisierung der Kosten ist im deutschsprachigen Raum nochmals ausgeprägter als in Rest-Europa. Während in Deutschland die Autobahnen einfach von der allgemeinen Steuer finanziert werden, zahlt man in beispielsweise Frankreich, Italien oder Spanien regelmäßig direkt Autobahnmaut, die einem zumindest vor Augen führt, dass die Kosten einer Autofahrt nicht viel geringer sind als die einer Bahnfahrt. Der deutsche (aber auch österreichische, schwedische oder tschechische) Staat leistet es sich, seinen Bürger*innen die Illusion der »kostenfreien« Autobahn zu gönnen, in dem er die massiven Kosten auf die Allgemeinheit abwälzt. Je nach Rechnungsart kann man übrigens auch zu ganz verschiedenen Kostenverhältnissen kommen: Wenn man so z.B. nur die Fernstraßen mit den Schienen vergleicht (Haerder 2010), ist ein Kilometer Fernstraße (203.000 €/Jahr) billiger als ein Kilometer Schiene (312.000 €). Doch wenn man zusätzlich die Förderungen zum individuellen oder Firmen-Autokauf, die Kosten des gesamte Infrastrukturnetz des Automobilismus und die Schäden an Gesundheit, Umwelt (und zukünftiger Generationen) mit einrechnet, dreht sich das Verhältnis sehr schnell um...

7   Auch bei utopischen Entwürfen einer autofreien Welt gerät man oft an diese »Tote Zone der Imagination«, um einen Begriff von David Graeber zu gebrauchen. Ein Künstlerfreund, der mich als einen solchen Utopisten kennt, entgegnet mir auf einer Transportfahrt für ein großes Objekt: »Naja, für solche Transportfahrten wird es wohl immer Autos geben müssen.« Diese Reaktion ist verständlich, übersieht aber gänzlich, dass sich die kollektive Organisation der Gesellschaft durch den hypothetischen Wegfall des Autos so radikal ändern würde, dass sich auch für den gelegentlichen Transport von sperrigen Waren andere Lösungen als das Automobil anbieten werden. Am ehesten kann man sich diese »andere Welt« vorstellen, wenn man an Länder des globalen Süden denkt, wo das Auto nicht ein für alle zugängliches Vehikel ist. Meistens ergeben sich auch die kompliziertesten Transporte aus einer Mischung aus Karren, unglaublich beladener Mopeds und anderer gebastelter Vehikel wie von selbst, weil genug Menschen auf der Straße verfügbar sind. Es ist schwer sich vorzustellen, wie viel besser und einfacher solche kollektiven Lösungen des alternativen Transports in wohlhabenden Ländern aussehen könnten, wenn die automobile Taktung des sozialen und beruflichen Lebens wegfallen würde. Es wäre auf jeden Fall eine viel buntere Welt, in der auch in Randgebieten Läden und Gasthöfe und lokaler Austausch florieren würden.

naht- und problemlos, dass es glaubt, die Mehrheit darzustellen, nur weil es aufgrund seiner ungeschickten Dimensionen den meisten Raum einnimmt. Geschickt kaschiert wurden und werden dabei strukturell diejenigen, die den Wohlstand und die Freiheit erst ermöglichen, historisch zumeist aber außerhalb des Repräsentationsapparats lagen. Dies waren in historischer Folge ihrer »Emanzipation« ins Wahlrecht ärmere Kleinbürger, Arbeiter, Frauen, Schwarze; und auch heute noch sind dies Ausländer*innen, »Verrückte«, Häftlinge, Kinder, Tiere, Pflanzen, Flüsse, Berge, Meere etc.

Abb. 40: Meme über die Verteilung von Verkehrsfläche

Mit dem Auto ist eine Prothese entstanden, dank derer sich viele der bereits »Emanzipierten« in der herrschenden Normalität nicht nur als Mehrheit fühlen, sondern diese Ordnung auch lebensweltlich durch die Produktion unserer autozentrierten Umwelten perpetuieren.

Automobile Infrastruktur wurde also in der das vorige Jahrhundert beherrschenden Ideologie als eine Art »mehrheitliche Naturgegebenheit« hochstilisiert, die sich auch weit in linken Positionen festsetzte. Durch geschicktes Marketing, und weil das Auto viel ältere moderne Identifikationsweisen verstärkt (Abschnitt 2), erscheint die von ihm ermöglichte Freiheit von der Welt als gegeben, und nicht als *gemacht*. Die es erst ermöglichende Ausbeutung von Mensch und Umwelt werden unter dem Feigenblatt »Selbstbestimmung« unsichtbar gemacht, da man glauben machen konnte, sie beträfe die Mehrheit. Keiner linken Formation ist es bisher historisch nachhaltig erfolgreich gelungen, dieses Narrativ zu brechen und stattdessen die kollektive und ausbeuterische Dimension innerhalb und außerhalb des Autos aufzuzeigen. Wenige haben es auch nur versucht. Schon ab den 1920er Jahren wurde das Auto nicht mehr als Luxusgut für wenige reiche Bürger*innen beworben, sondern als »Grundausstattung des modernen Menschen« (Sachs 1984, 56). Parteien wie die SPD schlossen sich bald dieser Linie an und forderten viel eher eine Massenmobilisierung der Gesellschaft als ein Verbot des Privatautos. Auch wenn bis nach der Zeit des deutschen Faschismus kaum eine Wähler*in der SPD sich ein Auto hätte leisten können, war das »wollüstige« – um es mit Otto Julius Bierbaum von weiter oben zu sagen – Versprechen der Selbstbestimmung zu attraktiv und zog auch die Arbeiter*innen (gendern nur bedingt notwendig) in ihren Bann.[8]

Wie wir am Ende von Kapitel 3 bereits erarbeitet haben, hat sich linke Politik über die längste Zeit des letzten Jahrhunderts als »Inklusion in die Normalität« verstanden. Egal ob Lenin, Brecht oder die RAF – sie alle waren eher von der Idee motiviert, dass man die Errungenschaften der fordistisch-kapitalistischen Produktionsweise allen Menschen – also auch dem Proletariat – zugänglich machen sollte.[9] Alle sollten ein Auto bekommen und mehrheitlich von

---

[8]   Tatsächlich war das Auto ein nicht unwesentlicher Faktor des Siegs der NSDAP gegen die sozialistischen und kommunistischen Kampfverbänden in Zeiten der brüchigen Weimarer Republik, da der Fuhrpark der Nazis stets um ein Vielfaches größer war als jener der gesammelten Linken. So gibt Conrad Kunze (2022, 39) an, dass 1932 die Nazi-Truppen ca. 50.000 Autos besaßen, während die gesammelten linken Kräfte wohl nur ein paar tausend Autos zur Verfügung hatten. Durch diesen großen Überhang der Rechten waren deren entscheidenden, viel schnelleren Truppenbewegungen während des Putsches möglich, wie auch die »dezentralen Verhaftungen ohne großes Aufsehen«, die die widerständigen Parteien und Gruppierungen bald handlungsunfähig machten. Wie in Kapitel 3 aufgezeigt, konnte sich das eben nur vermeintlich »sozialistische« Projekt der Massenmobilisierung nur aufgrund des »nationalsozialistischen« Schulterschlusses mit dem Industriekapital und dem Faschismus verwirklichen.

[9]   Damit lag Ihre Vision überraschend nahe an jener Fords selber, der erkannt hatte, dass es die ökonomisch wirksamste Ordnung ist, wenn die eigenen Arbeiter*Innen auch gleich die Konsument*innen der von ihnen produzierten Produkte sind. Ford selbst, der von Stalin und anderen Kommunist*innen hofiert wurde, entschied sich für ein Bündnis mit den Faschisten, welches wohl auch Auskunft über die wahre Sozialdynamik, die dem Fordismus innewohnt, geben kann.

den »Errungenschaften der Moderne« profitieren können. Dass diese Errungenschaften allerdings zutiefst auf einem Subjektbegriff aufbauen, der aus der bürgerlichen Philosophie der abendländischen Moderne entstand, und dass diese Ordnung und die ihr inhärenten Ausbeutungsdynamiken also eher durch Invisibilisierung befestigt denn aufgeweicht wurden, wurde zu spät oder gar nicht erkannt.

Kathedralenbau zu Detroit

Es ist also kein Zufall, dass jene postmarxistischen Denker*innen, die sich am intensivsten mit dem Abflauen linker revolutionärer Dynamik und dem Hereinbrechen der Konsumkultur in den Nachkriegsjahren beschäftigten, das Auto mit Attributen der Transzendenz und der Göttlichkeit bedacht haben. Für Roland Barthes ist »das Automobil heute [=1957] die ziemlich genaue Entsprechung der großen gotischen Kathedralen.« (Barthes 2012 [1957], 196) Wie beim Bau monumentaler Gotteshäuser ließ sich eine ungeheure kollektive Arbeitsenergie durch einen transzendenten Sinn bündeln, der kollektive Belange oder Klassenkonflikte invisibilisierte. Beim Auto wie früher bei Kathedralen zehrt – laut Barthes – »ein ganzes Volk« nach Bild und Gebrauch des Autos, das es »sich als ein vollkommen magisches Objekt aneignet.« (Ibid.)

Dies stellt meines Erachtens einen Kern der unglaublichen Attraktivität des konsumkapitalistischen Individualismus dar: Er verwandelte vormals kollektiv gedachte Emanzipationsbegehren in ein individuelles Konsumprodukt. Die Fließbandproduktion wurde schnell in allen großen Industrienationen übernommen und verwandelte die als widerständiges Proletariat organisierten Produzent*innen in vereinzelte Konsument*innen – egal in welchem politischen Lager sie sich befanden. Denn auf der materiellen Ebene der Konsumlogik erscheinen alle gleich: Jede*r kann theoretisch an den Freiheitsversprechen der automobilen Lebensweise teilhaben, ohne dass Stände, Ränge oder Parteibücher irgendjemanden davon formell abhalten. Das Auto war und ist eines der primären Konsumgüter, welche die liberalen Versprechen der Moderne nicht als politisch-kollektive Errungenschaft, sondern als individuell erwerbbares Produkt verwirklich(t)en. »Freiheit, Gleichheit und Brüderlichkeit« müssen dank des Autos nicht mehr aus der mühsamen und aufreibenden Mobilisierung der Gesellschaft zur nächsten Revolution entspringen, sondern können individuell von jeder* als Produkt konsumiert werden. Die kollektive Dimension der modernen Maschinenwelt wird durch das Dispositiv Auto transzendiert und die einzelnen werden zum Konsum der bestehenden Ordnung unter individuellen Freiheitsversprechen *verführt*. Dieser Begriff der Verführung, der für Jean Baudrillard einen zentralen Analysebegriff der postmarxistischen Konsumkultur bildet, lässt sich auch als eine Art *Verbürgerlichung* begreifen. Anstelle von »Produzierende aller Länder vereinigt euch« ist die Losung dieser Verführung das Versprechen des individuellen Aufstiegs durch Konsum bürgerlicher Privilegien.

Es ist also kein gänzlicher Zufall, dass so viele Konsumprodukte im Laufe der Zeit als »Revolution« verkauft wurden. Sie bieten eine Ersatzbefriedigung für jenes politische Begehren an, das kollektiv (und links) als Revolution nicht erfolgreich bewerkstelligt werden konnte. Als politische Akteur*in muss man Mehrheiten durch mühsame gesellschaftliche Prozesse herstellen, das Auto schafft sich einfach die Mehrheit durch seine Präsenz.

Solange die staatssozialistischen Experimente noch halbwegs plausibel eine andere, bessere Welt vorleben konnten, hielt sich die Attraktion des konsumkapitalistischen Individualismus noch in Grenzen. Doch mit dem langsamen Abflauen dieser utopischen Energie konnte der bereits ins Land hereingeholte Fordismus sein wahres Gesicht als individuelles Freiheitsversprechen durch verdrängte Kollektivität zeigen. Die Emanzipation von der Norm und also das reale Leben in einer anderen, utopischen Normalität erschien im Laufe der Geschichte des Staatssozialismus als immer unwahrscheinlicher. Zu wenig radikal veränderten sich die Familienstrukturen, Arbeitswelten, Produktionsbedingungen, Genderdynamiken, Freiheitsaffekte etc., als dass in der kurzen Zeit eine Welt und Norm hätte entstehen können, in der das Auto nicht als die beste Lösung erscheint.

Die majoritäre Linke verstand Technologie in einem viel zu geringen Ausmaß als sozial und kulturell determiniert und determinierend; trotz aller gegensätzlichen Signale glaubte die Linke stattdessen, dass die durch das Bürgertum übernommene industrielle Produktionsweise unaufhaltsam zum Kommunismus führen würde. Dadurch gab sie die Möglichkeit aus der Hand, eine alternatives Technologieverhältnis als Counter-Normalität entstehen zu lassen. Durch den großteils unhinterfragten Techno-Optimismus und die fast kritiklose Übernahme der fordistischen Massenproduktion scheiterte der Staatssozialismus auch daran, dass zwar dieselben Produkte (wie z.B. das Verbrennerauto) angestrebt, produziert und glorifiziert wurden, ohne dass sie aber deren kollektive Dimension gänzlich verdrängen wollten oder konnten.

Das Projekt einer gänzlich anderen Welt fiel der wollüstigen Attraktivität der »auf der anderen Seite« ausgelebten konsumkapitalistischen Normalität zunehmend zum Opfer und linke Politik verstand sich vermehrt als eine moralische Instanz der gerechteren Verteilung innerhalb derselben Normalität. Die Inklusion des ehemaligen Proletariats führte so zu einer weiteren Verdrängung des Kollektiven, welches die Ausbeutung von immer mehr anderen Welten (von Menschen, Tieren und Pflanzen) jenseits der kapitalistischen Normalität bewirkte. Da das Projekt einer anderen, besseren und gerechteren Normalität von der Linken nicht glaubhaft verwirklicht werden konnte, wurden im Laufe des 20ten Jahrhunderts immer mehr Menschen von jenem System verführt, welches die sich rasant ausbreitende konsumkapitalistische Normalität am effizientesten herstellen kann: der Kapitalismus.

Aus Mangel an Alternativen: Moralismus und Individualismus

»Das System bricht überall um uns herum zusammen in genau jenem Moment, an dem viele Personen die Fähigkeit verloren haben, an das Funktionieren eines anderen Systems zu glauben.« (Lindgaard, Collectif, Graeber 2018, 13) Wegen der oben skizzierten Entwicklungen erscheint das kapitalistische System heute global den allermeisten als alternativlos. Während die letzten staatssozialistischen Regime zerfielen (oder, im Falle Chinas, sich zur Ununterscheidbarkeit an das kapitalistische Regime angepasst haben – nicht zuletzt in der Frage des Autos) verstärkte sich im sogenannten »Post-Fordismus« die Tendenz der Verdrängung kollektiver Produktionsbedingungen auf globalem Niveau. Der reiche »Westen« lagerte die Produktion in ärmere (ironischerweise vielfach ehemals kommunistische) Länder aus, sodass sich die Produktionsstätten und das Industrieproletariat nicht einmal mehr im selben Staat wie die Konsument*innen befanden. Die Organisation der Arbeiter*innen für eine fairere Gesellschaft konnte so kaum mehr revolutionäre Energie entfalten, da die Klassenfeinde am anderen Ende der Welt saßen, abgesichert durch immer stärkere Grenzregime und Handelsabkommen.[10]

---

10   Tatsächlich wurde dieses Outsourcing vielfach von einem politischen Kalkül der konservativen, kapitalistischen Klasse vorangetrieben. Wie Peter Linebaugh und Bruno Ramirez (1992) zeigen, führten Streiks in diversen am Förderband produzierenden Sektoren wie der Automobilindustrie dazu, dass gewerkschaftlich organisierte Fabriken im »Rust Belt« der USA aufgegeben wurden und die Produktion in andere Länder ausgelagert wurde.

Diese als Outsourcing bekannte Praxis des Neoliberalismus konnte so die Verdrängung des Kollektiven auf seine Spitze treiben: Im Westen fährt man heute auf sauberen Straßen durch wunderschöne, durch Nationalparks beschützte Natur und kauft immer »revolutionärere«, billigere Konsumprodukte (Teslas!), während die Ausbeutung und Umweltschäden in die Unsichtbarkeit des globalen Südens verlagert werden. Dass man diese Zonen früher als »Dritte Welt« bezeichnete, zeigt vielleicht gar nicht so inakkurat an, wie viele Welten der Konsumkapitalismus verdrängen, ausbeuten und verschlingen muss, um zu funktionieren.

Die Verdrängung der Produktionsbedingungen der katastrophalen Normalität wurde so weit auf die Spitze getrieben, dass diejenigen, die am meisten von ihr profitieren, selten mit den desaströsen Folgen der Ausbeutung von Menschen und Naturen konfrontiert sind, während die am härtesten getroffenen von dieser Normalität invisibilisiert werden. Dies macht politische Allianzenbildungen dieser heterogenen Gruppierungen, die zu anderen – nachhaltigeren – politischen Produktionsbedingungen führen könnten, kaum denkbar. Auf diese Art und Weise ist es dem kapitalistischen System in den vergangenen drei Jahrzehnten gelungen, sich als politisch alternativlos in den herrschenden Diskursen darzustellen. Da sich der katastrophale Unterboden aber trotz allem nicht perfekt kaschieren lässt, hat das kapitalistische System Wege gefunden, aus den Negativeffekten der herrschenden Produktions- und Ausbeutungsweise einen eigenen Markt zu kreieren: den individuellen Ablasshandel. Durch den Kauf ökologisch und sozial »besserer« Produkte kann man sich in gewissem Maße moralisch »rein« kaufen von den dreckigen Produktionsbedingungen der *einen* globalisierten Welt. Rebecca Solnit (2021) zeigt so zum Beispiel eindrucksvoll, dass Begriffe und Gütesiegel wie »ökologischer Fußabdruck« und »klimaneutral« geschickt von der Ölindustrie in Stellung gebracht wurden, um die Verantwortung des klimakatastrophalen Kurses von den systemischen Problemen auf das Individuum abzuwälzen. Es sind in der der Optik der »Klimaneutralität« dann nicht mehr die Großkonzerne und die von ihnen kriegerisch aufrecht gehaltene Petronormalität, die ein systemisches Problem sind, sondern die Konsument*innen, die durch ihr Verhalten (siehe weiter unten) frei aber falsch entscheiden, in welchem System sie leben wollen.

Durch diese Engführung systemischer Probleme auf Fragen des individuellen Konsums nistet sich in jeder*m Konsument*in ein schlechtes Gewissen ein. Ökologie wird dann mit »Hausaufgaben machen« und »Verzicht« assoziiert, bei dem man immer scheitern muss, zu wenig leistet und sich schlecht und unzureichend vorkommt. Es ist wie bei der Start/Stop-Automatik im Auto meiner Mutter, welche bei jedem Halt den Motor »zum CO_2 einsparen« abschaltet und mir die Einsparungseffekte für die Umwelt lobpreist, *bis ich halt wieder losfahre* (weswegen ich ja eigentlich im Auto sitze).

Alles ist im grün verwaschenen Kapitalismus darauf ausgelegt, einem in jeder erdenklichen Situation vorzurechnen, wie schlecht das eigene Verhalten ist. Man weiß, dass der eigene Lebensstil auf dem Konsum von zu viel Erden basiert; dass die Produkte, die einem den jeweiligen Lebensstandard ermöglichen, auf der Ausbeutung von Kindern und Armen auf der anderen Seite der Welt basieren; dass unser Mobilitätsverhalten im Widerspruch zu unseren eigenen Werten steht. Und wenn ich gewillt bin, darf ich mir ausrechnen, wie ich diesen Fußabdruck möglichst gering halten kann. Doch dies benötigt Kraft und Raum und kann daher strukturell eher von Privilegierteren durchgeführt werden. Egal ob die »Konsumwaren des guten Gewissens« tatsächlich besser sind als die üblichen Produkte (wie z. B. bei Bio-Essen oder Lastenrädern) oder ob sie bloß Augenauswischerei sind (wie bei klimaneutralen Flügen und grünen Verbrennermotoren) – was sie eint, ist ihr höherer Preis im Vergleich zur *normalen* Konsumware. So werden »Waren des besseren Gewissens« zunehmend zu Distinguierungsmerkmalen einer wohlhabenderen Schicht, die unweigerlich zu Ressentiments auf Seiten der Ärmeren führt.

In gewisser Weise ist die Verdrängung mit Hilfe von derlei konsumkapitalistischen »grünen« Lösungen nochmals auf die Spitze getrieben: Wo sich früher zumindest progressiv eingestellte Bürger*innen vielleicht schlecht fühlten, wenn sie sich Luxuswaren im Alltag leisteten, können sich dieselben Bürger*innen heute sogar noch moralisch über die Ärmeren stellen, die im Lidl die Billigwaren abstauben. Salopp gesagt: Als Tesla-Fahrer*in kann man sich als Teil der Lösung stilisieren und über die armen Schlucker mit ihren (billigeren) Verbrennermotoren stöhnen. Es ist mittlerweile eine Konstante in fast allen Industrienationen, dass die Bevölkerungsschichten mit höherem Einkommen und CO_2-Fußabdruck auch offener für »grüne« und »linke« *Angebote* innerhalb der repräsentativen Demokratie sind als die strukturell Benachteiligteren.

Da unsere toxische Normalität nicht als kollektive und systemische Angelegenheit, sondern als individuelle moralische Entscheidung stilisiert wird, spaltet sich die Bevölkerung anhand ihres Konsumverhaltens in scheinbar entgegengesetzte Lager. Diese widersprüchliche Sachlage droht aktuell eine weitere Stabilisierungswelle der Resilienz der Moderne zu produzieren. Zunehmend verteidigen diejenigen, die am meisten unter dem herrschenden System leiden, eben dieses mit Händen und Füßen. Man regt sich über die blöden »Bobos« auf, die Bio kaufen, in Innenstädten mit dem Rad fahren und einen ökologischen Wandel wollen und stellt sich mit neuem Stolz gegen »sie« und »ihre« Politik. Das beide Seiten nur Scheinalternativen in einem katastrophalen Weltsystem bilden, wurde durch die Geschichte des 20ten Jahrhunderts und ihrer spezifischen Weise des Kathedralenbaus unsichtbar gemacht.

Das Milieu der Unzufriedenheit

So ist die mono-systemische Welt des frühen 21. Jahrhunderts dermaßen wohlgeordnet, dass sich keine sozialen Spannungen in klare, gesamtgesellschaftliche Utopieentwürfe entwickeln können. Man ist entweder zufrieden mit dem Kompromiss der herrschenden Ordnung oder die Unzufriedenheit ventiliert sich in schwer politisch zuzuordnenden Ausbrüchen.

Paradigmatisch stehen hierfür die Gilet Jaunes in Frankreich, die sich einerseits ursprünglich 2018 als Reaktion gegen eine »ökologische« Treibstoffsteuer eingesetzt haben, andererseits aber besonders dadurch wirksam wurden, dass sie Autobahnzufahrten und andere automobile Infrastruktur blockierten. Bis heute hält die Debatte in Frankreich und darüber hinaus an, ob sich diese hauptsächlich aus ehemaligen oder gegenwärtigen Arbeiter*innenmilieus bestehende Protestbewegung als eher links oder rechts einstufen lässt. Tatsächlich sieht es danach aus, dass in Teilen des Landes, bei denen die extreme Rechte um das Rassemblement National von Marine Le Pen besonders gut organisiert ist, die Gilet Jaunes auch einen klaren Rechtsdrift bekommen haben. In anderen Teilen des Landes stellen sie sich aber öfter in eine Linie linker Traditionen und partizipieren an ökologischen Bewegungen und Camps, die die Klimakrise als ein Problem des zu überkommenden Kapitalismus verstehen. Als die Protestbewegung 2018 ihren Höhepunkt erlebte und Frankreich lahm legte, kündigte Präsident Emmanuel Macron populistisch an, den Bürger*innen eine Möglichkeit zu geben, ihre Beschwerden den öffentlich Behörden zu übergeben, um die sich die Regierung dann kümmern werde. Allerdings waren die fast 20.000 Einsendungen auch zum fünfjährigen Jubiläum dieser Verlautbarung weder bearbeitet noch veröffentlicht. Marie Pochon der ökologischen Partei Frankreichs, die deren Veröffentlichung (Stand Januar 2024) fordert, vermutet in einem Interview (Nelken 2024), dass die Beschwerden deshalb einbehalten werden, da sie nicht dem vom Staat bemühten Narrativ der Gilet Jaunes als rechts-reaktionäre Transformationsverweigerer entspricht. Tatsächlich sei demnach ein großer Teil der Gilet Jaunes sehr an der ökologischen Wende interessiert, allerdings müsse diese unbedingt soziale Gerechtigkeit und ökonomische Umverteilung beinhalten, wie auch ein Sprecher der Bewegung in Bordeaux in einem Interview mit der Zeitung *Liberation* sagt (Fonteneau 2023).

Dies spricht einen wunden Punkt linker Mobilisierung an, der in der ökologischen Katastrophe noch deutlicher hervortritt als seit jeher schon. Er lässt sich letztendlich auf die Frage reduzieren: Sind impulsive Widerstandsbewegungen gegen ausbeuterische Dynamiken des Kapitalismus, die kein theoretisches Bewusstsein der soziopolitischen Lage haben (klassischerweise hieß das: nicht Marx gelesen zu haben), für die soziale Transformation oder gar Revolution zu gebrauchen? Ein klassisches Beispiel hierfür sind die Ludditen, die in der Anfangszeit der Industrialisierung gegen Ende des 17. und Anfang des 18. Jahrhunderts Maschinen sabotierten und zerstörten, weil sie (richtigerweise) fanden, dass die so entstehende Ordnung ihnen die subsistenzwirtschaftliche und ökonomische Grundlage wegnimmt. Üblicherweise werden diese ludditischen Kämpfe in orthodox-marxistischen Kreisen als wenig hilfreich eingestuft, da sie die »historische Notwendigkeit« der Entwicklung des bürgerlichen Industriekapitals übersähen, während anarchistischen Bewegungen ihnen tendenziell freundlicher gesinnt sind.

Auf die heutige Situation angewandt: Wie geht man mit Bewegungen um, die eindeutig von einer massiven und berechtigten Unzufriedenheit dem System gegenüber bewegt sind; aber nicht informiert genug sind, um sich in eine klare Tradition (linker) sozialtransformatorischer Theorie einzuordnen, sowie zum Teil von Slogans (wie »Wir sind das Volk!«) und Gepflogenheiten geprägt sind, die bei einer links gebildeten Schicht schnell die Faschismus-Alarmglocken läuten lassen.

Es wäre an dieser Stelle zu viel verlangt, diese Frage vollumfänglich zu beantworten. Doch möchte ich bemerken, dass sie sich in einem neuen Gewand auch heute unter den grünen Bewegungen reproduziert. Da das Leben in der heutigen Moderne auf einer Normalität aufbaut, welche die sie ermöglichende Katastrophe unbedingt verdrängen muss, bedarf es eines gewissen Abstands von dieser Normalität, um das kritische Bewusstsein entwickeln zu können, von dem ökologische Bewegungen heutzutage ausgehen. Um diesen Abstand zu erlangen, bedarf es zumeist Bildung und des Privilegs, nicht gänzlich von den ökonomischen Zwängen des Systems vereinnahmt zu sein. Aus diesem Grund erscheint das »grüne Thema« innerhalb des globalen Nordens heute als Phänomen der Privilegierten.

Dies führt zu einer spannenden, fast paradox erscheinenden Situation. Wie wir gesehen haben, wird es ökologischen Kreisen immer klarer, dass eine linke, ökosoziale Politik sich vielmehr am Paradigma einer »Emanzipation von der Norm« denn an einer »Inklusion der Norm« zu orientieren hat. Wie ebenfalls in Kapitel 3 skizziert, nähren sich die gegenwärtigen Theorien dieser »Emanzipation von der Normalität« hauptsächlich aus Diskursen rund um die Queer Studies, Postcolonial Studies, Black Studies, Disability Studies usw. – allesamt Diskurse, die von (ehemals) stark unterdrückten Minoritäten begründet und entwickelt wurden. Es kommt also zu der paradoxen Situation, dass sich die von der Normalität am meisten Privilegierten, die sich am ehesten einen Abstand zur herrschenden Norm leisten können, am häufigsten von der Notwendigkeit einer »Emanzipation von der Norm« überzeugt werden und an minoritären Diskursen Anteil nehmen können.

Diese Situation birgt massive Gefahren. Sie kann zu »cultural appropriation« führen und damit dazu, dass manche prominenten Vertreter*innen minoritärer Diskurse als Quotenpersonen in den schicken Galerien hipper Innenstadtbezirke zu sehen sind, während sich nichts an der bestehenden, sie weiter unterdrückenden Ordnung ändert. Doch jenseits dieser und noch vieler anderer Gefahren birgt die Situation auch eine Chance, nämlich die, dass eine Politik gegen das Normale auf eine gewisse Art etwas Majoritäres werden könnte. Wenn ich auf einer Pride für LGBTQI+-Rechte in einer europäischen Großstadt unterwegs bin, kommt mir manchmal dieser Verdacht: Hier tanzen ganz viele, sicherlich hauptsächlich weiße und straighte Menschen in Ekstase mit allen möglichen queeren und minorisierten Personen. Ich halte diese Veranstaltungen selbst mittlerweile kaum mehr aus, da mir zu viel Product Placement und Selling Out in ihnen geschieht. Doch möchte ich mich nicht gänzlich der Miesepetrigkeit ergeben und auch ein utopisches Potential der Hoffnung darin sehen: Aus Mangel an Alternativen hissen heute diverse Rathäuser, Firmensitze, Kirchen, Straßenbahnen etc. die Regenbogenfahne, um sich zumindest zu irgendwas zu bekennen: für einen Pluralismus, der im besten Fall gegen das Homogenozän in Stellung gebracht werden kann; für ein Bewusstsein, dass die Normalität eine Katastrophe ist, die wir queeren und pluralisieren müssen – die meisten wissen nur wohl nicht nicht, wie das geschehen könnte. Um dieses Bewusstsein der Toxizität der Moderne in eine politisch brauchbare Richtung zu mobilisieren, braucht es nicht nur eine geteilte Kritik, sondern auch einen oder mehrere geteilte Sehnsuchtsorte: Orte, der im Hier und Jetzt schon fühlbar eine bessere Alternative präfigurativ vorleben, an denen sich das politische Begehren ausrichten kann. Wie das Beispiel der Gilet Jaunes zeigt, ist es oftmals die (politische, kulturelle, soziale) Umwelt, die eine Bewegung von (berechtigt) Unzufriedenen nach politisch herrschende Codes überdeterminiert: Wo es genug »linke«, »emanzipatorische« Basisarbeit, Kulturräume und hoffnungsgebende Beziehungen gibt, lässt sich die Unzufriedenheit für »linke«, emanzipatorische Zwecke mobilisieren und einspannen. Wenn die Umwelt faschistisch oder von der ruralen Hoffnungslosigkeit der petronormalen Lebenswelt geprägt ist, neigt sich auch die Bewegung der Unzufriedenen in eine gefährliche Richtung, die schwer anschlussfähig ist für die politische Allianzenbildung von diversen, heterogenen Gruppierungen. Man muss zusehen, dass die Räume der Veränderung sicher genug für alle von ihr Betroffenen sind, als dass die Schutzraum-Funktion des Automobils (Kapitel 8) vor der toxischen Welt im Vergleich zu einem besseren, solidarischeren und nachhaltigeren Schutz vor der katastrophalen Normalität als unattraktiv und absurd erscheint. Es müssen Räume der Ermächtigung sein, in denen ein ökologisches Bewusstsein nicht nur mit Verzicht assoziiert wird, sondern als ermächtigender Sehnsuchtsort einer anderen, besseren Welt, in dem wir auch *positiv* auf die Umwelt einwirken können und wollen, angesehen wird.

Verhaltensänderung für die Letzte Generation

Dies ist meines Erachtens eine Arbeitsaufgabe für utopische Zukünfte unter katastrophalen Bedingungen, an der sich eine links ausgerichtete Kritik am Homogenozän orientieren muss. Zwar stimmen Analysen wie jene von *Sand im Getriebe*, die in einem sehr klugen und scharfen Manifest namens »Von der Grube auf die Straße« analysieren, dass alle vom Auto reden, »[n]ur die radikale Linke nicht. Das ist schade, wenn man bedenkt, dass sich die Autoindustrie gerade in einem radikalen Umbruch befindet, und dass sie nicht nur eine der Schlüsselindustrien des globalen Kapitalismus, sondern auch die Schlüsselindustrie des deutschen Kapitalismus ist.« Die Autor*innen Janna Aljets und Tadizio Müller (2019) versuchen »die Linke« in klassisch anti-kapitalistischem Vokabular von einem neuen Klassenkampf gegen das Auto zu überzeugen und schließen mit folgenden Worten:

> »Wir glauben, dass jetzt alle Bedingungen gegeben sind, um damit einen solchen Kristallisationspunkt für eine Anti-Auto-Bewegung zu schaffen. Gleichzeitig können die schon bestehenden Gruppen und Aktionen gegen das Auto, die sich auf lokaler Ebene finden, als Anknüpfungspunkte für eine breite Verwurzelung dienen. Denn gerade langfristiger Bewegungsaufbau lebt davon, dass Aktivist*innen sich nicht nur auf Massenevents einmal im

Jahr sehen, sondern dass sie vor Ort in ihren Lebenswelten weiterkämpfen können. Und wirklich jede auch nur mittelgroße oder kleine Stadt bietet dafür die besten Anknüpfungspunkte. Denn das System Auto hat es in den letzten 70 Jahren geschafft, unsere Gesellschaft komplett zu durchdringen. Insofern sehen wir auch keinen Widerspruch zwischen lokalen Kämpfen und größeren Massenaktionen, sondern vielmehr die transformative Kraft, die sich durch das Zusammenspiel des Drucks von unten zeigt. Und den wollen wir jetzt gemeinsam aufbauen!«

In ähnlicher Manier analysiert das französische *Unsichtbare Komitee*, dass die gegenwärtige kapitalistische Macht nicht mehr in Personen, menschlichen Gesichtern oder anderen Insignien persönlicher Souveränität liegt, sondern in der Infrastruktur selbst; also in Autobahnen, Brücken und anderer fossiler Infrastruktur. Auf den Euro-Banknoten findet man demnach nur mehr »Brücken, Aquädukte, Bögen – unpersönliche, in ihrem Kern hohle Architektur. Was die Wahrheit über das gegenwärtige Wesen der Macht betrifft, hat jeder Europäer ein gedrucktes Exemplar in der Tasche. Sie lässt sich wie folgt ausdrücken: Die Macht liegt nunmehr in den Infrastrukturen dieser Welt. Die gegenwärtige Macht ist architektonischer und unpersönlicher Natur, nicht repräsentativ und persönlich.« (Comité Invisible 2015, 79–80) Daraus schließen gegenwärtige linke Akteur*innen, dass es nichts (mehr) nützen würde, den König oder Präsidenten abzusetzen, wenn man die kapitalistische Ordnung umstürzen will. Die gegenwärtige Macht ist – um es mit in diesem Buch entwickelten Vokabular zu sagen – *einbetoniert*.

Doch wo es in manchen historischen Momenten wohl tatsächlich eine politisch majoritäre Unterstützung für das (symbolische oder reale) Köpfen eines Staatsoberhaupts gab, sind wir kollektiv noch weit davon entfernt, Brücken, Autobahnen oder andere Infrastrukturprojekte sprengen zu wollen. Die Macht ist im Beton unpersönlich verbaut, ja innerhalb der herrschenden Normalität noch nicht einmal als Medium der Macht erkennbar. Neuere linke Bewegungen dürfen dies nicht übersehen, sonst laufen sie Gefahr, die Überidentifikation mit dem Auto von gerade jenen zu übersehen, die »die Linke« traditionell vertreten will: die Arbeiter*innen und strukturell Benachteiligten und Ausgebeuteten.

Ein gutes Beispiel ist hierfür ein Vorfall, dessen Video Mitte Juli 2023 in Deutschland viral ging. Bei einer – damals fast routinemäßigen – Straßenblockade der Letzten Generation tickte ein offensichtlich unter Zeitdruck stehender LKW-Fahrer so aus, dass er nicht nur versuchte, die Aktivist*innen gewaltsam von der Straße zu ziehen, sondern auch mehrmals versuchte, einen Aktivisten mit seinem LKW zu überfahren. Die Bild-Zeitung titelte mit »Der LKW-Fahrer, über den Deutschland spricht«. Eine Kommentatorin auf Instagram fasste das Problem der Lage sehr treffend zusammen:

> »Wir sehen einen LKW-Fahrer, dem jede verspätete Minute seinen Job kosten kann, von dem sein Lebensunterhalt abhängt, und wir sehen Klimaaktivisti, die sich für das Überleben auf der Erde einsetzen. Ich finde, wir können dem LKW Fahrer nicht vorwerfen, er verstünde das Problem nicht, denn er ist selbst Opfer des Systems von dem sein Leben abhängt. Ändert nichts daran, dass er gewillt war, zwei Menschen um zu bringen, und es ändert nichts daran, dass wir als Gesellschaft handeln müssen um den Planeten bewohnbar zu halten. Ich glaube aber der LKW Fahrer ist kein Einzelfall: Extrem viele Menschen haben wie er einen Job, von dem sie einerseits komplett abhängig sind, weil er sie und ihre Familie am Leben erhält, und der gleichzeitig eine Bedrohung für die Umwelt ist. Sie können wegen ihrem Überlebenskampf jedoch nicht die Weitsicht entwickeln die Klimaaktivisti inzwischen haben. Diese Menschen haben ihre eigene Lebenswelt, in der sie so handeln müssen, wie sie es tun, mit ihrem Wissen, dass sie auf den Weg bekommen haben. No excuse für die Körperverletzung und für die Anzeige gegen die Aktivisti, aber ein elementarer Ansatzpunkt für weiteres politisches Handeln.«[11]

Weil wir alle mehr oder weniger an einer Normalität teilhaben müssen, von der uns mittlerweile alle kompetenten und vertrauenswürdigen Wissenschaftler*innen (und selbst viele Politiker*innen) versichern, dass sie in die absolute Katastrophe rast, es aber weiterhin kaum lebensweltliche Alternativen oder politische Versuche gibt, diese lebbaren Alternativen außerhalb der Blasen weniger Privilegierter herzustellen, kommt es zu solchen höchst toxischen Situationen, bei denen auf eine Art beide Parteien recht haben. Der LKW-Fahrer ist *zu Recht* sauer darauf, dass ihn Leute, die – so glaubt er zumindest – besser situiert sind, bei der ausbeuterischen Lohnarbeit auch noch behindern. Und die Aktivist*innen der Letzten Generation haben genauso recht, alles zu versuchen, sich gegen den rasenden Stillstand der normalisierten Katastrophe auf die Straße zu kleben. Das Problem dabei ist, dass die herrschende kapitalistische Ordnung es nicht nur geschafft hat, den Zusammenhang dieser beiden Wahrheiten zu kaschieren, sondern sie durch das Dispositiv des moralischen

---

11   Der Post stammt von der Userin *dragonfliesonelephants* im folgenden Post: https://www.instagram.com/reel/CuodpterRuc/?igshid=MzRlODBiNWFlZA%3D%3D [15.3.24]

Individualismus auch noch gegeneinander in Stellung bringen konnte. Deswegen erscheint heute landläufig das ökologische Thema als eines, das nur deprimieren kann: Es kann nur bergab gehen. Allerhöchstens kann man sich individuell in diesem Abwärtskurs noch besserstellen, indem man in sinnlosen Kämpfen gegen die andere Seite weiter unnötig Energie veräußert.

Diese Gemengelage, in der zwei Scheinalternativen mit großem Wumms, aber wenig Inhalt gegeneinander knallen, wird zunehmend dahingehend ausgenutzt, das Ausbleiben der eigentlich notwendigen, radikalen Reformen, der sich »die Politik« spätestens seit dem Ausrufen des »Klimanotstandes« verschrieben hat, zu legitimieren. Am unzweideutigsten drückte dies 2023 der FDP-Finanzminister Christian Lindner aus, der seinen Parteikollegen und Verkehrsminister Volker Wissing verteidigte, dass nicht dieser die Verkehrswende verhindere (zu diesem Zeitpunkt hatte er gerade gegen großen inneren und äußeren Widerstand den Neubau von 850 km Autobahn durchgesetzt), denn: »Es ist nicht der Verkehrsminister Wissing, es ist der deutsche Bürger, der nicht bereit ist, mehr für Klimaschutz zu tun.«[12]

Da es nach dem Fall der »Realsozialistischen Staatsexperimente« gelungen ist, das herrschende System als alternativlos darzustellen, wird und kann ökologische Politik innerhalb des Systems heute hauptsächlich als eine Frage der »Änderung des Verhaltens« diskutiert – die Bürger*innen selbst müssen ihr Verhalten an die ökologische Katastrophe anpassen. Die liberale Auffassung, wie hier exemplarisch von Lindner vertreten, besagt dabei, dass Politik nur dem bereits bestehenden Verhalten der Bürger*innen folgen kann, während die eher »linke« und grüne Auffassung wäre, dass Politik die Veränderung des

---

12   Markanterweise wurde diese Aussage knappe drei Monate nach der gewaltsamen Räumung Lützeraths getätigt, bei der im kalten Januar bei Schneeregen und ekelhaftem Matsch fast 100.000 Menschen bereit waren, auf ein verwahrlostes Feld irgendwo in der nordrheinwestfälischen Provinz zu fahren, um für eine ökologischere Politik einzustehen. Hierbei ging es nicht um eine tatsächliche Durchsetzung des eigentlich eh schon beschlossenen Kohle-Aus, sondern auch um eine Verteidigung der »ZAD Lützerath«, dem besetzten Dorf, in dem seit über einem Jahr mehrere hundert Menschen nicht nur für eine andere ökologische Politik demonstrierten, sondern auch eine andere ökologische Lebensweise lebten. Es überrascht mich bis heute, dass selbst sehr grün eingestellte Menschen mitunter erzählen, dass Lützerath bereits leer war, nur weil dort alle offiziell gemeldeten Menschen bereits vertrieben wurden. Gerade in solchen Besetzungszonen entstehen zurzeit die vielversprechendsten Gegenentwürfe zur toxischen Normalität. Siehe Kapitel 12 zur ZAD etc.

Verhaltens aktiv fördern muss, um die inhärenten Klassenspannungen abzumildern.

Doch was beide Ansätze eint, ist, dass die »ökologische Wende« – so paradox es klingt – nie wirklich als ein Umweltproblem, sondern bloß ein Verhaltensproblem angesehen wird. Viel zu selten ist es Teil politischer Reflexion, dass in bestimmten Umwelten solche Verhalten als vernünftig und richtig erscheinen, die aus ökologischer Perspektive katastrophal sind. In der alternativlos erscheinenden Welt des Homogenozäns erscheint kein anderes Verhalten als (mehrheitlich) vernünftig – warum sollte ich mich also ändern? Die Welt des Homogenozäns zwingt jedermann dazu, sein Selbst als ein Auto zu identifizieren.

Aktionen wie die oben angesprochene der Letzten Generation zeigen eindrücklich auf, wie toxisch unsere Normalität mittlerweile geworden ist. Mit dem Produzieren des Normalsten, was die moderne Konsumgesellschaft hervorgebracht hat (einer schönen Staukolonne im Abendverkehr), zeigen sie auf, wie fragil die herrschende Normalität ist und wie alternativlos sie uns erscheint. Durch die geschickte Inszenierung der Blockaden werden zumindest die massiven Widersprüche sichtbar, die sonst von der alternativlos erscheinenden Normalität als bloßes »Naja, ist halt so« (Kapitel 3) hingenommen werden und unsichtbar bleiben.[13] Ganz Deutschland fühlt sich betroffen von ein paar Menschen, die sich aus Verzweiflung irgendwo auf die Straße setzen.

Doch wenn auf dieser ersten Analyseebene die Aktionen der Letzten Generation als massiver Erfolg erscheinen, scheitern sie auf einer reflektierteren, pragmatischeren Ebene leider. So »radikal« die Aktionen der Letzten Generation bisher waren, in ihrem Politikbegriff bleiben sie leider naiv und fast konservativ. Denn die Aktionen sind stets von Forderungen an »die Politik« begleitet und delegieren so die von unten kommende Macht, die sie durch ihre Aktionen spektakulär aufscheinen lassen, sofort an ein anonymes »die da oben«. Da die Forderungen teilweise fast absurd einfach umzusetzen wären (z.B. Tempo 100 auf der Autobahn), und trotzdem nichts von Seiten »der Politik« geschieht, kann man auch darin fast einen performativen Akt sehen, der auf-

---

13   Ich habe diese Haltung in der Anfangszeit der Letzten Generation mal als »Öko-Punk« versuchst einzuordnen (Jörg 2022b). Es wäre m.E. auch sehr öko-punk, wenn man vermehrt mit Graffitis auf parkenden Autos das Unberührbarkeitsgebot hinterfragt, welches das Privateigentum Auto vor allem anderen Privateigentum privilegiert. https://www.bristolpost.co.uk/news/bristol-news/bristol-drivers-horror-climate-change-8323286 [15.3.24]

318 Kilian Jörg: Das Auto und die ökologische Katastrophe

zeigt, was ich im Laufe dieses Abschnitts versucht habe zu demonstrieren: Die sogenannten demokratischen Institutionen moderner Rechtsstaaten, die wir normalerweise mit »die Politik« bezeichnen, sind unfähig, auch nur einen kleinen Schritt aus der Normalität herauszutreten, da ihre ganze Funktionsweise nicht nur auf dieser basiert, sondern sie strukturell durch seine Subjektbegriffe und Konzepte von Mehrheit und Partizipation reproduziert. Es ist naiv zu erwarten, dass »die Politik« jemals auf die Forderungen der Letzten Generation eingehen wird, denn strukturell ist sie genau die Repräsentantin der Normalität, gegen die die Aktivistis zunehmend verzweifelt angehen. Ein reines Gemahnen der Veränderung wird immer von der Logik der »individuellen Verhaltensänderung« co-optiert werden, welche nur die Ressentimentspirale der Resilienz der Moderne weiter befeuern kann. Ein inklusiver und nachhaltiger Öko-Aktivismus müsste heraus finden aus dieser reinen Vorhaltungshaltung und positive Beispiele einer besseren Welt präfigurativ vorleben, zu der dann alle eine Sehnsucht aufbauen können (siehe nächstes Kapitel). Nur dann kann Öko-Politik eine soziale Dimension der inklusiven Ermächtigung erreichen, die es für eine Art »neue linke Massenmobilisierung« bräuchte. Es geht darum, alternative Umwelten zu bauen und einzufordern, in denen andere Mehrheiten plötzlich als majoritär erscheinen können. Dann sind nicht mehr nur die Autosubjekte diejenigen, die über das Feld »der Politik« entscheiden. Plötzlich brechen die Bäume, die Pilze, die Meere, die Atmosphären, die Polkappen, Migrantischen, Illegalisierten und Ausgebeuteten herein und bilden eine neue Mehrheit, die das Autoregime hinweg wäscht.

Kann es eine »ökologische Klasse« gegen das Auto geben?

Kurz vor seinem Tod brachte Bruno Latour mit dem jungen Soziologen Nikolaj Schultz eine Schrift heraus, welche versuchte, die ökologische Frage unter dem Prisma der linken Klassenfrage zu behandeln. Es ging darum, zu untersuchen, wie die ökologische Frage vom deprimierenden Verzichtsgebot in der moralisch verseuchten Gegenwart in ein affektiv positiv beladenes Bild des kollektiv Emanzipationskampfs umgeschrieben werden kann. In knapp 100 Aphorismen argumentieren sie für eine kommende »ökologische Klasse«, die aus den historischen Klassenkämpfen des Bürgertums und der Arbeiter*innen für eine neue gesamtgesellschaftliche Mobilisierung lernen soll. In diesem Prisma der Klassenlogik schreiben die beiden Autor*innen, dass es »dringend geboten ist, anzuerkennen, dass ein allgemeiner Kriegszustand herrscht«. Gleichzeitig herrscht aber das Problem, »dass eindeutige Frontlinien zwischen Freunden und Feinden gegenwärtig nur schwer zu ziehen sind« (Latour & Schultz 2022, §5). Zwar nehmen die politischen Konflikte rasant zu und das ökologische Problem wird immer mehr in seiner Relation zu sozialer Ungleichheit verstanden (wer bekommt z.B. heute nicht ein latent schlechtes Gewissen bei dem Label »Made in China«?). Doch dies führt nicht dazu, dass sich in traditionell linker Manier eine eindeutige Mobilisierungsdynamik entwickeln würde. »Leute, die (in sozialer oder klassisch kultureller Hinsicht) derselben Klasse angehören, fühlen sich unter ihresgleichen als völlig Fremde, sobald ökologische Konflikte auftauchen. Umgekehrt werden Aktivistinnen und Aktivisten von Leuten als ›Kampfgefährten‹ tituliert, die unter sozialem oder kulturellem Gesichtspunkt ganz anderen Lebenskreisen angehören.« (Ibid. §7) »Bislang besteht der Erfolg der politischen Ökologie darin, die Menschen in Panik zu versetzen und diese gleichzeitig aus Langeweile zum Gähnen zu bringen…so erklärt sich die Handlungslähmung, die sie zu oft hervorruft.« (Ibid. §32)

Um aus dieser Sackgasse herauszufinden, beruft sich Latour (2021) explizit auf die Lehren der Gilet Jaunes, die ihm – wie er sagt – beigebracht haben, dass das ökologische Problem auch ein *ethologisches* Problem ist: also eines der Lebensweisen und Lebenswelten. Es geht nicht um das Verhalten, welches es zu ändern gilt, sondern um die Änderung der Lebensrealität, die ein bestimmtes Verhalten von den Menschen als Normalität abfordert. Dafür muss man versuchen, die Arbeiter*innenbewegung so zu mobilisieren, dass ihre Abhängigkeit von den herrschenden, homogenisierenden Lebenswelten als Problem sichtbar wird. Hierfür fordert Latour recht schwammig die »Erfindung von mobilisierenden und enthusiastisch machenden Begriffen«, die das ökologische Thema zu einem neuen, »stolzen« Befreiungskampf machen können. Wie ich weiter oben skizziert habe, müsste man für diese Art des stolzen Kampfes positive Umweltbezüge für die Massen plausibel machen – und »klimaneutrale« Haltungen als falsche Angebote der bestehenden toxischen Ordnung entlarven. Es muss um das bessere Leben für alle gehen – auch und gerade unter katastrophalen Bedingungen.

Tatsächlich könnte es in nicht allzu ferner Zukunft zu dem Szenario kommen, dass eine große Mehrheit der in Ballungsräumen lebenden Menschen sich das Auto nicht mehr leisten können wird – und auch keine realistische Aussicht mehr auf sein Heilsversprechen hat. Die Erzählung des wirtschaftlichen und technischen Fortschritts lässt sich schon heute nur mehr mit Ach und Krach aufrechterhalten und wird in Zukunft wohl zunehmend lächerlich erscheinen, wenn die ökologische Auslaugung der Welt immer drastischer zu Tage tritt.

Schon heute ist ein großer Teil der die gegenwärtigen Straßen befahrenden Autos geleast mit teils horrenden Zinsen, die ihre Lenker*innen unter einen zusätzlichen Druck vermehrt an das System binden: Jeder Kratzer erhöht die finanzielle Verschuldung und Abhängigkeit von dem System, welches sogar das *eigene* Auto besitzt. Viele der Lenker*innen von dicken Karren sind heutzutage verschuldete, gejagte Druckkochtöpfe, die bei jeder kleinen Irritation explodieren können, so sehr nimmt sie das System unter Druck. Bedenkt man hierzu zusätzlich, dass ein großer Teil der Fahrten zwar nicht von Reichen getätigt wird, aber *für* Reiche (z.B. Handwerker, die Immobilien renovieren; diverse sinnlose Bürojobs, die die weitere Konzentration von Kapital bei einigen Großkonzernen beschleunigen; weil die Innenstadt so teuer ist, dass man Pendeln muss etc.), dann befinden wir uns heute schon in einer Situation, die sich in Zukunft nur weiter verschärfen wird. Der absolute Großteil der die Umwelt verpestenden Autofahrten werden für oder von den obersten Vermögensschichten getätigt.[14] Natürlich wird in Zukunft auch der kapitalistische Staat mit seiner Förderpolitik alles daran setzen, dass hinreichend Menschen automobilisiert sind und sich mit der herrschenden Subjekt- und Wirtschaftsform identifizieren können – denn sein Überleben ist davon abhängig. Sollte es einmal passieren, dass es durch geschickte »ökologische Klassenarbeit«, wie es Latour nennen würde, ein Bewusstsein dieser automobilen Klassenschieflage gibt,[15] könnte sich das Blatt sehr bald wenden. Wenn nur mehr die Reichen mit ihren SUVs durch die Stadt fahren, alle anderen sich aber das Auto nicht

---

14   Dasselbe gilt übrigens auch beim Bau von neuen Straßen, die oft nicht primär – wie es von »der Politik« argumentiert wird – für die Autofahrer*innen gebaut werden, sondern als Kapitalanlage in Realien von großen Bauunternehmen. Das Bedürfnis nach Straßenbau wird oft durch Lobbyarbeit erst produziert.

15   Die Aktion »Autofahrende gegen Stau«, die am 23. November 2021 am Wiener Praterstern stattfand, könnte – optimistisch betrachtet – exemplarisch in diese Richtung weisen: Plötzlich hielten Autos mitten auf dieser stark befahrenen Durchzugsstraße, hissten Banner und blockierten den Verkehr mit ihren Verkehrsmitteln für eine gute Stunde, um sich solidarisch mit den Besetzungen gegen den Bau der sogenannten Lobau-Autobahn zu erklären. Solche Aktionen können helfen, die Dichotomie zwischen »normalen Menschen/Autofahrern« und »links-grün versifften Ökos« aufzuweichen und die systemische Abhängigkeit vieler von dem Auto als kapitalistischen Zwang aufzeigen.

mehr leisten können, dann könnte es bald zu ähnlichen Blockade- und Sabotageaktionen kommen wie in der Anfangszeit des Automobils. Dazu müssten »linke« Akteur*innen innerhalb der staatlichen Ordnung aber den Zusammenhang von automobiler Förderungspolitik und Erhaltung des ausbeuterischen Status quo klarer sehen. Sie müssten dem Paradigma der »Inklusion in die Norm« eine klare Absage erteilen. Gleichzeitig bräuchte es aber auch eine starke Art von Gewerkschaftsarbeit, die den Arbeiter*innen verständlich macht, dass die durch ihre Lohnarbeit notwendigen Autofahrten als »ausbeuterische Arbeit für die da oben« zu begreifen ist. Noch sind wir sehr weit davon entfernt und müssten eine Vielzahl neuer Begriffe und Normalitäten schaffen, die dies einer ausreichenden Mehrheit, die einmal so etwas wie eine »ökologische Klasse« bilden könnte, glaubwürdig *gegen* das von der herrschenden Normalität sanktionierte Verhalten schmackhaft macht.

Wie ich im Laufe dieses Buches hoffentlich verdeutlichen konnte, produziert die Welt des Homogenozäns ein Normalverhalten, welches ökologisch katastrophal ist, aber als vernünftig erscheint. Wenn sich linke Politik als außerhalb der Nischen wieder mit einem Mehrheitsprojekt beschäftigen will, müsste sie es schaffen, ökologische Politik dann auch zentral als eine Frage der Umweltgestaltung von Lebensweisen erscheinen zu lassen. Ökopolitik ist dann kein Verzicht mehr, sondern ein *Mehr an Welten* (siehe nächstes Kapitel). Es müsste gelingen, die Emanzipation von der Norm, die theoretisch bisher nur als minoritäres Projekt erscheint, irgendwie zu einer Art Patchwork-Majorität hin zu entfalten. »Wir wollen Umwelten, in denen wir anders leben wollen!/uns anderes als normal erscheint!« könnte so eine noch recht seltsam klingende Forderung sein, oder: »Wir fordern die materiellen Umstände, um etwas anderes als den katastrophalen Status quo begehren zu können!« Man merkt, dass noch viel Arbeit am common sense notwendig sein wird, um solche Forderungen jemals als »linkes Klassenprojekt«, wie es Latour und Schultz fordern, mehrheitsfähig erscheinen zu lassen. Trotz und gerade weil das Auto als zentrales Identifikationsvehikel mit der modernen Lebensweise gilt, stimme ich mit Einschränkungen der Analyse von *Sand im Getriebe* zu, dass sich mit dem Auto ein »Kristallisationspunkt« diverser Kämpfe und Fluchtlinien finden könnte, deren utopische Verweigerung nicht eine bessere Welt, sondern viele kleine Welten entstehen lassen könnten. Gegenwärtige aktivistische Koalitionen wie *La Déroute de Routes* in Frankreich erkennen heute schon, dass man mit jedem gewonnenen Kampf gegen automobile Infrastruktur zig Kämpfe, die im Anschluss ihres Baus notwendig werden, präventiv verhindern kann. Wie weiter oben argumentiert, muss sich ein linkes Projekt von einer positiven Einheitserzählung vielleicht stückweise befreien und für eine ökologische Politik der Zukunft nicht mehr nur darauf setzen, die bestehende Normalität gerechter und inklusiver zu gestalten; sondern stattdessen gegen diese homogenisierende Normalität konkrete Utopien nicht nur einer, sondern vieler, anderer und »besserer« Normalitäten und Welten zu fördern. Hierbei kann die *Utopie der autofreien Welt* eine Strahlkraft entwickeln, die ein solches neues, progressives Projekt brauchen wird.

Utopien

Kapitel 12: Utopie einer autofreien Welt

»Ich kann mir eine Welt ohne Autos
nicht vorstellen«

»The American Dream has run
out of gas. The car has stopped. It no
longer supplies the world with its
images, its dreams, its fantasies. No
more. It's over. It supplies the world
with its nightmares now.«
J.G. Ballard

Life is like a Monster-Truck-Show

Das moderne Leben im Anthropozän ist wie eine Monster-Truck-Show. Eigentlich sollte man erschrecken vor all dem Lärm, Ruß und Feuer, den dieses in Stadien bejubelte Spektakel verursacht – alle nicht-menschlichen Tiere fliehen, heulen und sind verschwunden. Aber irgendwie ist man mitgerissen von der menschlich-männlichen Menge, der Architektur, dem Framing und der Zerstörungsorgie. Leider geil. Also jubelt man mit, kauft noch ein Bier und geht – sprich: fährt – dann ein bisschen tauber als zuvor, aber glücklich, nach Hause. Wenn einem irgendjemand Vorwürfe wegen der Umwelt macht, lässt einen das komplett kalt. Sie haben diese universelle Lust einfach noch nicht an sich ran gelassen. Klar, sie mögen recht haben mit ihren Fakten, aber ihnen fehlt die Lockerheit und die Erfahrung, dass es einfacher ist, das Spektakel einfach zu genießen.

Es würde wohl kaum jemand abstreiten, dass die Szenerie einer Monster-Truck-Show eigentlich der Landschaft eines Alptraums entspricht. Feuer spritzt, Ruß steigt hoch, »Mutanten« mit seltsamen Fratzen fauchen auf einem zerfurchten Boden hin und her. Wenn diesem heimlichen Höhepunkt des amerikanischen Traums das Benzin ausgeht, wie es der Erotiker der Autowelt, J.G. Ballard, im Motto weiter oben beschreibt, dann entpuppt sich diese euphorisierende Feuerwelt plötzlich als Alptraum. Dem utopischen Traum der Moderne folgt ein böses Erwachen. In Katerstimmung holt uns der zerstörte Boden der Tatsachen ein.

Doch noch ist es für die meisten noch nicht so weit. Für einen Filmdreh lieh sich unser Team neulich einen fetten Elektro-SUV einer deutschen Luxus-Marke aus. Es handelt sich um ein Filmprojekt über Nationalparks und Autos (Kapitel 1) mit einem kleinen Filmteam[1] und unser Ziel war es, uns ein möglichst verachtungswürdiges »Bonzenauto« zuzulegen. Tatsächlich hatten wir Angst, dass uns den uns bekannten Straßen jemand darin erkennen könnte – das wäre peinlich gewesen. Doch entgegen des erwarteten *SUV-Shamings*, das wir den Stereotypen unseres Milieus entsprechend erwartet haben, erhielten wir großteils positives Feedback von der Straße. Unerwartet viele Fahrer*innen und sogar Passant*innen ließen uns respektvoll die Vorfahrt, und auch die Blicke beim Aussteigen an der Tankstelle waren andere, ergebenere, als man sie mit einem abgewetzten Kleinwagen oder einem Hippie-Bus bekommt. Mein Lieblingsbutton im sleaken Innendesign des SUVs war derjenige mit dem Namen »Climate Control«. Was soll da noch schief gehen? Es ist angenehm leise in so einem Auto, man gleitet ruhig über die Straßen, hat den Stress der Großstadt so richtig hinter sich gelassen. Die Hölle, das ist die Welt der Anderen, von denen ich hier nichts mitbekomme.

Seit dieser Erfahrung kann ich besser nachvollziehen, warum SUV-Fahrer*innen ehrlich erschüttert sind, wenn sie in Straßenblockaden landen oder ein*e Radfahrer*in sie beschimpft: Es widerspricht direkt dem *normalen* gesellschaftlichen Feedback, das solche Menschen die allermeiste Zeit von ihrer Umwelt erfahren. Diese Störenfriede müssen Verrückte sein – oder Aliens aus irgendeinem Alptraum.

Wie bereits ausgearbeitet, sind sowohl die moderne Utopie des Autos als auch das Auto selbst von einer Kippbildfunktion gekennzeichnet. Im Inneren erscheint alles als so komfortabel und wunderbar wie noch nie, von Außen ist es die reine, unglaublich ausgedehnte Katastrophe. Die Ausbeutung von Mensch und Natur werden in den Außenbereich der Wahrnehmung

---

1   Der Film heißt »Nature is a raw beast« und wurde von Guus Diepenmaat, Victor Kössl, Sandra Sieczkowski und mir produziert. Zum Zeitpunkt der Drucklegung befindet sich der 13-Minüter in der finalen Postproduktion.

verdrängt. Die Hoffnungslosigkeit und das Verzweifeln gegenüber der katastrophalen Unterseite des modernen Utopismus, welches langsam auch in die privilegierten Bereiche der Welt eindringt, ist die logische Kehrseite des modernen Zukunftsversprechens. Der »amerikanische Traum« hat sich als weltumspannendes Projekt zum verwirklichten Alptraum einer Welt am Abgrund verwandelt.

In ähnlicher Manier wie Ballard analysiert Jean Baudrillard,[2] dass es sich bei dieser Krise der modernen Welt um eine »Krise einer verwirklichten Utopie« handelt. Das Problem ist nicht, dass sich historische Ideale mit der »Unmöglichkeit ihrer Verwirklichung« auseinandersetzen müssen. Ganz im Gegenteil, der Lebensstil des Amerikanischen Traums mit seinen Autos, Supermärkten und Freiheitsversprechen ist so wirklich geworden, dass er nun das »absolute Modell für alle« ist. Das Versprechen baut auf der für Baudrillard »seltsamen Behauptung« auf, »die reine Utopie zu sein. Mit einer an Unverträglichkeit grenzenden Naivität hat sich diese Gesellschaft auf die Idee versteift, die Verwirklichung alldessen zu sein, wovon andere immer geträumt haben: Gerechtigkeit, Überfluss, Recht, Reichtum, Freiheit; sie weiß es, sie glaubt es, und zuletzt glauben es alle anderen auch.« (Baudrillard 1987 [1986], 111)

Dieser Glaube hat sich wie ein Lauffeuer über den Globus verbreitet und das katastrophale Homogenozän eingeläutet. Er ist so ansteckend, dass selbst bei allem kritischen Wissen über die kolonialen, rassistischen, misogynen und ökozidalen Verstrickungen dieser verwirklichten Utopie man trotzdem nicht leicht von ihrer Strahlkraft Abstand gewinnen kann. So ist sich z.B. die amerikanische Öko-Philosophin Heather Davis dessen bewusst, dass »der gegenwärtige ökozidale Moment als Leben in der weißen und kolonialen Utopie meiner Vorfahren verstanden werden kann«. Doch dies ändert nichts daran, dass auch sie im Bann dieser Utopie steht: »So gerne ich es auch verleugnen möchte, es ist auch meine Utopie.« (Davis 2022, x)

---

2   Baudrillard tut dies freilich ohne Bezug auf die ökologische Krise, die für ihn – wie eigentlich eh alles (der Golfkrieg, 9/11, die Gesellschaft) – nicht existiert oder nicht stattgefunden hat. Ich hoffe, dass ich im Laufe dieses Buches zeigen konnte, dass solche hyper/postmodernen Denker*innen durchaus wertvolle Einsichten in die katastrophale Lage der Gegenwart ermöglichen können, wenn man sie *ökologisch* landet und ihr im Lehnstuhl analysiertes Wegfallen von Gesellschaft, Bedeutung, Werten, Erzählungen, Ereignissen etc. mit dem konkreten Wegfallen einer stabilen Biosphäre identifiziert.

Von einer Utopie, die sich nach zahlreichen Versuchen nicht verwirklichen ließ, kann man Abstand nehmen. Doch wie geht man mit einer Utopie um, deren Problem genau ihre Verwirklichung ist? Sie ist eindeutig und unzweifelhaft möglich – und genau das ist ihr Problem. Diese Situation führt zu einer bereits besprochenen Bipolarität der Affekte im Spätkapitalismus: Is it the best of lifes or the worst of lifes? Wir sind uns nicht mehr sicher. Im Kippbild zwischen Traum und Alptraum drehen wir uns im rasenden Stillstand der ökologischen Katastrophe, ohne einen Ausweg aus ihrer alleinig herrschenden Vernunft zu finden. Die moderne Lebenswelt ist so eng, alternativlos und strukturell zwingend geworden, dass man als Bewohner*in ihrer homogenisierten Umwelt kaum politische Alternative auch nur denken kann, geschweige denn leben. Wie in diesem Buch erarbeitet, sind die Begehren, Wünsche und Vorstellungen der modernen Wesen so sehr von ihrer homogenisierten Umwelt definiert, dass sie sich kaum etwas anderes wünschen können. Besser kann nur schneller, höher, weiter bedeuten.

Im Stau der Zukunft

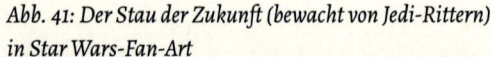

Abb. 41: *Der Stau der Zukunft (bewacht von Jedi-Rittern) in Star Wars-Fan-Art*

https://labibliotecadeltemplojedi.com/2022/04/13/conociendo-star-wars-coruscant/

Diese ätzende Leere unserer hegemonialen Utopiebilder kündigt sich schon länger an. Spätestens seit den 1960er Jahren sehen Utopiestädte strukturell genauso aus wie die Wolkenkratzerstädte der Gegenwart, nur halt noch ein wenig höher, schillernder und lauter.[3] Selbst die Autos haben noch – auch wenn sie fliegen können – dieselben Probleme: In Filmen wie *The Fifth Element* oder *Star Wars* reihen sich lange Staubkolonnen in die Himmel der planetenübergreifenden Metropolen. Es wirkt, als ob die Zukunftsautos nicht wirklich die dritte Dimension erobert haben. Noch weniger scheinen sich die Arbeitswelten, Gender- oder Gesellschaftsverhältnisse verändert zu haben – Lebensmittel kommen aus dem Unsichtbaren und Frauen* umjubeln ihre Helden.

In Wirklichkeit sind diese Art Bilder, die man landläufig als »Utopien« bezeichnen würde, nichts weiteres als angewandter Futurismus. Laut Murray Bookchin (1978) ist Futurismus bloß die Projektion der gegenwärtigen Verhältnisse auf die Zukunft. Man nimmt die Parameter der Gegenwart als unabwendbar gegeben an und verlängert sie von da aus einfach exponentiell in die Zukunft: Dann wird die Arbeitswelt immer ausdifferenzierter, die Städte immer größer, die Häuser immer höher, die Autos immer toller und die Mobilität immer größer. Auf diese Art kolonialisieren die Erwartungen und Bilder der Gegenwart im Futurismus die Zukunft und ersticken damit die radikalen und unvorhersehbaren Veränderungen der Werte, Lebensweisen und Umweltbedingungen, die die Geschichte niemals so linear verlaufen lassen werden, wie es der Futurismus träumt.

Mit dieser Analyse von Bookchin können wir das, was Baudrillard und Davis als Utopie bezeichnen, präziser als eine Art »gelebten Futurismus« bezeichnen. Kein Wunder, dass sich das Leben in der modernen Welt als »verwirklichte Utopie« anfühlt, wenn selbst die in Film und Fernsehen glorifizierten Zukunftsbilder nichts anderes sind als eine Bejahung der bereits bestehenden Welt in etwas aufgeblähteren Maßstäben.

Entgegen dieses phantasielosen Futurismus brechen laut Bookchin wirkliche Utopien mit dem gegenwärtigen Realitätsprinzip und zeichnen Bilder von gänzlich anderen Welten auf, in denen viele unserer Werte, Erfahrungen oder Erwartungen auf den Kopf gestellt, hinterfragt oder schlicht als dünnwandig herausgestellt werden. Die Verneinung der bestehenden Ordnung spiegelt sich schon im Namen wieder. Das Wort »Utopie« kommt von Alt-Griechisch οὐ τόπος, dem Nicht-Ort. In den Anfängen des neuzeitlichen Utopismus wurden diese Nicht-Orte noch nicht mal in die Zukunft projiziert,

---

3   In Chongqing und Dubai sieht es meiner Meinung nach sogar schon genauso aus wie in Blade Runner oder ähnlichen Sci-Fi-Filmen.

sondern präsentierten sich – wie in Thomas Moores namensprägender *Utopia* von 1516, Francis Bacons *Nova Atlantis* (1627) oder Henry Nevilles *The Isle of Pines* (1688) – als noch unentdeckte Inseln *woanders* in der gegenwärtigen Welt. Erst nachdem sich die Erde im Zuge der europäischen Kolonialisierung zum einheitlichen Homogenozän entwickelte, konnte man sich radikal andere Welten nicht mehr auf dem selben Planeten vorstellen, sondern projizierte diese in die Zukunft oder in parallele Dimensionen (Bruce et al. 2009). Dass es nur eine Welt gibt und sich diese selbst in der Zukunft auch nur nach im Wesentlichen gleichen Parametern weiterentwickeln wird, ist letztendlich ein Resultat der weltumspannenden Globalisierung, deren Marktdynamiken und Lebensweisen zur einzigen Vernunft wurden. Das *Weltensterben*, das wir im ersten Kapitel mit dem Sechsten Massenaussterben assoziiert haben, betrifft also nicht nur das zunehmende Aussterben und Verdrängen von nicht-modernen Weisen als Mensch, Tier, Pflanze, Pilz oder Bakterie zu leben; sondern kolonialisiert sogar die menschlichen Utopievorstellungen.

In dieser homogenisierten Landschaft, die sogar unsere politische und soziokulturelle Imagination betrifft, braucht es neue Nicht-Orte, die mit Ansage gegen die herrschende Vernunft und ihr Realitätsprinzip des »Naja, ist halt so« ankämpfen, um eine Bresche in diese katastrophale Ausweglosigkeit zu schlagen. Unter den herrschenden Bedingungen werden – wie uns Jay Jordan und Isabelle Fremeaux (2021, 83) warnen – »Utopien ohne Widerständigkeit« zu »Laboratorien des neuen Geist des Kapitalismus. Das Leben auf der Erde kann sich [aber] keine neue Form des Kapitalismus leisten, weder in grüner noch in irgendeiner anderen Farbe.« Wie wir im Abschnitt »stabil« sowie im vorigen Kapitel gesehen haben, kann man im monokulturellen Kapitalismus nicht ernsthaft auf eine baldige Revolution hoffen, da selbst widerständige Affekte in die kapitalistische Wertschöpfungskette reintegriert wurden. Die eine Welt lässt sich nicht als ganze radikal verändern. Stattdessen sollte ein politisches Projekt für leb-bare Zukünfte eher an der Ausweitung von positiven Fluchtmöglichkeiten arbeiten, in denen radikal andere, pluralere Welten und Lebensweisen wieder kultivier- und leb-bar sind.

Um dies in ein Beispiel zu fassen, an dem wir uns im Folgenden genauer abarbeiten werden: Eine Antwort, die ich nach einer offen-kritischen Auseinandersetzung der automobilen Welt oft höre, ist der Seufzer: »Aber eine Welt ohne Auto kann ich mir auch nicht vorstellen.« Hierauf pflege ich zu antworten: »*Eine* Welt ohne Auto wird vielleicht tatsächlich nicht möglich sein, aber dafür viele!«

Was ich damit meine: Zwar ist das Auto tatsächlich einer der zentralen, kaum wegzudenkenden Akteure im weltverbindenden Projekt des Homogenozäns. Doch wäre die Welt nicht dieselbe ohne das Auto und sie wäre zu recht hoher Wahrscheinlichkeit nicht mal (nur) eine Welt. Die Lebensweisen, Wohnformen, Arbeitswelten, Genderdynamiken, Karrierewünsche, Freizeitvorstellungen, Schönheitsideale und Geltungsbegehren hätten sich wohl niemals global so massiv angeglichen, wie sie es getan haben, ohne die fast ungebremste Ausbreitung des Automobils.

Im finalen Abschnitt dieses Buchs werde ich mich nun mit ein paar wenigen Strategien, Ideen, Praktiken und Visionen auseinandersetzen, die sich dieser Pluralisierung unter dem Leitbild der *Utopie der autofreien Welt* verschrieben haben.

Wie wir nun erkennen können, zielt das utopische Begehren einer autofreien Welt, wenn man es ökopolitisch und philosophisch ernst nimmt, auf eine Pluralisierung der Welten ab. Es mag nicht die eine autofreie Welt geben und solange diese Utopie sich noch in der einen Welt situiert, mag sie stets von der herrschenden Logik übercodiert werden. Wie wir im Folgenden immer wieder entdecken werden, muss diese Art pluralisierender Utopismus im Homogenozän fast immer als Projekt des Widerstandes gegen die herrschende Ordnung auftreten. Dies ist schade, droht so doch gehöriger Energieverlust. Doch mag dies auch im Kern der verneinenden Etymologie eines *Nicht*-Ortes liegen.

Zukunftsfähige Löcher in die Welt stanzen

In diesem abschließenden Kapitel, das sich dem experimentellen Versuch einer Skizzierung eines postökozidalen Utopismus widmet, werden wir uns also weniger Verbesserungsvorschlägen der Straßenverkehrsordnung oder Vorschlägen für Reformen an »die Politik« widmen, als es vielleicht manche Leser*innen eines kritischen Buches über das Auto erwarten würden. Braucht es die universelle Einführung von Zone 20 in Städten, die massive Förderung von Car-Sharing oder die Rekommunalisierung von Autofabriken?[4] Braucht es po-

---

4   Die ehemalige Autofabrik GKN bei Florenz, die seit 2021 besetzt ist und in dem sich die Arbeiter*innen so selbst organisiert haben, dass sie auch mal mitbestimmen können, was sie eigentlich produzieren (Lastenräder und Solarpanele statt Autos) ist hierbei ein Leuchtturmprojekt in Europa. Vgl. Behr and Steinwender 2023

litischen Zwang, um Leute vom Auto zu befreien, oder ist ein positives Anreiz-system nachhaltig zielführender? Soll das E-Auto zumindest als Übergangslö-sung gefördert werden oder brauchen wir eine rein auf Fahrräder und Bahn fo-kussierte Subventionspolitik? Können Menschen mit speziellen körperlichen Anforderungen (oder Diskriminierungserfahrungen) noch das Recht auf ein Auto haben oder bedarf es einer radikaleren und gesamtgesellschaftlichen Ver-änderung der Gesellschaft und ihrer Mobilitätsansprüche, damit keine Hinter-tür offen bleibt? Wollen wir auf dem Land modulare Öffisysteme wie z.B. die Pläne von Aramis oder soll das Land seine Langsamkeit und Abgeschottenheit, die es mal auszeichnete, wieder zurück erhalten?

Es gibt eine Reihe guter Bücher auf dem Markt, die sehr gute und konkrete Vorschläge zur Verbesserung unserer katastrophalen Mobilitätsform machen. Ich rate sehr dazu, Bücher wie *Autokorrektur* von Katja Diehl (2022) oder *Stra-ßenkampf* von Kerstin Finkelstein (2020) zu lesen, um nur zwei von etlichen Beiträgen mit ähnlicher Stoßrichtung zu nennen. Doch glaube ich, dass es zu-sätzlich noch eine radikalere Formulierung politischer Selbstermächtigung an ihrer Seite braucht, um zukunftsfähige Alternativen, die irgendwann mal viel-leicht zu einem majoritären Projekt werden können, schmackhaft zu machen. Die oben beispielhaft angeführten Reformoptionen haben alle gemeinsam, dass sie sich nach herrschender Logik – die sich an »die Politik« wendet und über »die Gesellschaft« spricht – an die eine Welt adressieren. Ich möchte den *Modus* dieser Art Diskurs hinterfragen und durch einen anderen ergänzen, der mir notwendig und vielleicht sogar zielführender erscheint. Für mich beschreiben diese Fragen keine Entweder-Oder-Entscheidungen für die eine gewünschte Welt der Zukunft, sondern bilden vielmehr einen Imaginations-horizont für die Pluralisierung in verschiedene Welten, die sich je nach ihren Bedürfnissen multidirektional entwickeln können. Dieser Horizont kann in alle möglichen Richtungen weiter gestreckt werden, wenn ihre Perspektiven mal *in einer* Welt von mehreren experimentell umgesetzt wurden. Vielleicht merken wir dann, dass eine Welt ohne laute Motoren und die alltägliche Todesgefahr im Stadtraum auch das Aggressionspotential von Menschen so weit senkt, dass der »SUV-Effekt« als Schutzraumbedürfnis kaum mehr auftritt. Vielleicht ist das aber eine naive Hoffnung aus privilegierter Sicht und eine andere Welt wird darauf kommen, dass es ratsam ist, kleine Zonen von Autorennbahnen und Crash-Car-Derbys aufzubauen, damit ein Segment pubertierender Jugend ihre Begehren freudvoll ausleben können, ohne diese

Welt als Ganzes zu belästigen und verpesten.[5] Vielleicht bildet sich die Welt derjenigen, die wieder gänzlich ohne Motoren leben wollen, neben derjenigen heraus, die maximal viel Gestaltungsraum für den Umbau von Vehikeln bietet, um das ganze Mobilitätsparadigma auf ein modulares, zukunftsfähiges und vielschichtiges umzuschichten.[6] Vielleicht geben ab einem bestimmten Zeitpunkt Bewohner*innen der Anti-Motoren-Welt ihre Vorbehalte auf und sehen, dass das Leben in der Nachbarwelt doch besser ist. Vielleicht ist es aber auch umgekehrt: Die Hoffnungen dieser Ingenieurswelt verfliegen sich und viele schließen sich dem bäuerlichen Leben der Anti-Motoren-Fraktion an. Vielleicht sogar beides sogleich. Es mag die Welt der Radfahr-Dogmatiker*innen geben und die der gen-technisch veränderten Nutztiere, genauso wie die Welt der bio-dogmatischen Pferde- und Eselliebhaber*innen oder der Sitzenden, die jede Form von nicht zwingend erforderlicher Bewegung als moralisch verderblich ablehnen und von einer Gesellschaft träumen, in der sich niemand mehr bewegt.[7]

In den abschließenden Seiten dieses Buchs gehe ich also über die als nun gegeben vorausgesetzte Annahme hinaus, dass unsere gegenwärtige *eine* Welt früher oder später zusammenbrechen wird.

Es ist meines Erachtens Zeit, diese Perspektive der einen Welt zu verlassen und in ihrem Ruinen nach besseren, zukunftsfähigeren Welten zu suchen.

---

5   Dieses Szenario wird in der Kurzgeschichte »The Ultimate City« von J.G. Ballard (1976) durchgespielt, in der ein in einer Art Hippie-Utopie nach dem ökologischen Kollaps aufgewachsener Jüngling per Gleitschirm in die verlassene Hochhausstadt fliegt und dort ein kurzlebiges Revival der Petro-Moderne mitsamt all ihren toxischen und euphorisierenden Implikationen durchlebt, bevor er wieder zurückkehrt in die Wahrhaft nach-moderne Gesellschaft.

6   Eine schöne Vorarbeit in diese Richtung ist die Arbeit zur »Vegetal City« des belgischen Designers Luc Schuiten (2010) – www.vegetalcity.net/en/. Mit dem Künstler Rainer Prohaska und dem Futurama.Lab verfolge ich ein ähnliches, am Bau einzelner modularer Vehikel orientiertes Projekt namens CARS WE LIKE.

7   Dieser hier skizzierte utopische Horizont ist maßgeblich von der anarchistischen Utopieerzählung *bolo'bolo* des Schweizer Autoren P.M. (2015 [1983]) geprägt, dessen Lektüre ich allen nur herzlich empfehlen kann.

Utopien in den Ruinen der Moderne

Das französische *Institut Momentum* in Zusammenarbeit mit dem *Forum Vie Mobiles* erhielt von dem staatlichen Bahnbetreiber Frankreichs, SNCF, den Auftrag, ein autofreies Szenario für die Hauptstadtregion Île-de-France im Jahr 2050 zu entwerfen. Die Forscher*innen (Sinaï et al. 2020) des transdisziplinären Zusammenhangs kamen zu dem Ergebnis, dass sie sich diese wünschenswerte Entwicklung nicht ohne den größeren Zusammenhang der ökologischen Katastrophe vorstellen können und entwarfen deshalb eine Studie mit dem Titel *Le Grand Paris après l'effondrement* – die »Metropolregion Paris nach dem Zusammenbruch«. Das *Institut Momentum* entwarf also nicht nur neue Radwege, U-Bahnnetze und Orte, an denen sich kleiner, lokaler Handel ansiedeln konnte, sondern nahm sich der Aufgabe einer transdisziplinären Gesamtperspektive an. Sie gingen davon aus, dass die durchschnittlich verfügbare Energie pro Kopf auf einen Bruchteil (2,6 mal weniger als heute) des heutigen Kontingents zusammenbrechen wird und dadurch die Mobilität wie auch die Bevölkerungsdichte der Metropolregion massiv schrumpfen muss. Statt heute gut 12 Millionen sollen 2050 nur mehr 6 Millionen Menschen die Île-de-France bewohnen, wovon sich sich die Hälfte direkt an biologischer Landwirtschaft beteiligen soll. Der Rest wird in derzeit von Abwanderung ausgedünnten Regionen ziehen und diese zu einem neuen, postfossilen Aufblühen bringen. Durch eine massive Rückkehr zur landwirtschaftlichen Eigenversorgung verdünnen sich Ballungsräume wie Paris und das Land wird durch die massive Schaffung von bäuerlichen Arbeitsplätzen wieder gleichmäßiger und lebendiger besiedelt. Die gigantischen Monokulturfelder, die heute hauptsächlich für die ökologisch irrsinnige Fleisch- oder »Bio"kraftstoffproduktion verwendet werden, verwandelt sich in kleinteilig bestellte, biologische Lebensmittelproduktion nach Vorbild der Permakultur. Landwirtschaftliche Produktion, ein Theater, eine Rockband, eine Recyclinghof, eine Radfabrik, ein Altersheim, ein Kaffeehaus oder ein Sozialzentrum sind dann nicht mehr Widersprüche, sondern können oftmals von einem solchen neuen Arbeitszusammenhang gemeinsam, je nach Vorlieben, und sich gegenseitig bestärkend umgesetzt werden. In den postfossilen Energieverhältnissen dieses Szenarios 2050 wird weder die Phosphor-Düngung noch die Bestellung des Landes mit großen Traktoren nachhaltig rentabel sein. Denn längerfristig ist diese monokulturelle Landwirtschaftsweise des Homogenozäns (die nur durch autoähnliche Traktoren möglich ist) für den Boden schädlich, da er durch die Nährstoffzuführung schnell übersättigt und durch die schweren Maschinen so verdichtet wird, dass er regelmäßig – unter zusätzlichem Energie- und Arbeitsaufwand – mit großen Maschinen umgewühlt werden muss. Das Wegfallen des Autos betrifft also nicht nur unsere tägliche Fahrt zum Büro, sondern beinhaltet eine massive Umstellung der Arbeitsverhältnisse insgesamt. Im Speziellen gilt dies für die landwirtschaftlichen Produktionsverhältnisse, die sich von intensiver Fleischproduktion auf eine vegetarische, proteinreiche Ernährung umstellen wird. Inspirationsquelle ist hierbei die in hauptsächlich indigenen Lebensräumen der Amerikas, Japans und Australiens bekannte Kombination der »drei Schwestern« (Mais-Bohnen-Kürbis), die kombiniert mit kleinteiligen Gemüseanbau zehnfach (!) so produktiv sein kann wie das gängige agrarindustrielle Modell.

Die heute von globalen Lieferketten und Ausbeutungsstrukturen abhängige Metropolregion soll so in Richtung Selbstsuffizienz umgebaut werden, bei der das Wohlbefinden der Menschen und das Funktionieren ihrer Arbeitswelten, Erholungs- und Freizeitbedürfnisse nicht mehr von einer exzessiven Mobilität abhängig ist.

Um unsere katastrophale Situation umzudrehen, rät das *Institut Momentum* zu einer Dekomplexifizierung der Gesellschaft und ihrer politischen Verwaltungsapparate. Hierbei richten sie sich nach dem Leitsatz von Kirkpatrick Sale, dass »je größer ein Staat ist, desto mehr gute Regierung unwahrscheinlich wird« (Ibid. 24). Das hier implizite Qualitätsurteil guter Regierung folgt primär ökologischen Gesichtspunkten, da das *Institut Momentum* (optimistisch) davon ausgeht, dass man durch die Zusammenbrüche (und ökologischen *Hereinbrüche* in die eine Welt) bis 2050 von einem primär ökonomisch ausgerichteten Horizont abkommen wird. Stattdessen wird sich Politik an in letzter Instanz ökologischen Werten orientieren, die eine Auffächerung und Pluralisierung der Horizonte erfordert. Das wird nur in kleinteiligen politischen Körpern gut zu bewerkstelligen sein. Aus diesem Grund schlägt das *Institut Momentum* die Aufteilung der Île-de-France in acht »Bioregionen« (ein Konzept von Murray Bookchin) vor, deren offene Grenzen sich nach geologischen, vegetativen und klimatischen Spezifika der Regionen orientieren. Die Entscheidungsmacht der politischen Institutionen wird demnach langsam umgedreht, weg vom gegenwärtigen Top-Down in ein Bottom-Up-Prinzip, bei dem die finale Entscheidungsmacht bei den kleinsten und lokalsten Einheiten liegt, über die keine höhere Instanz – wie bspw. ein Bundesland oder ein Staat – hinweggehen kann. Überregionale, ehemals »nationale« oder gar kontinentale oder globale Instanzen herrschen also nicht mehr von oben herab und dominieren die lokale Umwelt mit ihren universellen Leitsätzen der einen, ökonomisch orientieren Welt. Stattdessen entstehen diese größeren Zusammenhänge aus den Bedürfnissen der kleineren (sie werden z.B. beim (Wieder-)Verlegen von Schienennetzen oder beim Aufnehmen von Klimageflüchteten hilfreich sein) und sind diesen untergeordnet und angepasst.

Die Priorität dieser *Agenda 2050* ist es also, »Gesellschaften zu dekomplexi-fizieren und zu territorialisieren, die durch ihre Hyperkomplexität, ihre Ener-gieabhängigkeit und ihre Deterritorialisierung geschwächt und angeschlagen [fragilisées] sind.« (Ibid 17) Durch die Schaffung neuer landwirtschaftlicher, bäuerlicher und dörflicher Welten, wird der »tägliche Nomadismus stark re-duziert« und die lokale Resilienz, aber auch die allgemeine Lebensfreude und örtliche Attraktivität massiv gestärkt. Dann wird es auch weniger intrinsische Anreize und Motivationen geben, das heute durch Monokultur, Urbanisierung und Überalterung öde anmutende Land zu verlassen.[8] Die Mobilität in dieser Zukunftsvision wird abkommen vom »Monotheismus des Autos«, und die neu besiedelten und landwirtschaftlich aufgewerteten Welten werden von einer »polytheistischen Diversität von Fußgänger*innen, Handwägen, Fahrrädern, Droschken und Straßenbahnen« (Ibid. 53) verbunden sein, bei der viel mehr Austausch und Kommunikation in den nun wieder diversen urbanen, peri-urbanen, ruralen und wilden Zonen der Île-de-France der Alltag sein wird. Die häufigste soziale Interaktion in der Gesellschaft wird dann nicht mehr diejenige sein, bei der (zumindest) eine Person hinter einer Windschutzschei-be sitzt, sondern es werden wieder bunte und neue Formen ausdrucksstarker Interaktion entstehen, die vielleicht auch viele andere soziale Probleme und Stereotypen wie Rassismus, Sexismus oder Ableismus abschwächen können.

Die französische Tageszeitung *Libération* schreibt in ihrer Rezension dieses Buchs des *Institut Momentum*: »Beim Lesen dieses Berichts beginnt man sich zu fragen, ob ein teilweiser Zusammenbruch nicht eine gute Nachricht sein könnte.« (Ibid.) Während der techno-optimistische Futurismus die materiel-len Bedingungen schlichtweg ignoriert und sich die moderne Lebenswelt ihr Ende nur als Katastrophe vorstellen kann (Kapitel 7), eröffnen solche neo-uto-pischen Zukunftsentwürfe ermächtigende Handlungshorizonte *ohne* die kata-

---

8   Ramesh Biswas argumentiert in seinem Buch »Metropolis now!« (2000), dass es in Mit-tel- und Westeuropa heute kaum mehr »Dörfer« im eigentlichen Sinn gibt, da ihre Kon-sumart und Arbeitswelten großteils dem städtischen Modell ausdifferenzierter Büro-jobs (zu denen man hinfährt) und Supermärkten angepasst ist und sich kaum mehr dörfliches Leben um kommunal organisierte Subsistenz dreht, wie dies früher immer der Fall war. Biswas schließt daraus, dass die einzige Weise »menschlich zu sein«, glo-bal immer mehr synonym mit »städtisch sein« verstanden wird.

strophale Lage des Planeten zu negieren. Ganz im Gegenteil: Sie geben Kraft, Hoffnung und Motivation, endlich zu diesen eigentlich viel schöneren Welten aufzubrechen, von denen uns nun nicht mehr nur die links-romantischen Theoretiker*innen à la Fourier oder Saint-Simon vorschwärmen, sondern uns die materiellen Bedingungen des Planeten förmlich zwingen, wollen wir noch eine Chance auf Gute Leben (plural!) in Zukunft haben. Die Arbeit an so einer ökologischen Zukunft erscheint in dieser Art Utopie nicht mehr als eine des Verzichts und der Klimaneutralität, sondern als eine inklusive Arbeit an einer besseren, schöneren Umwelt und Gemeinschaft, bei der die traurige Autobahnwelt der Gegenwart plötzlich als Verzicht und defizitär erscheint. Sie bildet ein Orientierungsachse, an der sich inklusive Politik-Projekte orientieren und mit ihnen versuchen können, positive und ermächtige Mehrheiten zu mobilisieren.

Die *Utopie der autofreien Welt* stellt sich also als ein nicht-mehr-modernes Utopiebild heraus, in dem ein gesamtgesellschaftlich transformatives Änderungspotential schlummert, welches innerhalb der Ruinen der Moderne neue utopische Möglichkeiten denkbar und wünschbar macht. Es handelt sich um eine Art Utopie, die nicht (mehr) den Boden der Tatsachen negiert, sondern mit dem teils katastrophalen Erbe der Moderne einen produktiven und lebensbejahenden Umgang findet. Denn während die moderne Utopie in Theorie und Praxis von Kahlschlägen ausgeht,[9] auf denen dann die beste aller möglichen Welten gebaut werden kann (und bis heute als verwirklichte Utopie mit katastrophalen Langzeitfolgen auch wird), arbeiten solche zeitgemäßen Utopien mit den materiellen Bedingungen, die sie vorfinden – seien das die globale Erwärmung, das Eindringen von so genannten invasiven Spezies oder die bereits bestehenden, kaum abzureißenden Betonstrukuren, wie Autobahnbrücken, Lagerhallen, Fabriken, Flughäfen etc., für die man experimentell neue und nachhaltige Bewohnungsformen erfindet. Die *Utopie einer autofreien Welt*

---

9   Rasa Weber und ich haben in einem Text zur »Messy Utopia« (in dessen Kategorie ich auch Utopien der autofreien Welt einordne) herausgearbeitet, dass die klassisch-moderne Utopie implizit und oft stillschweigend von zwei gewaltsam Kahlschlägen ausgeht, auf denen sie ihren utopischen Horizont des Denkens errichten. Hierbei handelt es sich erstens um den kolonial-territorialen Kahlschlag der »terra nullius«, der Gebiete als leer und besiedelbar deklariert, wo eigentlich nicht-moderne Lebensformen blühen und zweitens um den epistemologischen Kahlschlag ders »tabula rasa«, der meint, alle Vorurteile, impliziten Werte und verdrängten Begehren in einem großen, cartesianischen Befreiungsschlag von sich zu stoßen, um eine vom Subjektiven befreite perfekte Ordnung errichten zu können (Jörg uand Weber 2023).

ist mit Sicherheit nicht das einzige Utopiebild für eine Re-Pluralisierung der nach-modernen Welt. Aber es ist ein strahlkräftiges, für viele leicht vorstellbares Bild. Abschließend werde ich jetzt ein solches Leitbild auf seine Umsetzbarkeit prüfen.

Welten gegen die Welt (TAZ und ZAD)

Das Besondere am Entwurf des *Institut Momentum* ist, dass er durch den Auftrag der staatlichen SNCF den Hauch eines realpolitisch gewollten Modells hat. Normalerweise begegnet man solchen nicht-mehr-modernen Utopie-Entwürfen eher in »staatsfeindlichen«, anarchistischen Milieus oder Sci-Fi-Romanen, wie z.B. in den *Camille Stories* von Donna Haraway oder Ursula Le Guins *Always Coming Home*, in denen den Fragen nach der staatlichen und materiellen Umsetzung tendenziell ausgewichen wird.

Derzeit erscheint das Szenario, dass sich ein moderner Staat freiwillig zu seiner Zersetzung in postfossile Bioregionen durchringen wird, leider tatsächlich noch als hoffnungslos optimistisch. Die Bande zwischen »Wirtschaft«, »Politik« und den Affekten »der Gesellschaft« sind zu engmaschig, als dass sich ein so radikales Umdenken in den verkrusteten Strukturen der repräsentativen Demokratie einstellen könnte. Stattdessen beteiligen sich Staaten weiterhin an dem massiven Ausbau von Straßennetzwerken, Flughäfen, Logistikzentren sowie Pipelines und bekämpfen alle selbstermächtigten Bewegungen »von unten«, die an konkreten Orten ein Umdenken einfordern, mit massiver Gewalt und rechtlicher Verfolgung.

Seit dem von fast jedem Staat ausgerufenem »Klimanotstand« könnte dies eigentlich anders sein. Denn formell wurde so der katastrophale Notstand anerkannt, der zumeist auch rechtlich eine massiven Kompetenzerweiterung für (unpopuläres?) politisches Handeln als Katastrophenadaption ermöglicht. Doch im Gegensatz zu den kurzen, drastischen Eingriffen in die herrschende Normalität während der Covid-19-Pandemie gibt es kaum beachtenswerte Indizien, dass Staaten einen ähnlichen radikalen Einschnitt in die fossile Normalität im Angesicht der Klimakatastrophe planen.[10] In der Île-de-France

---

10   Die verschwörungstheoretischen Gerüchte eines »Great Reset« sind meines Erachtens ein spannendes Phänomen einer Art »verneinten Wunschdenkens«. Man scheint zu fühlen, dass eigentlich so ein großer Umbruch notwendig wäre, kann sich diesen bei Leibe aber affektiv oder theoretisch nicht vorstellen und projiziert ihn so auf eine

hätte man zumindest mit dem Entwurf des *Institut Momentum* eine Blaupause zum Handeln in der Schublade, was im Vergleich zu anderen Gebieten leider schon recht viel ist.

Die meisten Formationen und Aktionen, die einer automobilen Einheitswelt buntere und spaßigere Welten entgegensetzen wollen, richten sich direkt *gegen* die staatliche Ordnung, wie sie sich heute präsentiert. Ein recht frühes und für unsere Zwecke ob seiner Kreativität sehr inspirierendes Beispiel war die britische *Reclaim-the-Streets*-Bewegung, die in den 1990er Jahren durch gezielte Aktionen und Straßenbesetzung nicht nur gegen neue Bauprojekte wie die Londoner Ringautobahn, sondern auch für eine pluralere und schönere Normalität auf den britischen Straßen eintraten. Hierbei wurden sehr kreative und spaßige Formate entwickelt, wie die heute sehr bekannten *critical mass bike rides* oder illegale Raves, die spontan die Straßen besetzten und teilweise unter dem Deckmantel der ausgelassen tanzenden Masse den Beton aufrissen und Pflanzen in die Löcher auf den Fahrbahnen einsetzten. Eine besonders kreative Aktion lohnt sich hier exemplarisch in voller Länge zu zitieren:

»London. Ein Teil der Demonstration begann bereits in der Nacht zuvor, bei einem Rave, der von einigen der Demo-Organisator*innen veranstaltet wurde. Der Rave dauerte bis zum Morgengrauen und wurde dann mit öffentlichen Verkehrsmitteln nach Camden Town verlegt. Die Raver wussten nicht, wohin sie gingen, sondern stiegen einfach in die U-Bahn ein und bekamen gesagt, wann sie aussteigen mussten. Gleich außerhalb der U-Bahn-Station Camden befindet sich eine Kreuzung von fünf Straßen in der Nähe eines Einkaufsviertels und eines bekannten Marktes. Diese Läden ziehen ein junges Publikum an und sind immer gut besucht. Als die Raver aus der U-Bahn kamen und tanzten, pfiffen und trommelten, waren sie also in einer freundlichen Umgebung. Innerhalb kurzer Zeit fuhren mehrere Autos in die Kreuzung ein und wurden von ihren Demonstrant*innen-Fahrer*innen absichtlich gecrasht, wodurch der Verkehr in alle fünf Richtungen gestoppt wurde. Gleichzeitig wurde die Straße von der tanzenden Menge eingenommen; Jongleure, Artisten, Essens- und Getränketische wurden auf der Straße

---

mächtige, obskure Elite »da oben«, die der eigenen Trägheit gefährlich werden könnte. Ich persönlich höre in solchen Verschwörungen immer lautstark den Wunsch heraus, dass es doch bitte jemanden geben sollte, der so viel Macht hat, den verhinderten Wandel herbei zu führen. Aufgrund dieser vollkommen verwirrten Gefühlslandschaft sehnen sich Verschwörungstheoretiker*innen zumeist nach großen, totalitären Führungspersönlichkeiten.

aufgebaut. Bald kam ein mit Fahrrädern betriebener Generator, die Musik
setzte ein und der Rave begann von neuem. Die Passant*innen wurden auf-
gefordert, bei der Beseitigung der verunglückten Autos mitzuhelfen, und
den Autofahrer*innen, die im Stau feststeckten, wurden Erfrischungen und
Flugblätter angeboten.« (Jordan 2004, 84)[11]

Wie diverse andere Bewegungen jener Zeit war *Reclaim the Streets* von
dem Modell der *Temporären Autonomen Zone* (kurz: TAZ) des anarchistischen
Autors Hakim Bey (2003 [1991]) inspiriert, welches dazu aufruft, nicht auf die
Revolution zu warten, sondern durch aktivistische Mobilisierung von unten
dem Staat kurze freie Momente von einer als oppressiv wahrgenommenen
Normalität abzuringen. Von diesen temporären Freiheitszonen, in denen man
Wertevorstellungen, Geschlechternormen, Körperregime und vieles anderes
in Frage stellen kann, sollte eine die Gesellschaft als Ganzes transformierende
Strahlkraft ausgehen. Doch – wie es die an der Bewegung maßgeblich beteiligten Jay Jordan und Isabelle Fremeaux rückblickend analysieren – ging
von diesen temporären Kraftveräußerungen zu wenig Veränderung aus. »Wir
fühlten oft ein wiederkehrendes Gefühl des Unbehagens, wenn wir in die Me-
tropole zurückkehrten, weil wir tief in unserem Inneren spürten, dass unsere
Lebensform genau die Kultur und das System nährte, welche wir abschaffen
wollten.« (Fremeaux and Jordan 2021, 40)[12] Die staatliche Ordnung des Systems konnte zwar kurzfristig außer Kraft gesetzt werden, stellte sich dann
aber sehr bald auf die Taktik ein, hegte die Praxis mit Scheinlegalisierungen

---

11   Original: «London. One element of the demonstration began the night before, at a
      rave organized by some of those working on the demonstration. The rave continued
      until dawn and then moved by public transport to Camden Town. Ravers did not know
      where they were going, but simply boarded the Underground and were told when
      to get off. Just outside the Underground station at Camden is an intersection of five
      roads near a shopping area and a well-known market. These shops attract a young au-
      dience and are invariably busy, so when the ravers appeared from the Underground
      dancing, whistling and banging drums, they were in a friendly place. Within a short
      space of time, several cars entered the intersection and were deliberately crashed by
      their demonstrator-drivers, paralyzing traffic in all five directions. Simultaneously, the
      road was invaded by the dancing crowd; jugglers, performers and food and drink ta-
      bles all materialized on the street. Soon, a bicycle-powered generator arrived, music
      began and the rave restarted. Passers-by were invited to help demolish the crashed
      cars, and drivers stuck in the traffic jam were offered refreshments and leaflets.«
12   Original: »We often felt a recurrent sense of dread returning to the metropolis after-
      wards, because we felt deep down in our gut that our form of life was feeding the very
      culture and system that we wanted to dismantle.«

und legalen Semi-Freiheitszonen für Privilegierte[13] ein und verfolgte mit massiver Gewalt die »illegalen Raves« durch beschleunigte Abwicklungs- und Räumungsprozedere. Die Pflanzen waren sehr bald wieder aus den Löchern im Beton entfernt und landeten wie alles andere in dieser Konsumwelt auf der Müllhalde.

Aus dieser Erfahrung lernend, geht seit einiger Zeit von dem Konzept der »Zone à defendre (ZAD)« als radikale Weiterentwicklung der TAZ eine große, hoffnungsgebende Strahlkraft aus, die langsam aus ihrem Ursprungsland Frankreich heraus in andere Kulturbereiche vordringt. ZAD in diesem Sinne ist eine spielerische Aneignung des Namens des bürokratischen Entwicklungskonzepts »Zone d'aménagement différée (ZAD)«, welches zumeist für die staatliche Enteignung von Grund und Boden für moderne Infrastrukturprojekte gebraucht wird. Im Fall der heute berühmtesten ZAD – die als »Zone d'aménagement différé« begann und von unten als »Zone á defendre« reclaimed wurde – wollte der französische Staat Anfang der 1970er Jahre diverse Kleinbauern und Grundbesitzer*innen im nördlich von Nantes gelegenem Notre-Dame-des-Landes enteignen, um den drittgrößten Flughafen der Nation, ein »Rotterdam der Lüfte« (L'Insomniaque 2013), zu bauen. Hiergegen regte sich massiver und diverser Widerstand, der in den 2000er und 2010er Jahren nach gescheiterten Dialogversuchen mit dem Staat in einer Besetzung des Terrains als ZAD – »zu verteidigende Zone« – mündete. Wo die TAZ »nur« versuchte, temporäre Zonen zu schaffen, in denen die Logik der Staatsgewalt suspendiert ist, gelang es der aktivistischen ZAD in Notre-Dame-des-Landes diese Widerständigkeit auf Dauer zu setzen, die zu einer Art No-go-Zone für die Staatsgewalt und deswegen auch zu einem immens innovativen Experimentierfeld für andere, nachhaltigere Lebensentwürfe wurde. Inspiriert vom Motto der mexikanischen Zapatistas schuf man »eine Welt, in die viele Welten passen.« (Ibid. 53) So gab es im Laufe der vieljährigen Besetzung neue Formen kommunaler Selbstverwaltung, die den Rechten und Stimmen von Bäumen und anderen nicht-menschlichen Lebewesen einen demokratischen Raum gaben, diverse Formen neuer widerständiger Land- und Forstwirtschaft, das Entwickeln diverser neuer ökologischer und kultureller Rituale sowie ein »Zone non-motorisé« – eine »nicht-motorisierte Zone« – in der man präfigurativ ein Leben ohne Maschinen und fossile Brennstoffe

---

13   Man kann den Berliner Techno-Club Berghain als vielleicht radikalste Praxis dieser Einhegungstaktik verstehen, wie sich Jorinde Schulz und ich in unserem Buch »Die Clubmaschine (Berghain)« (2018) fragen.

ausprobierte und entwickelte. Diese ZAD wurde also auf ihren ca. 1650 ha ein Reallabor für das Ausprobieren von diversen bunten Welten, die unter der herrschenden Staatsform kaum hätten entstehen und sprießen können.[14] Inspirationsquelle waren hierbei die dekolonialen Projekte der Zapatistas in Mexiko und von Rojava in Kurdistan, die um einiges größere Territorien von der kapitalistischen Landnahme befreien und halten konnten. Manche sehen in der ZAD den Versuch, auch in Europa, dem Ursprungskontinent des Kolonialismus und Extraktivismus, aus der modernen Welt der Bodenlosigkeit auszusteigen und eine neue, »indigene« Verbindung mit der Erde aufzubauen (Viveiros de Castro 2023). Wie es Philippe Descola und Alessandro Pignocchi (2022, 131ff.) beschreiben, realisiert die ZAD in Notre-Dame-des-Landes die perfekte Mischung aus »offensiver« Fluchtmöglichkeit (vor der herrschenden und als Ganze nicht zu verändernden Normalität) und radikaler Transformationswerkstatt, in der ohne dogmatische Grundsätze und mit der Bereitschaft zu Experimentieren und Lernen an zukunftsfähigen Lebensformen jenseits der modernen Katastrophe geforscht werden kann. Deswegen ist einer der Demo-Slogans der ZADist*innen auch »Un autre fin du monde est possible« – *ein anderes Ende der Welt ist möglich*: Die moderne Welt muss (und kann) nicht in der alles auslöschenden, katalytischen Katastrophe mit einem Knall untergehen. Vielmehr ist es strategisch sinnvoll, im Sinne eines *Hospicing Modernity* (Abschnitt 2 – Anfang) daran zu arbeiten, dieser modernen Welt einen würdevollen und für alle Beteiligten verträglichen Tod zu bereiten, um dahinter und daneben am Aufbau von anderen, bequemeren und vielfältigeren Welten zu bauen. Die ZAD hat sich diesem Programm verschrieben und wird von diversen prominenten Stimmen und Expertinnen wie u.A. Bruno Latour, Virginie Despentes oder Vandana Shiva (Lindgaard, Collectif, and Graeber 2018) als eines der Vorzeigemodelle für eine wirkliche (sprich: radikale) ökologische Transformation als Hoffnungsprojekt angesehen.

---

14   Ich kann an dieser Stelle freilich nur ganz wenige Aspekte der ZAD ansprechen. Für eine genauere Auseinandersetzung mit dem Thema empfehle ich auf Englisch das Buch »We are Nature defending itself« (Fremeaux and Jordan 2021), auf Französisch die Bücher »ZAD Partout« (L'insomniaque 2013), »Éloge du mauvaises herbes« (Lindgaard, Collectif, and Graeber 2018) und »Ethnographies du mondes a venir« (Descola and Pignocchi 2022). Auf Deutsch gibt es meines Wissens noch keine überzeugende Literatur, allerdings schreiben Michael Hirsch und ich gerade an einem kurzen Buch mit dem Titel »Die Verbindungen, die befreien«, welches das Thema der ZAD auch im deutschsprachigen Raum bekannter machen will.

Auch wenn sich die ZAD in Notre-Dame-des-Landes nicht spezifisch gegen die Automobilität gerichtet hat und es bislang die einzige geblieben ist (zum Zeitpunkt der Niederschrift dieser Zeilen sind alle anderen Versuche in Frankreich, Deutschland, der Schweiz oder Spanien, eine ZAD zu errichten, von der Staatsgewalt zerstört worden), könnte sich das Modell der ZAD als eines der effektivsten Mittel gegen die automobile Normalität erweisen, die – um etwas Zweckoptimismus zu bemühen – sogar potentielle Anschlussfähigkeiten für progressive Akteur*innen in der staatlichen Ordnung bieten, um ihre kriegerische Ablehnung von ZADs mit einer zukunftsfähigeren Förderungspolitik zu ersetzen. Wie wir gesehen haben, handelt es sich beim Auto keineswegs bloß um eine technisch neutral einsetzbare Maschine, die leider ein wenig problematischen Schadstoff ausstößt. Ganz im Gegenteil ist das Auto eines der zentralen Akteure im Herstellen und Erhalten der einen homogenen Welt, die zu dem massiven *Weltensterben* der ökologischen Katastrophe führt. Während Blockaden von Straßen, das Sabotieren von Ampelsystemen, SUVs und Tankstellen oder Petitionen für verkehrsberuhigte Zonen zwar Teilerfolge erzielen können, indem sie die Toxizität der Normalität und Widerständigkeit in der glatt erscheinenden Welt des Homogenozäns aufzeigen können, werden sie aber nicht ausreichen, um das Problem an seiner Wurzel zu packen. Während ein Slogan der ZAD in Notre-Dame-des-Landes »Gegen den Flughafen und seine Welt« war, könnte einer für zukünftige aktivistische Unternehmungen genauso gut »Gegen das Auto und seine Welt«[15] lauten. In der ZAD Notre-Dame-des-Landes gibt es außerhalb der recht kleinen (und leider vom Staat 2018 vernichteten) *nicht-motorisierten Zone* so manche Autos und Camper – anders ließe sich gerade in Zeiten der Eskalation wohl kaum arbeiten. Doch die Welten, an denen dort gearbeitet wird, sind solche, die das Auto vom Thron des herrschenden Akteurs über die Welt stoßen und ihm langsam eine Randfunktion zuteilen, bevor es dann irgendwann einmal vielleicht ganz abtreten kann. Von solchen widerständig von der katastrophalen Normalität radikal befreiten Orten kann eine massive Inspiration weit über die eigentlich besetzte Zone hinaus strahlen, wie der aktuell intensive Diskurs über die ZAD in Frankreich und darüber hinaus anzeigt. Manche, wie Bruno Latour, nennen die ZAD

---

15   Tatsächlich ist die Welt des Flughafens wohl genau dieselbe wie jene des Autos, wie man schon an den gigantischen Reihen parkender Autos um Flughäfen ablesen kann (um hier nicht genauer ins Detail der Logistik für Anlieferung von Waren und Menschen sowie der Produktion und Förderung von Öl und Flugzeugen zu gehen).

ein »Labor für die Zukunft«, während der Staat – gefangen in seiner autode-struktiven Selbsterhaltungslogik – soweit in Panik über die ZAD gerät, dass reaktionäre Kräfte wie der Präsident der Partei *Les Republicains* das Nicht-Aus-löschen der ZAD als »Ursünde« der damaligen Legislaturperiode bezeichnete (Collectif 2023, 173) und es seit September 2023 sogar eine eigene »Brigade An-ti-ZAD« in der für ihre Gewaltexzesse bekannten französischen Polizei gibt.

Doch diese fast übertrieben erscheinende Panik zeigt einen Schwachpunkt der staatlichen Ordnung, den man durch geschicktes Agitieren auf mehreren Ebenen gleichzeitig zum Kippen bringen könnte. Es mag nicht als unmöglich erscheinen, manche progressive Akteur*innen innerhalb der staatlichen, par-teipolitischen Ordnung von dem Wert der ZAD zu überzeugen. Und tatsäch-lich können so gigantische Themen wie die gesamtgesellschaftliche Transfor-mation von Mobilität, Nahrungsversorgung oder Arbeitsteilung – wie sie z.B. vom *Institut Momentum* vorgeschlagen werden – nicht alleine von kleinen, wi-derständigen Zellen bewerkstelligt werden. Auch wenn alle Zeichen auf maxi-mierte Selbstversorgung und verändertes Mobilitätsverhalten, Arbeitswesen und Genderperformen in der ZAD stehen, bräuchte es von Seiten des Staats zumindest eine Politik der Toleranz – besser noch – eine der Förderung,[16] um diesen Mikroutopien anderer, zukunftsfähiger Welten die Strahlkraft und Ex-pansionsfähigkeit zu verleihen, die sie nicht nur verdienen, sondern die der Planet auch dringend braucht.

Eskalation oder Weltenverteilung

Doch noch steht der Staat und seine Rechtsordnung firm auf der Seite der herrschenden Autovernunft. Nicht nur darf der Staat für den Bau von Auto-bahnen und anderer automobiler Infrastruktur kleinbäuerliche und andere Besitzer*innen enteignen und stuft Versuche, den Autoverkehr per demo-kratischem Referendum zu reduzieren (wie der Volksentscheid *Berlin autofrei*) als verfassungswidrig ein. Wie in Kapitel 2 gezeigt, ist die gesamte staatliche Förderpolitik, das Baurecht und die StVO auf den Erhalt des automobilen

---

16   In unserem (hoffentlich kommenden) Buch »Die Verbindungen, die befreien« widmen sich Michael Hirsch und ich genau dieser Frage der potentiellen Allianzbildung über ideologische Gräben zwischen »Staatslinken« und »Bewegungslinken« hinweg, die ei-ner Förderung solcher »außerstaatlichen«, aber ökologisch extrem notwendigen Pro-jekte andenken können.

Status quo ausgelegt, genauso wie systematisch automobile Gewalt bagatellisiert wird. Um zu illustrieren, wie sehr sich der Staat in den Weg von denjenigen stellt, die Lebenszusammenhänge schaffen wollen, die nicht mehr vom Auto abhängig sind, möchte ich als nur ein Beispiel eine Anekdote des mir persönlich bekannten solidarischen Wohnprojekts »Auenweide« in St. Andrä/Wördern bei Wien erzählen. Die zirka 50 Bewohner*innen wollten sich ab 2017 im Umland von Wien einen kollektiv besessenen und verwalteten Wohnkomplex in der Form von mehreren Holzhäusern schaffen, der nach maximal ökologischen Gesichtspunkten gebaut und eine solidarische Welt am peri-urbanen Land mit maximaler Autoreduktion ermöglichen sollte. Alle Baupläne von vorherigen Eigentümer*innen des Grundstücks sahen vor, dass das kleine Auenwald-Stück am Grund für Parkplätze gerodet werden sollte. Dies wollten die Wohngemeinschaftler*innen der Auenweide verhindern. Doch wurden sie nach einem langwierigen Hin und Her mit der Baubehörde dazu gezwungen, stattdessen eine Tiefgarage zu bauen, um die von der »Stellplatzverordnung« (ein Gesetz aus der Nazizeit) vorgegebene Quote von 0,8 Parkplätzen pro Wohneinheit zu erfüllen. Dies führte zu schwierigen Diskussionen innerhalb der Gruppe, da die Tiefgarage das Gesamtprojekt um vieles teurer machte und man eigentlich möglichst leistbarem Wohnraum zu schaffen vorgenommen hatte. Letztlich baute man die Tiefgarage, in der am Tag meiner Besichtigung eine Handvoll Camper standen und eine Unmenge an Fahrrädern – der Rest war komplett leer. Auf meine Frage, ob man den Raum nun zumindest irgendwie anders nützen könnte – als Club, Fitnessstudio oder Pilzzuchtstation – wurde dies mit Bedauern verneint, da die Baupolizei recht oft zu dem ohnehin schon verdächtigen Projekt käme und man aus allen Versicherungspolizzen fallen würde, wenn man die Tiefgarage in etwas sinnvolleres umwandeln würde.

Diese Anekdote beschreibt leider keinen Einzelfall, sondern die Normalität der gegenwärtigen Rechts- und Bauordnung eines sich im »Klimanotstand« befindlichen Staates – fragen sie eine Bauunternehmer*in, Architekt*in, Wohnprojektler*in und sie wird ihnen wahrscheinlich zig ähnliche Geschichten erzählen können. In einer Zeit, in der Parteien vermehrt Wahlwerbung damit machen, dass man den Autofahrern die Freiheit wegnehmen will, hat man als solidarisches Wohnprojekt, welches autofrei eine ökologische Zukunft im Kleinen ermöglichen will, nicht mal die Freiheit, *keine* automobile Infrastruktur zu bauen. Es ist unter der herrschenden Vernunftordnung kaum verwunderlich, dass man sich als ökologisch besorgte Person dazu angehalten fühlt, den Rechtsraum zu verlassen und lieber eine ZAD zu gründen, als sich mit den bürokratischen Hürden eines auf seinen Autodestruktionskurs beharrenden Staates einzulassen.

Es brodelt. Nicht nur der Planet als ganzes, sondern auch bei den Unzähligen, die einen in der Zukunft bewohnbaren Planeten einfordern. War die Begeisterung noch spürbar in den gigantischen Demos am Anfang der *Fridays for Future* Bewegung, kursieren heute Flyer in den Klimademos, die einen informieren, dass der Politik die Demo scheißegal sei und ziviler Ungehorsam nun notwendig ist. Wenn dies so weiter geht, wird es zu einer Eskalation kommen, die für alle Beteiligen schrecklich wird.

In seinem Roman *The Ministry of the Future* versucht der Sci-Fi-Autor Kim Stanley Robinson (2020) zu beschreiben, wie es die Weltgemeinschaft doch noch bis zum Jahr 2100 schafft, der katastrophalen Selbstauslöschung zu entgehen. Eine zentrale Rolle nimmt hierbei – neben zahlreichen anderen Gruppierungen und Faktoren – auch die aktivistische Terrorgruppierung *Children of Kali* ein, die sich nach der ersten massiven Klimakatastrophe im Jahr 2025 (eine Hitzeperiode in Indien, die mehr als 20 Millionen Menschen das Leben kostet) bildet. Diese sich großteils aus von Katastrophen direkt traumatisierten Menschen rekrutierende Gruppierung setzt aus Verzweiflung und Ausweglosigkeit auf Terror, um die Machteliten und die Weltgemeinschaft von ihrem ökozidalen Kurs abzubringen. Mit Anschlägen auf CEOs von Großkonzernen wollen sie ein Klima der Angst erzeugen, welches das weitere Investieren in fossile Brennstoffe und deren Infrastruktur zu teuer macht. Ihr zentraler Beitrag in dieser sehr ruppigen Erfolgsgeschichte unter katastrophalen Vorzeichen ist aber das Beenden des internationalen Passagier-Flugverkehrs in den 2030er Jahren. Denn trotz der sich in manchen Schichten ausbreitenden »Flugscham« dank des wachsenden Drucks friedlicher Protestformationen und manchen Lippenbekenntnissen seitens »der Politik«, wuchs das internationale Passagieraufkommen weiter an. »Jeder, der lebte, wusste, dass nicht genug getan wurde, und jeder tat weiterhin zu wenig« (Ibid. 228). Dies änderte sich abrupt an dem Tag, an dem die *Children of Kali* in einem konzertierten Manöver zig Flugzeuge verteilt über den Globus an einem Tag durch Anschläge mit Drohnen zum Absturz brachten. Die vielen hundert zivilen, wahllos und unschuldig zum Tode gekommenen Opfer (bei denen auffällig viele Privatjets betroffen waren) waren nicht zu entschuldigen – dieser Illusion gab sich auch kein Beteiligter der *Children of Kali* hin. Doch der Erfolg heiligte in diesem Roman die Mittel: Nach diesem Schockmoment und einer weiteren Terrorwelle zwei Monate später traute sich kaum mehr jemand ein Flugzeug zu besteigen, die Flugindustrie ging ein und der Himmel war bald fast gänzlich frei von Kondensstreifen.

Ein solches Horrorszenario des Terrors kann niemandem als wünschenswert erscheinen und dennoch ist es eingebettet in einer Geschichte der Hoffnung in katastrophalen Zeiten, die selbst so hohe Vertreter*innen der herrschenden staatlichen Ordnung wie der frühere US-Präsident Barack Obama zu seinen Lieblingsbüchern zählt. Leider stehen viele Zeichen innerhalb der einen Welt des »Naja, ist halt so« auf weitere Eskalation. Denn die internationale Staatengemeinschaft macht viel zu wenig, um die Katastrophe abzuwenden – ganz im Gegenteil, es werden international vermehrt Umweltaktivist*innen kriminalisiert, zu Terrorist*innen erklärt und ermordet (Global Witness 2020), während so hoffnungsgebende, kleine Utopie-Entwürfe wie die ZAD oder der Entwurf des *Institut Momentum* bekämpft oder ignoriert werden.

Stellen wir uns vor, in den nächsten Jahren wird eine Aktivist*in von der Letzten Generation oder einer anderen Formation bei einer Straßenblockade von einem durchgedrehten SUV-Fahrer ermordet. Dies könnte zu einer Art »Benno Ohnesorg«-Effekt führen. Wieder hat die rechte Boulevardpresse mit kaum verschleierten Mordaufrufen gegen die Aktivist*innen auf der Straße gewettert und so einen Mord mitzuverantworten. Die Protestszene würde sich als Resultat – wie in den 1960er Jahren – radikalisieren und tatsächlich so etwas wie eine Öko-RAF, die heute schon von Volksverhetzern an die Wand gemalt wird, hervorbringen. Ähnlich wie die *Children of Kali* könnten solche zur Verzweiflung getriebenen Aktivist*innen (die diesmal sogar 99 % der Wissenschaften hinter sich wissen) Terroranschläge auf Autos ausüben, bis das Autoregime zum Erliegen kommt. Denn das System des Automobilismus ist sehr vulnerabel, wenn man es darauf ankommen lässt: Man müsste nur einige Tage koordiniert Steine von Brücken über Autobahnen werfen, Brände in Straßentunnels verursachen oder die Bremsen oder Radkappen von Autos systematisch sabotieren – dann würde es wohl bald einen schrecklichen Haufen toter Autofahrer*innen geben, welches ein ähnliches Klima der Angst auslösen könnte wie bei dem fiktiven Beispiel im Flugverkehr.

Die Frage ist: Müssen wir da wirklich hin? Wie können wir verhindern, dass ein solches Horrorszenario entsteht? Eine Eskalation des Anti-Auto-Aktivismus würde wohl zu einer ähnlichen Eskalation auf Seiten der Auto-Fetischist*innen führen, was den öffentlichen Raum bald zum Schlachtfeld machen würde. Muss es zu so klassenkämpferischen und todbringenden Aktionen gegen SUVs kommen wie am Anfang der Autozeit? Werden sich dann die Burschenschaften und Identitären zu Schlägertrupps gegen alle formieren, die

Fahrrad fahren oder sonst auch irgendwie so aussehen, als hätten sie etwas gegen die bestehende Automobilordnung? Ist *Mad Max* das realistischste Szenario? Muss die Welt in tribale »Car People« zerfallen, die sich am verwüsteten Planeten um die letzten Ressourcen aus Monster-Trucks bekämpfen?

Ich habe in diesem Buch zu beschreiben versucht, was die Bedingungen und Möglichkeiten bei der Entstehung solcher Bilder sind – und wie wir Auswege aus der monoton in die Autodestruktion führenden Vernunft der Moderne erarbeiten können. Diese Arbeit kann nur kollektiv geschehen und ich bin nicht in der Lage, hier eine Antwort oder eine Strategie zu formulieren, die mehr wäre als ein Gedankenanstoß unter vielen – ein Teil eines überlebensnotwendigen Prozesses der Neuaufteilung der Welt in Welten.

Modellregionen für den langsamen Umbau unserer Begehren

Noch herrscht der Realismus des »Naja, ist halt so« (Kapitel 3), der diese eine Welt als einzige Zukunft sieht und womöglich in das obige Eskalationsszenario rutschen wird. Um aus diesem autodestruktiven Kurs herauszufinden, muss es gelingen, die Möglichkeit anderer Welten für weit größere Teile der Menschheit schmackhaft und plausibel zu machen. Jedes Parklet, jede Verkehrsberuhigung, jeder zusätzliche Zebrastreifen und jede Flucht in die Kleingartensiedlung lässt sich als verzweifelter Versuch der Etablierung eines *anderen* Geschmacks in der vom Homogenozän diktierten Monotonie der Welt verstehen. Die *Utopie der autofreien Welt* schlummert in fast allen, doch weiß sie großteils noch nicht, dass sie ein Zuhause in einer anderen Welt braucht, um zu florieren. Es gibt tausende Strategien auf diversen Ebenen, wie sich diese wieder schmackhafteren Welten stärken lassen und ich sehe meine Aufgabe nicht darin, sie hinlänglich zu beschreiben, sondern die Imagination und Sehnsucht für die Entwicklung eigener Welten zu entfachen. Abschließend möchte ich hier ein paar kleine Ideen und Szenarien aus meiner begrenzten Perspektive skizzieren, die vielleicht für eine Verbreitung der *Utopie der autofreien Welt* und für eine Pluralisierung der Welten hilfreich sein könnten.

Statt bei der nächsten Straßenblockade sich an »die da oben« zu wenden, unter denen auch der blockierte LKW-Fahrer leidet, könnte man versuchen, ihn mit der Forderung für unsere Seite zu gewinnen, dass es doch irgendwie nachvollziehbar sein muss, dass zumindest *diese* Straße hier autofrei sein kann. »Sie wollen doch auch manchmal Ruhe von dem ganzen Autolärm, nicht? Ist es nicht seltsam, dass *alle* Straßen in einer primär für Menschen eingerichteten Stadt dem Auto gehören müssen?« Aktivistische Formationen könnten sich der Befreiung von Straßenzügen und Kiezen als Etappenziel verschreiben und dabei auf baldige Unterstützung der Sehnsucht nach Ruheorten von fast allen wie auch der etablierten Politik auf Bezirksebene hoffen. Denn es gibt ja schon heute unzählige Gemeinden, Bezirke und Städte, die – den Willen ihrer Bewohner*innen repräsentierend – ihr Territorium um einiges autofreier gestalten wollen und dabei oftmals vom normierenden Druck der »Politik weiter oben« (in Form von StVO und Autobahnbaugesetz) drangsaliert und blockiert werden.[17] Durch ein solches Bündnis könnte es eine breite Forderung werden, dass man die StVO hierarchisch umdreht. Statt wie bisher die Mobilitätsinteressen von einem abstrakten »oben« allen lokalen Bedürfnissen unterzuordnen (hier braust jetzt eine Autobahn durch), könnte man jeder Straße, jeder Nachbar*innenschaft und jedem Ort ermöglichen, selbst zu entscheiden, wie viel und welchen Verkehr sie bei sich zulassen wollen. Ein paar Gassen werden bei einer solchen Demokratisierung der Mobilität sicher den Autoraser*innen belassen werden, doch werden sie es wohl schwer haben, weit zu kommen, wenn die benachbarten Straßen sich entschieden haben, lieber einen kleinen Wald und Gemüsebeete statt Parkplätze und Fahrbahnen zwischen den Häusern zu errichten. Es geht darum, mit der automobilen Normalität zu brechen; wenn jeder Kiez, jedes Grätzl, jeder Stadtteil und jedes Arrondissement sich so frei entscheiden könnte, wäre die Homogenität des Autoregimes, welches die Durchsetzungsmacht von oben braucht, wohl sehr bald Geschichte. Es könnten Künstler*innen von ihrer Käfighaltung in Galerien und Museen befreit werden und mit der lustigen, kreativen und anregenden Gestaltung von diesen befreiten öffentlichen Räumen beauftragt werden. Kinder und Erwachsene werden auf den befreiten Straßen spielen, lernen Gemüse anzubauen, vielleicht wieder mehr Tiere in der Stadt halten und auf tausende neue Arten miteinander interagieren, ohne ständig gestresst von der Todesgefahr der automobil besetzten Straße sein zu müssen

---

17   Mein eindrücklichstes Beispiel ist hierbei der Bezirk Berlin Kreuzberg-Friedrichshain, der seit den 1990er Jahren mit starker links-grüner Mehrheit regiert wird und dessen Bewohner*innen nach repräsentativen Umfragen zu zwei Dritteln keine parkenden Autos mehr im gesamten Bezirk sehen wollen (Klinke 2021). Trotzdem gibt es bis heute keine wirkliche Fußgänger*innenzone, und jede verkehrsberuhigte Straße (wie beispielsweise die Bergmannstraße) endet nach einem extrem teuren Rechtsberatungs- und Bauprozess in einem recht vermurksten Kompromiss, der zu wenig an der Raumverteilung ändert und niemanden zufriedenstellt, weil zu viele Auflagen der StVO (ein Bundesgesetz) eingehalten werden müssen.

(und diejenigen, die aus diesem Stress ihren Kick erfahren, können ja zu den betreffenden Straßen gehen und dort Drag Races o.Ä. bewundern).

Doch auch solche Mikroutopien müssen sich des globalen Zusammenhangs bewusst sein, sonst enden sie wie die wenigen Beispiele heute bereits existierender autofreier Orte. Die heute bekanntesten wirklich autofreien Orte in Europa, wie Zermatt oder Serfaus, sind Tourismusorte, die vor allem für eines vorgesehen sind: Dass man zur Entspannung von der Normalität dort hin *fährt*, wenn man reich und privilegiert genug ist, um dann wieder aufgetankt weitermachen zu können wie bisher. Selbst so vergleichsweise großspurige Projekte wie Anne Hidalgos (sehr lobenswerte) radikale Autoreduktion von Paris hat unter den herrschenden Bedingungen das Problem, dass es eine Scheinutopie für die Wohlhabendsten wird, die die Arbeits- und Lebensbedingungen für die ärmeren Pendler*innen und Zuliefer*innen weiter erschwert. Denn nichts verändert sich an der absoluten Abhängigkeit der Stadt von dem massiven Import von Waren und menschlichen Arbeitskräften, die weiterhin automobilabhängig sind. Aus diesem Beispiel lernend, wird man sich in einer Utopie-offenen Zukunft bewusst, dass es nicht genug ist, »die Stadt« von Autos zu befreien, wenn sich nichts am Umland und den Arbeitsbedingungen und Produktionsverhältnissen ändert. Der autodestruktive Kurs wird sich so nicht ändern lassen, sondern nur utopische Inseln für Reiche bilden, die zwar manche inspirieren, aber andere verärgern und ins Ressentiment gegen die romantischen Ökos kippen wird. Die nächste Forderung aus aktivistischen Kreisen muss dann sein: autofreie Regionen! Man wird aus den (hoffentlich wachsenden) Beispielen der ZADs gelernt haben und Entwürfen wie jenen des *Institut Momentums* seine Aufmerksamkeit schenken und fordern, dass sich ganze Regionen dazu bereit erklären können mit einer postautozentrischen Lebensweise zu experimentieren. Durch Druck von unten im Bündnis mit manchen Akteur*innen in der Mitte und von oben in den politischen Apparaten könnten sich Institutionen wie die EU oder die UNO dazu bringen lassen, eine neue Art von »Modellregionen« auszuschreiben, in denen ermöglicht wird, eine Welt ohne Autos zu schaffen und dazu auch finanziell (durch die wegfallenden Automobilförderung, Vermögensbesteuerung etc.) der radikale Umbau des Transportwesens, der Arbeitswelt, der Nahrungsmittelproduktion und vielem mehr gefördert wird.

Wenn dies gelungen sein wird, könnte diese Modellregion zu einer Art »Leuchtturm-Projekt« werden, in dem Personen verschiedenster politischer Ausrichtung in einem neuen, positiven Projekt zusammenfinden und versuchen im gemeinsamen, nicht-hierarchischen (und nicht von Lobbys verzehrten) Austausch *eine* bessere Welt für alle zu schaffen. Dokumentationsteams und Journalist*innen aus aller Welt könnten dann dort hin strömen und berichten, wie inspirierend ihr Aufenthalt war und wie viel Hoffnung sie in der sonst so hoffnungslos autodestruktiven Welt gefunden haben. Sie werden mit dem wieder aufgebauten Bahnnetz gemütlich und schadstoffarm anreisen und dann schon in der multi-modularen Bewegung durch die Region diverse Bewohner*innen bei ihren vielschichtigen Tätigkeiten kennen lernen. Ihre Berufe sind dann nicht mehr von der Autoinfrastruktur scharf in Produktion und Reproduktion, Sorgen und Schaffen, Freizeit und Arbeiten getrennt; stattdessen wird es viele freudigere Patchworks dazwischen geben, die individuellen Vorlieben entsprechen und diverse neue und alte Verbindungen mit dem Boden ermöglichen. So findet sich eine bunte Diversität an Praktiken, Erscheinungsformen und Denkbildern, gegen die die heute graue Monotonie der vom Auto regierten Lebenswelten kaum mehr attraktiv erscheinen wird. Noch gibt es diverse und vielschichtige Optionen, wie bunte und widersprüchliche Akteur*innen der Gegenwart sich diesem Pluralismus zuwenden können. Dann werden wir vielleicht schon bald nicht mehr in einer Welt leben – aber umso interessierter unsere jeweiligen Welten besuchen und kennen lernen wollen. Statt wie bisher das Ressentiment und der Stumpfsinn, würden dann die gegenseitige Bestärkung und die verständige Neugier überwiegen, welche schon in den Bewegungen zu anderen Welten entfacht wird.

Coda: Zurück zum Zukunftsindigenen

Erinnern wir uns an den Zukunftsindigenen aus dem ersten Kapitel – auch er muss Vorfahren gehabt haben, die Automechaniker*innen, Büroangestellte und *East Coast Vision Manager* gewesen sind. Irgendwie – und es mag nach Katastrophen und Zusammenbrüchen gewesen sein – haben seine Vorfahren zurück zur Erde gefunden. Sie sind gelandet. Sie haben es – sicherlich über auch schmerzhafte Prozesse der Trauer und des Ablösens – geschafft, sich von der Abhängigkeit einer normalisierten Katastrophe loszulösen. Wie haben sie das gemacht? Wie ist das gelungen?

Im Wind der kommenden und schon stattfindenden Katastrophen fühle ich eine große Sehnsucht danach, dass dieser Schritt schon bewältigt wäre. Ich bin ungeduldig, denn ein Teil von mir lebt schon dort. Ich kann diesen Teil ab und zu hervorholen, aus Schichten, die viele von uns teilen; beim Riechen an wild blühenden Pflanzen oder bei der Arbeit in einem Waldgarten. Doch nicht für sehr lange. Denn bald wieder wird die Welt da draußen eine kaum auszuhaltende Zumutung. Ich muss weiter konsumieren. Alles stinkt und lärmt. Der tagtägliche Anspruch des Verfügens über eine gute Tonne Stahl zur Lebensmittelbeschaffung erscheint mir wie eine unverzeihliche Arroganz. Ampeln sind mir eine persönliche Beleidigung. Alles was mich hier taub und blind macht erscheint mir wie ein Hohn am Diesseits. In Supermärkten, auf Autobahnen und anderen Freuden der Modernen überkommt mich eine Fremdheit, die über das von den Marxisten beschriebene Gefühl der Entfremdung hinaus geht. Es zieht mich in die Bodenlosigkeit, über der mein indigenes Selbst ganz schwach und verzweifelt baumelt und dann abrutscht in den unsichtbaren Bereich. Ein modernes Selbst, das geil ist auf die totale Freiheit, gewinnt wieder Überhand.

Sofort fragt mein kritisches Denken: Kann ich es überhaupt fordern, wieder indigen zu werden? Ist das nicht *cultural appropriation*? Die Sehnsucht nach »Landen« ein Instinkt nach *Blut und Boden*? Ich kaufe mir einen billigen Schokoriegel und einen Superfood-Smoothie zur Beruhigung.

So viele Wege scheinen durch die giftige Geschichte der Moderne verstellt. Dennoch – auch wenn sie (noch) keinen guten Begriff gefunden hat – die Sehnsucht wird größer.

Verzweifelt legen wir die Hände auf den Grund. Doch wir fühlen nur warmen, dreckigen Asphalt. Selbst wenn wir uns daran festkleben, kommt innerhalb von fünfzehn Minuten die Staatsgewalt und entfernt uns. Bitte nicht hier. Bitte in den dafür vorgesehenen Zonen.

Doch manchmal blitzen Momente auf, die lang genug sind, dass ich das Gefühl bekomme, mein indigenes Selbst gewinnt Überhand, besiegt die Bodenlosigkeit. Dann lebe ich schon in meiner Utopie – wenn ich in einer besetzten Zone wie der ZAD oder bei Longo Maï den Möglichkeiten eines sensibleren Lebens nachfühlen kann, manchmal sogar, wenn es mir bei guter Stimmung beim Radfahren entlang des Landwehrkanals oder des Alpe-Adria-Radwegs gelingt, für ein paar Minuten oder gar Stunden die Autos zu vergessen und im Traum zu schwelgen, wie es wäre, wenn wir uns alle nur so langsam und verbunden bewegen würden. Doch irgendwann kommt die nächste Autobahnunterführung bestimmt, an der mich gehässige Rotlichter und gigantische Betonmauern an der freien Bewegung hindern. Außerhalb der wenigen autonomen Zonen rast der verstetigte Krieg wie eh und je. Nur mehr dunkelhäutige Menschen bearbeiten unsere gigantischen, monokulturellen Felder, während die Weißen sich in dickeren Karosserien verschanzen. Hämisch und schmerzhaft rauscht der tödliche Verkehr und rümpft mir die Nase. Ich versteife innerlich, versuche den utopischen Ausflug durch Atemübungen zu bewahren. Doch meine kurzen Anflüge von Utopia haben ein furchtbaren Beigeschmack von Giftstoffen, den man nicht weg bekommt. Das kann nicht gesund sein. Ich werde wieder normal, schlucke mein Superfood.

Aber mein anderes Selbst aus der tieferen Schicht nimmt, was es kann. Es redet meiner Lunge gut zu, das Gift noch weg zu filtern. Das schaffst du noch und dahinter wohnt eine bessere Welt. Das zukunftsindigene Ich lebt von solchen schwachen Zonen, es blitzt dort auf, umrahmt vom Lärm und Gestank der Normalität. Mein Superfood schmeckt fahl. Das selbstlose Ich braucht andere Welten. Es muss sich ausdehnen können. Welten, in denen es dann irgendwann mal weniger Kampf braucht. In denen vielleicht irgendwann mal wo landen zu können nicht mehr den Widerstand, das Dagegen braucht. In denen der Krieg enden kann. Wir brauchen Raum zum frei Atmen und neu Schmecken – um andere Selbstverständlichkeiten dann irgendwann mal ganz selbstverständlich zu schmecken. Um dann irgendwann mal so indigen geworden zu sein, dass wir nicht mehr wütend, sondern einfach nur verwundert vor den Staukolonnen stehen. Es gibt ein Hupkonzert. Doch wir stehen da. Sie schreien uns an, die aussterbenden Modernen, doch wir verstehen ihr zerstörerisches Wüten einfach nicht. Mit großen, offenen Rehaugen stehen wir still da. Wir sind verwurzelter als sie.

Bibliographie

Wenn nicht anders ausgewiesen, sind die Übersetzungen von fremdsprachigen Texten von Kilian Jörg. Da mir der »Originalton« oftmals sehr wichtig ist, habe ich diesen in Fußnoten unterhalb der übersetzten Zitate wiedergegeben.

Adamczak, Bini. 2017. *Beziehungsweise Revolution: 1917, 1968 und kommende.* Originalausgabe Berlin: Suhrkamp Verlag.

Adams, Douglas. 2017. *Per Anhalter durch die Galaxis: Band 1 der fünfbändigen"Intergalaktischen Trilogie«.* 12. Edition. Zürich Berlin: Kein & Aber.

Adorno, Theodor W. 2003. *Minima Moralia. Reflexionen aus dem beschädigten Leben.* 14th ed. Gesammelte Schriften in 20 Bänden: Band 4: Frankfurt a.M.: Suhrkamp Verlag.

Agarwal, Saharsh, Deepa Mani, and Rahul Telang. 2021. *The Impact of Ride-Hailing Services on Congestion: Evidence from Indian Cities.* https://doi.org/10.2139/ssrn.3410623

Aicher, Otl. 1984. *Kritik Am Auto. Schwierige Verteidigung Des Autos Gegen Seine Anbeter.* München: Callwey Verlag.

Aljets, Janna, and Tadizio Müller. 2019. »Von Der Grube Auf Die Straße.« *Sand Im Getriebe* (blog). 2019. https://sand-im-getriebe.mobi/von-der-grube-auf-die-strasse/

Arendt, Hannah. 2007. »The Conquest of Space and the Stature of Man.« *The New Atlantis,* no. 18: 43–55.

Ariès, Philippe. 1998. *Geschichte der Kindheit: Mit e. Vorw. v. Hartmut von Hentig.* Übersetzt von Karin Kersten and Caroline Neubaur. 21te Ausgabe. München: dtv Verlagsgesellschaft mbH & Co. KG.

Astheimer, Sven. 2019. »Kommentar: Klimadebatte aus dem Ruder.« *FAZ.NET,* September 8, 2019. https://www.faz.net/aktuell/wirtschaft/auto-verkehr/kommentar-klimadebatte-aus-dem-ruder-16374389.html

Atwood, Margaret. 1998. *The Handmaid's Tale*. 1st ed. New York: Knopf Double-
day Publishing Group.

Augé, Marc. 1995. *Non-places: introduction to an anthropology of supermodernity*.
London; New York: Verso.

Augé, Marc. 2011. *Journal d'un SDF: Ethnofiction*. Paris: SEUIL.

Ballard, J. G. 1973. *Crash*. London: Farrar, Straus and Giroux.

Ballard, J. G. 1974. *Concrete Island*. Farrar Straus and Giroux.

Ballard, J. G. 1975. *High-Rise*. London: Jonathan Cape Ltd.

Ballard, J. G. 1976. »The Ultimate City.« In *Low-Flying Aircraft and Other Stories*.
London: Jonathan Cape Ltd.

Barbrook, Richard, and Andy Cameron. 1996. »The Californian Ideology.« *Science As Culture* 6 (January): 44–72. https://doi.org/10.1080/09505439609526
455

Barthes, Roland. 2012. *Mythen des Alltags: Vollständige Ausgabe*. Übersetzt von
Horst Brühmann. 6. Ausgabe. Berlin: Suhrkamp Verlag.

Baudrillard, Jean. 1987. *Amerika*. Übersetzt von Michaela Ott. Berlin: Matthes
& Seitz.

Baudrillard, Jean. 2007. *Das System der Dinge: Über unser Verhältnis zu den alltäglichen Gegenständen*. Übersetzt von Joseph Garzuly. 3rd ed. Frankfurt a.M.:
Campus Verlag.

»Beeching-Axt.« 2023. In *Wikipedia*. https://de.wikipedia.org/w/index.php?ti
tle=Beeching-Axt&oldid=238543785

Behr, Alexander, and Lucia Steinwender, dirs. 2023. »GKN Florenz: Fabrik-
schließung oder ökologischer Umbau? | MO | 25 09 2023 | 19:05.« Dimen-
sionen. *oe1.orf.at*. Vienna: Ö1. https://oe1.orf.at/programm/20230925/7335
96/GKN-Florenz-Fabrikschliessung-oder-oekologischer-Umbau

Bergthaller, Hannes, and Eva Horn. 2020. *Anthropozän zur Einführung*. 2., Er-
gänzte edition. Hamburg: Junius Verlag.

Berlant, Lauren Gail. 2011. *Cruel Optimism*. Durham: Duke University Press.

Bertling, Jürgen, Leandra Hamann, and Ralf Bertling. 2018. »Kunststoffe in der
Umwelt: Mikro- und Makroplastik.« *Frauenhofer Institut*. https://doi.org/10
.24406/UMSICHT-N-497117

Bey, Hakim. 2003. *TAZ: The Temporary Autonomous Zone, Ontological Anarchy, Po-
etic Terrorism*. 2nd ed. edition. Brooklyn, NY Great Britain: Autonomedia.

Biswas, Ramesh K. 2000. *Metropolis Now!: Urban Cultures in Global Cities*. Übersetzt von C. Clouter, N. Tandon, and S. Tapply. 1st ed. New York: Springer.

Björnberg, Karin Edvardsson, Mikael Karlsson, Michael Gilek, and Sven Ove
Hansson. 2017. »Climate and Environmental Science Denial: A Review of

the Scientific Literature Published in 1990–2015.« *Journal of Cleaner Production* 167 (November): 229–41. https://doi.org/10.1016/j.jclepro.2017.08.0 66

Bliss, Laura. 2019. »What Ride-Hailing Is Really Doing to Urban Traffic.« *Bloomberg.Com*, August 5, 2019. https://www.bloomberg.com/news/article s/2019-08-05/uber-and-lyft-admit-they-re-making-traffic-worse

Böhm, Steffen, Christopher Land, C. Jones, and Matthew Paterson. 2006. *Against Automobility*.

Boltanski, Luc, Eve Chiapello, and Gregory Elliott. 2005. *The new spirit of capitalism*. London; New York: Verso.

Bonneuil, Christophe, and Jean-Baptiste Fressoz. 2017. *The Shock of the Anthropocene: The Earth, History, and Us*.

Bonneuil, Christophe, Pierre-Louis Choquet, and Benjamin Franta. 2021. »Early Warnings and Emerging Accountability: Total's Responses to Global Warming, 1971–2021.« *Global Environmental Change* 71 (November): 102386. https://doi.org/10.1016/j.gloenvcha.2021.102386

Bookchin, Murray, dir. 1978. *The Ecology Movement: Utopia or Technocracy? – Lecture at the 1978 »Towards Tomorrow« Conference at the University of Massachusetts*. ht tps://www.youtube.com/watch?v=wS3-PffLKqM

Boucher, Julien, and Damien Friot. 2017. *Primary Microplastics in the Oceans*. IUCN. https://doi.org/10.2305/IUCN.CH.2017.01.en

Brand, Ulrich, and Markus Wissen. 2017. *Imperiale Lebensweise: Zur Ausbeutung von Mensch und Natur in Zeiten des globalen Kapitalismus*. München: oekom verlag.

Braungart, Michael. 2020. *Cradle to Cradle – Nachhaltige Produktion Im Kreislauf*. Vortrag am International Science Festival. Heidelberg: DAI Heidelberg. ht tps://www.youtube.com/watch?v=FMMSke27c6k

Braungart, Michael, and William McDonough. 2014. *Intelligente Verschwendung: The Upcycle: Auf dem Weg in eine neue Überflussgesellschaft*. Übersetzt von Gabriele Gockel, Thomas Pampuch, and Sonja Schumacher. München: oekom verlag GmbH.

Bruce, Susan, Thomas Morus, Francis Bacon, and Henry Neville. 2009. *Three Early Modern Utopias: Thomas More: Utopia/Francis Bacon: New Atlantis/Henry Neville: The Isle of Pines*. Reissued Edition. Oxford: Oxford University Press.

Buck, Holly. 2019. *After Geoengineering: Climate Tragedy, Repair, and Restoration*. London; New York: Verso.

Bureau of Transportation Statistics. 2015. »Household Vehicle Ownership: 1960–2010.« 2015. https://www.bts.gov/archive/publications/passenger_t ravel_2015/chapter2/fig2_8

Butler, Judith. 1997. *The Psychic Life of Power: Theories in Subjection*. Stanford, California: Stanford University Press.

Butler, Octavia E. 2021. *Clay's Ark: Octavia E. Butler*. 1st ed. Headline.

Cadogan, Garnette. 2016. »Walking While Black.« Literary Hub. https://lithub .com/walking-while-black/

Carrington, Damian. 2022. »Car Tyres Produce Vastly More Particle Pollution than Exhausts, Tests Show.« *The Guardian*, June 3, 2022, sec. Environment. https://www.theguardian.com/environment/2022/jun/03/car-t yres-produce-more-particle-pollution-than-exhausts-tests-show

Carter, Jimmy. 1979. »›A Crisis of Confidence‹ Speech – Delivered 15 July, 1979.« American Rhetoric. 1979. https://www.americanrhetoric.com/speeches/ji mmycartercrisisofconfidence.htm

Castan, Stephanie, Anya Sherman, Ruoting Peng, Michael T. Zumstein, Wolfgang Wanek, Thorsten Hüffer, and Thilo Hofmann. 2023. »Uptake, Metabolism, and Accumulation of Tire Wear Particle-Derived Compounds in Lettuce.« *Environmental Science & Technology* 57 (1): 168–78. https://doi.or g/10.1021/acs.est.2c05660

Charbonnier, Pierre. 2020. *Abondance et liberté*. Paris: La Découverte.

Clarke, Arthur C. 1963. *Im Höchsten Grade Phantastisch (Profiles of the Future, Dt.) Ausblicke in d. Zukunft d. Technik*. Übersetzt von Karl Münch. Düsseldorf: Econ Verlag.

Clary-Lemon, Jennifer. 2019. »Gifts, Ancestors, and Relations: Notes Toward an Indigenous New Materialism.« Enculturation. 2019. http://enculturation. net/gifts_ancestors_and_relations.

Clement, Charles, William Denevan, Michael Heckenberger, André Junqueira, Eduardo Neves, Wenceslau Teixeira, and William I Woods. 2015. »The Domestication of Amazonia Before European Conquest.« *Proceedings. Biological Sciences/The Royal Society* 282 (August). https://doi.org/10.1098/rspb.201 5.0813.

CNBC International TV, dir. 2014. *Jimmy Carter: »I Could Have Wiped Iran Off The Map« | CNBC Meets*. https://www.youtube.com/watch?v=-6Rt1a1xII8

Collectif. 2023. *On ne dissout pas un soulèvement. 40 voix pour les Soulèvements de la Terre*. Illustrated édition. Paris: SEUIL.

Comité Invisible. 2015. *An unsere Freunde*. Übersetzt von Birgit Althaler. Hamburg: Ed. Nautilus.

Connell, Raewyn. 2015. *Der gemachte Mann Konstruktion und Krise von Männlichkeiten.* Wiesbaden: Springer VS.

Cortázar, Julio. 2019. *Die Erzählungen. Vier Bände: Band 2: Südliche Autobahn.* Übersetzt von Rudolf Wittkopf, Fritz Rudolf Fries, and Wolfgang Promies. 4th ed. Frankfurt a.M.: Suhrkamp Verlag.

Crutzen, Paul J. 2002. »Concepts – The Anthropocene: Geology of Mankind.« *Nature.* 415 (6867): 23.

Cryle, Peter, and Elizabeth Stephens. 2017. *Normality: A Critical Genealogy.* 1st edition. Chicago: University of Chicago Press.

Daggett, Cara. 2018. »Petro-Masculinity: Fossil Fuels and Authoritarian Desire.« *Millennium* 47 (1): 25–44. https://doi.org/10.1177/0305829818775817

Danowski, Déborah, and Eduardo Viveiros de Castro. 2017. *The ends of the world.* Cambridge, UK; Malden, MA, USA: Polity Press.

Daum, Timo. 2019. *Die Künstliche Intelligenz Des Kapitals.* Hamburg: Edition Nautilus.

Davis, Heather. 2022. *Plastic Matter.* Elements. Durham, NC: Duke University Press.

Debaise, Didier. 2017. »The Modern Invention of Nature.« In *General Ecology: The New Ecological Paradigm.* http://hdl.handle.net/2013/ULB-DIPOT:oai:dipot.ulb.ac.be:2013/266165

Debord, Guy. 1996. *Die Gesellschaft des Spektakels: Und andere Texte: Kommentare zur Gesellschaft des Spektakels.* Übersetzt von Klaus Bittermann and Jean J. Kukulies Wolfgang;Raspaud. Berlin: edition TIAMAT.

Debord, Guy. 2002. »Theses on Traffic.« In *Situationist International Anthology.* Berkeley, Calif: Bureau of Public Secrets.

Deleuze, Gilles, and Félix Guattari. 1992. *Tausend Plateaus: Kapitalismus und Schizophrenie.*

Dennis, Kingsley, and John Urry. 2009. *After the Car.* 1. edition. Cambridge; Malden, MA: Polity.

Derrida, Jacques. 2003. *Grammatologie.* Frankfurt a.M.: Suhrkamp.

Descola, Philippe. 2015. *Par-delà nature et culture.* Paris: Editions Gallimard.

Descola, Philippe, and Pierre Charbonnier. 2017. *La composition des mondes.*

Descola, Philippe, and Alessandro Pignocchi. 2022. *Ethnographies des mondes à venir.* SEUIL.

Diao, Mi, Hui Kong, and Jinhua Zhao. 2021. »Impacts of Transportation Network Companies on Urban Mobility.« *Nature Sustainability* 4 (6): 494–500. https://doi.org/10.1038/s41893-020-00678-z

Dibbern, Simonetta, dir. 2023. »Seltene Erden in Kiruna: Schatzsuche in Schweden.« Berlin: Deutschlandfunk. https://www.deutschlandfunk.de/milliardenschwerer-bodenschatz-kirunas-umbau-auf-und-unter-der-er de-dlf-922b1650-100.html

Diehl, Katja. 2022. *Autokorrektur – Mobilität für eine lebenswerte Welt*. Frankfurt a.M.: FISCHER, S.

Doctorow, Cory. 2022. »Episode 79: The End of Uber with Cory Doctorow – Full Transcript.« *The War on Cars* (blog). February 2022. https://thewaroncars.o rg/transcript-episode-79-the-end-of-uber-with-cory-doctorow/

Doderer, Hermito von. 2007. *Ein Mord Den Jeder Begeht*. München: dtv.

Dowie, Mark. 2011. *Conservation Refugees: The Hundred-Year Conflict between Global Conservation and Native Peoples*. Cambridge, Mass. London: MIT Press.

Dpa. 2017. »Why Do Modern Cars Look so Angry?« CarSifu. April 25, 2017. htt ps://www.carsifu.my/news/why-do-modern-cars-look-so-angry

Duarte, M. H. L., R. S. Sousa-Lima, R. J. Young, A. Farina, M. Vasconcelos, M. Rodrigues, and N. Pieretti. 2015. »The Impact of Noise from Open-Cast Mining on Atlantic Forest Biophony.« *Biological Conservation* 191 (November): 623–31. https://doi.org/10.1016/j.biocon.2015.08.006

Dudley, David. 2016. »Lyft's John Zimmer Is Calling It: The Private Car Will Be Dead by 2025.« *Bloomberg.Com*, September 19, 2016. https://www.bloombe rg.com/news/articles/2016-09-19/lyft-s-john-zimmer-no-private-cars-in -cities-by-2025

Dukes, Jeffrey S. 2003. »Burning Buried Sunshine: Human Consumption of Ancient Solar Energy.« *Climatic Change* 61 (1): 31–44. https://doi.org/10.10 23/A:1026391317686

Dunlap, Riley, and Aaron M. McCright. 2011. »Organized Climate Change De-nial.« In *The Oxford Handbook of Climate Change and Society*, edited by John S. Dryzek, Richard B. Norgaard, and David Schlosberg, 0. Oxford University Press. https://doi.org/10.1093/oxfordhb/9780199566600.003.0010

Dusini, Matthias. 2022. »Tot Oder Lebendig – Aktivisten Beschütteten Ein Durch Glas Geschützes Gemälde von Klimt. Sie Stehen Damit Auch in Ei-ner Unseligen Tradition.« *Falter*, 2022, 47/22 edition, sec. Feuilleton. https ://www.falter.at/zeitung/20221123/tot-oder-lebendig/_5377afa81a

Ehrenburg, Ilja. 1930. *Das Leben der Autos*. Übersetzt von Hans Ruoff. Berlin: Malik-Verl.

Engels, Friedrich, and Karl Marx. 2021. *Werke, 43 Bde., Bd.42, Ökonomische Ma-nuskripte 1857–1858*. 4th ed. Berlin: Dietz Vlg.

Erhart, Marlene. 2022. »Wie parkende Autos die Hitze in der Stadt verstärken.« *DER STANDARD*, August 27, 2022. https://www.derstandard.at/story/2000137612864/wie-parkende-autos-die-hitze-in-der-stadt-verstaerken

European Commission. 2021. »Sustainable and Smart Mobility Strategy.« July 2021. https://transport.ec.europa.eu/transport-themes/mobility-strategy_en

Featherstone, Mike, Nigel Thrift, and John Urry. 2005. *Automobilities*. 1st edition. SAGE Publications Ltd.

Federici, Silvia. 2015. *Caliban und die Hexe: Frauen, der Körper und die ursprüngliche Akkumulation*. Übersetzt von Martin Birkner. Wien: Mandelbaum.

Ferreira da Silva, Denise. 2019. »An End to ›This‹ World – Denise Ferreira Da Silva Interviewed by Susanne Leeb and Kerstin Stakemeier.« Texte Zur Kunst. 2019. https://www.textezurkunst.de/articles/interview-ferreira-da-silva/

Ferreira da Silva, Denise. 2022. *Unpayable Debt*. London.

Figueroa, Esther. 2014. *Limbo: A Novel about Jamaica*. New York, NY: Arcade Publishing.

Finkelstein, Kerstin E. 2020. *Straßenkampf: Warum wir eine neue Fahrradpolitik brauchen*. 1. edition. Berlin: Ch. Links Verlag.

Fisher, Mark. 2013. *Kapitalistischer Realismus ohne Alternative?* Übersetzt von Christian Werthschulte, Peter Scheiffele, and Johannes Springer. Hamburg: VSA.

Fonteneau, Eva. 2023. »Gilets jaunes à Bordeaux: »On n'est pas anti-écolo, loin de là!«.« *Libération*, May 25, 2023, sec. Forums & événements. https://www.liberation.fr/forums/gilets-jaunes-a-bordeaux-on-nest-pas-anti-ecolo-loin-de-la-20230525_XVWKBQ7SRJE3TBXDWFSVF5GPTE/

Foucault, Michel. 2006. *Geschichte der Gouvernementalität: Geschichte der Gouvernementalität – Band I und II: Sicherheit, Territorium, Bevölkerung. Die Geburt der Biopolitik*. Edited by Michel Senellart. Übersetzt von Jürgen Schröder and Claudia Brede-Konersmann. 4th ed. Frankfurt a.M.: Suhrkamp Verlag.

Foucault, Michel. 2014. *Sexualität und Wahrheit 1 – Der Wille zum Wissen*. Frankfurt a.M.: Suhrkamp.

Foucault, Michel. 2015. *Wahnsinn und Gesellschaft: eine Geschichte des Wahns im Zeitalter der Vernunft*. Übersetzt von Ulrich Köppen. Frankfurt a.M.: Suhrkamp.

Franta, Benjamin. 2021. »Early Oil Industry Disinformation on Global Warming.« *Environmental Politics* 30 (4): 663–68. https://doi.org/10.1080/0964401 6.2020.1863703

Fremeaux, Isabelle, and Jay Jordan. 2021. *We Are ›Nature‹ Defending Itself: Entangling Art, Activism and Autonomous Zones.* London: Pluto Press.

Ganser, Alexandra. 2009. *Roads of Her Own: Gendered Space and Mobility in American Women's Road Narratives, 1970–2000.* Rodopi.

Gärtner, Markus. 2021. »Amazons Projekt Camperforce: Leben im Wohnmobil, Arbeiten im Amazon-Lager.« amazon-watchblog.de. 2021. https://ww w.amazon-watchblog.de/unternehmen/2965-amazons-projekt-camperf orce-leben-van-arbeiten-amazon-lager.html

Geddes, Norman Bel. 1940. *Magic Motorways.* New York: Random house. http:/ /archive.org/details/magicmotorways00geddrich

Geels, F. W. 2005. »The Dynamics of Transitions in Socio-Technical Systems: A Multi-Level Analysis of the Transition Pathway from Horse-Drawn Carriages to Automobiles (1860–1930).« *Technology Analysis and Strategic Management* 17 (4): 445–76. https://doi.org/10.1080/09537320500357319

Geisler, Charles. 2003. »A New Kind of Trouble: Evictions in Eden*.« *International Social Science Journal* 55 (175): 69–78. https://doi.org/10.1111/1468-2451.55 01007

Gietinger, Klaus. 2010. *Totalschaden: Das Autohasserbuch.* Frankfurt a.M.: Westend.

Gilroy, Paul. 2001. »Driving While Black.« In *Car Cultures*, 133–52. Oxford: Berghahn Books.

Global Witness. 2020. »Defending Tomorrow – The Climate Crisis and Threats against Land and Environmental Defenders.« Global Witness. https://ww w.globalwitness.org/documents/19939/Defending_Tomorrow_EN_low_r es_-_July_2020.pdf

Goodyear, Sarah, Aaron Naparstek, Doug Gordon, and Mike Isaac. 2019. »Episode 29: What Uber Hath Wrought – Full Web Transcript.« *The War on Cars* (blog). 2019. https://thewaroncars.org/episode-29-what-uber-hat h-wrought-final-web-transcript/

Graeber, David. 2016. *The Utopia of Rules: On Technology, Stupidity, and the Secret Joys of Bureaucracy.* Reprint Edition. Brooklyn, NY London: Melville House.

Graeber, David, and David Wengrow. 2021. *The Dawn of Everything: A New History of Humanity.* First Edition. New York: Farrar, Straus and Giroux.

Graefe, Stefanie. 2019. *Resilienz im Krisenkapitalismus: Wider das Lob der Anpassungsfähigkeit.* 1st edition. Bielefeld: transcript Verlag.

»Großer Amerikanischer Straßenbahnskandal.« 2023. In *Wikipedia*. https://de
.wikipedia.org/w/index.php?title=Gro%C3%9Fer_Amerikanischer_Stra%
C3%9Fenbahnskandal&oldid=235564608

Grue, Lars, and Arvid Heiberg. 2006. »Notes on the History of Normality – Re-
flections on the Work of Quetelet and Galton.« *Scandinavian Journal of Disability Research* 8 (4): 232–46. https://doi.org/10.1080/15017410600608491

Guattari, Fèlix. 2007. «Everybody Wants to Be a Fascist«.« In *Chaosophy*, 152.
Semiotext(e).

Guenther, Lisa. 2019. »Seeing Like a Cop: A Critical Phenomenology of Whiteness as Property.« *Race as Phenomena, Ed. Emily Lee*, January. https://www.
academia.edu/40473955/Seeing_Like_a_Cop_A_Critical_Phenomenology
_of_Whiteness_as_Property

Guterres, António [@antonioguterres]. 2022. »Climate Activists Are Sometimes Depicted as Dangerous Radicals. But the Truly Dangerous Radicals
Are the Countries That Are Increasing the Production of Fossil Fuels. In-
vesting in New Fossil Fuels Infrastructure Is Moral and Economic Mad-
ness.« Tweet. *Twitter*. https://twitter.com/antonioguterres/status/15112940
73474367488

Haraway, Donna. 1988. »Situated Knowledges: The Science Question in Femi-
nism and the Privilege of Partial Perspective.« *Feminist Studies* 14 (3): 575–99.
https://doi.org/10.2307/3178066

Haraway, Donna. 2016. *Staying with the Trouble: Making Kin in the Chthulucene*.

Haerder, Christian Schlesiger, Silke Wettach, Max. 2010. »Deutsche Bahn:
Wie viel Bahn können wir uns leisten?« *Wirtschaftswoche*, September 16,
2010. https://www.wiwo.de/unternehmen/deutsche-bahn-wie-viel-bahn
-koennen-wir-uns-leisten/5678982.html

Hart, Bradley W. 2018. »Hitler's American Friends: Henry Ford and Nazism.«
The History Reader. November 2, 2018. https://www.thehistoryreader.co
m/historical-figures/hitlers-american-friends-henry-ford-and-nazism/

Heckenberger, Michael, and Christian Russell. 2011. »What's so Human about
Amazonian Nature? Complex Societies in the Early Anthropocene, ca.
1000–500 BP.« Conference Paper at the 96th ESA Annual Convention 2011.
https://www.researchgate.net/publication/67281143_What's_so_human_
about_amazonian_nature_Complex_societies_in_the_early_anthropocen
e_ca_1000-500_BP

Hobsbawn, Eric. 1964. »The Machine Breakers.« In *Labouring Men*, 5–25. London: Weidenfeld & Nicolson.

Hölker, Franz, Christian Wolter, Elizabeth K. Perkin, and Klement Tockner. 2010. »Light Pollution as a Biodiversity Threat.« *Trends in Ecology & Evolution* 25 (12): 681–82. https://doi.org/10.1016/j.tree.2010.09.007

Holland, Martin. 2022. »Raum für Parkplätze: Hyperloop-Teststrecke bei Los Angeles abgerissen.« *heise online*, November 4, 2022. https://www.heise.d e/news/Raum-fuer-Parkplaetze-Hyperloop-Testrecke-bei-Los-Angeles-a bgerissen-7330346.html

Hornborg, Alf. 2011. *Global Ecology and Unequal Exchange: Fetishism in a Zero-Sum World*. Abingdon, Oxon; New York, NY: Routledge.

Hornborg, Alf. 2016. *Global Magic: Technologies of Appropriation from Ancient Rome to Wall Street*.

Hornborg, Alf. 2017. »Dithering While the Planet Burns: Anthropologists‹ Approaches to the Anthropocene.« *Reviews in Anthropology* 46 (2–3): 61–77.

Illich, Ivan. 1974. *Energy and Equity*. First Edition. New York: Harper & Row.

Illich, Ivan. 2013. *Beyond Economics and Ecology: The Radical Thought of Ivan Illich*. Marion Boyars Publishers Limited.

Jackson, Zakiyyah Iman. 2020. *Becoming Human: Matter and Meaning in an Antiblack World*. New York: NYU Press.Jacobs, Jane. 2016. *The Death and Life of Great American Cities*.

Jann, Ben. 2008. »Sozialer Status und Hup-Verhalten: Ein Feldexperiment zum Zusammenhang zwischen Status und Aggression im Strassenverkehr.« *Klein Aber Fein! Quantitative Empirische Sozialforschung Mit Kleinen Fallzahlen*, 397–410.

Jarringe, Francois. 2023. »Luddisme.« In *On ne dissout pas un soulèvement. 40 voix pour les Soulèvements de la Terre*, Illustrated édition, 97–100. Paris: Seuil.

Jordan, Tim. 2004. *Activism!: Direct Action, Hacktivism and the Future of Society*. London: Reaktion Books.

Jörg, Kilian. 2020. *Backlash – Essays Zur Resilienz Der Moderne*. Hamburg: TEXTEM VERLAG.

Jörg, Kilian. 2022a. *Neue Vorsicht – Philosophie Des Abstands Im Zeitalter Der Katastrophe*. Wien; Hamburg: Edition Konturen.

Jörg, Kilian. 2022b. »Wir brauchen Öko-Punks!« Telepolis, December 7, 2022. https://www.telepolis.de/features/Wir-brauchen-Oeko-Punks-736 7199.html

Jörg, Kilian. 2023a. »Politicising New Materialism against the Toxic Entanglements of the Now: Towards a New Materialist Philosophy of the Car.« Becoming.Press, no. 57 (May). https://becoming.press/read-057-politicising -new-materialism

Jörg, Kilian. 2023b. »A Tool for Decomposing ›the World as We Know It‹? Resilience beyond Critique and Affirmation.« *Becoming.Press*, no. 70 (October). https://becoming.press/read-70-a-tool-for-decomposing-the-wor ld

Jörg, Kilian. 2025. *Ecological Reasonings* [Upcoming]. Bloomsbury Academic.

Jörg, Kilian, and Rasa Weber. 2023. »Messy Utopia.« *ZTScript #39: Liebe Ruth*: 55ff.

Jünger, Ernst. 2001. Politische Publizistik 1919 bis 1933. Hg. Sven Olaf Berggötz. Stuttgart: Klett-Cotta.

Karnik, Madhura. 2017. »Uber in India Is Fundamentally Different from Uber in the West.« *Quartz*, March 17, 2017. https://qz.com/india/926220/uber-in -india-is-fundamentally-different-from-uber-in-the-west

Kerouac, Jack. 2008. *On the Road: The Original Scroll*: London: Penguin Classics.

Kersting, Christoph. 2023. »Lithiumabbau – Der schmutzige Kampf um Serbiens Rohstoffe.« Deutschlandfunk Kultur. December 6, 2023. https://ww w.deutschlandfunkkultur.de/lithiumabbau-serbien-100.html

Kimmerer, Robin Wall. 2015. *Braiding Sweetgrass: Indigenous Wisdom, Scientific Knowledge and the Teachings of Plants*. Minneapolis, Minn: Milkweed Editions.

Klinke, Sara. 2021. »Friedrichshain-Kreuzberg ist jetzt autofrei.« *https://berlin er-abendblatt.de* (blog). September 29, 2021. https://berliner-abendblatt.de /30-jahre-berliner-abendblatt/friedrichshain-kreuzberg-ist-jetzt-autofre i-id112646

KLITCLIQUE, dir. 2019. *Auto (Music Video)*. https://www.youtube.com/watch?v =tAokMfuWEOc

Knoflacher, Hermann. 2009. *Virus Auto: die Geschichte einer Zerstörung*. Wien: Ueberreuter.

Kothari, Ashish, Ariel Salleh, Arturo Escobar, Federico Demaria, and Alberto Acosta. 2023. *Pluriversum: Ein Lexikon des Guten Lebens für alle*. 1st ed. Neu-Ulm: Verein zur Förderung der sozialpolitischen Arbeit.

Krause, Bernie. 2012. *The Great Animal Orchestra: Finding the Origins of Music in the World's Wild Places*. New York: Little, Brown.

Kunze, Conrad. 2022. *Deutschland als Autobahn: Eine Kulturgeschichte von Männlichkeit, Moderne und Nationalismus*. Bielefeld: transcript.

L'Insomniaque. 2013. *Zad Partout – Zone á Défende à Notre-Dame-de-Landes, Textes et Images*. Montreuil-sous-bois: L'Insomniaque.

Ladd, Brian. 2011. *Autophobia: Love and Hate in the Automotive Age*. Chicago, IL: University of Chicago Press. https://press.uchicago.edu/ucp/books/book/chicago/A/bo5775730.html

Ladd, Brian, dir. 2022. *Four Centuries of Endangered Privilege and Road Rage: Vehicles on the Street*. Conference Recording. Exhaust(Ed) Entanglements. Berlin. https://vimeo.com/722950751

Latour, Bruno. 1993. *Aramis ou l'amour des techniques*. Paris: Éd. la Découverte.

Latour, Bruno. 2008. *Wir sind nie modern gewesen: Versuch einer symmetrischen Anthropologie*. Frankfurt a.M.: Suhrkamp.

Latour, Bruno. 2017a. *Où atterrir?: Comment s'orienter en politique*. Paris: Editions La Découverte.

Latour, Bruno. 2017b. *Kampf um Gaia: Acht Vorträge über das neue Klimaregime*. Übersetzt von Achim Russer and Bernd Schwibs. 1st ed. Berlin: Suhrkamp Verlag.

Latour, Bruno. 2021. »Bruno Latour: »L'écologie, c'est la nouvelle lutte des classes«.« *Le Monde.fr*, December 10, 2021. https://www.lemonde.fr/idees/article/2021/12/10/bruno-latour-l-ecologie-c-est-la-nouvelle-lutte-des-classes_6105547_3232.html

Latour, Bruno, and Nikolaj Schultz. 2022. *Zur Entstehung einer ökologischen Klasse: Ein Memorandum | Wie gelingt politisches Handeln in Zeiten des Klimawandels?* Übersetzt von Bernd Schwibs. Deutsche Erstausgabe. Berlin: Suhrkamp Verlag.

Laurance, William. 2016. »OPINION: If Our Planet Had a Say, Here's Where Future Roads Would Go.« *Ensia* (blog). 2016. https://ensia.com/voices/if-our-planet-had-a-say-heres-where-future-roads-would-go/

Lefebvre, Henri. 2016. *Das Recht auf Stadt*. Übersetzt von Birgit Althaler. Hamburg: Nautilus.

Le Guin, Ursula K. 2016. *Always Coming Home*. Gateway.

Lenin, Wladimir Illich. 1934. »Über »linke« Kinderei Und Kleinbürgerlichkeit (Abgefasst Am 3.-5. Mai 1918, »Prawda« Nr. 88, 89 u. 90 9.–11. Mai 1918. Gezeichnet: N. Lenin.).« In *Sämtliche Werke*, 22:577-608. Zürich. https://sites.google.com/site/sozialistischeklassiker2punkt0/lenin/1918/wladimir-i-lenin-ueber-linke-kinderei-und-kleinbuergerlichkeit

Liboiron, Max. 2021. *Pollution Is Colonialism*. Durham: Duke University Press Books.

Lindgaard, Jade, Collectif, and David Graeber. 2018. *Eloge des mauvaises herbes: Ce que nous devons à la ZAD*. Paris: LIENS LIBERENT.

Linebaugh, Peter, and Bruno Ramirez. 1992. »Crisis In The Auto Sector.« In *Midnight Oil: Work, Energy, War, 1973–1992*, 143–68. New York, NY: Autonomedia.

L'insomniaque. 2013. *Zad partout*. 1er édition. Montreuil: L'Insomniaque.

Locke, John. 2004. *An Essay Concerning Human Understanding*. Edited by R. S Woolhouse. London: New York: Penguin Books.

Lotringer, Sylvère, and Paul Virilio. 2008. *Der reine Krieg*. Übersetzt von Marianne Karbe and Gustav Roßler. 1st ed. Berlin: Merve.

Lynch, David, dir. 1999. *The Straight Story*. Drama. Co-production United States-France; Studiocanal, Les Films Alain Sarde, The Picture Factory, Film4 Productions, Asymetrical Production, Ciby 2000. https://www.filmaffinity.com/en/film378700.html

Malm, Andreas, and The Zetkin Collective. 2021. *White Skin, Black Fuel: On the Danger of Fossil Fascism*. 1st ed. London; New York: Verso.

Mangold, Ijoma, and Lars Weisbrod. 2021. »Feuilleton-Podcast: Wir weinen dem Verbrenner eine Träne nach.« *Die Zeit*, January 11, 2021. https://www.zeit.de/kultur/2021-01/mobilitaet-auto-verbrennermotor-kultur-symbol-abschied-feuilleton-podcast

Mann, Charles C. 2012. *1493: Uncovering the New World Columbus Created*. Reprint Auflage. New York: Vintage.

Mann, Charles C. 2013. *Kolumbus‹ Erbe: Wie Menschen, Tiere, Pflanzen die Ozeane überquerten und die Welt von heute schufen*. Reinbek bei Hamburg: Rowohlt Verlag GmbH.

Marcuse, Herbert. 1941. »Some Social Implications of Modern Technology.« *Zeitschrift Für Sozialforschung* 9 (3): 414–39. https://doi.org/10.5840/zfs19419339

Mason, Paul, and Elizabeth Stephens, dirs. 2020. *What Does It Mean »Normality«?* FutureFramed.TV. Australia. https://www.youtube.com/watch?v=fCYri2E8WQY

Maxwill, Peter. 2012. »Elektroauto-Revolution vor 100 Jahren.« *Der Spiegel*, June 11, 2012, sec. Geschichte. https://www.spiegel.de/geschichte/elektroauto-revolution-vor-100-jahren-a-947600.html

McFarlane, Andrew. 2010. »How the UK's First Fatal Car Accident Unfolded.« *BBC News*, August 17, 2010, sec. Magazine. https://www.bbc.com/news/magazine-10987606.

Meier, Luise. 2022. »Künstliche Intelligenz: Glücksmaschinen bauen.« *netzpolitik.org* (blog). March 14, 2022. https://netzpolitik.org/2022/kuenstliche-intelligenz-glu%cc%88cksmaschinen-bauen/

Mercedes-Benz, dir. 2016. *Beast of the Green Hell: Mercedes-AMG GT R Und Lewis Hamilton*. https://www.youtube.com/watch?v=csAXruiBLTs

Merchant, Carolyn. 1989. *The Death of Nature: Women, Ecology, and the Scientific Revolution*. New York: Harper & Row.

Merriman, Peter. 2009. »Automobility and the Geographies of the Car.« *Geography Compass* 3 (2): 586–99. https://doi.org/10.1111/j.1749-8198.2009.00219 .x

Mirzoeff, Nicholas. 2014. »Visualizing the Anthropocene.« *Public Culture* 26 (April): 213–32. https://doi.org/10.1215/08992363-2392039

Mitchell, Timothy. 2013. *Carbon Democracy: Political Power in the Age of Oil*. 2nd edition. London: Verso.

Münzel, Thomas, Swenja Kröller-Schön, Matthias Oelze, Tommaso Gori, Frank P. Schmidt, Sebastian Steven, Omar Hahad, et al. 2020. »Adverse Cardiovascular Effects of Traffic Noise with a Focus on Nighttime Noise and the New WHO Noise Guidelines.« *Annual Review of Public Health* 41 (1): 309–28. https://doi.org/10.1146/annurev-publhealth-081519-062400

Musk, Elon. 2021. »@HardcoreHistory Almost finished Jünger's Storm of Steel. Intense. Great book.« Tweet. *Twitter*. https://twitter.com/elonmusk/status /1455264663810232331

Nagel, Joane. 2015. *Gender and Climate Change: Impacts, Science, Policy*. Illustrated Edition. New York: Routledge.

Niedermeyer, Ed. 2019. *Ludicrous: The Unvarnished Story of Tesla Motors*. Dallas, TX: BenBella Books.

Niedermeyer, Ed. 2022. »Episode 88: Tesla Is a Fraud with Ed Niedermeyer Final Web Transcript.« *The War on Cars* (blog). June 28, 2022. https://thewaroncars.org/episode-88-tesla-is-a-fraud-with-ed-nie dermeyer-final-web-transcript/

Nelken, Sacha. 2024. »Cahiers de doléances des gilets jaunes, cinq ans plus tard: »Il y a eu une volonté de déposer un couvercle sur les expressions des Français«.« *Libération*, January 16, 2024, sec. Politique. https://www.libera tion.fr/politique/cahiers-de-doleances-des-gilets-jaunes-cinq-ans-plus-t ard-il-y-a-eu-une-volonte-de-deposer-un-couvercle-sur-les-expressions -des-francais-20240116_R4QILUB7KNCDZHNXTT3EHQC6HA/

Nixon, Rob. 2013. *Slow Violence and the Environmentalism of the Poor*. Cambridge, Massachusetts London, England.

Notar, Beth H. 2017. »Car Crazy: The Rise of Car Culture in China.« In *Cars, Automobility and Development in Asia*. Routledge.

Oliveira, Vanessa Machado de. 2021. *Hospicing Modernity: Facing Humanity's Wrongs and the Implications for Social Activism*. Berkeley, CA.

Owens, Avalon C. S., Précillia Cochard, Joanna Durrant, Bridgette Farnworth, Elizabeth K. Perkin, and Brett Seymoure. 2020. »Light Pollution Is a Driver of Insect Declines.« *Biological Conservation* 241 (January): 108259. https://doi.org/10.1016/j.biocon.2019.108259.

Özmen, Esra. 2022. Cruisen für die Emanzipation Interview by Heide Hammer. Skug MUSIKKULTUR. https://skug.at/esrap-cruisen-im-auto-fuer-die-emanzipation/

Papst, Christina. 2015. »Die Staatliche Mädchenerziehung Im Nationalsozialismus.« Hochschulschriften, Karl Franzens Universität Graz. http://unipub.uni-graz.at/obvugrhs/752790

Patalong, Frank. 2017. »Elektroautos: So modern wie 1899 – zurück in die Zukunft.« *Der Spiegel*, November 14, 2017, sec. Geschichte. https://www.spiegel.de/geschichte/elektroautos-so-modern-wie-1899-zurueck-in-die-zukunft-a-1176851.html

Pearce, Fred. 2022. *A Trillion Trees: Restoring Our Forests by Trusting in Nature*. Vancouver; Berkeley; London: Greystone Books.

Pelluchon, Corine. 2021. *Manifeste animaliste: Politiser la cause animale*. Paris: RIVAGES.

Pelz, Annegret. 2002. »Seßhaft Reisen – Im Gehäuse.« In *Vom Reisen, Weggehen Und Sitzenbleiben*, 179–93. Klagenfurt: Ritter Theorie.

Penny, Laurie. 2022. *Sexuelle Revolution: Rechter Backlash und feministische Zukunft*. Übersetzt von Anne Emmert. Originalausgabe Edition. Hamburg: Edition Nautilus GmbH.

Piff, Paul K., Daniel M. Stancato, Stéphane Côté, Rodolfo Mendoza-Denton, and Dacher Keltner. 2012. »Higher Social Class Predicts Increased Unethical Behavior.« *Proceedings of the National Academy of Sciences* 109 (11): 4086–91. https://doi.org/10.1073/pnas.1118373109

Pirsig, Robert M. 1974. *Zen and the Art of Motorcycle Maintenance: An Inquiry into Values*. 10th ed. New York: Mariner Books.

Planka.nu. 2015. *VerkehrsMachtOrdnung: Zur Kritik des Mobilitätsparadigmas*. Übersetzt von Gabriel Kuhn. New edition. Münster, Westf: Unrast Verlag.

Platon. 2012. *Phaidros Oder Vom Schönen*. Übersetzt von Kurt Hildebrandt. Stuttgart: Reclam. https://www.reclam.de/detail/978-3-15-005789-6/Platon/Phaidros_oder_Vom_Schoenen

Plumwood, Val. 2001. *Environmental Culture: The Ecological Crisis of Reason*. London; New York.

P.M. (Hans Widmer). 2015. *bolo'bolo: Urfassung mit Nachbemerkung*. 7. Auflage, Urfassung edition. Zürich: Paranoia City Verlag.

Pomeranz, Kenneth. 2000. *The Great Divergence China, Europe, and the Making of the Modern World Economy*. Princeton: Princeton Univ. Press.

Prigogine, Ilya, and Isabelle Stengers. 1986. *Dialog mit der Natur. Neue Wege naturwissenschaftlichen Denkens* (version 5. erw. A.). 5. erw. A. München: Piper Verlag GmbH.

Probst, Milo. 2021. *Für einen Umweltschutz der 99 %: Eine historische Spurensuche*. Originalveröffentlichung Edition. Hamburg: Edition Nautilus GmbH.

Quinn, Shane. 2021. »How Nazi Germany Benefitted America's Corporations.« *Global Village Space* (blog). February 10, 2021. https://www.globalvillagespa ce.com/how-nazi-germany-benefitted-americas-corporations/

Raunig, Gerald. 2017. »Einige Fragmente Über Maschinen.« *Grundrisse* (blog). 2017. https://www.grundrisse.net/grundrisse17/17gerald_raunig.htm

Robinson, Kim Stanley. 2020. *The Ministry for the Future*. First Edition. New York, NY: Orbit.

Ronacher, Beate. 2021. Von den tödlichen Gefahren, sich in der Normalität hinzulegen Interview by Kilian Jörg. Skug. https://skug.at/von-den-toedliche n-gefahren-sich-in-der-normalitaet-hinzulegen/

Rosen, Jody. 2022. *Two Wheels Good: The History and Mystery of the Bicycle*. New York: Crown.

Sachs, Wolfgang. 1990. *Die Liebe Zum Automobil*. Reinbek bei Hamburg.

Safdie, Moshe. 1998. *The City After The Automobile: An Architect's Vision*. 1st edition. Routledge.

Said, Edward W. 1997. *Covering Islam: How the Media and the Experts Determine How We See the Rest of the World*. Rev Vintage Boo Edition. New York: Vintage.

Saito, Kohei. 2023. *Systemsturz: Der Sieg der Natur über den Kapitalismus*. Übersetzt von Gregor Wakounig. 3rd ed. München: dtv Verlagsgesellschaft mbH & Co. KG.

Scherer, Bernd, and Jürgen Renn. 2015. *Das Anthropozän: Zum Stand der Dinge*. 2. edition. Berlin: Matthes & Seitz Berlin.

Schivelbusch, Wolfgang. 2000. *Geschichte der Eisenbahnreise: Zur Industrialisierung von Raum und Zeit im 19. Jahrhundert*. Frankfurt a.M.: FISCHER Taschenbuch.

Schneidemesser, Dirk. 2016. Forscher: Sprache in Verkehrsberichten behindert MobilitätswendeAPA. https://science.apa.at/power-search/10407422 142169659383

Schuiten, Luc. 2010. *Vers une Cité Vegetale*. Wavre: Mardaga Pierre.

Schulz, Jorinde, and Kilian Jörg. 2018. *Die Clubmaschine:* 1st ed. Hamburg: TEX-TEM VERLAG.

Schweitzer, Hanne. 2022. »Der ewige Kampf zwischen Rad- und Autofahrer.« n-tv.de. May 22, 2022. https://www.n-tv.de/auto/Der-ewige-Kampf-zwis chen-Rad-und-Autofahrer-article23346510.html

Sène, Aby L. 2022. »Against Wildlife Republics.« *The Republic* (blog). November 13, 2022. https://republic.com.ng/october-november-2022/conservation-and-imperialist-expansion-in-africa/

Sennett, Richard. 1997. *Fleisch und Stein: der Körper und die Stadt in der westlichen Zivilisation.* Frankfurt a.M.: Suhrkamp.

Seo, Sarah A. 2019. *Policing the Open Road: How Cars Transformed American Freedom.* Illustrated edition. Cambridge, Massachusetts: Harvard University Press.

Serres, Michel. 1994. *Der Naturvertrag.* Frankfurt a.M.: Suhrkamp.

Servigne, Pablo, and Raphaël Stevens. 2021. *Comment tout peut s'effondrer ((préface et postface inédites)): Petit manuel de collapsologie à l'usage des générations présentes.* Paris: POINTS.

Servigne, Pablo, and Raphaël Stevens. 2022. *Wie alles zusammenbrechen kann: Handbuch der Kollapsologie.* Wien Berlin: Mandelbaum Verlag eG.

Sheller, Mimi. 2014. *Aluminum Dreams: The Making of Light Modernity.* The MIT Press.

Sheller, Mimi. 2021. *Advanced Introduction to Mobilities.* Cheltenham, UK: Edward Elgar Publishing.

Shilling, Chris. 2022. »Body Pedagogics, Culture and the Transactional Case of Vélo Worlds.« *European Journal of Social Theory* 25 (2): 312–29. https://doi.or g/10.1177/1368431021996642

Shotwell, Alexis. 2016. *Against Purity – Living Ethically in Compromised Times.* Minneapolis: University of Minnesota Press. http://public.ebookcentral.p roquest.com/choice/publicfullrecord.aspx?p=4525960

Siegelbaum, Lewis H. 2008. *Cars for Comrades: The Life of the Soviet Automobile.* Cornell University Press.

Simanowski, Roberto, dir. 2022. »Ständiger Begleiter – Wie das Smartphone die Umwelt verstellt.« Essay & Diskurs. *Deutschlandfunk.* Berlin. https://w ww.deutschlandfunk.de/passanten-die-auf-ihr-handy-starren-100.html

Simmel, Georg. 2006. *Die Großstädte und das Geistesleben.* 2nd ed. Frankfurt a.M.: Suhrkamp Verlag.

Sinaï, Agnès, Yves Cochet, Benoît Thévard, Christophe Gay, and Sylvie Landriè-
ve. 2020. *Le Grand Paris après l'effondrement: Pistes pour une Ile-de-France biorè-
gionale*. 1er édition. Marseille: Wildproject.

Sloterdijk, Peter. 1989. *Eurotaoismus: Zur Kritik der politischen Kinetik*. Frankfurt
a.M.: Suhrkamp.

Sloterdijk, Peter. 1992. «Die Gesellschaft Der Kentauren. Philosophische Be-
merkungen Zur Automobilität.«.« *Frankfurter Allgemeine Zeitung*, April 24,
1992, Magazin edition.

Sloterdijk, Peter. 1998. *Sphären, Band 1: Blasen*. 14th ed. Frankfurt a.M.: Suhrkamp Verlag.

Sloterdijk, Peter. 1999. *Sphären. Makrosphärologie: Band II: Globen*. 1st ed. Frankfurt a.M.: Suhrkamp Verlag.

Sloterdijk, Peter. 2004. *Sphären. Plurale Sphärologie: Band III: Schäume*. 8th ed.
Frankfurt a.M.: Suhrkamp Verlag.

Sloterdijk, Peter. 2011. «Wie Groß Ist Groß?«.« In *Das Raumschiff Erde Hat Keinen
Notausgang – Energie Und Politik Im Anthropozän*, edited by Paul J Crutzen and
Mike Davis, 97ff. Berlin: Suhrkamp.

Smith, Robert C. 2010. *Conservatism and Racism, and Why in America They Are the
Same*. Illustrated Edition. Albany: STATE UNIV OF NEW YORK PR.

Smith, Zadie. 2014. »Sex and Wheels: Zadie Smith on JG Ballard's Crash.« *The
Guardian*, July 4, 2014, sec. Books. https://www.theguardian.com/books/2
014/jul/04/zadie-smith-jg-ballard-crash

Solnit, Rebecca. 2001. *Wanderlust: A History of Walking*. New York: Penguin
Books.

Solnit, Rebecca. 2021. »Big Oil Coined ›Carbon Footprints‹ to Blame Us for
Their Greed. Keep Them on the Hook.« *The Guardian*, August 23, 2021, sec.
Opinion. https://www.theguardian.com/commentisfree/2021/aug/23/big
-oil-coined-carbon-footprints-to-blame-us-for-their-greed-keep-them-
on-the-hook

Sorge, Nils-Viktor. 2018. »Aggressives Auto-Design: Wenn Autos wie eine
geladene Waffe wirken.« *Der Spiegel*, September 13, 2018, sec. Mobilität. https://www.spiegel.de/auto/aktuell/auto-design-wenn-autos-wie-ei
ne-geladene-waffe-wirken-a-1225779.html

Sorin, Gretchen. 2020. *Driving While Black: African American Travel and the Road
to Civil Rights*. Illustrated Edition. New York: Liveright Publishing Corpo-
ration.

Spence, Mark David. 2000. *Dispossessing the Wilderness: Indian Removal and the Making of the National Parks*. Revised edition. New York; NY: Oxford University Press.

Speth, James Gustave. 2021. They Knew: How the U.S. Government Helped Cause the Climate Crisis Interview by Bill McKibben. Yale Environment 360. https://e360.yale.edu/features/they-knew-how-the-u-s-government-helped-cause-the-climate-crisis

Spielberg, Steven, dir. 2018. *Ready Player One*. Action, Adventure, Sci-Fi. Warner Bros., Amblin Entertainment, Village Roadshow Pictures.

Sprenger, Florian. 2022. »Auf Grün – Ampeln Und Zirkulationsfreiheit.« Manuskript von ihm persönlich erhalten.

Steininger, Benjamin, and Alexander Klose. 2020. *Erdöl: Ein Atlas der Petromoderne*. 1. edition. Berlin: Matthes & Seitz Berlin.

Stengers, Isabelle. 1996. *Cosmopolitiques I*. Paris: Le Plessis-Robinson: Editions La Découverte.

Stengers, Isabelle. 2004. *Cosmopolitiques II*. Paris: Editions La Découverte.

Stokowski, Margarete. 2019. »Tempolimit und Gender: Männlichkeit am Limit.« *Der Spiegel*, January 22, 2019, sec. Kultur. https://www.spiegel.de/kultur/gesellschaft/tempolimit-und-gender-maennlichkeit-am-limit-a-1249258.html

Straub, Prisca, dir. 2014. »17. August 1896: Erstes Todesopfer Bei Autounfall.« *Das Kalenderblatt*. Bayern 2. https://web.archive.org/web/20141003161229/www.br.de/radio/bayern2/sendungen/kalenderblatt/1708-autounfall-erstes-todesopfer100.html

Summereder, Arthur. 2021. »From A to B – Motorsport in Den USA Als Widergänger Nationaler Geschichts-Mythen.« unpublished Manuscript presented at the IFK Summer Academy 2021.

Sutter, Paul S. 2002. *Driven Wild: How the Fight Against Automobiles Launched the Modern Wilderness Movement*. Seattle: University of Washington Press.

SWR2, dir. 2022. »Erster autofreier Sonntag – Sondersendung | 25.11.1973.« *SWR2 Audioarchiv*. https://www.swr.de/swr2/wissen/archivradio/erster-autofreier-sonntag-sondersendung-100.html

Tesson, Sylvain. 2008. *Petit traité sur l'immensité du monde*. Paris.

Theweleit, Klaus. 2019. *Männerphantasien*. 2nd, Überarbeitete ed. Berlin: Matthes & Seitz Berlin.

Tsing, Anna Lowenhaupt, Heather Anne Swanson, Elaine Gan, and Nils Bubandt, eds. 2017. *Arts of Living on a Damaged Planet*. http://search.ebscoh

ost.com/login.aspx?direct=true&scope=site&db=nlebk&db=nlabk&AN=1
424665

Updike, John. 2006. *Rabbit Is Rich*. 1st ed. Penguin Classics.

Urry, John. 2007. *Mobilities*. 1. edition. Cambridge: Polity.

Vietta, Silvio. 2012. *Rationalität: eine Weltgeschichte*. Paderborn: Fink.

Viveiros de Castro, Eduardo. 2023. »Indigène.« In *On ne dissout pas un soulève-ment. 40 voix pour les Soulèvements de la Terre*, Illustrated édition, 75–78. Paris: SEUIL.

Waldenfels, Bernhard. 2000. »Metamorphosen des Cogito. Stichproben französischer Descartes-Lektüre.« In *Descartes im Diskurs der Neuzeit*, 1. Aufl., Orig.–Ausg., 349–68. Frankfurt a.M.: Suhrkamp.

Ward, Colin. 1991. *Freedom To Go: After the Motor Age*. London: Freedom Press.

Werb, Helmut. 2008. »Die schnellen Reifen der Revolution.« *stern.de*, September 22, 2008. https://www.stern.de/auto/service/raf-autos-die-schnellen-reifen-der-revolution-3763190.html

Wilson, Colin. 1986. *Die Seelenfresser*. Berlin Schlechtenwegen: Rowohlt Taschenbuch Verlag.

Wittgenstein, Ludwig. 1971. *Philosophische Untersuchungen*. Frankfurt a.M.: Suhrkamp.

Wyputta, Andreas. 2021. »Vorfall bei AfD-Veranstaltung 2019: Freie Fahrt für Ingo Walter F.« *Die Tageszeitung: taz*, December 1, 2021, sec. Politik. https://taz.de/!5819588/

Yusoff, Kathryn. 2013. »Geologic Life: Prehistory, Climate, Futures in the Anthropocene.« *Environment and Planning D: Society and Space* 31 (5): 779–95. https://doi.org/10.1068/d11512

Yusoff, Kathryn. 2018. *A Billion Black Anthropocenes or None*. Minneapolis: Univ Of Minnesota Press.

Zardini, Mirko, Giovanna Borasi, Caroline Maniaque, and Adam Bobbette. 2008. *Sorry, Out of Gas: Architecture's Response to the 1973 Oil Crisis*. Montréal (CDN): Corraini Editore.

ZDFheute Nachrichten, dir. 2021. *Wieso Millionen Amerikaner*innen in Wohnmobilen Leben | Auslandsjournal*. https://www.youtube.com/watch?v=rQwtclR WQIU

Zuboff, Shoshana. 2019. *The Age of Surveillance Capitalism: The Fight for a Human Future at the New Frontier of Power*. 1st edition. New York: PublicAffairs.

Abbildungsverzeichnis

Register

Resilienz der Moderne 99, 150,
    183–99, 204, 214–5, 219, 243, 309,
    318
Revolution 100–2, 109, 112–5, 118, 121,
    154, 182, 188–9, 194, 246, 253, 267,
    271–2, 291–9, 305–8, 330, 340
Rodungen 55–6

S

Sachs, Wolfgang 61, 64, 113, 164–5,
    278, 292, 300, 304, 337
Safari 51
San Francisco 85
Sand im Getriebe 313, 321
Saudi-Arabien 190–5
Schienen 82–5, 117, 136, 145, 267, 279,
    301–2, 336
Schild 135, -8, 141–7, 156–8, 170, 224,
    229, 235, 266
Schlafstädte 42, 122, 191
Schminke 90–2, 269
Sechstes Massenaussterben 11, 42–3,
    330
Segregation 207, 211
Selbstbestimmung 227, 243, 281,
    300–4
selbstfahrendes Auto 253–5, 258,
    265–77, 285
Serbien 49, 262–4
Shopping Center 77
Silicon Valley 93, 267, 272–3
Sinnlichkeit 40, 50, 78, 109, 114, 131,
    134, 142–3, 146–7, 177, 226
Situiertheit 108
Sloterdijk, Peter 15, 89, 98, 149, 177,
    231–3
slow violence 35
Smartphone 160, 261, 281–7

Smith, Adam 174
Solidarität 221–5
Solnit, Rebecca 48, 66, 70, 140–1, 166,
    308
Sowjetunion 87, 194, 293–6
SPD 304
Spiel 63–9, 247, 349
Spielstraße 69
Sport 23, 126–7
Staatsgewalt 69, 172, 341–3, 352
Staatssozialismus 293–5, 306
Stalin, Josef 246, 291–3, 304
Star Wars 328–9
Status quo 19, 35, 71, 95, 188, 197, 214,
    235, 242–6, 251, 274, 278, 283, 287,
    321, 345
Stau 10, 97, 100, 102, 111, 160, 181,
    222–3, 269, 273, 277, 285, 301, 317,
    328–30, 340
Stengers, Isabelle 104, 107, 114, 121–2,
    143
Straße 9, 14, 31–9, 48–9, 63–9, 72, 75,
    78, 80, 97, 134, 148, 153, 155, 162,
    172, 177, 184, 201, 205, 209, 260,
    268–9, 290, 302, 317, 229, 349
Straßenbau 12, 14, 53, 71, 301, 320
Straßenblockade 9, 12–3, 25, 97,
    166–7, 177, 197, 226, 314, 317, 321,
    326, 348
Straßenverkehrsordnung (StVO) 72,
    75, 98, 125, 241, 331, 344, 349
Stromlinienförmigkeit 155
Stumpfheit 78
Sucht 93, 108
SUV 10, 25, 33–4, 74, 100, 130, 160,
    167, 187, 211–7, 226, 230, 258, 320,
    326, 332, 343, 347

Danksagungen

Ein Buch über das Auto zu schreiben, schwebte mir schon seit langer Zeit
vor und die unzähligen Gesprächspartner*innen, die dieses Projekt über die
Jahre geformt haben, kann ich nicht hoffen alle aufzuzählen. Meinem Vater,
dem Motorjournalisten (Spitzname Kuhson), ist für meine negative Obsession
sicher ganz vorne zu »danken«. Für den Startschuss der tatsächlichen Niederschrift dieses Buchs bin ich Jan Slaby zu unendlichem Dank verpflichtet, der
mich mittels einer »Anschubfinanzierung« an den SFB *Affective Societies* geholt
hat, an dem ich ein Jahr an diesem Projekt forschen und arbeiten durfte. Leider gelang es mir nicht, eine längerfristige Drittmittelfinanzierung für dieses
Projekt zu lukrieren (ich finde es stets wichtig, die materiellen Bedingungen
von Projekten offenzulegen), und so war dieses Schreibprojekt noch mehr von
den mikro-utopischen Orten abhängig, die ein ein bisschen anderes Leben
in dieser Welt ermöglichen, als es das ohnehin schon wäre: ich denke hier
an die MS-FUSION A.I.R., The Foundry, das FUTURAMA°LAB, die Lobau-
Besetzung, Longo Maï, im_flieger und meinen langjährigen Forschungszu-
sammenhang »Stoffwechsel – Ökologien der Zusammenarbeit«. Besonders
das FUTURAMA°LAB war mir in den letzten Jahren eine unerlässliche Hilfe
und Unterstützung in diverser Weise, um Kunst, Theorie und Wissenschaft
in freier Form neu zu denken und durch gemeinsame Projekte wie (u.A.) die
»Cars We Like« auch praktisch in engagierte Forschung auf die Straßen zu
bringen.

Für die wunderbare Betreuung und das großartige erste Lektorat bedanke ich mich bei Jakob Horstmann. Für die zweite Runde Lektorat im Speziellen und die große Bereicherung meines Lebens im Allgemeinen bedanke ich
mich bei Sabrina Rosina. Für die Open Access-Finanzierung bedanke ich mich
herzlich bei den Universitätsbibliotheken der FU Berlin und dem FUTURA-
MA°LAB, welches großartigerweise genau dort und dann eingesprungen ist,

wo etablierte Institutionen zu langsam und träge sind für eine zeitgemäße Unterstützung von Forschung an radikaler Nachhaltigkeit.

Weiters möchte ich namentlich folgenden Gesprächspartner*innen und Freund*innen für ihr Feedback im Speziellen und ihre Unterstützung im Allgemeinen danken: Anna Baatz, Eva Backhaus, Marc Blankenburg, Arno Böhler, Kaur Chimuk, das Climate Cultures Festival Berlin, Heather Davis, Guus Dipenmaat, Lena Fritsch, Alexandra Ganser, François Guerroue, Julia Grillmayr, Claudia Heu, Michael Hirsch, Dominik Irtenkauf, Klara Jörg, Claudia Jörg-Brosche, Johannes Kaminski, Victor Kössl, Conrad Kunze, die Allianz »la Déroute des Routes«, Brian Ladd, Baptiste Lanaspeze, Anna Lerchbaumer, Frank Jödicke, das Kollektiv Raumstation, Rainer Prohaska, Yasmin Ritschl, Dennis Schepp, Paul Schuetze, Jorinde Schulz, Olaf Schulze, Sandra Sieczkowski, Alexis Shotwell, Demi Spriggs, Ersilia Verlinghieri, Brigitte Wilfing und Johannes Wittrock.